U0792119

普通高等教育“十三五”规划教材

水利水电工程管理

（第2版）

主编　徐存东　张宏洋　张先起

中国水利水电出版社
www.waterpub.com.cn
·北京·

内 容 提 要

本书以现代水利工程管理的基本理论知识为核心，以工程管理的应用理论为主线，重点突出了不同类型的水利水电工程的运行管理，系统地介绍了水利水电工程管理方面的原理、方法、工程实践以及法律法规制度等内容。全书共分10章，内容包括绪论、水库泥沙及其管理、水库调度、多库群调度、水库防汛抢险、水工建筑物运行管理与维护、水电站运行管理、灌区运行管理、水工建筑物安全监测、水利工程管理信息化等。

本书注重理论与实践相结合，可作为高等院校水利水电工程专业以及水利相关专业本科、专科学生的教材或教学参考书，也可作为科研、工程技术等方面工作人员的参考书。

图书在版编目（CIP）数据

水利水电工程管理 / 徐存东，张宏洋，张先起主编. -- 2版. -- 北京 : 中国水利水电出版社，2020.2(2023.9重印)
普通高等教育“十三五”规划教材
ISBN 978-7-5170-8436-5

Ⅰ. ①水… Ⅱ. ①徐… ②张… ③张… Ⅲ. ①水利水电工程－工程管理－高等学校－教材 Ⅳ. ①TV

中国版本图书馆CIP数据核字(2020)第035099号

书　　名	普通高等教育“十三五”规划教材 **水利水电工程管理（第2版）** SHUILI SHUIDIAN GONGCHENG GUANLI
作　　者	主编　徐存东　张宏洋　张先起
出版发行	中国水利水电出版社 （北京市海淀区玉渊潭南路1号D座　100038） 网址：www.waterpub.com.cn E-mail：sales@mwr.gov.cn 电话：(010) 68545888（营销中心）
经　　售	北京科水图书销售有限公司 电话：(010) 68545874、63202643 全国各地新华书店和相关出版物销售网点
排　　版	中国水利水电出版社微机排版中心
印　　刷	天津嘉恒印务有限公司
规　　格	184mm×260mm　16开本　22印张　535千字
版　　次	2012年9月第1版第1次印刷 2020年2月第2版　2023年9月第2次印刷
印　　数	1501—3500册
定　　价	**60.00**元

凡购买我社图书，如有缺页、倒页、脱页的，本社营销中心负责调换

版权所有·侵权必究

前言

水利是农业的命脉，是国民经济发展的基础，也是社会安定的重要保障。新中国成立以来，特别是改革开放四十年以来，我国的水利水电工程建设取得了显著成就，先后建成了黄河小浪底、长江三峡、南水北调东线、中线工程等大型的水利工程，这些水利工程在防洪、除涝、灌溉、供水、发电、航运和改善生态环境等方面发挥了巨大效益。

当前，我国仍处于水利水电工程建设的高速发展时期，水利工程的建设和管理事业也面临着良好的发展机遇。随着我国水利工程建设的快速推进和农业产业结构调整的进一步深化，经济社会发展对于水利工程运行管理水平的要求越来越高，传统的“重建轻管”和管理粗放等问题已不能适应新形势对水利工程管理的要求。近期，水利部明确了当前和今后一个时期，水利改革发展的总基调是水利工程补短板、水利行业强监管。为了充分发挥已建和在建工程的经济效益、社会效益和生态效益，最大限度地开发利用好我国有限的水资源，就必须改进水利水电工程管理的技术方法，不断提高工程的运行管理水平。

从长远来看，科学、高效、规范的管理是水利水电工程安全稳定运行和正常发挥效益的根本保障。本书就是为适应新形势下水利水电工程科学、高效、规范管理的需要，探求科学实用的技术方法和管理模式而编写的。本书以现代水利工程管理的基本理论知识为核心，以工程管理的应用理论为主线，重点突出了不同类型的水利水电工程的运行管理，详细介绍了水库调度管理、水工建筑物监测与管理、水电站运行管理、灌区运行和经营管理等内容，同时对水利工程信息化建设等方面进行了初步探索，并摘录了部分与水利水电工程运行管理有关的法律法规。

本书共分为10章。第1章绪论，主要介绍了水利水电工程管理的基本内容和任务目标；第2章水库泥沙及其管理，主要介绍了水库的泥沙淤积和冲刷；第3章水库调度，主要介绍了水库的运行调度管理的技术与方法；第4章水库群调度，主要介绍了多水库共同运行调度管理的技术与方法；第5章水库防汛抢险，主要介绍了水库的防洪抢险的组织、检查和抢险预案等内容；第6章水工建筑物运行管理与维护，分别介绍了土石坝、混凝土坝、浆砌石坝、水闸和溢洪道等建筑物的运行管理与维修维护技术；第7章水电站运行管理，主要介绍了水电站机电设备的运行管理与维护方法；第8章灌区运行管理，主要介绍了灌区工程和灌区的用水管理；第9章水工建筑物安全监测，主要介绍了水工建筑物的变形、渗流、应力与温度、水力学与地震监测等方面的内容；第10章水利工程管理信息化，主要介绍了水利信息化与水库信息化、"3S"技术与水利工程管理信息化等内容。

本书由华北水利水电大学徐存东、张宏洋、张先起任主编。华北水利水电大学徐存东、张宏洋、张先起、韩立炜、王燕；兰州理工大学侯慧敏；甘肃省景泰川电力提灌管理局张茂林、王喆参与编写。具体分工如下：第1章由徐存东编写；第2章、第3章由张先起编写；第4章由徐存东、张茂林编写；第5章由侯慧敏、张茂林编写；第6章由韩立炜、王燕编写；第7章、第8章由张宏洋编写，第9章由王燕、韩立炜编写，第10章由王喆编写。全书由徐存东、张宏洋负责统稿。

本书得到了华北水利水电大学校级规划教材建设项目，华北水利水电大学教学名师培育项目和华北水利水电大学新形态教材建设项目资助。本书在编写过程中参考和引用了许多专业书籍、文献资料、教材的论述，在此向有关作者和专家学者表示深深的谢意。中国水利水电出版社在本书出版过程中给予了热情的支持和帮助，在此一并表示衷心的感谢。因作者水平有限，经验不足和时间仓促，缺点和疏误在所难免，恳请读者批评指正。

编者

2019年12月

目　录

第1章 绪　　论

新中国成立以来，我国的水利水电工程建设成绩卓著，建成了一大批水利水电基础设施，初步形成了防洪、排涝、灌溉、供水、发电等工程体系，在防御水旱灾害、保障国民经济持续发展和人民生命财产安全、改善生态环境、维护社会稳定等方面发挥了重大作用。经过长期积累所形成的数万亿元的水利水电固定资产，已经成为我国国民经济和综合国力的重要组成部分。

根据2018年中国水利统计年鉴，截至2017年年底，我国共有水库98795座（不含港、澳、台地区），其中，大型水库（库容≥1亿m^3）732座、中型水库（1000万m^3≤库容<1亿m^3）3934座、小型水库（10万m^3≤库容<1000万m^3）94129座。共有水闸103878座，其中大型892座，中型6504座，小型96482座。堤防总长度为306200km，保护耕地面积4094.6万hm^2，保护人口60557万人。共有灌溉面积7394.6万hm^2，其中耕地灌溉面积6781.6万hm^2。水土流失治理面积12583.9万hm^2。合计供水量6043.4亿m^3，其中地表水供水4945.5亿m^3，地下水供水1016.7亿m^3，其他供水81.2亿m^3。这些水利水电工程在防洪、灌溉、供水、发电、航运、水产养殖、保护生态，特别是改善农民生产生活条件和促进农村经济持续稳定发展等方面，发挥了重要作用。

但是，在对新中国成立以来水利水电建设的成就，对已建水利水电工程所发挥的巨大兴利除害效益作出应有评价的同时，也应该清醒地看到我国水利建设方面还存在着许多复杂的问题：水利水电工程重建设轻管理的问题十分突出，很多区域的防洪安全缺乏保障，水资源紧缺和用水浪费并存，水土资源过度开发造成了生态环境恶化，水体环境污染严重，水危机已成为我国可持续发展的重要制约因素之一。针对上述问题，加强对水利水电工程的运行管理和维修维护；实行最严格的水资源保护制度，建设节水高效的现代灌溉农业；实行治污为本，多渠道开源，实现城市节约型用水的机制；有计划地推进南水北调等大型调水工程的建设；逐步实现水资源开发与生态环境建设相协调，实施多方面的战略转变，才能够真正实现以水资源的可持续利用支持中国社会经济的可持续发展。

1.1 工程管理概述

1.1.1 工程管理的涵义

管理是由计划、组织、指挥、协调及控制等职能为要素组成的活动过程。

广义的管理是指应用科学的手段安排组织社会活动，使其有序进行。狭义的管理是指为保证一个单位全部业务活动而实施的一系列计划、组织、协调、控制和决策的活动。

工程管理是指在一定的约束条件下，为达到工程项目目标（在规定的时间和预算费用内，达到工程所要求的质量），而对工程项目所实施的计划、组织、指挥、协调和控制的过程。

工程管理的对象是工程，由于工程项目具有单件性和一次性的特点，所以工程管理具有针对性、系统性、程序性和科学性的特点。只有用系统工程的观点、理论和方法对工程进行管理，才能保证工程管理目标的实现。而“一定的约束条件”是制定项目目标的依据，也是对项目控制的依据。工程管理的目的，就是保证工程目标的实现。

狭义的工程管理是指对工程的设计、建设、运行和拆除的全过程实施的管理。其一般过程包括工程项目的提出、初步可行性及可行性研究、评审与决策、基本设计与技术交流、合同谈判、施工图设计、施工准备与施工、设备调试与试车、生产准备与投产、运行管理、报废或拆除。

当工程管理的对象是一个特定的项目时，工程管理的企业主体或组织机构就是为这个特定项目而创设的，那么，这时的工程管理就具有与一般项目管理相同的内涵。因此，此时的工程管理对象也就是若干个一次性项目构成的项目体系，工程管理原则也就是项目管理原则，工程管理的具体工作就是对相对独立又相互联系的项目进行的管理工作。

1.1.2　工程项目管理的职能

1.1.2.1　管理职能

管理职能是指管理承担的功能。一般将管理分为四项基本职能：

（1）计划：计划就是确定组织未来发展目标以及实现目标的方式。

（2）组织：服从计划，并反映着组织计划完成目标的方式。

（3）领导：运用影响力激励员工以便促进组织目标的实现。同时，领导也意味着创造共同的文化和价值观念，在整个组织范围内与员工沟通组织目标和鼓舞员工树立起谋求卓越表现的愿望。此外，领导也包括对所有部门、职能机构的直接与管理者一道工作的员工进行激励。

（4）控制：对员工的活动进行监督，判定组织是否正朝着既定的目标健康地向前发展，并在必要的时候及时采取矫正措施。

1.1.2.2　工程项目管理职能

工程项目管理的职能主要有以下几个方面：

（1）策划职能。工程项目策划是把建设意图转换成定义明确、系统清晰、目标具体、活动科学、过程有效、富有战略性和策略性思路的、高智能的系统活动，是工程项目谋划阶段的主要工作。策划的结果是其他各阶段活动的总纲。

（2）决策职能。决策是工程项目管理者在工程项目策划的基础上，通过调查研究、比较分析、论证评估等活动，得出的结论性意见，并付诸实施的过程。一个工程项目，其中的某个阶段的每个过程均需要启动，只有在做出正确决策以后的启动才有可能是成功的，否则就是盲目的、指导思想不明确的，就可能失败。

（3）计划职能。计划就是根据决策做出实施安排、设计出控制目标和实现目标的措施的管理过程。计划职能决定项目的实施步骤、搭接关系、起止时间、持续时间、中间目标、最终目标及相应措施。计划职能是目标控制的依据和方向。

（4）组织职能。组织职能是组织者和管理者个人把资源合理利用起来，把各种作业（管理）活动协调起来，使作业（管理）需要和资源应用结合起来的机能和行为，是管理者按计划进行目标控制的一种依托和手段。工程项目管理需要组织机构的成功建立和有效运行，从而起到组织职能的作用。

（5）控制职能。控制职能是管理活动最活跃的职能，控制职能的作用在于按计划运行，随时收集信息并与计划进行比较，找出偏差并及时纠正，从而保证计划和其既定目标的实现。

（6）协调职能。协调职能就是在控制的过程中疏通关系，解决矛盾，排除障碍，使控制职能充分发挥作用。所以它是控制的基础和保障。控制是动态的，协调可以使动态控制平衡、有力、有效。

（7）指挥职能。指挥是管理的重要职能。计划、组织、控制、协调等都需要强有力的指挥。工程项目管理依靠团队，团队要有核心（项目经理），项目经理要充分发挥其指挥职能。把分散的信息集中起来，进行归纳过滤变成指挥意图；用集中的意图统一管理者的步调，指导管理者的行动，集合管理力量，形成合力。所以，指挥职能是管理的动力和灵魂，是其他职能无法取代的。

（8）监督职能。监督是督促、帮助和约束，也是管理的一项重要职能。工程项目与管理需要监督职能，以保证法规、制度、标准和宏观调控措施的实施。监督的方式有自我监督、相互监督、领导监督、权力部门监督、合作方监督、司法监督、公众监督等。

总之，工程项目管理有众多职能，这些职能既是独立的，又是相互密切相关的。

1.1.3 工程管理的发展趋势

1.1.3.1 项目管理的国际化

由于我国在海外投资和经营的项目的增加，许多项目要通过国际招标、咨询或BOT方式运作，项目管理的国际化正形成趋势和潮流。特别是我国加入WTO后，行业壁垒下降，国内市场国际化，国内外市场全面融合。就工程建设领域而言，外资利用将会进一步增加。从工程项目管理角度看，这意味着工程建设管理模式、工程项目咨询、工程项目融资、工程招标、合同管理等均要求国际化和与国际惯例接轨。同时已建工程的管理也逐步在向国外管理水平高、技术发达的国家学习和接轨。

1.1.3.2 项目管理的信息化

伴随着知识经济时代的到来，项目管理的信息化已成必然趋势。目前人们把它与信息技术相结合，用计算机辅助工程项目管理，使工程项目管理的效益大大提高，并促进了工程项目管理的标准化和规范化；用计算机进行工程建设管理方面的信息交流，促进了工程项目管理水平的提高，推动了工程项目管理研究的深入。

1.1.3.3 工程项目全寿命管理

全寿命管理即为建设一个满足功能需求和经济上可行的工程项目，对其从工程项目前期策划，直至工程项目拆除的项目全寿命的全过程进行策划、协调和控制，以使该项目在预定的建设期限内、在计划投资范围内顺利完成建设任务，并达到所要求的工程质量标准，满足投资商、项目经营者以及最终用户的需求；在项目运营期进行物业的财务管理、空间管理、用户管理和运营维护管理，以使该项目创造尽可能大的有形和无形的效益。

1.1.3.4 项目管理的集成化

所谓工程项目管理的集成化就是利用项目管理的系统方法、模型、工具对工程项目相关资源进行系统整合，并达到工程项目设定的具体目标和投资效益最大化的过程。例如“SIPOC”工程项目管理模型将工程项目的过程简单描述为：S——供应商；I——工程项目输入；P——工程项目的系统处理过程；O——输出；C——客户。它将工程项目的利害关系者集合和工程项目的过程作为一个完整的整体进行研究，揭示了工程项目的系统集成是工程项目内在本质的要求。

1.1.3.5 合作管理

所谓合作管理模式，是指业主与工程参与各方在相互信任、资源共享的基础上达成一种短期或长期的协议；在充分考虑参与各方利益的基础上确定建设工程共同的目标；建立工作小组，及时沟通以避免争议和诉讼的产生，相互合作、共同解决建设工程实施过程中出现的问题，共同分担工程风险和有关费用，以保证参与各方目标和利益的实现。选择了合作管理模式，就应为达到一种“双赢”局面而努力。因此，人际关系、权利的平衡和各方股东利益的满足是合作管理模式需要解决的问题。

1.1.3.6 工程项目总控

工程项目总控是指以独立和公正的方式，对工程项目实施活动进行综合协调，围绕工程项目的费用、进度和质量等目标进行综合系统规划，以使工程项目的实施成为一种可靠安全的目标控制机制。它通过对工程项目实施的所有环节的全过程进行调查、分析、建议和咨询，提出对工程项目实施切实可行的建议方案，供工程项目的管理层决策参考。

1.1.3.7 代建制项目

代建制起源于美国的建设经理制，是指业主委托一个称为建设经理的人来负责整个工程项目的管理，包括可行性研究、设计、采购、施工、竣工试运行等工作，但不承包工程费用。建设经理作为业主的代理人，在业主委托的业务范围内以业主名义开展工作，例如有权自主选择设计师和承包商，业主则对建设经理的一切行为负责。所谓代建制则是指项目业主通过招标的方式，选择社会专业化的项目管理单位（代建单位），负责项目的投资管理和建设组织实施工作，项目建成后交付使用单位的制度。与建设经理制相比，无论是在代理人的定义上还是在选择程序上，代建制都更具科学性和先进性。

代建单位具有项目建设阶段的法人地位，拥有法人权利（包括在业主监督下对建设资金的支配权），同时承担相应的责任（包括投资保值责任）。2004 年 7 月 16 日，国务院出台了《关于投资体制改革的决定》，决定指出：“加强政府投资项目管理，改进建设实施方式。”对非经营性政府投资项目加快推行“代建制”，即通过招标等方式，选择专业化的项目管理单位负责建设实施，严格控制项目投资、质量和工期，竣工验收后移交给使用单位。因此，代建制是我国工程项目管理的发展趋势。

1.2 水利水电工程项目管理

1.2.1 水利水电工程项目管理的涵义

美国项目管理专家 Harod Kerzher 博士对项目管理做了如下定义：项目管理是为了限期实现一次性特定目标，对有限资源进行计划、组织、指导和控制的系统管理方法。这是广义的项目管理概念。

工程项目管理是项目管理的一个重要分支，它是指通过一定的组织形式，用系统工程的观点、理论和方法，对工程项目管理生命周期内的所有工作，包括项目规划、设计、施工、运行等系统运动过程，进行计划、组织、指挥、协调和控制，以达到保证工程安全、提高投资效益的目的。因此，工程项目管理是以工程项目目标控制为核心的管理活动。

对于这个概念需作如下的说明：

(1) 管理的对象是水利水电工程项目发展的全过程，包括项目的可行性研究、设计、招投标以及采购、施工等工作内容，而不仅是其中的某一阶段，尤其不要误以为仅是针对工程项目的施工阶段。

(2) 管理的主体是多方面的。一般来说，在工程建设发展周期的全过程中，除业主为项目的顺利实现而实施必要的项目管理以外，设计单位、监理公司（如果业主有委托）、从事工程施工和材料设备供应的承包商和供应商等也分别有站在各自立场上的项目管理。另外，政府有关部门也要对项目的建设给予必要的监督管理。

(3) 任何一个水利水电工程项目都是一个投资项目，如果项目管理研究的着眼点是项目的价值形态资金运动角度，那么它属于投资项目管理的研究范畴，而工程项目管理的首要着眼点是工程管理，当然也要应用项目管理的理论、观点和方法。

水利水电工程项目管理与企业管理同属于管理活动范畴，但两者之间存在着明显区别：

(1) 管理对象不同。水利水电工程项目管理的对象是一个具体的建设项目——一次性任务，而企业管理的对象是一个企业——一个持续稳定的经济实体。

(2) 管理目标不同。水利水电工程项目管理是以具体项目的质量、进度和投资为目标，一般是以效益为中心，项目的目标是短期的、临时的；而企业管理的目标是以持续稳定的利润为目标，企业的目标是长远的、稳定的。

(3) 运行规律不同。水利水电工程项目管理是一项一次性多变的活动，其规律性是以项目周期和项目内在规律为基础的；而企业管理是一种持续稳定的活动，其规律性是以现代企业制度和企业经济活动内在规律为基础的。

(4) 管理内容不同。水利水电工程项目管理活动贯穿于一个具体项目发展周期的全过程，包括项目立项、论证决策、规划设计、采购施工、总结评价等活动，这是一种任务型管理，需要按项目管理的科学方法进行管理；而企业管理则是一种职能管理和作业管理的综合，其本质是一种实体型管理，主要包括企业综合性管理、专业性管理和作业性管理。

(5) 实施主体不同。水利水电工程项目管理实施的主体是多方面的，包括业主及其委托的咨询（监理）公司、承包商等；而企业管理实施的主体仅是企业自身。

1.2.2　水利水电工程项目管理的主要内容

尽管工程项目的类型众多，特点各异，但其管理的主要任务就是在工程项目可行性研究、投资决策的基础上，对建设准备工作、勘察设计、施工至竣工验收等全过程的一系列活动进行规划、协调、监督、控制和总结评价，通过合同管理、组织协调、目标控制、风险管理和信息管理等措施，保证建设项目质量、进度、投资目标最优地实现。

在一个水利水电工程项目的决策和实施过程中，由于各阶段的任务和实施主体不同，也就构成了建设项目管理的不同类型，从系统分析的角度看，每一类型的项目管理都是在特定的条件下，为实现整个建设项目总目标的一个管理子系统。

在工程项目建设的不同阶段，参与工程项目建设的各方的管理内容及重点也会各不相同。其中，业主是工程建设项目的投资主体和责任主体，对整个建设项目全过程负责，因此，他的项目管理贯穿于建设项目的各个组成部分和项目建设的各个阶段，即业主的项目管理是全面的、全过程的项目管理。就一个项目管理而言，业主的项目管理处于核心地位。

1.2.2.1　设计阶段管理

设计是对拟建工程的实施在技术上和经济上所进行的全面而详尽的安排，是基本建设计划的具体化，是组织施工的依据。初步设计是根据批准的可行性研究报告和必要而准确的设计资料，对设计对象进行通盘研究，阐明拟建工程在技术上的可行性和经济性的合理性，规定项目的各项基本技术参数，编制项目的总概算。我国一般工程建设项目进行两阶段设计，即初步设计和施工图设计。根据建设项目的不同情况，可根据不同行业的特点和需要，增加技术设计阶段。

初步设计是根据可行性研究报告提出的设计任务书所做的具体实施方案，目的是为了阐明在指定的地点、时间和投资控制数额内，拟建项目在技术上的可能性和经济上的合理性，并通过对工程项目所做出的基本技术经济规定，编制项目总概算。初步设计不得随意改变被批准的可行性研究报告所确定的建设规模、产品方案、工程标准、建设地址和总投资等控制目标。如果初步设计提出的总概算超过可行性研究报告总投资的10%以上，或其他主要指标需要变更时，应说明原因和计算依据，并重新向原审批单位报批可行性研究报告。

施工图设计是根据初步设计或技术设计的要求，结合现场实际情况，完整地表现建筑物外形、内部空间分割、结构体系、构造状况以及建筑群的组成和周围环境的配合。它还包括各种运输、通信、管道系统、建筑设备的设计。在工艺方面，应具体确定各种设备的型号、规格及各种非标准设备的制造加工图。

1.2.2.2　施工阶段管理

施工项目管理的主要内容包括：建立施工项目管理组织、进行施工项目管理规划、进行施工项目的目标控制，对施工项目生产要素进行优化配置和动态管理、施工项目的组织协调、施工项目的合同管理和信息管理以及施工项目的信息管理等。

1. 建立施工项目管理组织

(1) 由企业采用适当的方式选聘称职的施工项目经理。

(2) 根据施工项目组织原则，选用适当的组织形式，组建施工项目管理机构，明确责任、权限和义务。

(3) 在遵守企业规章制度的前提下，根据施工项目管理的需要，制定施工项目管理制度。

2. 进行施工项目管理规划

施工项目管理规划是对施工项目管理目标、组织、内容、方法、步骤，重点进行预测和决策，做出具体安排的纲领性文件。施工项目管理规划的内容主要有：

(1) 进行工程项目分解，形成施工对象分解体系，以便确定阶段控制目标，从局部到整体地进行施工活动和进行施工项目管理。

(2) 建立施工项目管理工作体系，绘制施工项目管理工作体系图和施工项目管理工作信息流程图。

(3) 编制施工管理规划，确定管理点，形成文件，以利执行。现阶段这个文件便以施工组织设计代替。

3. 进行施工项目的目标控制

施工项目的目标有阶段性目标和最终目标。施工项目管理的目的是实现各项目标。因此应当坚持以控制论原理和理论为指导，进行全过程的科学控制。施工项目的控制目标分为进度控制目标、质量控制目标、成本控制目标、安全控制目标、施工现场控制目标。

由于在施工项目目标的控制过程中，会不断受到各种客观因素的干扰，各种风险有随时发生的可能性，故应通过组织协调和风险管理，对施工项目目标进行动态控制。

4. 对施工项目的生产要素进行优化配置和动态管理

施工项目的生产要素是施工项目目标得以实现的保证，主要包括劳动力、材料、设备、资金和技术。生产要素管理的三项内容包括：

(1) 分析各项生产要素的特点。

(2) 按照一定原则、方法对施工项目生产要素进行优化配置，并对配置状况进行评价。

(3) 对施工项目的各项生产要素进行动态管理。

5. 施工项目的组织协调

施工项目组织协调是指以一定的组织形式、手段和方法，对施工项目中产生的关系不畅进行疏通，对产生的干扰和障碍予以排除的活动。

施工项目组织协调是施工项目管理的一项重要职能。项目经理部应该在项目实施的各个阶段，根据其特点和主要矛盾，动态地、有针对性地通过组织协调，及时沟通，排除障碍，化解矛盾，充分调动有关人员的积极性，发挥各方面的能动作用，协同努力，提高项目组织的运转效率，以保证项目施工活动的顺利进行，更好地实现项目的总目标。

6. 施工项目的合同管理

由于施工项目管理是在市场条件下进行的特殊交易活动的管理，这种交易活动从投标开始，并持续于项目管理的全过程，因此必须依法签订合同，进行履约经营。合同管理的好坏直接涉及项目管理及工程施工的技术经济效果和目标实现。因此要从招投标开始，加强工程承包合同的签订、履行管理。合同管理是一项执法、守法活动，市场有国内市场和国际市场，因此合同管理势必涉及国内和国际上有关法规和合同文本、合同条件，在合同管理中应予高度重视。为了取得经济效益，还必须注意做好索赔工作，讲究方法和技巧，提供充分的证据。

7. 施工项目的信息管理

施工项目管理是一项复杂的现代化的管理活动，需要依靠大量信息并对大量信息进行管理，而信息管理又要借助计算机，所以，进行施工项目管理和施工项目目标控制、动态管理，必须依靠信息管理，并应用计算机进行辅助。需要特别注意信息的收集与储存，使本项目的经验和教训得到记录和保留，为以后的项目管理服务，故认真记录总结，建立档案及保管制度是非常重要的。

1.2.2.3 运行管理

水利水电工程运行管理的主要内容包括水利防洪调度运用、防汛抢险、水利水电工程检查监测、水利水电工程养护修理、水电站的运行管理等技术管理工作，还包括水利水电工程经营管理、水利水电工程环境保护、信息化建设等工作，但通常所说的水利工程管理仅指水利工程的技术管理。

水利水电工程检查监测是水利工程管理最重要的工作之一。检查是指主要凭感官的直觉（如眼看、耳听、手摸等）或辅以必要的工具，对水利水电工程中的水工建筑物及周围环境的外表现象进行巡视的工作；监测则是利用专门的仪器或设备，对水工建筑物运行状态及变化进行监测的工作。检查监测的主要任务是监视工程的状态变化和工作情况，掌握工程变化规律，为正确管理运用提供科学依据；及时发现不正常迹象，分析原因，采取措施，防止事故发生，确保工程安全；通过建筑物的原型进行监测，验证设计。

水利水电工程的检查监测工作，除了要由工程管理单位专职人员进行日常的检查外，在汛前、汛后，或暴风、暴雨、特大洪水、强烈地震发生后，还应由工程的主管部门组织进行专门的安全检查。大坝的主管部门对其所管辖的大坝应当按期注册登记，建立技术档案，还要按规定进行安全鉴定。

水利水电工程养护维修是指对水利工程和工程建筑物、金属结构、启闭设备，机电动力设备、通信系统、集控装置及其他附属设备进行的各种养护和修理。养护工作的目的是保持水工建筑物和设备、设施的清洁完整，防止和减少自然、人为因素的损坏，使其经常处于完好的工作状态，保持设计功能。修理工作的主要目的是恢复和保持工程原设计标准，并可局部改善原有结构，使工程安全运行，延长使用期限，充分发挥工程效益。

1.2.3 水利水电工程项目管理的重要性

第一，水利水电工程项目管理是水利工程建设安全的重要保证。水利水电工程在建设施工期间存在的许多安全隐患，所以要加强水利工程项目的安全运行管理，采取合理的安全预防措施提高安全管理水平，防患于未然，保证水利水电工程建设的安全正常运行。

第二，水利水电工程项目管理是实现水利水电工程预期建设目标的重要途径。通过对水利水电工程设计、施工、运行各个阶段的管理和维护，才能使水利水电工程正常运行，从而实现其预期的建设目标。

第三，水利水电工程项目管理是工程长期安全运行的保障。水利水电工程项目管理以工程项目目标控制为核心，而目标控制中的质量控制又是重中之重，只有做好质量控制，才能保证工程的长期安全运行。

根据统计资料，1954—2006年，我国共有3498座水库大坝失事，平均年垮坝数约为64座，其中水库垮坝失事原因主要是漫坝和质量问题，因此造成的垮坝座数分别占垮坝总数的51.49%和37.53%。水库漫坝原因主要是泄洪能力未达标和遇超标准洪水，其中因泄洪能力未达标而垮坝的水库1349座，占垮坝总数的38.59%；遇超标准洪水而垮坝的水库447座，占垮坝总数的12.79%。也就是说，泄洪能力未达标和质量问题是垮坝的主要原因，遇超标准洪水而垮坝位居其后。

由此可见，加强水库管理对确保水利水电工程的安全运行具有十分重要的意义，加强管理和维护，还能使水利水电工程保持正常的工作状态，使水利水电工程能充分安全地发挥其效益和功能。

1.3 水利水电工程运行管理

1.3.1 运行管理的意义

兴建水利水电工程的目的是为了获得效益，而水利水电工程的效益必须通过科学的运行管理才能实现。人们投入大量的人力、物力、财力，建成工程实体，形成价值几千万元、甚至上亿元的固定资产，具有了获取效益的物质基础。要使水利水电工程发挥灌溉、防洪、供水、发电、养鱼的作用，抗御水旱灾害，促进农村经济的发展，必须加强水利水电工程的运行管理。建是基础，管是关键。新中国成立70年来的实践已经充分证明：一个水利水电工程，即使建设得比较完善，如果放松管理，也将导致工程失修、效益萎缩，甚至可能造成工程失事，使人民生命财产遭受损失，水利转变为水害。反之，一个建设上有缺陷的水利水电工程，如果在运行中精心管理，工程的缺陷可以得到弥补，功能逐步完善，仍然可以保证安全运行、发挥设计效益。因此，应用现代化的技术手段和方法开展水利水电工程的运行管理，关系到工程的安全和效益的发挥，是水利水电工程管理人员的基本职责。

1.3.2 水利水电工程运行管理的现状

随着我国经济社会的快速发展和社会主义市场经济体制的逐步完善，以及事业单位体制改革和财政体制改革的推进，农业产业结构调整和农村改革的进一步深化，水利水电工程运行管理状况与经济社会发展对水利水电工程要求之间的矛盾显得愈加突出，传统计划经济体制下的水利水电工程运行管理体制已不能适应新形势的要求。目前我国水利水电工程运行管理中存在的主要问题如下：

（1）工程老化失修，损坏现象严重。一方面，我国水利水电工程多是建在20世纪70—80年代甚至更早，水利水电工程设施及其相关设备使用寿命一般不超过20年，因此我国有相当一部分水利水电工程超期“服役”，致使有些工程因年久失修而被迫停运。另一方面由于水利水电工程涉及沟岔、跨河、沿路，及水冲、水毁等自然灾害，损坏十分严重，其中也不乏人为因素造成的工程停运或报废。

(2) 水管单位性质不清，缺乏科学定性。由于水利水电工程多为综合利用工程，既有公益性能，又具有一定的经营开发功能，但我国目前大部分综合性水利工程在运行管理中，公益性资产和经营性资产混在一起，界线不清。这样既影响了工程的运行管理，又阻碍了水管单位的发展。

(3) 水管单位的管理体制尚不完善。首先是体制不顺，政府、水行政主管部门和水管单位之间的管理关系不顺，权责不明的问题尚未完全解决。其次是内部运行机制不活，缺乏有效的激励、约束机制。此外，现有人事、分配制度仍不能充分调动职工的积极性。

(4) 水利投入机制与运行机制不相适应。财政金融体制的改革，已使得水利由改革开放以前资金投入渠道单一，主要靠国家预算内拨款的投入机制，开始转入多层次、多渠道、多方位的轨道。这些为增加水利建设资金投入开辟了新的途径，全社会办水利，有力地推动了水利行业的发展。但同时也必须看到，水利建设投入的多渠道，形成了资金的多部门管理，使水利工程缺乏客观要求的统一规划和管理，无法进行水利工程运行的统筹安排，不能发挥资金的最大整体效益。

(5) 水管单位自身造血功能不足。一方面由于水价、电价等规费价格偏低，且收取困难。合理规费是水利工程水管单位的主要收入，但是，目前我国水利规费普遍偏低，堤防维护费、河道采砂管理费等费用普遍不到位，尚不能回收成本，更谈不上良性循环。另一方面，大多数水管单位没能依托行业和自身优势，充分利用水土资源，大力开展多种经营。水利工程管理单位现有的自我积累运行机制仍不利于水利工程的良性发展。

(6) 水管单位机构臃肿，人才结构不合理。目前我国大部分水管单位运行管理人员总量过剩、结构失衡，内部管理粗放，社会保障程度低，负担沉重。另外，从水利系统干部职工的结构来看，也不够合理，中级职称和具有本科以上学历的占少数，中专、高中学历占绝大多数。可见水利队伍的结构、素质远远不能适应当前水利发展，尤其是可持续水利的发展需要。

1.3.3 运行管理的主要任务

水利水电工程运行管理的任务概括来说，是确保工程安全，充分发挥工程效益，因地制宜地开展多种经营，提高管理水平。

确保工程安全，是水利水电工程运行管理的首要任务。水利工程一般都在丘陵山区拦河筑坝，建库蓄水，一旦失事，严重影响人民生命财产的安全和经济建设。我国对水利水电工程的安全十分重视，1991年国家防汛抗旱总指挥部专门发布了《关于加强小型水库安全工作的通知》，2002年水利部又印发了《关于加强小型水库安全管理工作的意见》。因此，水利工程的运行管理必须首先要树立安全第一的观念，把确保工程安全放在首要位置。

发挥工程效益，是运行管理的核心，也是兴建水利水电工程的目的。每个工程兴建时都预定了工程的开发目标，期望发挥灌溉、防洪、供水、发电、养鱼等效益。不少水利水电工程还是多目标开发，兼有两项以上的效益。这些预计效益的实现，主要靠科学、合理的运行管理。运行管理的主要任务就是千方百计地维护好工程，加强检查监测和调度运用，达到或扩大工程的设计效益。

开展多种经营增加工程效益。水利水电工程投入运行后，能够形成一定的水、土和人力资源。利用工程管理范围的水域、土地和管理单位的技术、设备优势，因地制宜开展养殖、种植、加工等多种经营，是运行管理的一项重要任务，也是管理单位搞活经济，实现良性循环的重要途径。

提高管理水平，是水利水电工程运行管理涉及多种学科知识的综合。水利水电工程的运行管理，不仅要掌握水文气象知识和工程技术，而且还要懂得经济和管理的知识。随着科学技术的进步、改革的深化，对运行管理工作的要求也越来越高。因此，在运行管理过程中，要不断提高管理人员的思想素质、业务素质和经营管理素质，提高工作质量和效率，把运行管理工作提到更高的水平。

1.3.4 运行管理的主要内容

水利水电工程的运行管理，主要包括下列几个方面。

1. 组织管理

水库的安全运行，必须依靠完善的管理机构来执行。组织管理就是建立和健全运行管理机构、制定各项规章制度、协调管理机构内部和与社会有关部门的关系、运用法规保证运行管理的正常秩序、维护管理单位的正当权益。

2. 工程管理

工程管理是运行管理的重要组成部分，主要包括：

（1）经常进行水库工程检查和养护维修工作，保持工程的完整。

（2）选定监测项目，例如沉陷、位移、渗漏、裂缝等，定期进行监测，积累技术资料，分析掌握建筑物的工作状态，指导水库合理使用。

通过工程管理工作，随时监视掌握水情、雨情和工程的动态，及时维修工程缺陷，使工程整洁完好，保持工程处于良好的运行状态。

3. 调度运用

调度运用是运行管理的核心工作，技术性较强。具体又分为防洪调度和兴利调度两个方面。要求充分利用水库的调蓄功能，在确保工程安全的前提下，科学地进行蓄水、泄水、用水调度。合理处理防洪与兴利、上下游、各用水单位之间的矛盾，达到最大限度地利用水资源，充分发挥工程效益。

4. 防汛抢险

水库工程的防汛抢险是关系到工程安危的重要工作。水库修建时，设计水库必然具有一定标准的抗洪能力，但设计所依据的水文系列一般不可能太长，水库运用期间出现的水文现象往往不能完全与设计吻合，也很有可能遭遇超标准洪水，水库运行期间工程状态也在不断变化。为此，运行管理过程中，特别是洪水期间，必须在精神上和物质上做好防汛抢险的充分准备，一旦发生险情要全力抢护，确保工程安全。

5. 供水管理

供水是实现工程效益的主要手段，可分为农业供水、乡镇供水和发电供水。运行管理中要保证供水系统的正常运行、制订供水计划、合理调配水量、减少供水损失，做到安全、可靠、及时地向各用水部门供水，并运用经济手段收好水费，促进节约用水。

6. 多种经营

积极开展多种经营是增加工程效益、实现管理单位经济良性循环的重要途径。管理单位必须根据工程所处的自然环境和资源条件，因地制宜，积极开展多种经营，充分利用各种资源，搞活管理单位的经济，改善职工生活，为社会创造财富。

7. 经济管理

管理单位的运行管理活动都离不开经济，各项运行管理工作的好坏和工程发挥效益的大小，都要由经济指标来反映。水管单位的经济管理工作包括财务管理、成本核算、经济核算以及经济效益的分析。

第2章　水库泥沙及其管理

2.1　水库泥沙淤积

我国是一个河流输沙量较高的国家，长江多年平均年径流量约为9560亿m^3，年悬移质输沙量为4.33亿t。葛洲坝枢纽建成前，宜昌站平均年卵石输移量75.8万t，砂砾石输移量878万t。黄河中游流经黄土高原，水土流失非常严重，黄河中游地区土壤平均侵蚀模数3700t/（km^2·a），为全世界平均侵蚀模数的27.6倍。黄河多年平均输沙量高达16亿t，总的输沙量和年平均含沙量均居首位，其下游河道以“善淤、善变、善决、善徙”著称，河床不断抬升，是著名的“地上悬河”，泥沙淤积是黄河下游成灾的主要原因。

我国修建的中小型水库，特别是多泥沙河流上的水库，泥沙淤积是普遍存在的问题。许多水库所在区域水土流失严重，加之水库管理不善，造成了严重的水库淤积问题，严重影响了水库效益的发挥，水库泥沙淤积已成为工程建设和管理急需解决的问题。

2.1.1　水库泥沙淤积的分类

水库库区内的水流流态通常分为两类，即壅水流态和均匀流态。当挡水建筑物产生壅水而形成回水时，从回水末端到建筑物前水深沿程增大，流速沿程减小，这种水流流态称为壅水流态。当挡水建筑物不造成壅水或基本不壅水时，库区内的水面曲线和天然河道的水面曲线接近，这种水流流态称为均匀流态。均匀流态下水流的输沙状态与天然河道相同，称为均匀明流输沙流态，此时所挟带的泥沙量是饱和含沙量，当含沙量超过这一饱和含沙量时，泥沙就会沿程淤积；而当含沙量低于这一饱和含沙量时，就会沿程冲刷。壅水流态下的输沙状态可分为两种，如果含沙浑水进入壅水段后，泥沙扩散到水流的整个断面，这种输沙状态称为壅水明流输沙流态。由于在壅水状态下水流的流速是沿程递减的，因此水流的挟沙能力也是沿程递减的，一部分泥沙则沿程淤积，称为壅水淤积。如果含沙浑水的浓度较高，细颗粒较多，进入壅水段后不与壅水段的清水混掺扩散，而是潜入清水下面，沿库底继续向前运动，有的甚至一直流动到坝前，这种水流称为异重流，此时的输沙流态称为异重流输沙流态。异重流在流动过程中要克服阻力，损失能量，所以沿程有部分泥沙落淤，称为异重流淤积。当异重流行至坝前而不能排出库外时，则浑水将滞留在坝前清水下，形成一个浑水水库。在壅水明流输沙流态中，如果水库的下泄量小于来水量，则水库将继续壅水，流速将继续减小，逐渐接近静水状态，此时未排出库外的浑水在坝前滞蓄，也将形成浑水水库。在这两种浑水水库中，泥沙的淤积接近静水沉降，称为浑水水库淤积。

综上所述，水库的输沙流态和泥沙淤积可分为四类，即均匀明流输沙流态产生沿程淤积、壅水明流输沙流态产生壅水淤积、异重流输沙流态产生异重流淤积、浑水水库输沙流态产生浑水水库淤积。

水库泥沙的淤积问题实际上包括泥沙的淤积数量、淤积部位和淤积形态三个方面，而泥沙的淤积部位和淤积形态又统称为淤积分布。

2.1.2　水库泥沙淤积的形态

水库淤积形态是多种多样的，影响水库淤积形态的主要因素有水库运用方式、库区地形、入库水沙条件、水库的泄流规模、泄流方式、库容的大小等因素。

2.1.2.1　纵向淤积形态

1. 基本淤积形态

水库淤积的纵剖面形态是比较复杂的，但可概括为三种基本淤积形态：三角洲淤积、带状淤积和锥体淤积。实际淤积的纵剖面形态可能介于这三种形态之间，或同时兼有两种以上形态，这取决于水库的特定条件。现将这三种基本淤积形态分述如下。

(1) 三角洲淤积。三角洲淤积体的纵剖面呈三角形形态，如图 2.1 所示。按其特征一般可分为四段：尾部段、顶坡段、前坡段和坝前淤积段。

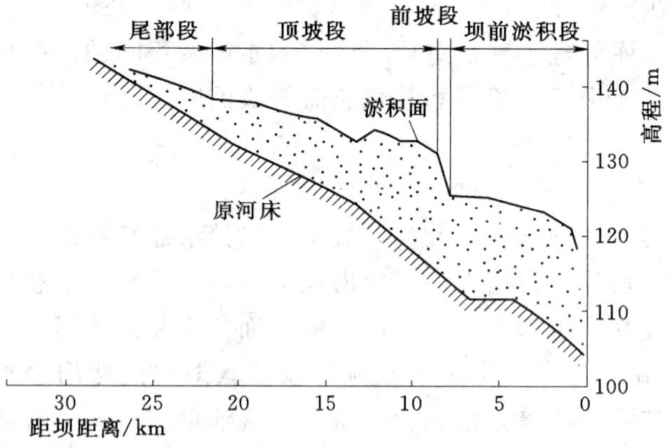

图 2.1　三角洲淤积纵剖面

三角洲尾部段的主要特点是，挟沙水流处于超饱和状态，推移质和悬移质中较粗的泥沙颗粒首先在这段落淤，泥沙分选非常明显，具有明显的床沙沿程细化现象。泥沙淤积使回水曲线抬高，回水末端上延又促使尾部段的淤积向上游发展。

三角洲顶坡段的挟沙水流已趋于饱和状态，顶坡坡面一般与水面线接近平行，水流近似为均匀流，来自尾部段的全部泥沙基本上都可通过，顶坡上的床沙组成沿程变化不大，无明显的床沙沿程细化现象，顶坡段的平均比降接近水库的淤积平衡比降。

三角洲前坡段是淤积最强烈的地方，主要特点是水深陡增，流速沿程剧减，水流挟沙力也大大减小，挟沙水流又一次处于超饱和状态，泥沙淤积迅速，颗粒分选明显，其结果使三角洲不断向坝前推移，河床沿程细化。

坝前淤积段的主要特点是泥沙淤积，是由于不能排往水库下游的异重流在坝前形成的浑水水库淤积，泥沙几乎以静水沉降的方式慢慢沉淀，落淤的泥沙全为细颗粒，淤积物表面往往接近水平。粒径沿程几乎无变化，基本上不存在分选作用，淤积分布比较均匀，其淤积纵剖面大致与库底平行。

三角洲淤积体主要出现在相对库容较大、来沙组成较粗、水库蓄水位变幅较小、库区地形开阔（如湖泊型水库）的水库中，如河北的官厅水库、黄河上游的刘家峡水库。但是需要指出，这种淤积形态并不是只出现在多沙河流的湖泊型水库中，在多沙河流的河道型水库中也会出现。在少沙河流的上述两种类型的水库中，只要库水位年内变幅不是太大，库区也会出现三角洲淤积形态。三角洲淤积体一般出现在坝前水位较稳定、壅水较高且具有一定回水长度的水库，对于已经形成了三角洲淤积体的水库，如果坝前水位变化幅度增加大到一定程度，则已形成的三角洲淤积体可能被破坏。

(2) 带状淤积。带状淤积的特征是淤积物均匀地分布在回水范围的库段上，呈带状均匀淤积（图 2.2）。这种淤积形态沿程可分为三段：变动回水区段、常年回水区行水段和常年回水区静水段。

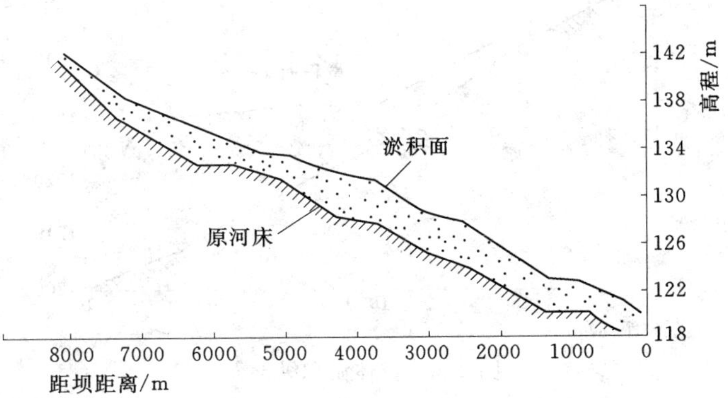

图 2.2　带状淤积纵剖面

变动回水区段是指最高库水位至最低库水位两个回水末端间的库段。当库水位较高时，较粗的泥沙淤在回水末端；当库水位下降后，回水末端向下游移动，原来高水位淤积的泥沙被冲到下游，并在下游回水末端处淤积，这样便形成比较均匀的带状淤积。随着库水位周期性的变动，不同运用时期不同水流条件对泥沙的分选作用，还在横断面上形成粗细泥沙沿垂向分层交错的现象。库水位下降时，回水末端以上的河段恢复成天然河道，河床发生冲刷，形成一定宽度的主槽。

常年回水区行水段是指最低库水位以下的回水段，这一段的水流具有一定的流速，水流沿程变化不大，随着库水位的周期变化，流速大小也做周期性的升降，使得淤积均匀分布。这一段除首端略有少量推移质淤积外，主要淤积物是悬沙中的中、细颗粒，淤积范围长，分布也较均匀，仅为一层很薄的淤积层。

常年回水区静水段指的是库区流速几乎为零的坝前段。这一段淤积的是悬移质中较细的部分。因为粒径细，其淤积分布极为均匀，基本上是沿湿周均匀薄薄地淤一层。

带状淤积体的水库，坝前水位变幅必然很大，致使变动回水区的范围很长，并且变动回水区和常年回水区的范围也是变化的。对于来沙不多，颗粒较细，库区流速较大，库水位变幅较大，并且多呈周期性变动的水库，常为带状淤积。带状淤积形态多出现在河道型水库中，如吉林省丰满水库、山东省冶源水库。

(3) 锥体淤积。锥体淤积的特征是淤积厚度自上而下沿程递增至坝前，坝前淤积厚度达到最大，如图 2.3 所示。一次洪水的淤积就可能到达坝前，淤积体形状就像一个锥体。形成这种淤积体的原因是：第一，库水位较低、壅水段短、进库含沙量高、底坡大，因为底坡大、水深小，故水流流速较大，能将大量泥沙带到坝前淤积；又因进库含沙量高，故造成坝前淤积发展很快。第二，异重流淤积，因为水库壅水段短、底坡大，异重流常常能运行到坝前。第三，由于水库小，异重流到坝前之后即逐渐排挤清水，并和清水相混合，使水库的清水完全变浑，异重流随之消失，挟带的泥沙便在坝前大量淤积。锥体淤积面的比降不同于三角洲顶坡段的河床比降，也不同于三角洲前坡比降。三角洲前坡大体是一个固定的比降，随着淤积的发展，三角洲前坡以同样的比降向坝前推进。而锥体淤积面比降是随着淤积发展而不断趋缓的，它不是一个固定的比降。

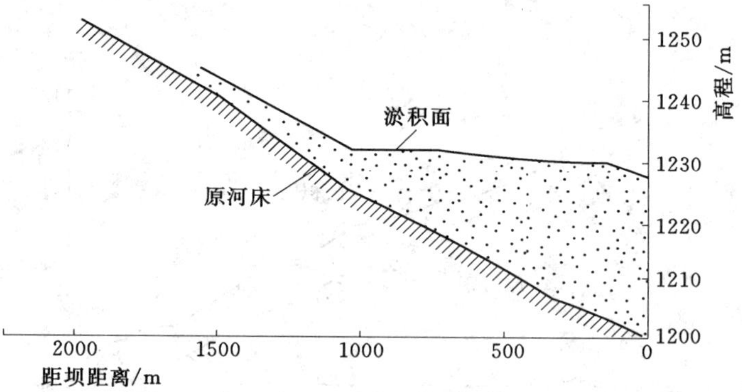

图 2.3　锥体淤积纵剖面

这种淤积形态的主要特点是坝前淤积多，泥沙淤积很快发展到坝前，形成淤积锥体，与上述大型水库先在上游淤积然后向坝前推进发展的淤积形式完全不同。当水库淤满后，河床纵比降比原河床纵比降小，此后淤积继续向上游发展。

多沙河流上的中小型水库多数是锥体淤积，少数大型水库，在一定条件下也会出现锥体淤积形态。如黄河三门峡水库，在滞洪运用时期，因库水位较低，库区流速较大，大量泥沙被带到坝前淤积，因而出现锥体淤积形态。有些少沙河流上的水库，尽管含沙量不大，但由于坡陡流急、回水短，也出现锥体淤积形态。此外，所有水库淤积平衡后，均为锥体淤积。

以上所述为三种基本的水库淤积形态，有些水库的淤积介于这三种基本形态之间，形成复合淤积形态，在研究水库淤积的现象和规律时，必须对具体情况作具体分析。如清江隔河岩水库，位于少沙河流，其运用方式为蓄洪运用，水位变化幅度和频率都不是很大。与入库水量相比，库容较大，且运行年限不长，坝前淤积量较小，所以纵向淤积形态没有形成锥体淤积形态，而是介于三角洲淤积和带状淤积之间，趋于三角洲淤积。

2. *淤积形态判别式*

影响纵剖面淤积形态的主要因素有来水来沙条件、水库壅水程度、坝前水位的变幅、库容大小及库区地形。现有的纵向淤积形态判别式大都是考虑到这些影响因素，通过分析水库实测资料得到的经验公式。

(1) 姜乃森公式。姜乃森用式 (2.1) 来反映库区内水沙运动情况：

$$\psi=\frac{SV}{Q} \tag{2.1}$$

式中　S——年平均含沙量，kg/m^3；

　　Q——年平均流量，m^3/s；

　　V——运行水位下的库容，m^3。

通过分析北方多沙河流水库资料，利用式（2.1）得到如下判别方法：

当 $\psi>1$ 时，若 $\frac{\Delta H}{H}<0.1$，水库淤积形态为三角洲淤积；

当 $0.25<\psi<1$ 时，若 $0.1<\frac{\Delta H}{H}<1$，水库淤积形态为带状淤积；

当 $\psi<0.25$ 时，若 $\frac{\Delta H}{H}>1$，水库淤积形态为锥体淤积；

式中　ΔH——汛期库水位变幅，m；

　　H——汛期坝前平均水深，m。

（2）陈文彪公式。陈文彪等分析了8座少沙河流的水库资料，得到如下适用于少沙河流水库的判别式：

$$\varphi=\frac{H}{\Delta H}\left(\frac{W_s}{W}\right)^{1/2} \tag{2.2}$$

式中　φ——水库纵向淤积形态无因次判别数；

　　ΔH——水库历年平均最大水位变幅，m；

　　H——水库历年平均最大坝前水深，m；

　　W_s——多年平均入库悬移质输沙量，亿 m^3；

　　W——多年平均入库径流量，亿 m^3。

少沙河流水库纵向淤积形态多为三角洲淤积和带状淤积两种。若 $\varphi>0.04$ 时为三角洲淤积；若 $\varphi<0.04$ 时为带状淤积。

（3）清华大学公式。清华大学统计了30个水库的实测资料，得到如下判别式：

$$K=\frac{V}{W} \tag{2.3}$$

式中　V——库容，m^3；

　　W——入库水量，m^3。

若 $K<0.3$ 为锥体淤积；若 $K>0.3$ 为三角洲淤积。

另一个判别式：

$$K'=\frac{V}{W_sJ_0} \tag{2.4}$$

式中　V——库容，m^3；

　　W_s——入库沙量，m^3；

　　J_0——库区原始河床纵比降，以万分率计。

当 $K'<2.2$ 时为锥体淤积；若 $K'>2.2$ 时为三角洲淤积或带状淤积。

以上只是列举了部分经验判别式，当然，还有其他一些判别式，这里就不一一列举了。需要指出的是，这些经验判别式都受到所用实测资料的限制，所得判别数据仅具有参考意义。

2.1.2.2　横向淤积形态

修建水库后，通过单向淤积以及淤积之后的冲刷，水库的横断面形态会发生极为复杂的变化。尽管如此，其变化仍有一定的特点和规律，水库的横向淤积形态一般有以下几种基本形态。

（1）全断面水平淤高。淤积沿横断面基本上是水平升高，只有在回水末端附近才出现滩槽。这种淤积形态多出现在淤积物呈泥浆状、具有一定流动性的坝前段，如异重流淤积及浑水水库淤积。蓄水运行的水库，水深很大，滩上和主槽的水流条件差不多，总淤积量大，全库区除了水库末端有滩槽外，也常以全断面水平淤高。

（2）高滩深槽。对于蓄清排浑运行方式的水库，因有低水位排沙运行阶段，因此全库区有明显的滩槽之分。滩地只淤不冲，逐年淤高；主槽则有淤有冲，这就是所谓的“死滩活槽”的规律。在高水位运行中，滩地水深不大，水流主要集中在主槽里，淤积也主要发生在主槽里。低水位排沙运行时，冲刷也主要发生在主槽里，所谓“冲刷一条带”就是指这种情况。冲刷与淤积交替变化的结果是形成一个“高滩深槽”的复式断面。

（3）沿湿周均匀淤积。当淤积量不大，颗粒较细，水深较大，淤积常均匀分布在全湿周上，少沙河流上的水库，常是这种淤积形态。这种淤积形态多出现在流速和含沙量较小，泥沙粒径较细，但又不形成异重流的坝前段。在这种条件下，含沙量及泥沙级配沿横向分布均匀，为沿湿周均匀淤积提供了条件。在某些峡谷断面中也会出现这种情况，这是因为，这里虽然含沙量较大且粒径也较粗，但两者沿横向分布都较均匀的缘故。

（4）淤滩为主。这种现象仅出现在局部蓄水河段，如弯道蓄水后，主流取直，凸岸处的边滩会逐渐演变发展而变大。

综上所述，水库横向淤积形态与水库运行方式密切相关。水库的槽库容淤积后可以通过冲刷而得到恢复，而滩地库容一旦淤积就难以恢复。因此在水库管理运用中，一方面应尽可能降低拉槽水位排沙，以扩大主槽库容；另一方面应力求避免损失滩地库容，在汛期含沙量高时，尽量使水流不漫滩，以减缓滩地淤积。只要水库管理运用得当，库区就会形成高滩深槽的横向冲淤形态，就可以最大限度地保留一部分库容，供长期使用。

2.1.2.3 水库泥沙淤积的速度

水库内泥沙的淤积速度受到流域产沙量、沉沙率等因素的影响，所以，各大水库之间的淤积速度存在极大差别。

（1）流域产沙量。遭到水流侵蚀产生的泥沙只有一部分被带到流域出口，这些泥沙就被称为流域产沙量，产沙量和侵蚀量之间的比值就是输沙率。一般情况下，流域面积和输沙率之间成反比，比如当积水面积为 0.002km^2 时，侵蚀速度可能和产沙量之间没有区别，这就会造成输沙率无限接近于一。流域产沙量受地面坡度、土地利用、植被土壤类型、气象因素（如降雨量和降雨类型）等因素影响。

（2）沉沙率。沉沙率指的是沉积泥沙与入库泥沙的重量比，影响沉沙率的因素有库容流量比（C/I）、库区地形、放水口的型式和水库运用方式、泥沙颗粒级配等。库容流量比（C/I）指的是库容与年入库流量之比，它与库容面积比（C/A）相互联系，库容面积比（C/A）即库容与流域面积之比，库容面积比（C/A）除以库容流量比（C/I）得到单位面积入库流量。

2.1.3 水库泥沙淤积的上延

水库淤积上延是水库规划设计中需要考虑的重要问题之一。如果淤积上延产生的问题突出，其有时甚至成为影响水库能否修建，或者建成后能否正常运行的关键问题。

2.1.3.1 水库淤积上延现象

水库淤积上延是指水库泥沙淤积向上游发展，延伸至水库最高蓄水位以上，水库淤积上延也就是通常所说的“翘尾巴”淤积。当水库蓄水运行后，由于水位壅高，产生回水，水库在回水范围内发生的淤积为正常淤积，而在回水末端以上的淤积就是“翘尾巴”淤积。回水末端处于水库与河流的过渡地带，水库与河流的特性兼而有之。

所谓的水库回水末端，是指水库最高蓄水位与天然河道水面线的交点。由于回水曲线在回水末端附近与原河道水面线是逐渐逼近的，所以回水末端即使在入库流量及坝前水位保持不变的条件下，也不是很确定的，何况两者都在随时变化，所以就更不确定了。为了方便起见，一般把水库最高蓄水位与天然河道的平交点 A 作为水库的回水末端，点 A 至坝址的距离为回水长度 L_0。回水末端最上游淤积点 B 至点 A 的高程差称为翘尾巴高度 ΔH，至该点的水平距离称为翘尾巴长度 ΔL，如图 2.4 所示。

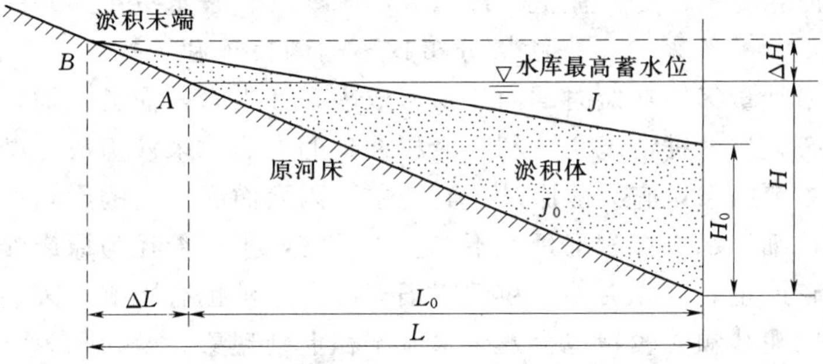

图 2.4　水库淤积末端上延示意图

水库泥沙淤积上延有以下两种模式：

(1) 由于水库回水与泥沙淤积相互作用所造成的回水淤积上延。当水库回水末端发生淤积时，会使回水曲线抬高，回水曲线抬高又会产生新的淤积。在这种回水和淤积的相互作用下，回水末端向上游发展，淤积末端也随之向上游延伸。

(2) 由于前期淤积的影响，河流进行纵向调整所造成的淤积上延。有些水库，即使在库水位已经下降、原壅水河段已经脱离回水的情况下，因受前期淤积影响，该河段仍会发生淤积，使淤积末端继续向上游延伸。这主要是因为前期淤积，抬高了局部侵蚀基准面，使河段比降变缓，河段输沙能力降低而发生的淤积。

2.1.3.2 水库淤积上延的危害性

水库淤积上延给水库末端地区的防洪、航运、农业生产以及生态环境等带来一系列危害，主要表现在以下几方面：

(1) 增加水库上游淹没浸没损失。水库淤积上延的最直接结果是造成上游河床抬高，淹没范围增大，同时抬高两岸地下水位，扩大了当地盐碱地面积。

（2）淤堵支流河口。由于水库淤积上延，造成回水末端附近支流河口淤堵，排水不畅。

（3）造成二次或多次移民，增加赔偿费用。由于水库淤积末端逐年向上游延伸，超出建库初期的土地征用范围，常造成二次或多次移民赔偿。

（4）恶化航运及工农业引水条件。淤积上延使床沙细化、纵比降变缓，通常使滩槽冲淤、坍塌的变化加剧，河道断面及平面形态发生变化。这样就可能使主流摆动，航道恶化，影响航运及工农业引水。

（5）降低水库兴利指标。为控制水库淤积末端的发展，水库被迫降低汛期水位运行，这样必然影响发电、供水等兴利效益。

另外，水库淤积上延并非都是不利的，如有些多沙河流水库上游河段的两岸有大片荒滩地，淤积上延，则可淤滩造田，化害为利。

2.1.3.3　水库淤积上延的影响因素

影响水库淤积上延的因素错综复杂，对不同水库需做具体的分析。但不外乎为来水来沙条件和影响河道水流挟沙力的因素等方面。

（1）入库水沙条件的影响。入库水沙条件对水库淤积上延有着很重要的影响。凡是淤积上延严重的水库，几乎都是河流上来沙量大的水库。当来水量小而来沙量大时，对淤积上延影响更为严重。一般来说，来沙量分布越不均匀，越利于排沙和限制淤积上延的发展。这是因为，来沙量集中在短时期内，易形成高含沙洪水，而长期均匀的少量来沙，水流处于次饱和状态，这两种情况均不利于淤积上延的发展。来沙组成对淤积上延也有一定的影响，但不是主要因素，它只能服从于其他主要因素而起一定的影响作用。如果来沙粒径远较原床沙粒径细，水库淤积上延就不严重；反之，来沙粒径与原床沙粒径接近时，水库淤积上延就比较严重。入库泥沙颗粒的粗细对淤积上延也有影响，某些水库入库含沙量虽然不太高，但因泥沙颗粒较粗也会发生水库淤积上延现象。

（2）水库运用方式的影响。水库运用方式对淤积上延可起决定性的作用。蓄水运用的水库，坝前水位长期较高，回水影响严重，淤积上延也严重。蓄清排浑的水库，由于在一定时期内坝前水位降低，回水影响消失，淤积上延也因而消失，甚至发生冲刷。有的水库在泄流过程中产生强烈的溯源冲刷，甚至可以影响到回水末端以上，从而限制淤积上延的发展。由此可见，采用蓄清排浑或泄洪排沙运行时，可以限制淤积上延的发展。若运用得当，泄洪排沙及时，甚至可以使河床冲刷下降，对淤积上延所起的作用是十分明显的。

（3）库区地形的影响。库区地形对淤积上延也有一定影响。建库前库区及其上游的河床纵比降对水库淤积上延起重要作用。原河床比降大，挟沙力大，泥沙不易落淤，淤积上延较缓，反之，则淤积上延较严重。湖泊型水库，有利于形成累积性淤积，使淤积上延现象严重。但库区地形的影响并非决定性因素。

（4）水库泄流设施及泄流规模的影响。水库泄流设施及泄流规模的大小对淤积上延有较大影响，它与水库运用方式相配合，有可能对淤积上延起到控制性的作用。如果水库设有泄流排沙底孔，其位置较低，尺寸较大，则泄流排沙能力大，可以限制淤积上延的发展。若底孔位置偏高，或尺寸过小，或无底孔，则泄流排沙能力小，淤积上延现象将比较严重。

（5）其他因素的影响。

1）库区滩面上树草丛生的影响。这些繁密的水草对洪水的阻滞作用很大，使淤积量增多，对淤积上延也起促进作用。

2）在水库回水末端上修建大量整治工程，对水库淤积上延也起促进作用。因此，在回水末端修工程应持慎重态度，如果处理不当有可能加剧水库淤积末端上延。

2.1.3.4 水库淤积上延的预估

目前水库淤积上延的预估方法几乎都是经验公式，包含的因素不够全面，因而有其局限性，有的甚至与实际情况不相符合，应用时需慎重考虑。下面介绍几个预估淤积上延的经验公式。

根据图 2.4 所示模式（水库已达到淤积平衡的极限情况），谢鉴衡对水库淤积上延现象进行了分析，由几何关系导出如下淤积上延相对高度和相对长度的估算公式：

$$\frac{\Delta L}{L_0}=\frac{\Delta H}{H}=\frac{\dfrac{J}{J_0}-\dfrac{H-H_0}{H}}{1-\dfrac{J}{J_0}} \tag{2.5}$$

式中 ΔL——翘尾长度，km；

L_0——回水长度，km；

ΔH——翘尾高度，m；

H——最高库水位下未淤积的坝前水深，m；

H_0——坝前淤积平衡厚度，m；

J_0——库区天然河道纵比降；

J——库区淤积平衡纵比降，如图 2.4 所示。

姜乃森等依据国内部分水库的实测资料，经多元回归分析后求得如下两式：

$$L=1.75J_0^{-0.084}\left(\frac{W_s}{W}\right)^{0.016}\left(\frac{d_{50}}{D_{50}}\right)^{0.08} \tag{2.6}$$

$$\Delta H=17.98J_0^{-0.1}\left(\frac{W_s}{W}\right)^{0.017}\left(\frac{d_{50}}{D_{50}}\right)^{0.12} \tag{2.7}$$

式中 W——多年平均入库径流量，m^3；

W_s——多年平均入库沙量，m^3；

d_{50}——入库悬移质中值粒径，mm；

D_{50}——库区天然河道河床质中径，mm；

J_0——库区天然河道纵比降；

L——水库淤积末端距坝里程，km；

ΔH——翘尾高度，m。

赵克玉通过对国内 6 座多沙河流水库的 8 个淤积上延实测资料分析，建立如下经验公式：

$$\frac{L}{L_0}=1.03+0.15\lg\left[\frac{S/(QJ_0)}{(J_0/J-1)^{\frac{1}{3}}}\right] \tag{2.8}$$

式中 L_0——回水长度，km；

L——水库淤积末端距坝里程，km；

S——含沙量，kg/m³；

Q——流量，m³/s；

J_0——库区天然河道纵比降；

J——库区淤积平衡纵比降。

除了上述经验公式外，也有学者利用模糊分析方法对水库淤积上延程度进行预测，但这种预测不像经验公式那样能给出确定数值，只能判断淤积上延的程度如何。此外，水库淤积上延也可利用泥沙数学模型计算。

2.1.4　水库泥沙淤积的主要危害

水库淤积不仅会影响水库的效益发挥，还会产生一些新的问题，更会对国民经济的建设、发展形成一定的影响。因此，正确认识水库泥沙淤积产生的原因和造成的影响具有重要意义。水库泥沙淤积的危害主要有以下 6 方面：

（1）水库淤积导致兴利库容、防洪库容逐渐减小，防洪能力降低。库容的减小将会直接影响水库防洪、发电、通航、灌溉以及养殖等效益的发挥，增加下游防洪工程的负担。若不及时、有效处理，可能会有溃坝的危险。黄河三门峡水库由于在当初设计时没有考虑排沙输沙问题，导致每年大量泥沙淤积，严重影响防洪库容的有效发挥。此外，山西镇子梁水库建于 1958 年，到 1972 年汛期已损失库容 60%，灌溉面积减少一半，使水库防洪标准从 100 年一遇的洪水降低到 20 年一遇的洪水。宁夏青铜峡水库初期运用仅 5 年就损失库容 86.9%，水库调蓄能力大大降低，灌溉用水和发电备用水量都不足。马莲水库 1958 年兴建，库容 680 万 m³，由于淤积造成库容损失过快，1958—1967 年平均年淤积 92.64 万 m³，曾于 1965 年和 1975 年两次加高大坝共 5m，使库容达 2047 万 m³，才弥补了淤积损失。

（2）水库淤积引起库区淹没。水流进入库区，流速逐渐减小，其所挟带泥沙在水库回水末端淤积形成三角洲，并逐步向上游发展，高出正常高水位，形成“翘尾巴”现象。这种现象加大了水库库区的淹没与浸没，同时水库的淤积也会导致两岸土地盐碱化面积扩大，影响农业生产。受三门峡水库回水影响，渭河下游淤积使河床抬高，加重了左岸地区的盐碱化。内蒙古三盛公水利枢纽工程，由于泥沙淤积，水库回水范围由 1962 年的 30km 发展到 1971 年的 43km 以上。山西镇子梁水库运行以来由于泥沙淤积上延多次追加淹没赔偿，总额达水库建设投资的 1.8 倍。

（3）影响水库的综合效益。水库淤积会使坝体底孔、输水洞堵塞；会使含泥沙水流进入水轮机，引起水轮机叶片磨损；会使水草堵塞拦污栅；也会使航道内产生大量的淤积，影响船只的通航和船闸的正常运转。水库泥沙淤积也会对坝体有一定的压力，对坝体的压力随着增大会对坝体的稳定产生一定的影响。

（4）使水库下游河床变形。水库蓄水后，由于库区泥沙淤积使水库水流含沙量降低，甚至下泄清水，引起下游河道长距离冲刷，使水位降低，河床发生变化，可能会使下游河道堤防出现险情。埃及阿斯旺水库自 1964 年蓄水以来，由于河床冲刷，坝下游 500km 范围内的河道水位下降 0.4～0.8m，造成两岸引水困难。

（5）造成水力机械和泄流设施的磨损。泥沙对水电站水轮机和其他水力机械的磨损影响甚大，容易造成水工建筑物泄水孔口管道的磨损，加速工程的老化损坏。

水库淤积减少水库的有效库容，使水电站的发电能力降低。如果淤积形成的三角洲在大坝附近形成，改变了机组进口水流的方向，影响了机组发电效率的提高，并增加进入发电机的泥沙、从而磨损涡轮机叶片和闸门座槽。

水库中出现泥沙淤积的情况长时间积累下去，水坝前面的水草以及泥沙会越来越多，进而造成灌溉引水口以及抽水站淤堵的情况，对水坝前面建筑物的整成使用造成影响。如果沙峰来势迅猛的话，会造成开启水闸门困难的情况，水轮机和金属闸门等过流部件还会因为长时间被粗大泥沙侵蚀出现磨损的情况。

（6）对水库库区污染的影响。悬移质泥沙表面常吸附大量污染物质，蓄水后，污染物质在库区内逐渐积累，将会对库区的鱼类等水生物的健康产生严重影响，也会对引用库区水的人们健康造成严重影响。泥沙是水流污染的传递体，水库淤积物如含有害物质，则不利于鱼类放养。

2.1.5 水库泥沙淤积量的计算

为了合理地确定水库的运用方式，减小水库的淤积，延长水库的使用年限，充分发挥水库的效益，必须了解和预估水库可能产生的淤积、淤积速率和淤积特征。此外，有的水库上游有重要城镇、工厂矿山、铁路和农田等，如果要知道水库经若干年运用后回水末端的淤积情况，分析水库淤积对上游城镇等的影响，这就需要预先估算水库的淤积量、淤积部位和淤积比降。

2.1.5.1 水库壅水淤积的计算

1. 有限差分法

对于河谷型水库，而且入库水流含沙量不饱和的情况下，水库的淤积计算可采用有限差分法。此法基本假定入库的洪水过程可划分为几个计算时段，在每一计算时段内入库水流是恒定流，即流量保持不变；挟沙水流的运动符合清水水流的恒定非均匀流运动；水库在淤积和冲刷过程中水位是不变的；不考虑水流中含沙量随时间变化。

根据上述假定，计算河段上、下两断面含沙量的变化等于河段上淤积量的变化，即

$$\frac{\partial s}{\partial x}=\gamma_d\frac{\partial G}{\partial t} \tag{2.9}$$

式中 s——断面平均输沙率，kg/s；

γ_d——床沙的干容重，N/m³；

G——计算河段的河底高程，m；

t——时间，s；

x——水平坐标，m。

式（2.9）可写成差分形式：

$$(S_1-S_2)\Delta t=\gamma_d\Delta xB\Delta G \tag{2.10}$$

式中 S_1、S_2——计算河段上、下两断面的平均输沙率，kg/s；

Δt——计算时段，s；

Δx——计算河段的长度，m；

B——计算河段的宽度，m；

ΔG——计算河床的平均冲淤厚度，m，正值为淤，负值为冲。

根据式（2.10）计算水库淤积的步骤如下：

（1）将水库库区划分为若干计算河段，每一河段的上、下断面即为河段的进出口断面。如果库面较宽，有明显不流动的死水部分，则不应包括在计算断面内。

（2）绘制水库库区的纵横断面，各断面的水位-河宽（$Z-B$）曲线、水位-面积（$Z-A$）曲线和水位-水力半径（$Z-R$）关系曲线。

（3）将洪水过程划分为若干计算时段，对每一计算时段取流量平均值作为计算流量值。

（4）根据水库调洪计算确定坝前水位，并将此水位作为回水计算的控制水位。

（5）计算每一时段水库的回水曲线，确定各断面的水深和流速。

（6）以库区上游进口断面作为起始断面，通过对实测资料的分析确定进入该断面的悬移质输沙率和推移质输沙率。

（7）确定一个适合本河段的水流挟沙能力公式和单宽推移质输沙率公式，计算各断面的输沙率：

$$S=S_m+S_b=\rho_s Q+q_b B \tag{2.11}$$

式中 S——断面输沙率，kg/s；

S_m——悬移质输沙率，kg/s；

S_b——推移质输沙率，kg/s；

ρ_s——水流挟沙能力，kg/m^3，对于入口断面即为入库水流的含沙量；

Q——计算流量，m^3/s；

q_b——单宽推移质输沙率，kg/(m·s)；

B——河床宽度，m。

（8）根据式（2.10）计算各河段的平均冲淤厚度：

$$\Delta G=\frac{(S_1-S_2)\Delta t}{\gamma_d \Delta x B} \tag{2.12}$$

（9）根据冲淤后的河床床面绘制新的纵横剖面，然后根据新的河床纵横剖面按上述（2）～（8）的步骤计算第2时段河床的平均冲淤厚度。如此直到全部时段计算完毕，即可求得库区在整个洪水过程中各河段的冲淤厚度：

$$G=\Delta G_1+\Delta G_2+\cdots \tag{2.13}$$

式中 G——在整个洪水过程中各河段的冲淤厚度，m；

ΔG_1、ΔG_2、…——某一计算河段在各计算时段内的冲淤厚度，m。

2. 三角洲法

对于入库泥沙以推移质为主的水库、湖泊型水库和入库水流的含沙量为超饱和的水库，库区淤积形态常呈三角洲形式，因此可按三角洲法进行水库的淤积计算。此法需首先计算出时段的淤积量，确定三角洲顶坡比降 J 和控制水深 H_k 等淤积形态参数，然后将淤积量分配在三角洲上。计算步骤如下：

(1) 将洪水过程划分为几个计算时段，以各时段的进库流量为计算流量 Q。

(2) 通过对实测资料的分析确定入库悬移质含量 ρ 和推移质输沙率 q_b，因此计算时段 Δt 内入库的总沙量为

$$W_{\Delta t}=W_a+W_b=(\rho Q+q_bB)\Delta t \tag{2.14}$$

式中 W_a、W_b——入库悬移质总量和推移质总量；

B——河宽，m；

Δt——计算时段，s。

(3) 根据式（2.1）～式（2.3）判别淤积形态，检验水库是否为三角洲淤积。

(4) 在淤积体为三角洲的水库中，三角洲的淤积量往往占总淤积量的大部分，而推移质泥沙将全部淤积在三角洲上。如果计算时段是一年，则计算时段内三角洲的淤积量为

$$W_\Delta=(W_a-W_n)\alpha_s+W_a+W_b \tag{2.15}$$

式中 W_Δ——计算时段内三角洲的淤积量；

W_a——计算时段内入库悬移质总量；

W_n——非汛期入库总沙量；

α_s——汛期淤积在三角洲上的泥沙占汛期入库总沙量的百分数，其值按式（2.16）估算：

$$\alpha_s=\frac{P_c-P_a}{P_c-P_b} \tag{2.16}$$

式中 P_a——汛期入库泥沙中粒径 $d<0.01$mm 的泥沙所占的百分数；

P_b——在三角洲淤积的泥沙中粒径 $d<0.01$mm 的泥沙所占的百分数（约为 6%～10%）；

P_c——异重流泥沙中粒径 $d<0.01$mm 的泥沙所占的百分数（约为 80%）。

当计算时段为汛期中的某一时段（如一个月）时，则三角洲的淤积量为

$$W_\Delta=W_a\alpha_s+W_b \tag{2.17}$$

(5) 对各时段进行回水计算，确定各断面的回水深度。

(6) 根据式（2.18）确定三角洲的顶坡 J_k 比降（见图 2.5）：

$$J_k=\mu J_0 \tag{2.18}$$

式中 μ——系数，对于河床为卵石的山区河流，悬移质与河床质组成相差很大的情况，$\mu=0.2\sim0.5$；对于河床为沙质的丘陵区河流，$\mu=0.5\sim0.7$；对于平原河流，悬移质与河床质组成相差不大的情况，$\mu=0.5\sim0.7$；

J_0——原河道的比降。

(7) 按式（2.19）和式（2.20）确定三角洲的前坡比降 J_b（见图 2.5）：

$$J_b=(1.6\sim1.9)J_0 \tag{2.19}$$

$$J_b=0.083\,\overline{Q}^{-0.54} \tag{2.20}$$

式中 $\overline{Q}$——洪峰平均流量，m^3/s。

(8) 按式（2.21）计算三角洲顶坡上的控制水深 h_0（见图 2.5）：

$$h_0=\frac{Q^{0.6}n^{0.6}}{B^{0.6}J_k^{0.3}} \tag{2.21}$$

式中　Q——计算时段的平均流量，m^3/s；

n——顶坡段的平均糙率；

B——顶坡段的平均河宽，m；

J_k——三角洲的顶坡比降。

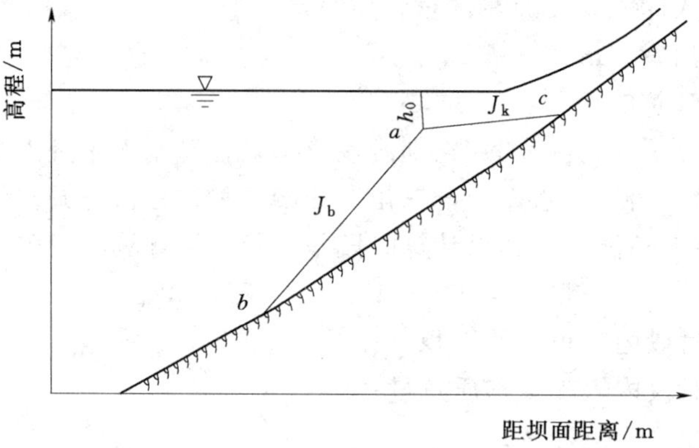

图 2.5　三角洲铺沙计算图

（9）进行三角洲的铺沙计算。首先假定三角洲顶点位于点 a（见图 2.5），该点水深等于 h_0，从点 a 分别向上、下游做直线 ac 和 ab，其坡降分别等于 J_k 和 J_b，然后计算 abc 的体积 V_Δ，并检验其是否等于本时段三角洲淤积体的体积 V_s，如果两者不相等，即$V_\Delta \neq V_s$，则须重新假定点 a 的位置，直至 $V_\Delta = V_s$ 为止，此时淤积体的体积、形状和位置即已确定。

2.1.5.2　多年平均淤积量的计算

多年平均淤积量是指水库在多年运用中的平均淤积量，目前，估算多年平均淤积量的方法有拦沙率或排沙比法、水库淤损率法等，下面介绍水库淤损率法。

水库淤损率是指水库每年淤积损失的库容占水库库容的百分比，即

$$\alpha_V = \frac{\Delta W_s}{V} = \frac{\Delta W_s}{W_s}\frac{W_s}{V} = \beta\frac{W_s}{V} \tag{2.22}$$

式中　α_V——水库库容淤损率；

ΔW_s——年内水库泥沙的淤积量，m^3；

W_s——一年内入库的泥沙量，m^3；

V——水库库容，m^3；

β——水库的拦沙率，根据实测资料的分析，水库的拦沙率可用式（2.23）表示：

$$\beta = \frac{\dfrac{V}{W_\omega}}{0.012 + 0.0102\dfrac{V}{W_\omega}} \tag{2.23}$$

式中　W_ω——水库的年来水量，m^3。

由式（2.22）可得水库多年平均年淤积量为

$$\Delta W_s = \alpha_V V \tag{2.24}$$

在不考虑水库调节对拦沙影响的情况下，水库的淤损率可按式（2.25）计算：

$$\alpha_V = 0.00178M^{0.95}\left(\frac{V}{F}\right)^{-0.8} \tag{2.25}$$

式中 M——流域平均侵蚀模数，kg/(km^2·a)；

V——水库库容，m^3；

F——流域面积，m^2。

2.1.5.3 淤积年限的计算

对于大型水库，在淤积计算时应考虑水库淤积量与淤积速度相互影响的因素。

水库经 t 年运用后的拦沙率 β_t 可用式（2.26）表示：

$$\beta_t = \beta_0\left[1-\frac{W_{st}}{W_0}\right]^{\lambda} \tag{2.26}$$

式中 β_0——水库运用初期时的拦沙率，%；

W_{st}——水库经 t 年运用后累积的淤积量，m^3；

W_0——水库允许的最大淤积量或最大可淤库容，m^3；

λ——拦沙率随库容减小的衰减指数，与水库的水沙条件和运用方式有关，对于排沙较多的水库 $\lambda=0.90\sim0.95$；对于排沙情况一般的水库 $\lambda=0.60\sim0.75$；对于排沙很少或基本不排沙的水库 $\lambda=0\sim0.45$。

衰减指数 λ 也可按下法求得。将式（2.26）写成下列形式：

$$\lg\beta_t = \lambda\lg\beta_0 + \lambda\lg\left(\frac{W_0-W_{st}}{W_0}\right) \tag{2.27}$$

由式（2.27）可见，$\lg\beta_t$ 与 $\lg\left(\frac{W_0-W_{st}}{W_0}\right)$ 呈线性关系，因此，如若已知水库的入库年水量 W_s 和最大可淤库容 W_0，计算水库初始拦沙率 β_0（此时令 $V=W_0$），然后给定不同的淤积量 W_{st}，则可得相应的调节库容 $V=W_0-W_{st}$ 和调节系数 V/W_ω，并根据式（2.23）计算相应的拦沙率 β_t。以 β_t 为纵坐标以 $\frac{W_0-W_{st}}{W_0}$ 为横坐标，将各个值点绘于对数纸上，则可得一条直线，该直线的斜率即为水库衰减指数 λ 值。

如令 $W_{st}=\zeta W_0$，即 $\zeta=W_{st}/W_0$，表示水库可淤库容淤满的程度，简称水库淤满度。水库达到某一淤满度 ζ 时的淤积年限 T_s 可按式（2.28）计算：

$$T_s = \frac{1-(1-\zeta)^{1-\lambda}}{(1-\lambda)\alpha_{V0}} \tag{2.28}$$

其中

$$\alpha_{V0} = \frac{\beta_0 W_s}{W_0}$$

式中 α_{V0}——水库的起始淤损率。

2.1.6 防治水库淤积的措施

防治水库淤积的措施，概括起来，不外乎“拦”（上游拦截，就地处理）、“排”（水库排沙，保持库容）、“清”（清除淤沙，恢复库容）等几方面的措施，现分述如下。

2.1.6.1　水库泥沙的拦截与合理利用

在水库上游加强水土保持工作，减少河流含沙量，是防治水库淤积的根本措施。对于流域面积不大的中小型水库，水土保持工程规模不大，且能与坡面和沟道治理工程结合起来，容易实施，也容易收益。除开展水土保持工作外，还可根据河流地形的特点，因地制宜地采取一些工程拦沙措施，以达到最大可能地减少入库泥沙。除此之外，还要给泥沙找出路，合理加以利用，变害为利。这里只简要介绍一些工程拦沙措施和“引洪淤灌”“淤滩造地”。

1. 工程拦沙措施

(1) 串（并）联水库。根据地形条件，修建串（并）联水库，其中一座或多座水库主要用于滞洪拦沙，另一座水库主要用于蓄水，两库或多座水库联合调水调沙运行。串联水库是在蓄水水库上游支流或干流上修建以拦沙为主的滞洪水库［见图 2.6（a）］，以减少进入蓄水水库的沙量，上游滞洪水库除了拦沙外，还可以通过下泄的水流冲刷蓄水水库淤积的泥沙。特别是当支流来沙所占比例大而来水所占比例相对较小时，修建支流滞洪水库效果将更为显著。并联水库是在流域面积小、植被较好、泥沙较少的支流上修建蓄水水库，而在相邻的另一条泥沙较多的河流上修建滞洪水库，并用输水隧洞把两库连接起来。清水由滞洪水库通过隧洞进入蓄水水库加以调蓄，汛期含沙量大的洪水则经滞洪水库缓洪后引入下游淤灌，如图 2.6（b）所示。

(2) 旁侧水库。根据河道周围具体地形条件，如在河流一侧的宽阔滩地或弯道处修建旁侧水库，如图 2.7 所示，对清浑水分而治之。当河水含沙量小时，通过引渠或直接将河水引入水库；当汛期河水含沙量大时，则沿河或引渠下泄，避开含沙量大的河水入库，这样可大幅度减少水库的淤积。水库进口最好设活动叠梁或橡胶坝，以便汛期能引取河道表层清水。

2. 引洪淤灌和淤滩造地

在多沙河流上，除了采取以上工程措施，拦截泥沙外，还要在水库的上、下游，广泛开展引洪淤灌和淤滩造地等用沙措施，把拦沙与用沙结合起来，变沙害为沙利。

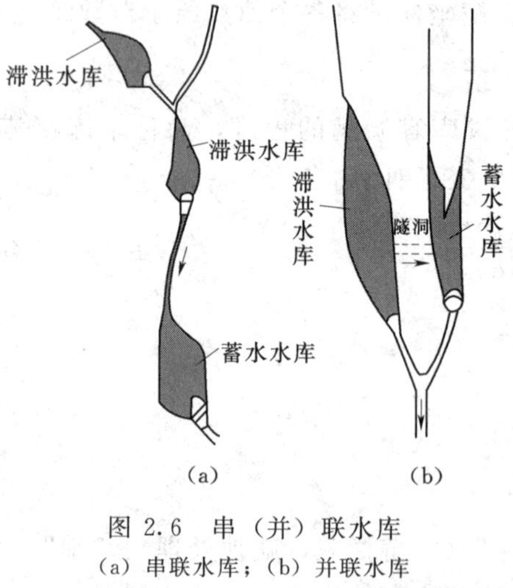

图 2.6　串（并）联水库
（a）串联水库；（b）并联水库

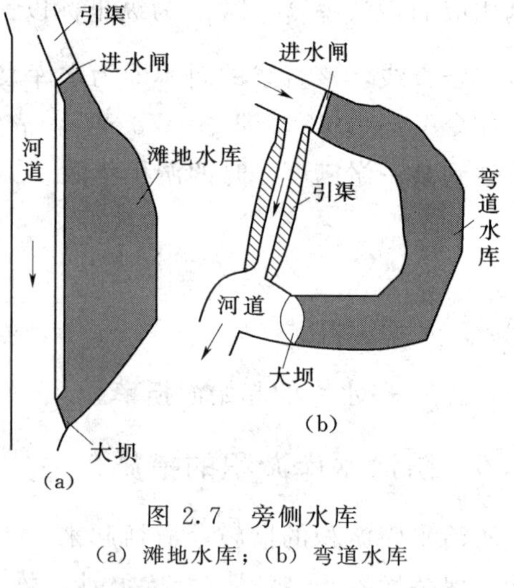

图 2.7　旁侧水库
（a）滩地水库；（b）弯道水库

（1）引洪淤灌。引洪淤灌就是直接将浑水引入农田淤灌，在我国已有两千多年的历史。引洪淤灌一方面可以就地消化出库泥沙，减轻下游河道泥沙负担；另一方面，洪水挟带的泥沙有粗有细，有利于改良土壤结构和改造盐碱地，同时浑水中含有大量的氮、磷、钾和有机肥料，对提高土地肥力也十分有利。

（2）淤滩造地。在水库的上、下游，选择合适地形，引洪放淤，淤滩造地，清水则退回河道。这样，既能扩大耕地面积，又能降低河水含沙量，大大减少入库泥沙，减轻水库淤积。

2.1.6.2 制定合理的水库排沙运用方式

通过水力排沙将随本次洪水进入水库的泥沙尽可能多地排走，并将前期淤积下来的泥沙尽可能多地冲走。在水库的规划设计中，应利用水沙运动的特性，根据具体情况，制定合理的水库排沙运用方式，并配置相应的泄流排沙设施，进行水力排沙，以减少水库淤积，延长水库寿命。水库排沙运用方式有蓄清排浑运用、异重流排沙、浑水水库排沙、绕库排浑法等多种，下面予以简要介绍。

1. 蓄清排浑运用

蓄清排浑运行是指水库在汛期含沙量较高时设置排沙期，在排沙期水库降低水位运用或泄空水库，尽量将泥沙排出库外，以减轻水库淤积；非汛期含沙量较低时，则拦蓄径流，蓄水兴利。这种运用方式的特点是能够对水沙进行综合调节，既能调节径流，又能将非汛期累积的泥沙在排沙期集中排出库外，大大延长了水库使用寿命。蓄清排浑运用方式可以灵活多样，但它们的明显标志是都具有排沙期。排沙期起止日期及长短根据各水库具体情况而定，可能各不相同。通过排沙，力争使水库在年内或一定时期内冲淤达到基本平衡，以求长期保持一定的有效库容。我国多沙河流水库目前已广泛采用蓄清排浑运用方式。根据排沙期泥沙调节的不同形式，蓄清排浑运用方式主要有以下几种基本形式。

（1）空库迎洪运用。水库在汛期某段时间内保持空库迎洪，并利用泄空过程中坝前水位降落所引起的溯源冲刷和沿程冲刷，加大排沙力度，把前期淤在河槽的泥沙排出库外。因此，利用汛期空库迎洪运用方式往往能得到较好的排沙效果。空库持续时间即为排沙期，空库期间，洪水穿库而过，水库对洪水仅起缓滞作用。当然，这种空库迎洪运用方式不是所有的水库都能采取的，这种运用方式只适用于以灌溉为主的中小型水库，因为汛期多雨季节，农作物经常停灌，利用停灌期泄空水库，对灌溉影响也不太大。我国北方许多以灌溉为主的中小型水库多采用此种运用方式。另外还可结合水库放空，考虑对排出的泥沙加以利用，如引洪淤灌、淤滩造地等。

（2）汛期低水位运用。水库在整个汛期降低水位控制运用，汛后恢复正常蓄水位运用。这种运用方式的排沙期为整个汛期，当汛期洪水入库后，由于库水位较低，库内水流仍具有一定的流速，能够将本次洪水携带的泥沙和前期淤积的泥沙排出库外。汛期运用水位越低，则排沙效果越好，但库水位的降低还受到各种兴利用水要求的制约。对于综合利用水库，汛期低水位的选择，不仅要考虑排沙要求，而且要考虑兴利用水要求，如发电要求保持一定的水头，灌溉引水要求一定的水位等。汛期降低水位运用会损失一部分水头和水量，造成一定的经济效益损失，但这种运用方式适用性较强，大、中、小型水库均可运用。

(3) 汛期控制蓄洪运用。水库在汛期仍保持正常蓄水位运用，以提高水库兴利效益，当出现含沙量较高的入库洪水时，才根据时机降低库水位排沙。对于调节能力低，泄流规模大，汛期来沙主要集中于几场较大洪水的水库，特别对有水沙预报条件的水库，采用这种运用方式是非常有利的。如黄河青铜峡水库 1972—1976 年间采取汛期低水位运用方式：非汛期库水位为 1156m，汛期库水位降低至 1154m 运行。为了利用汛期富余水量多发电，自 1977 年开始转入汛期控制蓄洪运用方式，即库水位常年运用在 1156m，仅在上游来较大洪水和沙量时根据时机降低库水位进行排沙，另外在汛末放空水库集中拉沙。

以上为水库蓄清排浑运用方式的几种基本形式，当然还有其他一些形式，这些形式可以单独运用，也可以组合运用，原则是利用尽可能少的水量多排沙。

2. 异重流排沙

如果水库正处于蓄水状态，洪水中存有很多泥沙时，清水与浑水之间因为比重有比较大差异，因此两者之间基本上不掺和。通常情况下，都是浑水进入到水库底部，同时向坝前运行。如果在此时工作人员能够将底孔闸门完全的打开，将所有的浑水都排泄到水库之外，就能够有效地解决水库泥沙淤积问题。因为水库蓄水与异重流排沙位置并无多大关系，因此水库在汛期时，也能够具备相应的调蓄能力，不会出现弃水现象。也正是因为如此，此种方法比较适用在水流短缺或者是难以将泥沙完全泄空的水库中。

水库异重流排沙的特点是：开始时出库水流含沙量大，排沙效率较高，但持续一段时间洪峰降落后，出库水流含沙量就会逐渐下降，排沙效率也随之降低。因此，为提高异重流排沙效率，当异重流到达坝前时，应及时开闸，并加大出库泄量，洪峰降落后则应逐渐关闸减少出库泄量。根据一些水库的经验，异重流到达坝前时能否及时打开底孔，对异重流排沙效率影响很大。如果底孔提前打开，出库水流含沙量低，会造成水资源的浪费；如果底孔打开较迟，异重流在坝前就会受阻扩散，在水库下层形成浑水体，这部分浑水体若不能及时排走，泥沙就会落淤在坝前。由于异重流排沙不需要降低库水位，而且排沙效率高、成本低，所以国内外一些有条件的水库在汛期都尽可能地来利用异重流排沙，并研究如何进一步利用异重流提高排沙效率。

影响异重流排沙率的因素有库区地形（宽度差异）、入库洪峰流量、输沙量以及泥沙的特性、排沙孔相对于库底的高度、下泄流量、库水位以及水库长度等。一般来说，水库库区较短、入库流量较大、异重流含沙量较高、细粒泥沙比例较大、排沙孔较大且高程较低的情况下，异重流排沙率就较高。例如，丰家山水库长度为 12～14km，排沙率（异重流排沙量与入库泥沙量之比）为 23%～56%，三门峡水库长度为 80km（1961 年），排沙率为 18%～21%。

以美国的米德湖水库为例，1935 年 2 月闸门顶部以下的总库容为 400 亿 m^3，有效库容为 345 亿 m^3，平均年入库流量约 160 亿 m^3。在上游的大峡谷，悬移质输沙量平均每年为 1.5 亿 t，异重流排沙率为 18%～19%。当入库水流按重量计算的含沙量小于 1%、或细粒泥沙含量较低时，异重流无法抵达大坝，当含沙量在 2%以上，就可以施行异重流排沙。

3. 浑水水库排沙

当异重流运动到坝前，泄流排沙底孔未能及时打开，或入库洪水流量超过出库洪水流量时，就会在水库清水的下层形成浑水体，这部分浑水体称为浑水水库。由于浑水中的泥沙沉速较小，浑水水库可以维持较长一段时间。若抓住此有利时机，打开泄流排沙底孔可将下层含沙量较高的浑水排出水库，这种排沙方式称为浑水水库排沙。

4. 绕库排浑法

在水库回水末端筑一拦洪坝，并在坝身设底孔闸，绕库修排洪渠道渠首与拦洪坝衔接，下游与水库的溢洪道想通。汛期洪水到来时，关闭底孔闸，高含沙洪水通过排洪渠道及溢洪道泄入下游，洪水过后，开闸引基流清水入库兴利。

2.1.6.3 采用水力、工程措施清除库内淤沙

1. 泄空冲沙

对于某些允许泄空的水库，可以在汛期将水库泄空，利用水库泄空时产生的沿程冲刷和溯源冲刷将库内淤沙冲出。在水库泄空过程中，回水末端将逐渐向坝前移动，因而原来淤积的泥沙也将因回水的下移而发生冲刷，特别是在水库泄空的最后阶段突然加大泄量，则冲刷效果将更加显著，这种排沙方式称为泄空排沙。

水库泄空排沙通过两种方式进行：一种是在回水末端上游的沿程冲刷；另一种是当水库水位下降到低于三角洲顶坡时产生的溯源冲刷。沿程冲刷的特点是冲刷时间长、冲刷强度弱，主要发生在回水末端附近，对于清除水库尾部的淤积有比较显著的作用；溯源冲刷的特点则是冲刷过程发展快、强度大，如果是锥体淤积，则首先发生在坝前，如果是三角洲淤积，则首先发生在三角洲顶点附近，然后向上游发展。

泄空冲刷所产生的沿程冲刷和溯源冲刷，两者是联合作用的。沿程冲刷消除回水末端的淤积，将泥沙带到下段淤积；溯源冲刷则将沿程冲刷带来的泥沙冲走，并逐渐向上游发展，改变上游的水力条件，使冲刷继续发展下去。

泄空排沙的特点是含沙量由小变大，即开始泄空时，出库含沙量较小；随着冲刷的发展，出库含沙量逐渐增大，冲刷发展更加剧烈。可见泄空排沙后期的排沙效果是较好的，如果同时加大下泄流量，排沙效果会更好。

泄空排沙的效果还与淤积泥沙的特性有关。淤积泥沙的黏性小，不易固结，或泥沙尚未充分固结时，及时泄空排沙，则排沙效率高。

利用水库泄空时产生的沿程冲刷和溯源冲刷将库内淤沙冲出。如果泄空的同时，再辅以人工或机械措施，则拉沙效果更好。水库泄空过程中，利用人工或机械将主槽两侧的泥沙推进主槽，或在主槽内进行人工或机械搅动，使泥沙随水流泄走，加大水库的排沙量，这对小型水库来说，也是一种行之有效的办法。

2. 基流冲沙

水库泄空后，继续行洪运用，让河道基流冲刷库区主槽，冲沙效果也非常显著。

3. 横向冲蚀

水库淤积一般形成高滩深槽，滩地淤积往往占去大部分库容，采用水力排沙的方法难以恢复这一滩地库容；依靠机械清淤，成本昂贵，中小型水库难以负担，而横向冲蚀就是专门恢复滩地库容的技术。

横向冲蚀就是在水库泄空后或低水位运行时，依靠辅助工程设施引河水至库岸一定高程，利用较大的水头落差，冲刷滩地淤沙，如图 2.8 所示。横向冲蚀设施主要包括临时渠首、输水渠和横向引渠等（图 2.8）。

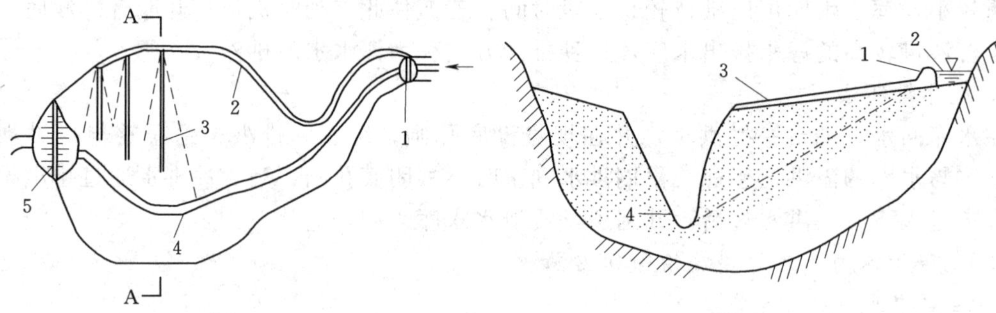

图 2.8 横向冲蚀布置示意图

(a) 平面布置；(b) A—A 剖面

1—临时渠首；2—输水渠；3—横向引渠；4—主槽；5—挡水坝

横向冲蚀特点：①能够恢复滩库容；②排沙效率较高；③成本低廉。横向冲蚀尤其适用于恢复滩地库容或死库复活。

4. 滞洪排沙

蓄清排浑运用的水库中，洪水到来时，必须空库迎洪，或者降低水位运用。当入库洪水流量大于泄水流量时，便会产生滞洪壅水；有时为了减轻下游的洪水负担，也要求滞留一部分洪水。滞洪期内，整个库区保持一定的行近流速，粗颗粒泥沙淤积在库中，细颗粒泥沙可被水流带至坝前排出库外，避免蓄水运用可能产生的严重淤积，这就是滞洪排沙。滞洪过程中，洪峰沙峰的改变程度及库区淤积和排沙情况，不同水库的不同滞洪排沙过程可能差别很大，但总的说来，相对蓄水水库而言，排沙效果是显著的。

滞洪排沙的效率受排沙时机、滞洪历时长短、开闸时间、泄量大小等因素的影响。一般河流泥沙的特点是汛期含沙量比较集中，因此，利用汛期滞洪排沙的方式往往能得到较好的排沙效果，特别是在空库迎洪的情况下排沙效果更好。这是由于受水流漫滩影响的结果。中小洪水滞洪历时短，因而滩面水深下降快，泥沙未能充分沉降即进入主槽，故排沙效率高。大洪水时由于壅水范围远，滩面上漫滩水深大，滞洪历时又较长，因而大量泥沙在死滩上落淤，使得排沙效率显著降低。由此可见，要提高滞洪排沙的效率，应对库水位加以控制，尽量使洪水不漫滩或少漫滩。

在滞洪排沙过程中，开闸及时、下泄量大和滞洪历时短，则排沙效率高；反之则低。因为当洪水到来时若不能及时开闸，库水位便将壅高，如果下泄量小和滞洪时间长，则库水位下降慢，浑水在库内停留的时间长，泥沙就有充分沉降的时间，排沙效率因而降低。

滞洪排沙弃水量大，为了充分利用水利资源，必须很好地同灌溉用水紧密结合，积极开展引洪淤灌，将排泄的洪水充分地加以利用。为了尽可能提高滞洪排沙的效果，同时又尽可能减少弃水量，应充分利用上述滞洪排沙的特点。即当洪水初发时，排沙效率最高，应及时开闸，并尽可能加大泄量；当经过一定时间以后，排沙效率已下降，此时应减少泄量，以节省弃水量。

对于来水来沙比较丰沛，且历时越长的大河上的大中型水库，滞洪历时越长，壅水程度越高，淤积会多于冲刷，排沙效果远没有这样高。

5. 虹吸清淤

在水库库区与泄流排沙底孔之间架设一条虹吸管道，利用虹吸原理，将库内淤沙通过管道排出水库，如图 2.9 所示。

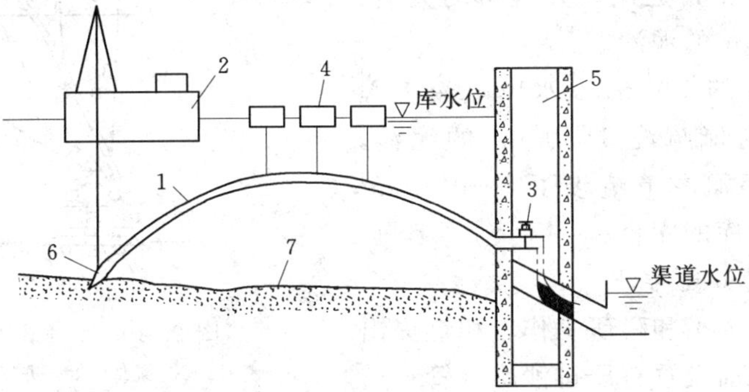

图 2.9 虹吸清淤示意图

1—输泥管道；2—作业船；3—连接装置；4—浮筒；5—放水设备；
6—吸头；7—淤泥面

虹吸清淤设备主要包括吸头、输泥管道、作业船等。

(1) 吸头。吸头安装在输泥管的上游端，其作用主要有两个：一是搅泥；二是吸泥。按粉碎淤泥的方式，分为冲吸式吸头与绞吸式吸头。前者是依靠高压水枪喷射，冲击粉碎淤泥；后者是依靠安装在吸口处绞刀切削粉碎淤泥。冲吸式结构简单，适于黏性小的沙土床面。绞吸式结构较复杂，但对板结密实的淤泥层仍然有效。

(2) 输泥管道。输泥管道一般由橡胶管等柔性材料构成，敷设在水中，由浮筒悬吊。输泥管道一般应满足以下三个条件：①在管道放空时，不致在外力作用下压扁；②保持一定柔性，易于移动位置；③分段连接，易于伸长和缩短。

(3) 作业船。作业船主要作用是拖曳吸头在水下移动，并根据要求控制吸头工作。虹吸清淤具有以下特点：①适用范围广，只要水库底部设有泄流底孔，均可采用；②不需要泄空水库，提高了供水保证率，并有利于水产养殖；③排泥费用较低。

虹吸清淤主要用于坝前段的淤积清除，而不适用于远离坝趾的库区段淤积清除。

6. 气力泵清淤

气力泵是一种以压缩空气为动力的清淤装置，主要组成部分包括气力泵、空气分配器、空气压缩机。辅助部件包括悬吊系统、移船系统、操作室、输泥管道等。

利用气力泵清淤时，先将泵体下落到泥沙淤积面，开动泵体下部铰刀，在泵体周围产生高浓度泥浆，在库水压力作用下，泥浆被压入泵体，然后将压缩空气送入泵体，使泥浆通过与泵体连接的管道输送到指定地点，如图 2.10 所示。

7. 挖泥船清淤

挖泥船是集土方挖掘施工各个工艺环节于一身的土方施工机械。挖泥船根据工作原理和输送方式，可分为机械式和水力式两大类。机械式挖泥船又可分为链斗式、抓斗式、铲斗式、轮斗式等。水力式挖泥船主要分为吸扬式、铰吸式。机械式挖泥船一般适用于水深不太大的水库清淤。水力式挖泥船可用于水深较大的水库清淤，如现有的铰吸式挖泥船最大挖深可达 150～200m。利用挖泥船清除库内淤沙，不影响水库正常运用，并且机动灵活，可清除库内任何部位的泥沙。

以阿尔及利亚的 Chearfas 水库疏浚工程为例，吸泥船每月能疏浚 34 万 m^3 的泥沙，1958—1961 年在灌溉季节疏浚了 1000 万 m^3 的泥沙，恢复了水库的库容。

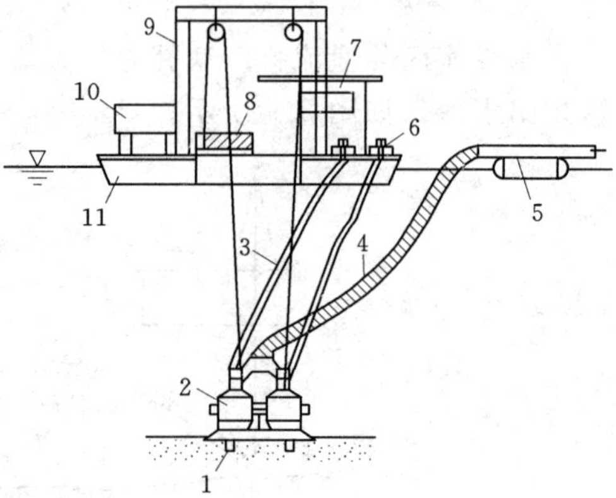

图 2.10　气力泵清淤示意图

1—铰刀；2—泵体；3—进气管；4—输泥胶管；5—浮筒；6—电磁阀；7—电气操作室；8—卷扬机；9—门架；10—空气压缩机；11—船体

8. 排沙廊（管）道排沙

近年来，设计人员和科研工作者相继提出了在水库排沙底孔前设置有压排沙廊（管）道排沙。排沙廊（管）道一端与排沙底孔进口相连通，另一端向上游延伸，并设支廊（管）道（见图 2.11）。主廊（管）道和支廊（管）道侧面或顶部设若干个吸沙孔。整个廊（管）道呈向上翘的弧形或 L 形，上游端高出预期的泥沙淤积面，作为进水口（见图 2.12）。当排沙底孔泄水排沙时，在上、下游水位差的作用下即可自动将淤积在吸沙孔附近的泥沙吸进廊（管）道，排往下游河道中。从而使坝前的冲刷漏斗沿廊（管）道延伸，扩大了坝前排沙范围。

与现有清淤技术相比，库内有压排沙廊（管）道具有如下优点：①排沙效率高，库内有压排沙廊（管）道充分利用了水库的高水头，在廊（管）道中形成高速水流，借助水流在廊（管）道中形成的负压吸力作用，扰动并吸引廊（管）道外的泥沙，使泥沙在重力和吸力作用下不断进入吸沙孔，排到下游；②扩大了坝前排沙范围；③相对机械清淤方式更为经济，运行成本低；④结构简单，控制便利，依靠底孔出口的闸阀等装置即可控制排沙流速，使廊（管）道安全运行。

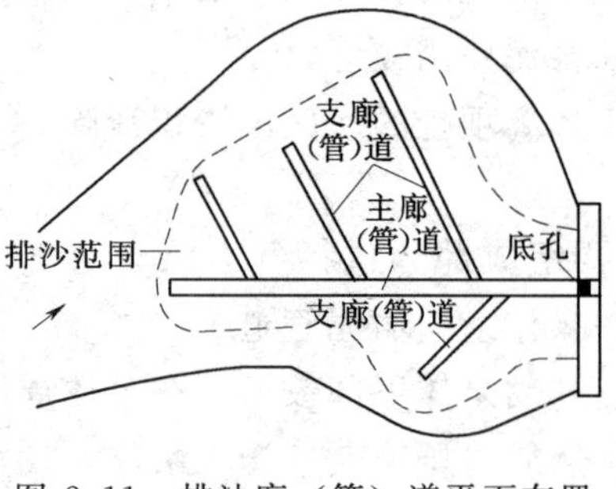

图 2.11　排沙廊（管）道平面布置

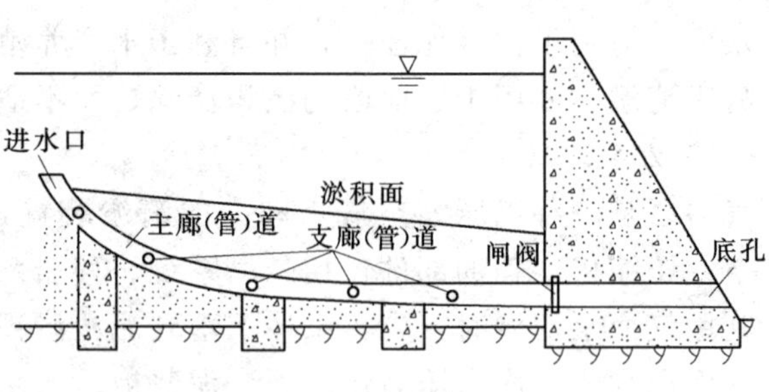

图 2.12　排沙廊（管）道纵剖面

2.2　水库冲刷

水库库区的冲刷可分为溯源冲刷、沿程冲刷和壅水冲刷三种情况。

2.2.1 溯源冲刷

当水库水位下降速度大于河床变形速度，库水位低于三角洲或锥体淤积顶点附近床面高程时，将发生自下而上的冲刷，这种冲刷形式称为溯源冲刷。其冲刷厚度和冲刷数量由下而上沿程逐渐减少。河流上修建了水库，抬高了水位，即抬高了上游河段的侵蚀基准面，使水库造成淤积，形成一定的淤积纵剖面，例如三角洲淤积形态。若把水库水位下降到三角洲顶点高程以下，这时水库内水面曲线不是回水段口的壅水曲线，而在三角洲顶点处出现跌水曲线。

由于跌水曲线处局部水面比降变陡，流速加大，因此，水流挟沙力加大，在三角洲顶点处就要发生冲刷。这种冲刷的发展特点是：冲刷自下游向上游发展。随着冲刷段的向上游扩展，原来集中在三角洲顶点处的比降，也在冲刷段内调匀。结果使最大比降减缓，但影响范围不大。所以溯源冲刷产生的条件有两个：一个是有前期淤积，一个是库水位的降落。

溯源冲刷的发展过程可概化为图 2.13。前期淤积为三角洲形态。当库水位从 Z_0 降到三角洲顶点 M 以下的某一高程 Z_1 以后，M 处形成很陡的水面比降，流速很大，此处河床首先发生冲刷。对于锥体淤积，若库水位下降到坝前淤积面以下，则溯源冲刷起冲点就从坝前淤积顶点开始向上游发展。随着冲刷的向上发展，冲刷强度逐渐减弱，直至和当时的水沙条件相适应，降水曲线完全消失，溯源冲刷过程才结束。

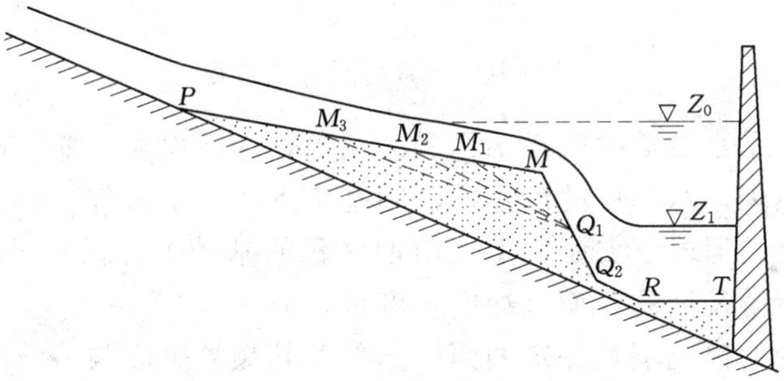

图 2.13 溯源冲刷过程示意图

溯源冲刷可有以下几种情况：

（1）若库水位在短时间内下降到某一高程后，比较稳定，变幅不大，或者放空库，则冲刷的发展以冲刷基准点（见图 2.13 中 Q_1 点，放空库时为冲沙闸底）为轴，以辐射扇状的形式向上发展。

（2）若冲刷过程中库水位不断下降时间较长，冲刷是层状的，从淤积面向深层，同时也向上游发展，如图 2.14 所示。

（3）若水库前期淤积有压密的抗冲性较强的黏土层，则在溯源冲刷发展过程中，库区床面常形成局部跌水，如图 2.15 所示。北方中小型水库坝前淤积多属黏土，一般多呈现局部跌水，尤其是水库采取蓄清排浑，有空库运用时期的情况。

2.2.2 沿程冲刷

在不受水库水位变化影响的情况下，由于来水来沙条件改变而引起的河床冲刷，称为

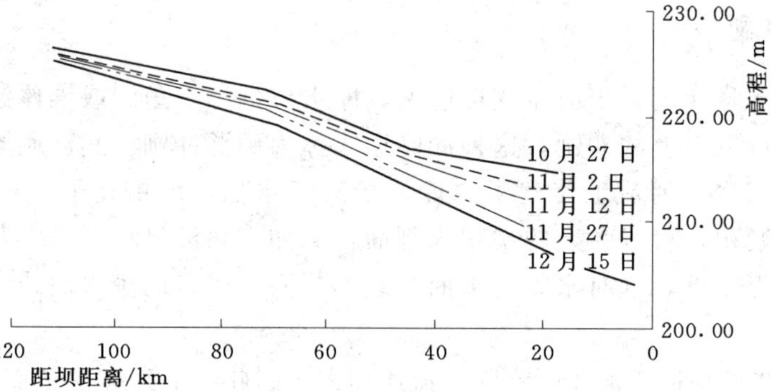

图 2.14　水库溯源冲刷过程

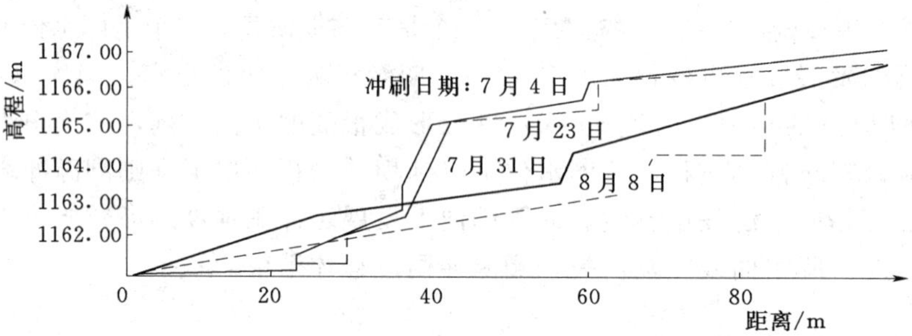

图 2.15　水库溯源冲刷过程

沿程冲刷。沿程冲刷是水流输沙能力不饱和的现象，它不仅在水库库区可以发生，而且在天然河道中也经常出现。水库中的沿程冲刷则基于下述两个条件：一是发生在已经脱离了库水位影响范围以上的河段，二是发生在前期淤积的基础上。沿程冲刷与溯源冲刷不同，其冲刷是从上游向下游发展的，而且冲刷强度也较低。

在水库水位不变的情况下，一定的河床形态及其颗粒组成与一定的来水来沙条件相适应，如果来水来沙条件改变，则河床必定要发生冲刷和淤积，以适应改变了的来水来沙条件；同样，一定的水流挟沙能力，适应于一定的河床形态及其组成，如果来水中的含沙量高于水流的挟沙能力，则将产生淤积，如果低于水流的挟沙能力，则将产生冲刷。

原水利电力部第十一工程局设计研究院在研究三门峡水库输沙能力时，得出沿程冲刷经验公式为

$$Q_s = 1.05 \times 10^5 (QJ)^2 \left(\frac{S}{Q} + 0.02\right)^{1.75} \tag{2.29}$$

式中　Q_s——输沙率，%；

Q——时段平均流量，m^3/s；

J——水面比降；

S——时段平均含沙量，kg/s。

2.2.3　壅水冲刷

在水库水位较高的情况下开启底孔闸门泄水，则底孔进口前面四周的水将流向底孔，

如果此时水流的流速足以使底孔附近淤积的泥沙启动，随同水流一起通过底孔排出库外，则底孔前面将逐渐形成一个冲刷漏斗，而随着冲刷漏斗的扩大，冲刷强度将逐渐减弱，直到冲刷停止，这种冲刷称为壅水冲刷。壅水冲刷仅局限在底孔前有限的范围内，而且还受淤积物固结程度的影响，对于已固结的老淤积物，冲刷漏斗较小，而对于未固结的新淤积物，冲刷漏斗则较大。

第3章　水　库　调　度

水利工程建成以后，我们关心的问题是如何将工程的设计效益充分发挥出来。在担负有防洪任务的综合利用的水利枢纽上，若仅从防洪安全的角度出发，在整个汛期内都要留出全部防洪库容，等待洪水的来临，这样在一般的水文年份中，水库到汛期后可能蓄不到正常蓄水位，因此减少了充分利用兴利库容来获利的可能性，得不到最大的综合效益。反之，若单纯从提高兴利效益的角度出发，过早将防洪库容蓄满，则汛末再出现较大洪水时，就会措手不及，甚至造成损失严重的洪灾。从供水期水电站的工作来看，也可能出现类似的问题。在洪水期初如水电站过分地增大了出力，水库很早放空，后来的天然水量不能满足水电站保证出力的要求时，系统的正常工作将遭受破坏；反之，如供水期初水电站出力过小，到枯水期末未能腾空水库，后来的天然来水量又可能很快蓄满水库并产生弃水，造成大量水资源的浪费。

为了避免管理不当造成的损失，或将这种损失减少到最低限度，我们应当对水库的运行进行合理的控制，即要提出合理的水库调节方法进行水库调度。应该强调指出，在防洪与兴利结合的水库调度中，必须把水库的安全放在首位，要保证设计标准条件下的安全运用。水库在防洪保障方面的作用是要保护国家和人民群众的最根本的利益，尤其当工程还存在一定隐患和其他不安全因素时，水库调度中更要全面考虑工程安全，特别是大坝安全对洪水调度的要求，兴利效益务必要服从防洪调度统一安排，通过优化调度，把可能出现的最高洪水位控制在水库安全允许的范围内，在此大前提下，再统筹安排满足下游防洪和各兴利部门的要求。

3.1　水库防洪调度

3.1.1　概述

防洪调度是运用防洪工程或防洪系统中的设施，有计划地实时调配洪水以达到防洪的最优效果，同时还要适当兼顾其他综合利用要求，对多沙或冰凌河流还要考虑排沙、防凌要求。水库的防洪调度是一种确保水库安全、实现水库防洪任务、使水库充分发挥综合效益而采用的控制运用方式。它涉及水库上下游的安全和综合效益的发挥，对国民经济产生很大的影响，历来受到各级政府的高度重视。

3.1.1.1　水库防洪调度的主要任务

水库防洪调度的主要任务是确保工程安全，有效地利用防洪库容拦蓄洪水、削减洪峰、减免洪水灾害，正确处理防洪与兴利的矛盾，充分发挥水库的综合效益。

水库的防洪调度方案在设计阶段就已拟定，是为了检验水库主要参数的合理性，估算防洪效益。由于当时的资料相对较少，对水库实际调度中的影响因素考虑不够，所以在设计阶段拟定的防洪调度方案，一般难以完全实施。水库投入运行以后，水库的规模及设备的主要参数已定，随着运行年限的增长，各种资料的增加，水库特性及下游防洪要求的变化，每年都要结合现时的具体要求和来水情况，根据规划设计或防洪复核选定的水库工程洪水标准（设计标准和校核标准）和下游防洪对象的防洪标准，结合当年水库的挡水建筑物、泄洪设施和配套工程的实际情况，按照水库、下游河道堤防及分蓄洪区防洪体系联合运用原则及泄洪方式，在确保水库工程安全的前提下，通过控制水库泄流对入库洪水进行调蓄，以保障上、下游防护对象的安全，并尽可能使水库取得最大的综合效益。

3.1.1.2 水库防洪调度的原则

水库防洪调度必须遵循的原则是：①在确保水库工程安全的前提下，最大限度地发挥水库对上、下游的防洪作用；②在满足前一条原则的条件下，正确处理防洪与兴利的关系，尽量使防洪库容结合兴利，并力求少留调洪库容，通过预报调度重复利用，提高水库综合效益；③力求合理核定调洪参数，使制定的调洪规则和防洪调度图既安全可靠又切合实际；④应根据洪水预报来拟定和不断修正泄洪方式，尽量使下泄流量均匀，以减轻下游的防洪压力。

3.1.1.3 水库防洪调度的内容

水库防洪调度的主要内容包括：①不定期地复核水库防洪参数（防洪限制水位和最高洪水位）；②根据水库工程洪水标准及水库对下游承担的防洪任务，确定水库洪水调度方式和控制泄流的判别条件；③制定防御超标准洪水的非常措施及其使用条件；④根据原规划设计或复核修正后的规划设计，结合现状，编制水库防洪调度方案和当年度汛计划，在遭遇洪水时据此进行实时防洪调度。对于洪水具有季节性变化的水库，应制定分期防洪调度方案，实行分期防洪调度。对于未承担下游防洪任务的水库，一般规定水库蓄水超过一定水位时即采取敞泄方式，为避免给下游造成人为的灾害，必须明确规定敞泄的起始水位和敞泄前的流量值。而对于承担下游防洪任务的水库，一般采用分级控制泄洪的防洪调度方式，因此须按照下游不同防护对象划分水库控泄级别，并根据其防护对象的重要程度和河道主槽、堤防、动用分洪措施的行洪能力，确定各级对象的安全标准和安全泄量，同时，还要确定遇到超过下游标准的洪水、水库转为保坝调洪方式的判别条件。由串联、并联水库共同承担下游防洪任务时，还应制定联合运行防洪调度方案。

3.1.1.4 水库防洪调度的方式

水库的防洪调度方式随水库承担的防洪任务、洪水特性的不同而有所不同。对于没有下游防洪任务的水库，因其目的是确保水库自身安全，故往往是当水库水位达到一定高程后泄洪建筑物便敞开泄洪，防洪调度方式较简单。对于承担下游防洪任务的水库，既要确保水库安全，又要满足下游防洪要求。常见的防洪调度方式有固定泄洪调度、防洪补偿调度和防洪预报调度等。当水库有兴利任务时，还要考虑防洪与兴利的联合调度。对于多沙河流的水库，在考虑泄洪时，还须考虑排沙问题。

1. 固定泄洪调度

固定泄洪调度方式有固定泄量调度方式和定孔泄流调度方式两种情况。

固定泄量调度方式的调度原则是：当来水不超过下游防洪标准洪水时，根据上游来水流量的大小，水库按不超过下游河道安全泄量 $q_{安1}$ 和 $q_{安2}$，控制分级固定泄流，大水多泄、小水少泄的方式。当来水超过下游防洪标准后，按下游安全泄量固定泄水。超过 $q_{安}$ 的部分水量蓄在库内，直到入库流量退至 $q_{安}$，库水位达到防洪高水位。此后水库水位自然消落，直至防洪限制水位，泄洪停止。图 3.1（a）为二级固定泄量方式示意图。这种调度方式适用于水库距下游防洪控制点较近、区间洪水较小的情况。

当洪水不超过防洪标准时，控制下游河道流量不超过河道安全泄量。

固定泄量调度一般分为一级固定泄洪与多级固定泄洪。

（1）一级固定泄洪。对防洪区只有一种安全泄量的情况，水库按一种固定流量泄洪。入库流量超过该泄量的部分蓄在库内，直至库水位达到防洪高水位。

（2）多级固定泄洪。水库下游有几种不同防洪标准与安全泄量时，水库按几种固定流量泄洪的方式运用。一般多按“大水多泄、小水少泄”的原则分级控制。有的水库按库水位控制分级，有的水库按入库洪水流量控制分级。

在水库实际运行中，为了减少泄洪闸门的频繁启闭，往往采用固定孔数的调度方式，即开启闸门的孔数，随着上游洪水来量的多少而增减。这样，下泄流量会随着库水位的涨落有一些变化，但仍以小于或等于 $q_{安1}$ 和 $q_{安2}$ 为控制条件，如图 3.1（b）所示。由此可见，这种调度方式实为固定泄量调度方式的一种便于操作的形式。

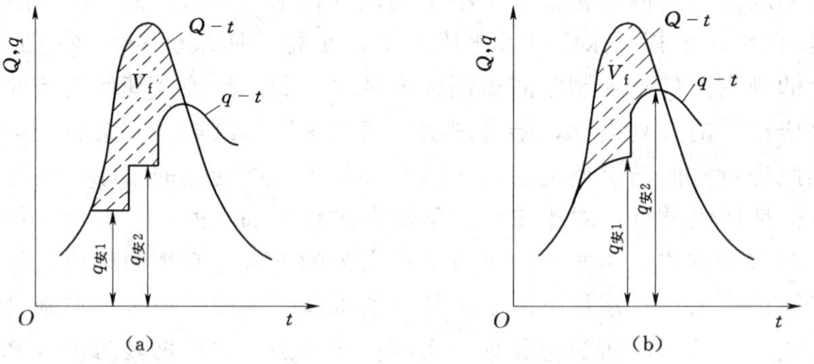

图 3.1 固定泄洪调度示意图

（a）固定泄量调度；（b）固定泄流设备调度

在水库运行中，当水库蓄水量达到或接近设计的防洪库容 V_f 时，就应敞开闸门泄洪。但在水库实际运用调度中，往往不是以库容做判别条件，而是按坝前水位或入库流量来控制泄流的。对于多级控制情况尤为如此。以水位为判别条件的做法，适用于调洪库容较大、调洪结果主要取决于洪水总量的水库；以入库流量为判别条件的做法，一般适用于调洪库容较小、调洪最高水位主要受入库洪峰流量影响的水库。

2. 防洪补偿调度

当水库距防洪控制点较远、区间洪水较大时，采用补偿调度的方式，能比较有效地利用防洪库容和满足下游防洪要求。这种调度方式的基本原则是：当区间洪水大时水库少放水，区间洪水小时水库多放水，使水库泄流量与区间洪水流量之和不超过防洪控制点河道的安全泄量。

对于有几种安全泄量或流量标准的情况，可采取多级防洪补偿调度。根据区间洪水和补偿条件的不同，又可分为考虑洪水传播时间的补偿调度、考虑区间洪水预报的补偿调度和考虑综合因素的防洪补偿调度。

（1）考虑洪水传播时间的补偿调度。当水库泄量到达防洪区的传播时间小于或等于区间洪水传播到防洪区的时间时，水库泄量比区间洪水提前到达防洪区，故可以利用传播时间差按已知区间流量确定水库的防洪补偿泄量。

（2）考虑区间洪水预报的补偿调度。若水库泄量晚于区间洪水到达防洪区，则需要有一定预见期的区间洪水预报，才能预知区间流量并考虑预报误差对水库进行补偿泄洪。

（3）考虑综合因素的防洪补偿调度。对区间面积很大、洪水遭遇组成比较复杂的情况，可以参照洪水发生的基本规律并根据以往实际洪水资料，分析水库对防洪区补偿调度的蓄泄洪量与防洪区的水位、流量及涨率之间的经验关系，据此建立以防洪区水位、流量、涨率等综合因素为参数的防洪补偿调度图，作为指导水库防洪补偿调度的依据。

设防洪控制点 A、区间站 B 和水库 C 的平面位置如图 3.2（a）所示，则最理想的补偿调节方式是使水库泄流量 q_0 加上区间洪水 $Q_区$ 等于下游防洪控制点的安全泄量 $q_安$。图 3.2（b）中 $Q_区-t$ 为区间洪水过程线，区间流量 $Q_区$ 可以用支流控制站 B 的流量代表；Q_C-t 为入库洪水过程线。记区间控制站 B 到防洪控制点 A 的洪水传播时间为 t_{BA}，水库泄流到 A 的洪水传播时间为 t_{CA}；设 $t_{BA}\geqslant t_{CA}$，两者时间差 $\Delta t=t_{BA}-t_{CA}$。亦即 t 时刻的水库泄流量 q_c。t 与 $t-\Delta t$ 时刻的区间流量 $Q_区$，$t-\Delta t$ 同时到达控制点 A。将 $Q_区-t$ 后移 Δt 倒置于 $q_安$ 线下，即得水库按防洪补偿调节方式控泄的下泄流量过程 $abcd$。$bcdef$ 所围面积为实施防洪补偿调节而增加的防洪库容 V_b。由图 3.2 可见，实施补偿调节后，水库实际承担的防洪库容为设计防洪库容 V_f 与 V_b 之和。这就意味着下游防洪控制点的安全性提高了，而水库本身的防洪任务却暂时加重了。

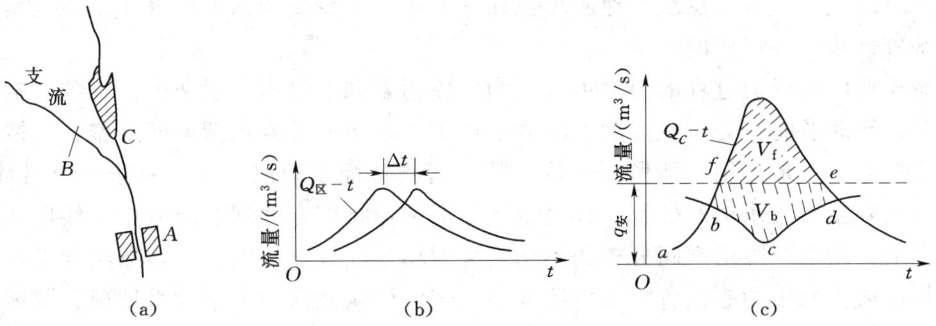

图 3.2 水库防洪补偿调节示意图

（a）平面位置图；（b）区间洪水过程线；（c）防洪补偿调节图

采用上述调度方式的条件是，水库泄水到达防洪控制点的传播时间必须小于或等于区间洪水的传播时间，即 $t_{BA}\geqslant t_{CA}$ 或 $\Delta t\geqslant 0$，图 3.2 即为此种情况。当 $t_{CA}>t_{BA}$ 或 $\Delta t<0$ 时，只有在能对 B 站给出准确的洪水预报，使预报预见期与之和 $t_{BA}>t_{CA}$ 时，才能采用这种补偿调节方式。这种情况的 $Q_区-t$ 为预报所得，推求水库下泄流量过程 q_c-t 和计算 V_b 的方法与 $t_{BA}\geqslant t_{CA}$ 的情况基本相同，只是要把预报的 $Q_区-t$ 前移 Δt，这里 $\Delta t=t_{CA}-t_{BA}$。

显然，上述防洪补偿调节是一种理想化的调洪方式。但受各种条件限制，常常只能近似地应用防洪补偿调节方式，所谓错峰调度便是其中的一种。错峰调度方式的做法是，在区间洪峰流量可能出现的时段内，水库按最小的流量下泄（甚至关闸停泄），以避免水库泄流与区间洪水组合超过防洪控制点的安全泄量。采用错峰调度方式必须合理确定错峰期的限泄流量，例如在水库规划设计中，一般其限泄流量取小于或等于下游防洪控制点河道安全泄量与区间洪峰流量的差值，如图3.2（c）中的c点。即在c点前后一段时期（错峰期）内，水库按最小泄流量作为限泄流量泄流。可见错峰调度方式所需的防洪库容较防洪补偿调节方式偏大。其结果显然更偏于安全。

在我国，防洪补偿调节方式或错峰调度方式已有不少水库获得成功的实践经验，例如辽宁大伙房水库、湖北汉江丹江口水库、清江隔河岩水库及湖南柘溪水库等。长江三峡水库在规划设计中，考虑了对荆江河段补偿调度和对城陵矶地区补偿调度两种方式，以保证三峡工程防洪目标的实现。

3. 防洪预报调度

根据预报进行防洪调度，能充分发挥水库的防洪效益，协调水库防洪与兴利的矛盾。这种调度方式是根据水文气象预报成果，赶在洪水来临之前预泄部分防洪限制水位以下的库容，以迎接即将发生的洪水。对于有兴利任务的水库，其预泄水量的确定，一般以该次洪水过后水库能回蓄到防洪限制水位不致影响兴利效益为原则。

（1）降雨径流法。降雨径流法一般分两个阶段处理：①产流量预报，推求流域内一次降水产生的径流量。②流域汇流预报，推求径流量在流域出口断面处的时程分配过程。

20世纪30年代初，R. E. 霍顿建立的下渗理论和L. R. K. 谢尔曼提出的单位线原理，为把降雨径流过程分为两个阶段进行预报奠定了基础。由此发展了各种预报方法，如产流量预报中的降雨径流相关法、初损后损法、下渗曲线法，以及流域汇流预报中的经验单位线、瞬时单位线、综合单位线和地貌单位线等方法。不少复杂的流域水文模型也是以这些概念为基础逐步发展形成的。

影响流域降雨径流过程的因素可以分为气象因素和下垫面因素两类。气象因素主要是降雨强度、历时及时空分布，温度、湿度、风等；下垫面因素包括前期土壤含水情况、土壤类型、植被、土地利用、地形、流域形状、河槽特征、湖泊度等。对于一个具体流域，下垫面因素除土壤含水情况外都比较固定，它们的影响综合体现在流域单位线形状上，在某些情况下，雨强及降雨空间分布的不均匀性对单位线有显著的影响，故实际工作中常以雨强为指标或按暴雨中心位置将单位线分型。气象因素及前期土壤含水情况、植被等具有明显的时变特性，在不同程度上对降雨产流起着制约作用。20世纪50年代广为使用的降雨径流合轴相关图，就是结合流域具体情况，通过一定成因分析，挑选主要影响因素作为参数而建立的统计相关关系。其中流域前期土壤含水情况，难以用数学方程准确地定量描述，常用前期影响雨量间接表达。

（2）合成流量法。合成流量法是把各上游站的流量，按其各自到下游断面的传播时间合成，从而建立上游合成流量与下游站相应流量相关关系来进行下游断面洪水预报。

在有两条以上支流入汇的河段，可采用合成流量法作预报。它认为由各个上站传播到下站的流量是相互独立的，可以叠加，而不考虑干、支流洪水波间的相互干扰作用。因此，可将同时到达下站的各上站相应流量之和（即合成流量）与下站的相应流量（水位）建立相应关系，表达式如下：

$$Q_{l,t}=f\left(\sum_{i=1}^{n}Q_{u,l,t-\tau_i}\right)$$

式中 $Q_{l,t}$——干、支流各上游站相应流量之和，m^3/s；

n——干、支流数；

τ_i——干、支流各上站到下站的洪水传播时间，h。

上式关键是如何确定 τ_i 值。客观要求就是必须考虑干、支流洪水波的干扰和流量大小，采用变动的传播时间较为适宜。也可为了减少麻烦，从历年水文资料中选取不同洪水，按干、支流分别取其平均传播时间。同时，为了考虑未控制支流的来水，通常在建立相关关系时，以区间有影响的时段面雨量作为参数，预报相关流量，以符合水量平衡的基本原理。

(3) 经验相关预报模型。可以根据历史水文资料建立相关经验模型，如上、下游河段水位相关，流量相关。此类模型是历史洪水的概化，具有一定的适用性，可以根据某时发生的洪水进行文时修正预报，为洪水预报调度提供依据。

现阶段多依据短期水文气象预报进行预泄。短期预报的预见期一般为 1～3d，其精度可达 80%以上。因此考虑短期水文气象预报进行水库防洪调度具有较高的可靠性。具体调度时，根据水文预报信息，若预报预见期为 τ，则应提前 τ 小时开始泄洪，可预泄库容为 V_γ，如图 3.3 所示。这样，对某种标准的洪水而言，考虑预报所需的防洪库容 V_f'，较不考虑预报的防洪库容 V_f 要小，即 $V_f'=V_f-V_\gamma$。这就意味着水库的实际防洪能力有了相对地提高。

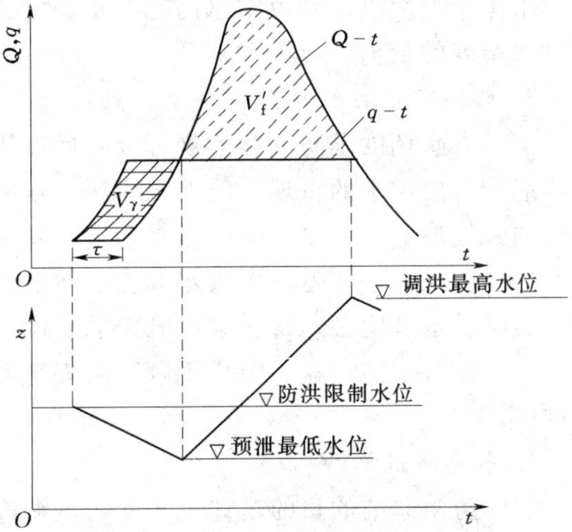

图 3.3 水库短期预报预测示意图

3.1.1.5 水库防洪调度管理

1. 编制防洪调度规程

防洪调度规程是水库调度规程的重要组成部分，是水库管理单位依据设计文件按现状工情、水情编制的水库防洪标准、运用方式、操作程序及调度权限的基本调度文件。防洪调度规程一旦报经防汛主管部门批准，即成为指导水库较长时间内防洪调度的法规性文件。

编制水库防洪调度规程必须明确水库的水利任务，尤其是防洪任务。对于不承担下游防洪任务的水库，则以保证水库安全为前提编制。对于承担下游防洪任务的水库，主要涉及下列内容：

(1) 明确在保证大坝安全前提下下游防御对象的防洪标准。

（2）复核入库洪水及水库库容等基本资料，以确保编制数据的可靠性。

（3）拟定水库调洪方式，包括是否需采用分期调洪，各期汛限水位如何，能否采用预报调度及错峰调度等。

（4）明确调度权限，包括规程审批权、调度指挥权等。

（5）提出遇超标准洪水时的应急措施方案等。

2. 编报年度度汛计划

年度度汛计划不同于水库防洪调度规程。年度度汛计划是指导水库当年度汛的预案，应具有现实性与可操作性。但编报年度度汛计划的依据是水库防洪调度规程。在年度计划中，需确认水库当年的防洪标准，以及必须控制的汛限水位、防洪高水位及蓄水时机，并对不同量级的洪水制定相应的蓄泄方式；明确各级洪水调度的权限，以强化责任制；对可能发生的特大洪水备好应急方案，如临时采取爆破措施以加大泄洪量等；全面做好防大汛的思想、组织与物质准备。

水库年度度汛计划每年汛前都要重新修订、完善，并报上级主管部门批准，以作为当年洪水调度的依据。

3. 水库实时洪水调度

实时洪水调度是防洪调度规程及年度度汛计划的具体实施。由于可能出现的洪水过程不可能是历史洪水的重现，故在水库运行期间，应针对每一次实际洪水或预报洪水，结合当时的天气形势，根据水库的蓄水与运行状况，以及下游河道的水情及其承泄能力等，做好实时调度操作，才是该次洪水调度成败的关键所在。

实时洪水调度必须符合水库既定的防洪调度原则，正确处理防洪与兴利的关系，兼顾上、下游和各部门利益，防止不顾防洪安全而盲目蓄水或只强调水库安全而忽视兴利蓄水的倾向。

4. 水库防汛总结

水库防汛总结的目的是评价水库防洪调度效果，提高水库防洪调度水平。因此，每年汛后或年末都应对水库防洪调度进行总结。其内容主要包括以下几方面：

（1）汛前准备工作情况。着重总结与洪水调度有关的主要准备工作情况，包括流域内水情报汛站（雨量站、水文站、气象站等）的报汛及通信设备的检查落实情况；泄洪建筑物及泄洪闸门启闭情况及所采取的措施；当年度汛计划及特大洪水防御预案的编制及报批情况等。

（2）洪水特点及防洪形势。根据当年洪水实际发生情况，分析其成因与特点，并结合水情、工情及下游防洪情况，概述当年的防洪形势。

（3）洪水预报与调度实况。洪水预报是水库防洪调度的重要技术环节。总结内容包括：洪水预报工作的开展情况；预报完成率、合格率、精度、误差及其原因；预报工作存在的问题及其改进意见等。

洪水调度实况分析通常是选择当年最大一场洪水，或是防洪调度难度及调度效果影响均较大的一场洪水作为分析对象。对一场洪水实际调度过程的评价，可以与按常规防洪调度规则操作的调度过程作对比，以便分析和评比实际调度的优劣。

（4）防洪效益与经验教训。阐明水库当年所发挥的防洪作用，特别是在特大洪水年份，水库控泄错峰所体现的防洪效果。如1998年长江大洪水，清江隔河岩水库通过调度，有效地与长江洪水错峰，对于降低荆州市沙市区水位和避免荆江分洪发挥了重要作用。对于这种特殊年份的洪水调度应作为重要事件专题进行总结。

水库洪水调度涉及因素众多，调度决策时往往时间紧迫，难免出现不尽如人意的调度结果。通过总结经验，发扬成绩，汲取教训，明确方向，有利于今后改进工作、减少失误和提高防洪调度技术水平。

除此以外，对于在汛期发生与发现的水毁现象及安全隐患等，应明确指出，并且在汛后进行除险加固，以备来年安全度汛。

为了加强水库防洪管理，促进水库科学合理地进行洪水调度，保证水库工程及上、下游的防洪安全，水利部在广泛调研和总结我国多年以来水库洪水调度实践经验的基础上，依据相关法律、规范，于1999年1月1日颁发了《水库洪水调度考评规定》（以下简称《规定》），其中对水库洪水调度的基础工作、经常性工作、洪水预报及洪水调度等内容做出了详细规定。该《规定》是我国进行水库管理工作的指导性文件，同时也是开展水库洪水调度考评的重要依据。

3.1.2 水库的特性曲线

在河流某一断面上筑坝，坝越高，水面面积就越大，库容也就越大。而在河道不同的断面，相同的坝高其相应的面积和库容也是不同的，这是由库区内地形不同所致。也就是说，坝址不同，水库特性曲线就不同，而水库特性曲线是反映水库地形特征的曲线。水库特性曲线是水库规划、设计和水库调度不可缺少的基本资料。

3.1.2.1 水库水位面积曲线

水库水位与水面面积关系曲线简称水库水位面积曲线，它可以根据库区地形图来绘制。根据水库的大小和地形特点选取1：5000～1：50000比例尺的地形图，用求积仪等方法，算出不同高程等高线与坝轴线包围的水库水面面积A，以水位Z为纵坐标，以水库面积A为横坐标，点绘成水位面积曲线，如图3.4所示。

3.1.2.2 水库水位容积曲线

水库水位与水库容积关系曲线简称水库水位容积曲线。它是水库面积曲线沿高程变化方向上的积分曲线，可通过分别计算各相邻高程间隔内的部分容积，自河底向上累加得相应水位的容积，从而绘出水位容积（$Z-V$）曲线，如图3.5所示。容积的计算为

$$V=\int_{Z_0}^{Z} A\mathrm{d}Z \tag{3.1}$$

或

$$V=\sum_{Z_0}^{Z} \overline{A}\Delta Z=\sum_{Z_0}^{Z} \Delta V \tag{3.2}$$

$$\overline{A}=\frac{1}{2}(A_1+A_2) \tag{3.3}$$

或

$$\overline{A}=\frac{1}{3}(A_1+\sqrt{A_1A_2}+A_2) \tag{3.4}$$

式中　V——水库容积；

ΔZ——相邻两水位间的高差；

A_1、A_2、$\overline{A}$——相邻水位的水库面积及二者的平均值；

ΔV——与相应的容积；

Z_0——库底高程。

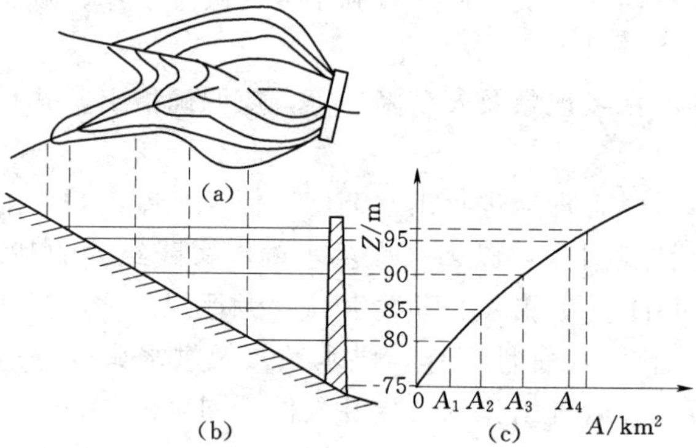

图 3.4　水库水位面积曲线绘制示意图

(a) 水库平面图；(b) 水库剖面图；(c) 水库面积曲线

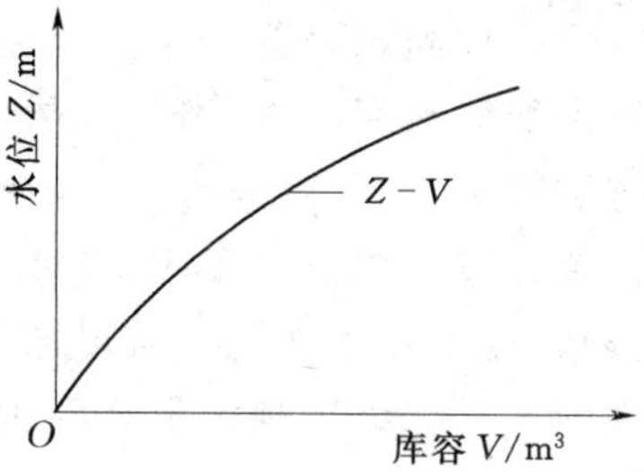

图 3.5　水库水位容积曲线

用上述方法计算的水库容积，是假定入库流量为零时，水库水面为水平的情况，称为静水库容，简称静库容。对于大的湖泊式水库，流速甚小，水面曲线接近水平，仅回水足端稍稍上翘，以静库容计算误差不大。但对于河川式水库，回水影响甚远，入库流量大导致流速大，形成的水面曲线并非水平，这时若仍然按水库水面为水平计算，则会产生较大误差，应按动水库容来计算。即除静库容外，还有一部分楔形蓄量，见图 3.6 阴影部分。上翘的水面线下总的容积即为动水库容，简称动库容。

动库容曲线的绘制方法是：对某一入库流量假定不同的坝前水位，根据水力学公式，推求出该入库流量下不同坝前水位的水面曲线，并计算相应库容，从而可点绘该入库流量的水位与库容关系曲线。对另一入库流量用同样的方法又可求得另一水位库容曲线，这样就可得出以入库流量为参数、水位为纵坐标、库容为横坐标的动库容曲线，如图 3.7 所示。

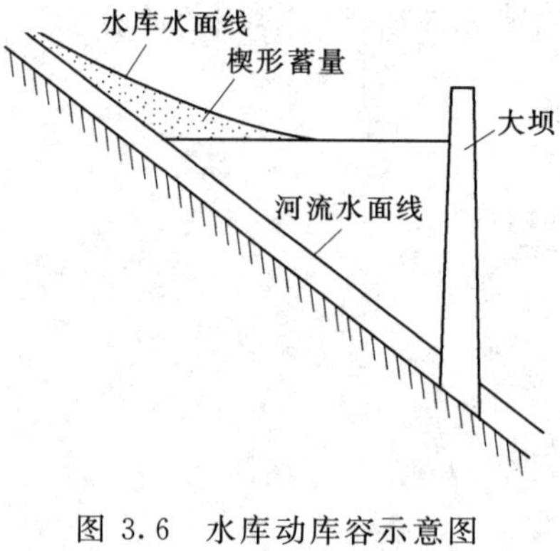

图 3.6　水库动库容示意图

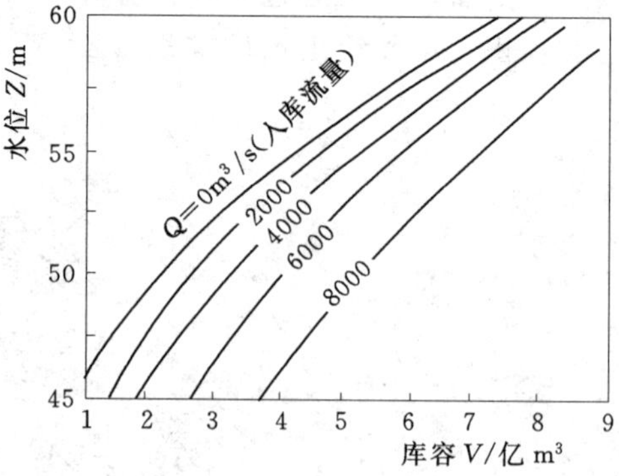

图 3.7　水库动库容曲线

3.1.3 水库的特征水位与特征库容

反映水库工作状况的水位称为特征水位。特征水位及其相应库容（特征库容）如图3.8所示，它们反映水库工程的规模和控制运用的要求，是水库防洪调度的基本依据，这些特征水位和特征库容叙述如下。

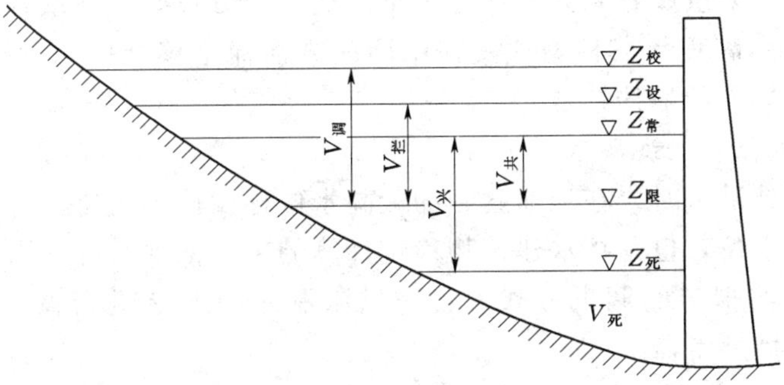

图 3.8 水库特征水位及其库容示意图

3.1.3.1 死水位（$Z_{死}$）和死库容（$V_{死}$）

在正常运用的情况下，允许水库消落的最低水位称死水位。死水位以下的水库容积称死库容或垫底库容。死库容一般用于容纳水库泥沙、抬高坝前水位和库内水深。在正常运用中，死库容不参与径流调节，也不放空，只有在特殊情况下，如排洪、检修和战备需要等，才考虑泄放其中的蓄水。

3.1.3.2 正常蓄水位和兴利库容

水库在正常运行情况下，为满足设计兴利要求而在开始供水时应蓄到的高水位，称正常蓄水位，又称正常高水位或设计兴利水位，它决定水库的规模、效益和调节方式，在很大程度上决定水工建筑物的尺寸、型式和水库淹没损失。当采用无闸门控制的泄洪建筑物时，它与泄洪堰顶高程齐平；当采用闸门控制的泄洪建筑物时，它是闸门关闭时允许长期维持的最高蓄水位，也是挡水建筑物稳定计算的主要依据。

正常蓄水位与死水位间的库容，称兴利库容或调节库容，用以调节径流，提高枯水时的供水量或水电站出力。

3.1.3.3 防洪限制水位

水库在汛期允许兴利蓄水的上限水位，称防洪限制水位。它是水库汛期防洪运用时的起调水位。当汛期不同时段的洪水特性有明显差异时，可考虑分期采用不同的防洪限制水位。防洪限制水位的拟定关系到水库防洪与兴利的结合问题，具体研究时，要兼顾两方面要求。

3.1.3.4 防洪高水位和防洪库容

当水库遇到下游防护对象的设计标准洪水时，水库为控制下泄流量而拦蓄洪水，这时在坝前（上游侧）达到的最高水位称防洪高水位。只有当水库承担下游防洪任务时，才需确定这一水位。此水位可采用相应下游防洪标准的各种典型洪水，按拟定的防洪调度方式，自防洪限制水位开始进行水库调洪计算求得。

防洪高水位与防洪限制水位间的库容，称为防洪库容，用以拦蓄洪水，满足下游防护对象的防洪要求。当汛期各时段具有不同的防洪限制水位时，防洪库容指最低的防洪限制水位与防洪高水位之间的库容。

当防洪限制水位低于正常蓄水位时，防洪库容与兴利库容的重叠部分称重叠库容或共用库容（$V_{共}$）。此库容在汛期腾空作为防洪库容或调洪库容的一部分，汛末充蓄，作为兴利库容的一部分，以增加供水期的保证供水量或水电站的保证出力。在水库设计中，根据水库及水文特性，有防洪库容和兴利库容完全重叠、部分重叠、不重叠（防洪限制水位与正常蓄水位处于同一高程）三种型式。在中国南方河流上修建的水库，多采用前两种型式，以达到防洪和兴利的最佳结合。

3.1.3.5　设计洪水位和拦洪库容

水库遇大坝设计洪水时，在坝前达到的最高水位称设计洪水位。它是正常运用情况下允许达到的最高库水位，也是挡水建筑物稳定计算的主要依据。可采用相应大坝设计标准的各种典型洪水，按拟定的调洪方式，自防洪限制水位开始进行调洪计算求得。$Z_{限}$与$Z_{设洪}$之间的库容称拦洪库容（$V_{拦}$）。

3.1.3.6　校核洪水位和调洪库容

水库遇大坝校核洪水时，在坝前达到的最高水位称校核洪水位。它是水库非常运用情况下允许达到的临时性最高洪水位，是确定坝顶高程及进行大坝安全校核的主要依据。可采用相应大坝校核标准的各种典型洪水，按拟定的调洪方式，自防洪限制水位开始进行调洪计算求得。

校核洪水位与防洪限制水位之间的库容称为调洪库容，用以拦蓄洪水，确保大坝安全。当汛期各时段分别拟定不同的防洪限制水位时，这一库容指最低的防洪限制水位至校核洪水位之间的库容。

3.1.3.7　总库容和有效库容

校核洪水位以下的全部库容称总库容，即 $V_{总}=V_{死}+V_{兴}+V_{调洪}-V_{共}$。总库容是表示水库工程规模的代表性指标，可作为划分水库等级、确定工程安全标准的重要依据。校核洪水位与死水位之间的库容，称有效库容，即 $V_{效}=V_{总}-V_{死}=V_{兴}+V_{调洪}-V_{共}$。

3.1.4　水库的防洪设施与调洪

为使水工建筑物和下游防护地区能抵御规定的洪水，要求水库设置一定的防洪库容和泄洪建筑物，使洪水经过调节后，安全通过大坝。对于下游防洪标准的洪水，还要求水库下泄流量不超过规定的允许泄量，以保证下游防护地区的安全。

水库泄洪建筑物可分为两种类型，即表面式溢洪道和深水式泄水洞。表面式溢洪道又分为无闸溢洪道和有闸溢洪道两种形式。深水式泄水洞则有设在坝体的底孔、隧洞及泄水管等多种形式。在较重要的大小型水库，一般是同时设有这两种类型的泄洪建筑物。不同类型的泄洪建筑物对入库洪水的调节作用是不相同的，下面分别说明它们在水库中的调节作用。

无闸溢洪道常称作开敞式溢洪道，当库水位超过溢洪道的堰顶高程时，即自行泄流。假设某次洪水来临时，库水位正好与堰顶齐平，此时，水库即开始溢洪（见图 3.9 中的点 A）。在溢洪初期，溢洪道堰顶水头较小，其下泄流量小于同一时期的入库流量，因此入库水量部分滞存在堰顶之上的水库容积中，余水不断地蓄于水库中。随着水库蓄水量增加，水位相应升高，下泄流量也随之增大，直至溢洪道的泄流能力与同一时刻的入库流量相等（见图3.9的点B），水库出现最大的蓄水量及相应的最大下泄流量q_m。B点以后，入库流量小于同一时刻的下泄流量，于是水库水位和下泄流量也随之逐渐减小，直至水位消落至堰顶高程为止。图3.9中泄流过程线$q-t$与入库洪水过程线$Q-t$间阴影部分的面积相当于水库的防洪库容。由于水库只能延滞和调节洪水，不能控制洪水和与兴利库容结合，故此防洪库容用$V_{调}$表示。

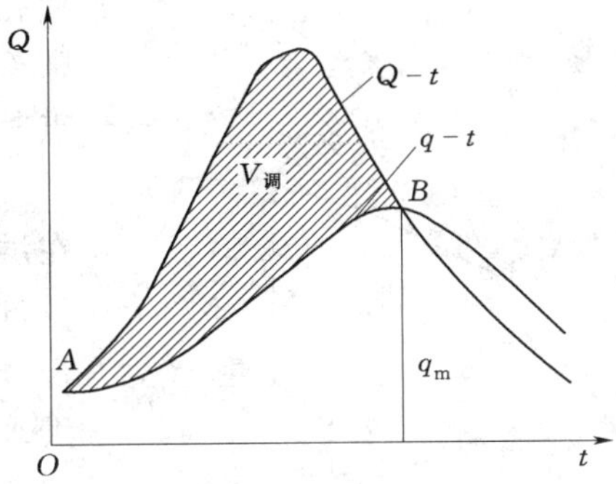

图3.9 无闸溢洪道泄流过程示意图

设有闸溢洪道的闸门顶高程一般和正常蓄水位齐平，而溢洪道的堰顶高程低于汛前水位。假定下游防洪标准的入库洪水来临时，由于溢流堰顶已具有一定的水头，这时若启闸泄洪其泄流能力可能超过初期的入库流量。为了保证兴利的要求，不允许泄出汛前水位以下的蓄水量，因此在t_1［见图3.10（b）］时刻前应人为地控制闸门的开度，使下泄流量等于入库流量，如图3.10（b）的ab段所示。到t_1时刻以后，入库流量开始大于闸门全部开启的泄流能力，这时为使水库有效地泄洪，应将闸门完全打开，水库逐渐蓄水，泄量也随之增大，如图3.10（b）中的bc段所示。到t_2时刻，水库下泄能力开始大于下游河道的允许泄量$q_{允}$，不能继续敞开泄流，这时应缓缓关小闸门，按$q=q_{允}$下泄，以保证下游防护对象的安全。图3.10（b）中阴影面积就是水库为保证下游防洪安全所必须设置的防洪库容$V_{防}$，与之相应的库水位称作防洪高水位，以$Z_{防}$表示［见图3.10（a）］。为明确起见，当入库洪水为大坝设计标准洪水时，水库达到的最高水位为设计洪水位，相应的防洪库存用$V_{拦}$表示。

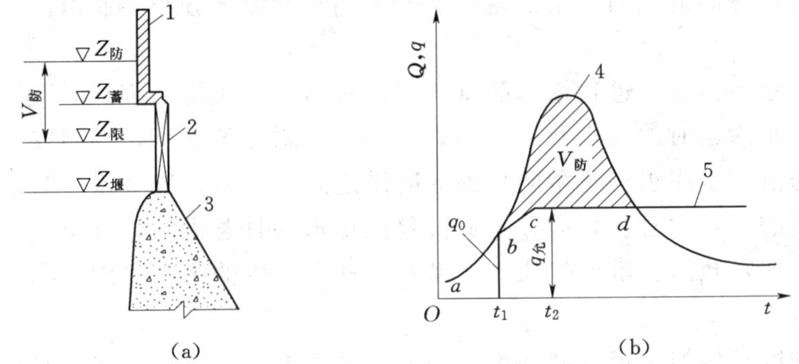

图3.10 有闸溢洪道泄流过程示意图

（a）闸前水位；（b）入库出库流量过程线

1—胸墙；2—闸门；3—溢洪道；4—入库流量过程线$Q-t$（相当于下游防洪标准的）；5—出库流量过程线$q-t$

深水式泄洪洞设于一定水深处，其水流状态属于有压出流。在开始泄洪时，泄洪洞已有较大的作用水头。此时闸门全开时的泄洪能力为q_0，由t_0至t_1时刻，必须控制闸门使其下泄流量等于入库流量，如图3.11中OA时段所示。t_1时刻以后，入库流量开始超过

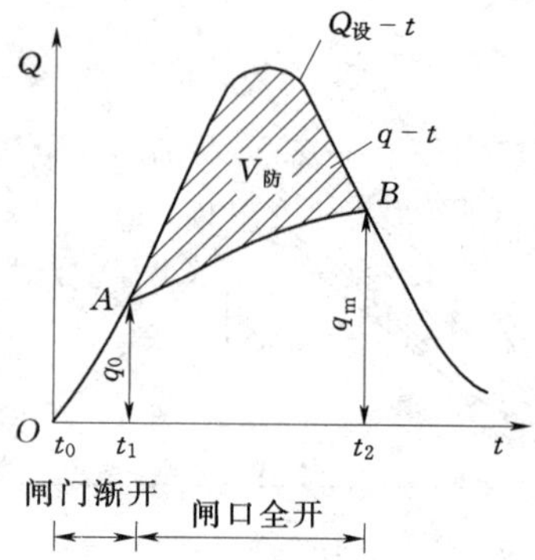

图 3.11　泄洪洞泄洪过程示意图

底孔闸门全部打开时的泄流能力。这时应将闸门全开，随着水库蓄量的增加，下泄流量亦逐渐增大，泄量至 B 点时，达到最大 q_m。

从以上分析可知，无论采用何种类型的泄洪建筑物，在洪水通过水库过程中，总是先蓄后泄，流出水库的流量过程变得平缓，洪峰流量减小，洪水过程线的历时加长。泄洪建筑物的类型、尺寸大小以及运行方式不同，洪水过程线的变形就不同。水库调洪计算的任务就是对一定的水库和拟定的泄洪建筑物类型、尺寸、调洪方式，由入库洪水过程线推求水库下泄流量过程线。在水库规划设计阶段，可求得水库最大下泄流量、防洪特征库容和相应的特征水位。在水库管理运行阶段，可求得水库各时段下泄流量和水库蓄水水位过程。

3.1.5　水库的防洪调度

水库汛期的防洪调度，直接关系到水库安全及对下游防洪效益的发挥，并影响汛末蓄水，因此，是水库管理中一项十分重要的工作。做好水库防洪调度，首先必须制定合理而又切实可行的防洪调度方式，包括泄流方式、下泄流量及相应的泄洪闸门启闭规则等。

对于无闸门控制的溢洪道，水库的泄流为自由出流，防洪调度方式比较简单。当库水位超过溢洪道堰顶高程后，溢洪道便自动泄洪，下泄流量随入库洪水大小而变化。

对于有闸门控制的溢洪道或泄洪隧洞，根据水库自身安全和下游防洪任务的条件，防洪调度可以分为：控制泄流与自由泄流相结合、固定泄流、分级控制泄流以及防洪补偿的调节方式。

利用水文气象预报技术进行水库防洪调度，称为防洪预报调度。实践表明，防洪预报调度能同时考虑水库当时的蓄水和未来的来水情势，增强预见性，提高安全度，较妥善地解决水库自身防洪与水库承担下游防护地区防洪之间的矛盾，以及水库防洪与兴利之间的矛盾，取得显著的调度效益。目前，水文气象预报水平日益提高，预报调度的理论与方法也日益完善。因此，我国要求已建成的大型水库和有条件的中型水库，积极开展防洪预报调度的工作。

防洪预报调度是根据一定精度和预见期的水文气象预报成果，在洪水到来之前腾出库容以蓄纳即将发生的洪水，取得增加一部分防洪库容的作用。对于兴利水库，则可以在汛期多蓄水，使库水位高于防洪限制水位，在得到预报后，在洪水来临之前迅速泄放，将库水位回落到规定的防洪限制水位，即重复利用部分防洪库存。

在防洪预报调度中，目前多采用预见期不长、精度较高的短期洪水预报成果。考虑短期预报的预泄库容，如图 3.12 所示，若预报的预见期为 t_1，则应提前 t_1 小时预泄，可腾空库容 $V_{预}$。对一定标准的洪水而言，考虑预报所需要的防洪库存 $V'_{防}$ 较不考虑预报的防洪库容 $V_{防}$ 要小，即 $V'_{防}=V_{防}-V_{预}$；若 $V'_{防}$ 已定，则相应地提高了水库的防洪能力。例如丹江口水库，在1983年大水初期通过预泄腾空库容2.1亿m^3，对当年的抗洪起到重要的作用。在抗御1998年长江第六次洪峰中，丹江口水库利用洪水预报成果，在水库当时超防洪限制水位2.98m的情况下，关闸停止泄流对区间洪水进行错峰调节，超蓄洪量37亿m^3。极大地缓解了汉江中下游和武汉地区防汛的紧张局面。

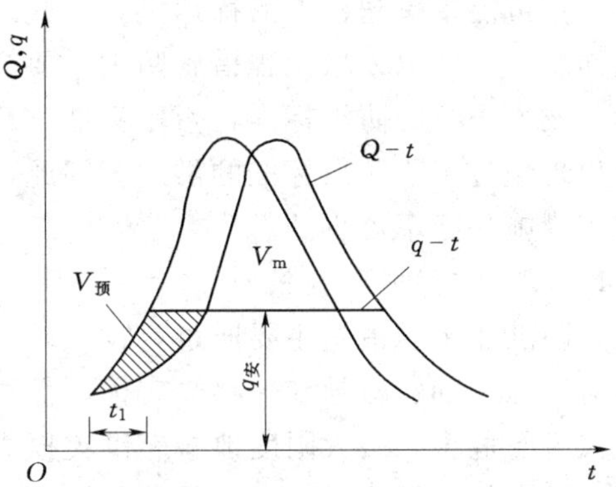

图 3.12 考虑短期预报的预泄库容

防洪调度图是指导水库防洪调度的基本依据，由于它是在一定的设计条件下制定的，因此它反映不了防洪调度中的许多细节和措施。为了使水库的防洪调度在任何情况下均有所遵循，需要在防洪调度图的基础上，附加文字说明，定出各种可能出现洪水情况的调度规则，以确保安全，发挥防洪效益。

防洪调度规则一般包括下列内容：

（1）前、后汛期水库遭遇一般较小洪水，且库水位未超过防洪限制水位时的兴利蓄水与防洪调度的规定。

（2）水库发生常遇洪水（5年、10年一遇洪水）、防洪标准洪水、大坝设计标准洪水及特大稀遇洪水的判别条件，控制泄量、调度方式和采取相应措施的规定。

（3）水库遭遇到不同频率洪水时，泄洪设备闸门启闭的决策程序和闸门操作的有关规定。

（4）汛中和汛末水库拦洪的消落和回蓄的有关规定。

（5）整个汛期利用洪水预报采取预泄、预蓄和回充的有关措施和规定。

3.1.6 水库的防洪措施

防洪措施分为防洪工程措施和防洪非工程措施两大类。大量防洪减灾实践证明，只有将这两类措施合理配置、相互协调，组成完整的防洪系统，才能充分发挥其作用。

3.1.6.1 防洪工程措施

防洪工程措施是指为控制或抵御洪水以减少洪灾损失而修建的各类工程的一种措施。修建的工程设施主要包括水库、河道堤防、防洪墙、蓄滞洪区、泵站、水闸、河道整治工程等。工程措施是一种直接作用于洪水的防洪手段，可以说是硬措施。

水库防洪一般用于拦蓄洪峰或错峰，常与河道堤防、分洪工程等配合组成防洪系统，通过统一的防洪调度，共同承担其下游的防洪任务。水库防洪需要编制合理可靠的水库防洪调度方案。对于以水库为主组成的防洪系统，需要编制联合防洪调度方案，作为指导水库防洪调度的依据。水库必须严格按照预先制定的防洪调度方案运行，才能确保水库工程的安全，并有效地发挥水库的防洪及兴利效益。而水库与河道联合防洪调度对水库防洪调度方式的制定显然具有更高的要求。

各类工程措施在人类抵御洪水的斗争中发挥了巨大作用。但是，任何防洪工程措施的防洪能力总是有限的。因为在一定的技术经济条件下，工程设施只能防御一定标准的洪水，不可能抵御超标准的稀遇洪水。此外，防洪工程设施的建设对生态环境会产生一定的负面影响。所以采取工程措施防洪，要全面考虑现有条件下的利弊得失，选择一种经济合理、技术可行的防洪标准，否则标准过高既不合理也不现实。但是，由于洪水的随机性，会出现超过工程防洪标准的洪水。因此，在实施防洪工程措施的同时，采用各种可能的非工程措施是必不可少的。

3.1.6.2 防洪非工程措施

防洪非工程措施主要通过科技、教育、经济、管理、法律、政策等手段削弱、消灭和回避灾源，削弱疏导和转移受害体，保护和充分发挥工程措施的作用，减轻次生灾害和衍生灾害的危害，最大限度地减轻洪灾损失。与工程措施相比，非工程措施是一种不直接作用于洪水的防洪手段，主要是管理措施，也可以说是软措施。防洪的非工程措施主要包括以下几类：

(1) 蓄滞洪区土地的合理利用。根据自然条件和地理特征，对蓄滞洪区土地、工农业生产、产业结构、人民生活居住条件进行全面规划，合理布局，不仅可以直接减轻当地的洪灾损失，而且可使行洪通畅，减少下游洪灾损失。

(2) 建立洪水预报和预警系统。在江河的重要位置及城市设立预报与预警系统是防御洪水和减少洪灾损失的前哨工作。根据预报可在洪水来临前疏散人口和财物，做好抗洪抢险准备，以避免或减少重大的洪灾损失。

(3) 洪水调度系统。通过合理的洪水调度可以使水流在人们的控制之下实现削减洪峰洪量、保护重点对象，最大限度利用洪水和防洪工程设施等目的。洪水调度是防洪非工程措施的一项重要内容。

(4) 洪水保险和防洪基金。这两项措施不能减少洪灾损失，但可将潜在的一次性大洪水损失转化为多次的小损失平时交纳的保险金或防洪基金，从而缓解因洪灾引起的经济波动和社会不安等现象。

(5) 水土保持。在流域内开展水土保持工作，增加浅层土壤的蓄水能力，可以延缓地面径流，减轻水土流失，削减河道洪峰洪量和含沙量。该措施对减缓中等强度洪水的作用非常显著，对于高强度的暴雨洪水虽然作用减弱，但仍有削峰滞洪作用。

(6) 信息技术的应用。随着信息技术的发展，信息技术在防洪中的应用日益广泛和深入。主要包括GIS、RS、GPS以及数字城市技术数字流域技术等，这些数据可以大大提高数据的实时性和准确性，为防洪调度方案的制订提供技术支撑可以在洪灾抢险中发挥重要作用。充分利用信息技术提高防洪的现代化水平和管理水平是防洪非工程措施的重要发展方向。

在早期的防洪工作中，人们往往只重视工程措施而忽视非工程措施，即只重视防洪工程设施的建设而忽视相应的管理工作以及规则制度和法律法规的建设。因此防洪设施的作用没有得到充分发挥，防洪的管理决策水平也不高。如今，为提高防洪的决策管理水平，各种非工程措施正被逐步运用于防洪工作中，成为与工程措施并驾齐驱的重要方面。近几年，我国在防洪通信、水雨情测报、洪水预报及调度、防洪抢险、分蓄洪区的利用、社会救助、洪水风险范围的研究以及防洪法规和河道管理条例的制定等方面都取得了长足的发展，防洪非工程措施在防洪中的重要作用日益凸显。

3.2 兴利调度

3.2.1 概述

水库工程的工作情况与所在河流的水文情况密切有关，而天然的水文情况是多变的，即使有较长的水文资料也不可能完全预测未来的水文变化。目前水文和气象预报科学的发展水平还不能做出足够精确的长期预报，对河川径流的未来变化只能作一般性的预测。因此，如管理不当常可能造成损失，这种损失或者是因洪水调度不当带来的，或者是因不能保证水利部门的正常供水而引起的，也可能是因不能充分利用水资源或水能资源而造成的。

在难以确切掌握天然来水的情况下，管理上常可能出现各种问题。例如，在担负有防洪任务的综合利用水利枢纽上，若仅从防洪安全的角度出发，在整个汛期内都要留出全部防洪库容，等待洪水的来临，这样在一般的水文年份中，水库到汛期后可能蓄不到正常蓄水位，因此减少了充分利用兴利库容来获利的可能性，得不到最大的综合效益。反之，若单纯从提高兴利效益的角度出发，过早将防洪库容蓄满，则汛末再出现较大洪水时，就会措手不及，甚至造成损失严重的洪灾。从供水期水电站的工作来看，也可能出现类似的问题。在洪水期初如水电站过分地增大了出力，则水库很早放空，当后来的天然水量不能满足水电站保证的出力时，则系统的正常工作将遭受破坏；反之，如供水期初水电站发电出力过小，到枯水期末还不能腾空水库，而后来的天然来水流量又可能很快蓄满水库并开始弃水，这样就不能充分利用水能资源，白白浪费了大量能源。显然，也是很不经济的。

为了避免上述因管理不当而造成的损失，或将这种损失减少到最低限度，应当对水库的运行进行合理的控制。换句话说，要提出合理的水库调节方法进行水库调度。为此，应根据已有的水文资料，分析和掌握径流变化的一般规律，作为水库调度的依据。水库调度常根据水库调度图来实现。调度图由一些基本调度线组成，这些调度线是具有控制性意义的水库蓄水量（或水位）变化过程线，是根据过去水文资料和枢纽的综合利用任务绘制出的。

兴利调度是实现水库蓄余补缺兴利任务而采用的控制运用方式。为满足兴利部门，如灌溉、发电、供水等用水的需要，在原规划设计的基础上，根据运用期间的实际情况，分析水库天然来水量、兴利用水量及它们之间的平衡关系，在保证水库工程安全前提下，对水库进行合理的控制运用，充分发挥水库的兴利效益。

3.2.2 灌溉调度图的绘制

为满足农作物生长需要合理安排水库灌溉供水过程称为水库灌溉调度。每年河流为满足农作物生长需要，合理安排水库灌溉供水过程，称为水库灌溉调度的天然来水有丰有枯，农作物的缺水量也不一样，灌溉期开始时水库的蓄水量有多有少。所以，需要在保证水库工程安全的前提下，通过水库灌溉调度，适当地处理来水、用水、蓄水三者之间的关系，以达到合理、充分、科学地利用水资源的目的。

灌溉用水涉及面广，如天然来水、农作物种类及其耕作方式、水库可能提供的水量以及管理水平等。因此，要结合水库灌区的具体情况，认真调查研究，于灌溉用水前，根据长期气象预报，估算当年来水量，拟定用水方案，在水库已蓄水量的情况下，通过调节计算编制水库预报调度线，作为水库当年灌溉调度的依据之一。

水库灌溉调度，就是为了合理解决河流天然来水与灌溉用水之间的矛盾。同时，也只有在水库安全的条件下，才能发挥其兴利效益，解决这些问题，是通过编制调度图来具体实施的。在水库灌溉调度过程中，调度图起着重要的指导作用。

3.2.2.1 年调节水库灌溉调度图的绘制

1. 选择代表年

绘制年调节水库的灌溉调度图，采用实际代表年法或设计代表年法。

（1）实际代表年法。从实测的年来水量和年用水量系列中，选择年来水量和年用水量都接近灌溉设计保证率的年份中的3～5年，其中应包括不同年内分配的来水和用水典型，如灌溉期来水量较少、偏前、偏后等各种情况。兴利调节计算，若原设计用长系列法求得兴利库容$V_{兴设}$与现在求得的$V_{兴}$可能不同，在编制调度图时，如果调度线的最高蓄水位低于正常蓄水位，可选取所需最大蓄水量略高于$V_{兴设}$的某一个年份，作为代表年之一。

（2）设计代表年法。将上述所选择的实际代表年来水量、用水量都分别缩放，转换为与设计保证率相应的设计年来水量、用水量。所求得的各种设计代表年的年来水量、用水量都是相等的，只是其年内分布各不相同而已。

若兴利调节计算原设计代表年法求得兴利库容为$V_{兴设}$。绘制调度图时，所选取的代表年应包括原设计时的代表年。

2. 计算与绘制兴利调度图

上述两种方法选出代表年后，对所选择的代表年来水量、用水量做年调节计算。方法与兴利计算相同，从死水位开始，逆时序逐月进行水量平衡，遇亏水相加，遇余水相减。一直计算到水库开始蓄水的时刻为止，即可得出各月末应蓄水量及其相应的库水位。之所以从死水位开始逆时序调节，是因为年调节水库每年供水期末都可降至死水位，只要求供水期开始时水库所蓄水量，能满足用水就可以了。

分别对每个代表年都以同样的方法进行调节计算，得到若干条水库水位与时间的关系线（即调度线），绘于同一图上（图3.13）。连接各月水位的最高点得外（上）包线；连接各月水位的外包线最低点得内（下）包线。外包线与内包线之间，作为正常供水区。外包线以上为加大供水区，因为按保证率供水，水库蓄水量不必再多于外包线。如果外包线以上再有多余的水，就可加大供水，故外包线称加大供水线；在外包线以下加大供水，就可能引起正常灌溉供水的破坏，故外包线又称防破坏线。内包线以下为减少供水区，因为水库蓄水位若低于内包线水位，按保证率供水就没有保证，故应限制供水，尽可能使库水位保持在正常供水区内，故内包线称限制供水线。

需要说明的是，当水库水位超过灌溉调度图中的加大供水线时，并不是加大单位面积上的灌溉水量，而是指可以扩大灌溉面积或增加发电、工业、航运等部门的供水量。

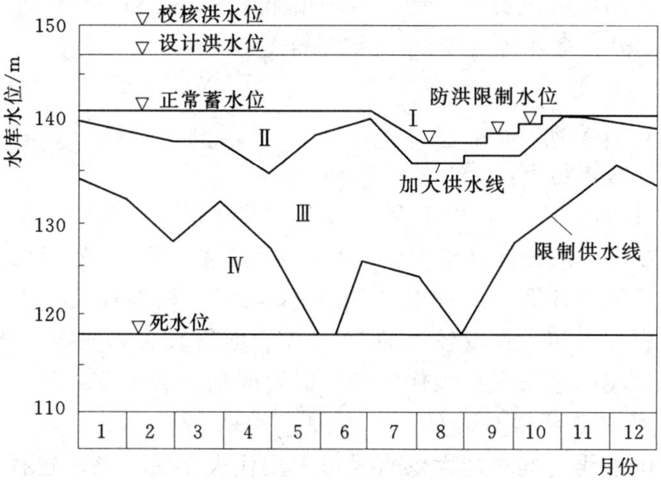

图 3.13 某水库年调节灌溉调度图

Ⅰ—调洪区；Ⅱ—加大供水区；Ⅲ—正常供水区；Ⅳ—减少供水区

3.2.2.2 多年调节水库灌溉调度图的绘制

多年调节水库灌溉调度图绘制的基本原理，与年调节水库灌溉调度图相同，都是通过水量平衡调节计算，求出加大供水线和限制供水线。不同的是多年调节的灌溉供水量超过了全年调节的供水量，需要将丰水年的水量蓄在水库里供枯水年使用。故多年调节水库一方面调节年内来水量，另一方面调节年际之间的来水量。为此，多年调节水库灌溉调度图与年调节灌溉调度图比较，不仅供水量增多，而且正常供水区的范围也较大。

多年调节水库灌溉调度线，仍为加大供水线和限制供水线，如图 3.14 所示，其绘制方法也采用代表年法。

1. 多年调节水库加大供水和限制供水的条件

判断多年调节水库加大供水的两个条件：①多年库容已经蓄满；②年来水量大于年供水量，有多余水量。为保证枯水年用水，在不动用多年库容 $V_{多年}$ 蓄水量的条件下，有余水才能加大供水。

判断多年调节水库限制供水的条件：①多年库容已经放空；②年来水量小于供水量。在第一个条件的情况下，年来水量又不能满足年供水要求，则只好限制供水量。

根据上述分析，必须先知道多年库容 $V_{多年}$ 是多少，为此须要按年来

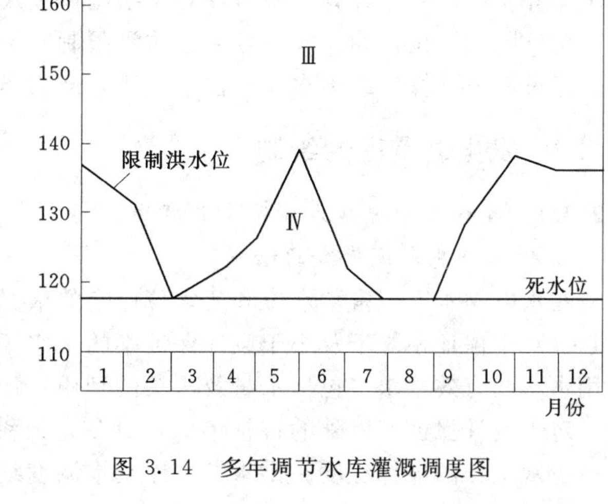

图 3.14 多年调节水库灌溉调度图

水量和年供水量相当的年份进行调节计算，求出年库容 $V_{年}$ 和一年的库水位变化过程，才能将兴利库容 $V_{兴}$ 划分为多年库容 $V_{多年}$ 与年库容 $V_{年}$。

2. $V_{多年}$ 和 $V_{年}$ 的确定

确定 $V_{多年}$ 和 $V_{年}$ 有两种方法：

（1）用数理统计法求得 $V_{兴}$，推求 $V_{多年}$ 和 $V_{年}$。

（2）用长系列时历法求 $V_{兴}$，由于 $V_{多年}$ 和 $V_{年}$ 没有分开，在编制调度图时，需要先确定 $V_{多年}$ 与 $V_{年}$。其方法是：先计算出 $V_{年}$，则 $V_{多年}=V_{兴}-V_{年}$。选择几个来水量等于用水量的年份，分别进行调节计算，所求得的几个 $V_{年}$，可能相差较大。为了使水库在运行过程中不动用多年库容，可初步选取较大的 $V_{年}$。$V_{年}$ 取得较大，则 $V_{多年}$ 较小，所求得的加大供水线是否合理，应通过长系列操作检验，必要时适当调整 $V_{年}$ 与 $V_{多年}$。

3. 灌溉调度线的调节计算与绘制

（1）推求加大供水线。推求加大供水线可采用代表年法。该法选择代表年的方法有两种：一种是选择几个年来水量略等于年供水量的年份，其中应包括确定 $V_{年}$ 的那一年；另一种方法是所谓"虚拟代表年法"，根据历年净来水量 $W_{净}$ 和毛供水量 $W_{毛}$，分别计算出两条经验频率曲线，其交点处 $W_{净}=W_{毛}$，将第一种方法的各代表年都缩放为交点处的水量，得来水、供水相等的不同年内分配的代表年。

对上述所选择的代表年，分别从供水期末开始逆时序调节计算，得出各年各月所需的蓄水量，取各月所需蓄水量的同期最大值，再加上 $V_{多年}$，换算为库水位，得外包线，即加大供水线。要注意所绘的加大供水线年初、年末要相衔接，否则需作适当修改。

（2）推求限制供水线。限制供水线的推求，是根据限制供水的条件，对各代表年从供水期末逆时序调节计算，求得各年各月末所需的蓄水量，取同期最小值，再加上死库容，换算为库水位，得内包线，即限制供水线。

3.2.2.3 当年水库灌溉计划调度图的绘制

无论年调节水库还是多年调节水库，当年的灌溉计划调度线的绘制方法步骤都是相同的。不同之处在于要从当年的实际情况出发，主要有三点：①当年各月来水量采用中长期水文预报值；②用水量是根据当年灌溉计划求出来的；③调节计算从当年年初水库的实际蓄水位开始，顺时序计算。调节计算与绘制调度线都要注意，水库蓄水位在汛期一般不能高于防洪限制水位，如果库水位超过防洪限制水位，没有特殊措施，则应弃水。

经过调节计算，绘出水库水位过程线，即为当年灌溉计划调度线。

3.2.3 发电调度图的绘制

3.2.3.1 年调节水电站水库基本调度线

1. 供水期基本调度线的绘制

在水电站水库正常蓄水位和死水位已定的情况下，年调节水电站供水期水库调度的任务是：对于保证率等于及小于设计保证率的来水年份，应在满足保证出力的前提下，尽量利用水库的有效蓄水（包括水量及水头的利用）加大出力，使水库在供水期末泄放至死水位。对于设计保证率以外的特枯年份，应在充分利用水库有效蓄水的前提下，尽量减少水电站正常工作的破坏程度。供水期水库基本调度线就是为完成上述调度任务而绘制的。

根据水电站保证出力图与各年流量资料以及水库特性等，用列表法或图解法由死水位逆时序进行水能计算，可以得到各种年份指导水库调度的蓄水指示线，如图 3.15（a）所示。图 3.15（a）上的 ab 线是根据设计枯水年资料做出的。它的意义是：天然来水情况一定时，使水电站在供水期按照保证出力图工作，各时刻水库应有的水位。设计枯水年供水期初如果水库水位在 b 处（$Z_{蓄}$），按保证出力图工作到供水期末时，水库水位恰好消落至 a（$Z_{死}$）。由于各种水文年天然来水量及其分配过程不同，如果按照同样的保证出力图工作，则可以发现天然来水越丰的年份，其蓄水指示线的位置越低［见图 3.15（a）中②线］，意即对来水较丰的年份即使水库蓄水量少一些，仍可按保证出力图工作，满足电力系统电力电量平衡的要求；反之，来水越枯的年份其指示线位置越高［见图 3.15（a）中③线］。

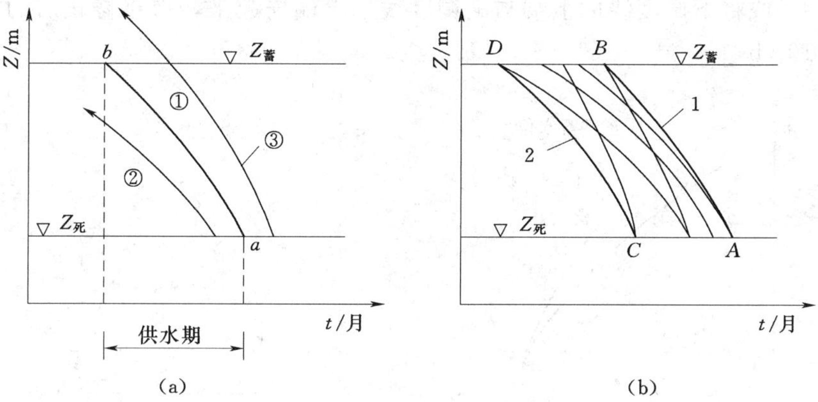

图 3.15　水库供水期基本调度线
1—上调度线；2—下调度线

在实际运行中，由于事先不知道来水属于何种年份，只好绘出典型水文年的供水期水库蓄水指示线，然后在这些曲线的右上边做一条上包线 AB［见图 3.15（b）］作为供水期的上基本调度线。同样，在这些曲线的左下边做下包线 CD，作为下基本调度线。两基本调度线间的这个区域称为水电站保证出力工作区。只要供水期水库水位一直处在该范围内，则不论天然来水情况如何，水电站均能按保证出力图工作。

实际上，只要设计枯水年供水期的水电站正常工作能得到保证，丰水年、中水年供水期的正常工作得到保证是不会有问题的。因此，在水库调度中可取各种不同典型的设计枯水年供水期蓄水指示线的上、下包线作为供水期基本调度线，来指导水库的运用。

基本调度线的绘制步骤可归纳如下：

（1）选择符合设计保证率的若干典型年，并对之进行必要的修正，使它满足两个条件：一是典型年供水期平均出力应等于或接近保证出力；二是供水期终止时刻应与设计保证率范围内多数年份一致。为此，可根据供水期平均出力保证率曲线，选择 4～5 个等于或接近保证出力的年份作为典型年。将各典型年的逐时段流量分别乘以各年的修正系数，以得出计算用的各年流量过程。

（2）对各典型年修正后的来水过程，按保证出力图自供水期末死水位开始进行逐时段（月）的水能计算，逆时序倒算至供水期初，求得各年供水期按保证出力图工作所需的水库蓄水指示线。

（3）取各典型年指示线的上、下包线，即得供水期上、下基本调度线。上基本调度线表示水电站按保证出力图工作时，各时刻所需的最高库水位，利用它就使水库管理人员在任何年供水期中（特枯年例外）有可能知道水库中何时有多余水量，可以使水电站加大出力工作，以充分利用水资源。下基本调度线表示水电站按保证出力图工作所需的最低库水位。当某时刻库水位低于该线所表示的库水位时，水电站就要降低出力工作了。

运行中为了防止由于汛期开始较迟，较长时间在低水位运行引起水电站出力的剧烈下降而带来正常工作的集中破坏，可将两条基本调度线结束于同一时刻，即结束于洪水最迟的开始时间。处理方法是：将下调度线（见图3.16中的虚线）水平移动至通过点A［见图3.16（a）］，或将下调度线的上端与上调度线的下端连起来，得出修正后的下基本调度线［见图3.16（b）］。

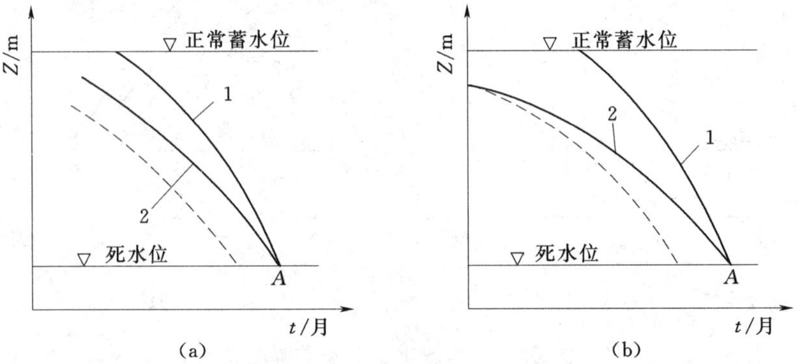

图3.16 供水期基本调度线的修正
1—上调度线；2—修正后的下调度线

2. 蓄水期基本调度线的绘制

一般地说，水电站在丰水期除按保证出力图工作外，还有多余水量可供利用。水电站蓄水期水库调度的任务是：在保证水电站工作可靠性和水库蓄满的前提下，尽量利用多余水量加大出力，以提高水电站和电力系统的经济效益。蓄水期基本调度线就是为完成上述重要任务而绘制的。

水库蓄水期上、下基本调度线的绘制，也是先求出多水文年的蓄水期水库水位指示线，然后做它们的上、下包线求得。这些基本调度线的绘制，也可以和供水期一样采用典型年的方法，即根据前面选出的若干设计典型年修正后的来水过程，对各年蓄水期从正常蓄水位开始，按保证出力图进行出力为已知情况的水能计算，逆时序倒算求得保证水库蓄满的水库蓄水指示线。为了防止由于汛期开始较迟而过早降低库水位引起正常工作的破坏，常将下调度线的起点h'向后移至洪水开始最迟的时刻h点，并做光滑曲线gh，如图3.17所示。

上面介绍了采用供、蓄水期分别绘制基本调度线的方法，但有时也用各典型年的供、蓄水期的水库蓄水指示线连续绘出的方法，即自死水位开始逆时序倒算至供水期初，又接着算至蓄水期初再回到死水位为止，然后取整个调节期的上、下包线作为基本调度线。

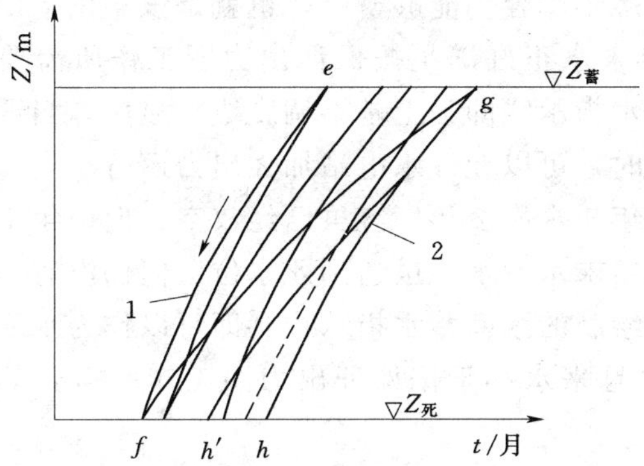

图 3.17 蓄水期水库调度线

1—上基本调度线；2—下基本调度线

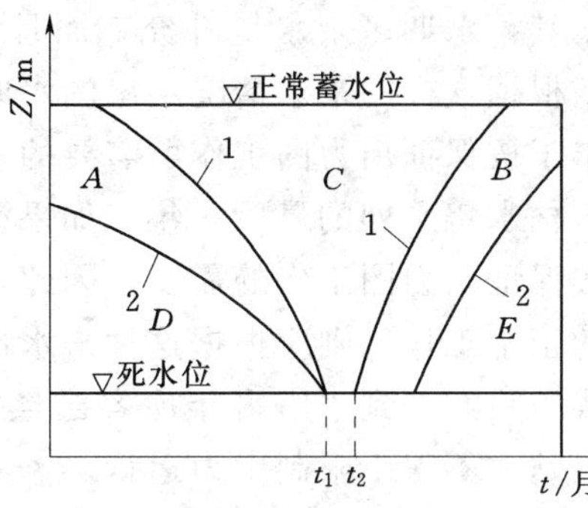

图 3.18 水库基本调度图

1—上基本调度线；2—下基本调度线

3. 水库基本调度图

将上面求得的供、蓄水期基本调度线绘在同一张图上，就可得到基本调度图，如图3.18所示。该图上被基本调度线划分为五个主要区域：

(1) 供水期出力保证区（*A* 区）。当水库水位在此区域时，水电站可按保证出力图工作，以保证电力系统正常运行。

(2) 蓄水期出力保证区（*B* 区）。其意义同 (1)。

(3) 加大出力区（*C* 区）。当水库水位在此区域内时，水电站可以加大出力（大于保证出力图规定的）工作，以充分利用水能资源。

(4) 供水期出力减小区（*D* 区）。当水库水位在此区域内时，水电站应及早减小出力（小于保证出力图所规定的）工作。

(5) 蓄水期出力减小区（*E* 区）。其意义同 (4)。

由上述可见，在水库运行过程中，基本调度图能对水库的合理调度起到指导作用。

3.2.3.2 多年调节水电站水库基本调度线

1. 绘制方法及其特点

如果调节周期历时比较稳定，多年调节水电站水库基本调度线的绘制，原则上可用和年调节水库相同的原理及方法。所不同的是要以连续的枯水年系列和连续的丰水年系列来绘制基本调度线。但是，往往由于水文资料不足，包括的水库供水周期和蓄水周期数目较少，不可能将各种丰水年与枯水年的组合情况全包括进去，因而做出的曲线是不可靠的。同时，方法比较繁杂，使用也不方便。因此，实际上常采用较为简化的方法，即计算典型年法。其特点是不研究多年调节的全周期，而只研究连续枯水系列的第一年和最后一年的水库工作情况。

2. 计算典型年及其选择

为了保证连续枯水年系列内都能按水电站保证出力图工作，只有当多年调节水库的多年库容蓄满后还有多余水量时，才能允许水电站加大出力运行；在多年库容放空，而来水又不足以保证出力时，才允许降低出力运行。根据这样的基本要求来分析枯水年系列第一年和最后一年的工作情况。

对于枯水年系列的第一年，如果该年末多年库容仍能够蓄满，也就是该年供水期不足水量可由其蓄水期多余水量补充，而且该年来水正好满足按保证出力图工作所需要的水量，那么根据这样的来水情况绘出的水库蓄水指示线即为上基本调度线。显然，当遇到来水情况丰于按保证出力图工作所需要的水量时，可以允许水电站加大出力运行。

对于枯水年系列的最后一年，如果该年年初水库多年库容虽已经放空，但该年来水正好满足按保证出力图工作的需要，因此，到年末水库水位虽达到死水位、但仍没有影响电力系统的正常工作，则应根据这种来水情况绘制的水库蓄水指示线，即可以作为水库下基本调度线。只有遇到水库多年库容已经放空且来水小于按保证出力图工作所需要的水量时，水电站才不得不限制出力运行。

根据上面的分析，选出的计算典型年最好应具备这样的条件：该年的来水正好等于按保证出力图工作所需要的水量。可以在水电站的天然来水资料中，选出符合所述条件而且径流年内分配不同的若干年份为典型年，然后对这些年的各月流量值进行必要修正（可以按保证流量或保证出力的比例进行修正），即得计算典型年。

3. 基本调度线的绘制

根据上面选出的各计算典型年，即可绘制多年调节水库的基本调度线。先对每一个年份按保证出力图自蓄水期正常蓄水位逆时序倒算（逐月计算）至蓄水期初的年消落水位，然后再自供水期末从年消落水位倒算至供水期初相应的正常蓄水位。这样就求得各年按保证出力图工作的水库蓄水指示线，见图 3.19 上的虚线。取这些指示线的上包线即得上基本调度线（见图 3.19 中的 1 线）。

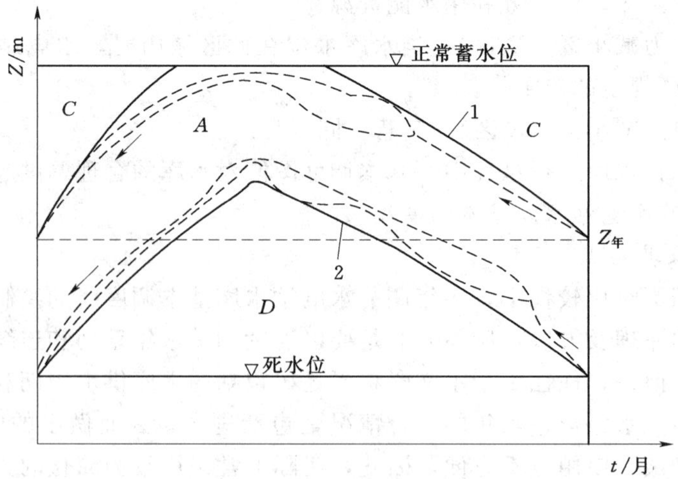

图 3.19 多年调节水库基本调度图

1—上基本调度线；2—下基本调度线

同样，对枯水年系列最后一年的各计算典型年，供水期末自死水位开始按保证出力图逆时序计算至蓄水期初又回到死水位为止，求得各年逐月按保证出力图工作时的水库蓄水指示线。取这些线的下包线作为下基本调度线。

将上、下基本调度线同绘于一张图上，即构成多年调节水库基本调度图，如图 3.19

所示。图上 A、C、D 区的意义同年调节水库基本调度图。这里的 A 区就等同于图 3.18 上的 A、B 两区。

3.2.3.3 加大出力和降低出力调度线

在水库运行过程中，当实际库水位落于上基本调度线之上时，说明水库可有多余水量，为充分利用水能资源，应加大出力予以利用；而当实际库水位落于下基本调度线以下时，说明水库存水不足以保证后期按保证出力图工作，为防止正常工作被集中破坏，应及早适当降低出力运行。

1. 加大出力调度线

在水电站实际运行过程中，供水期初总是先按保证出力图工作。但运行至 t_i 时，发现水库实际水位比该时刻水库上调度线相应的水位高出 ΔZ_i（见图 3.20）。相应于 ΔZ_i 的这部分水库蓄水，称为可调余水量。可用它来加大水电站出力，但如何合理利用，必须根据具体情况来分析。一般来讲，有以下三种运用方式。

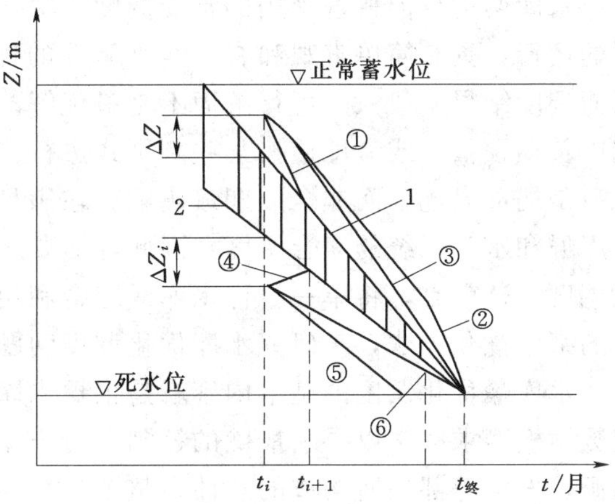

图 3.20 加大出力和降低出力的调度方式

1—上基本调度线；2—下基本调度线

(1) 立即加大出力。使水库水位在时段末 t_{i+1} 就落在上调度线上（见图 3.20 中①线）。这种方式对水量利用比较充分，但出力不够均匀。

(2) 后期集中加大出力（见图 3.20 中②线）这种方式可使水电站较长时间处于较高水头下运行，对发电有利，但出力也不够均匀。如汛期提前来临，还可能发生弃水。

(3) 均匀加大出力（见图 3.20 中③线）。这种方式使水电站出力均匀，也能充分利用水能资源。当分析确定余水量利用方式后，可用图解法或列表法求算加大出力调度线。

2. 降低出力调度线

如水电站按保证出力图工作，经过一段时间至 t_i 时，由于出现特枯水情况，水库供水的结果使水库水位处于下调度线以下，出现不足水量。这时，系统正常工作难免要遭受破坏。对这种情况，水库调度有以下三种方式。

(1) 立即降低出力。使水库蓄水在 t_{i+1} 时就回到下调度线上（见图 3.20 中④线）。这种方式一般引起的破坏强度较小，破坏时间也比较短。

(2) 后期集中降低出力（见图 3.20 中⑤线）。水电站一直按保证出力图工作，水库有效蓄水放空后按天然流量工作。如果此时不蓄水量很小，将引起水电站出力的剧烈降低。这种调度方式比较简单，且系统正常工作破坏的持续时间较短，但破坏强度大是其最大缺点。采用这种方式时应持慎重态度。

(3) 均匀降低出力（见图 3.20 中⑥线）。这种方式使破坏时间长一些，但破坏强度最小。

一般情况下，常按上述第三种方式绘制降低出力线。

将上、下基本调度线及加大出力和降低出力调度线同绘于一张图上就构成了以发电为主要目的的调度全图。根据它可以比较有效地指导水电站的运行。

3.3 优化调度

3.3.1 概述

水库调度目前普遍采用的常规调度方法，是在实测资料的基础上绘制调度图来指导水库的运行，具有简单直观和有一定可靠性的优点。但是，由于调度图带有一定的经验性，因而调度结果一般只是可行解而不是最优解。其次，由于调度图的绘制，往往不考虑短期或中长期预报，或者即使按某些判别式进行调度，又考虑本时段的预报来水量，所得结果也只是局部最优解而非全周期最优解。在满足各种约束条件下，考虑不同的最优准则，进行库群和水利系统的联合调度。因此，需要应用系统分析的方法，来研究水库和库群的优化调度。这就是，将单一目标水库或综合利用水库以至库群看成一个系统，应用系统工程中的某些优化方法，来研究水库优化调度问题。

水库最优化调度的基本内容就是根据水库的入流过程，通过最优化方法，对水库调度的数学模型求解，以寻求最优的控制运行方案。水库照此最优方案蓄泄运行，可使防洪、灌溉、发电等部门所构成的总体在整个计算周期内总的效益最大而不利影响最小。从数学观点来看，寻求水库最优调度方案，就是求解包含时间图、水库调度策略、空间示意图等因素的多步决策的优化问题。

3.3.2 最优化技术

最优化技术是研究和解决最优化问题的一门学科，它的主要内容是建立一个最优化问题的数学模型和对模型进行求解。

最优化技术包括有古典的微分法、拉格朗日乘数法、变分法、数学规划法和动态规划法等。前三种方法，由于方法本身的局限性而无法求解大型的、复杂的系统问题，数学规划和动态规划法的内容相当丰富，因此本节只对数学规划中的线性规划以及动态规划的基本内容作简要介绍。

1. 线性规划

线性规划是数学规划的重要分支，是解决静态数学模型的最优化技术。特别是模型中目标函数和约束条件方程组均为线性方程。

线性规划研究的课题主要有两类：一类是在人力和资源给定的条件下，如何进行合理分配，可使效益最大或成本最小；另一类是任务给定的情况下，如何统筹安排，可使完成任务所花费的人力和资源最小。

线性规划的解法有图解法、单纯形法、对偶单纯形法和改进单纯形法等。

(1) 线性规划问题的数学模型及其解的定义。线性规划数学模型的标准形式为

目标函数
$$\max Z = C_1 x_1 + C_2 x_2 + \cdots + C_n x_n \tag{3.5}$$

约束条件组

$$\begin{cases} a_{11}x_1 + a_{12}x_2 + \cdots + a_{1n}x_n = b_1 \\ a_{21}x_1 + a_{22}x_2 + \cdots + a_{2n}x_n = b_2 \\ \quad\vdots \\ a_{m1}x_1 + a_{m2}x_2 + \cdots + a_{mn}x_n = b_m \\ x_1,\ x_2,\ \cdots,\ x_n \geqslant 0 \end{cases} \tag{3.6}$$

$$\max Z = \sum_{j=1}^{n} C_j x_j \tag{3.7}$$

$$\begin{cases} \sum_{j=1}^{n} a_{ij} x_j = b_i & i = 1,\ 2,\ \cdots,\ m \\ x_j \geqslant 0 & j = 1,\ 2,\ \cdots,\ n \end{cases} \tag{3.8}$$

其中，a_{ij} 及 C_j 均为给定常数，可为任意实数。b_i 必须是正数。

当实际问题与标准形式有差异时，可通过以下变换，将其化为标准形式。

1）如 b_i 为负，则可将等式两边变号。

2）如约束条件为不等式，则可引入一个非负的松弛变量，将不等式变为等式。而目标函数中，松弛变量前的系数为零。

3）如某决策变量 x_k 无非负要求，则可将它用两个非负变量之差表示，即令 $X_k = X_k' - X_k''$，其中 $X_k' \geqslant 0$，$X_k'' \geqslant 0$。

4）双向约束一般可作为两个约束处理，即当 $b_1 \leqslant x_i \leqslant b_2$ 时，可处理为 $x_i \geqslant b_1$，$x_i \leqslant b_2$。

5）如目标函数是最小化，即 $\min Z = C_j X_j$，则方程两端变号，变为最大化 $\max Z' = -C_j X_j$。

线性规划问题解的概念包括：

1）可行解——满足诸约束条件的任何一个解称为可行解。所有可行解的集合称为可行域（或称约束多边形）。

2）最优解——满足方程的可行解，称为最优解。也即使目标函数达到最大的可行解。

3）基本可行解——可行域角点上的可行解，称为基本可行解。

（2）线性规划问题的一般解法。线性规划问题，当变量是二维时，可以用图解法求解，当维数较多时，需用单纯形法求解。

2. 动态规划

线性规划只能解决静态数学模型的最优化。但是有很多问题是与时间或空间因素有关的，需要建立动态模型。动态模型由于参数变化和状态转移与时间或空间有关，因此可以按时间或空间将过程划分成若干阶段，分阶段进行决策。动态规划法是解决多阶段决策过程的一种最优化技术。

动态规划适用范围广泛，有很强的实用性，它可用来分析确定性或随机性问题、线性的或非线性的问题、连续的或离散的问题、一维的或多维的问题。但当维数（或状态变量）超过 3 个以上时，需要占用大量的计算机内存或很长的计算时间，因而要寻求降维的方法。

（1）多阶段决策过程。所谓多阶段决策过程，是指根据时间与空间特性，可将问题的整个过程划分为若干阶段，在每一阶段都有相应决策的整个过程。在每一阶段，问题由初始状态，经过某种决策，变为终点状态。这个终点状态，又是下一阶段的初始状态。如此重复，经历所有阶段。而能使整个过程取得最优效益的多阶段决策过程，称为多阶段最优决策过程。

现以水库调度的问题为例来加以说明。设水库供水期初的水位为正常蓄水位，供水期末的水位为死水位。将供水期以一个月作为阶段划分，则阶段数为 n。令 $t_i(i=0,1,2,\cdots,n)$ 表示各阶段的始末时刻；状态变量 $S_i(i=0,1,2,\cdots,m)$ 表示相应时刻的蓄水状态；决策变量 $D_i(i=1,2,3,\cdots,K)$ 表示相应阶段水库的蓄放水决定。于是 i 阶段时刻 t_i 的状态 S_i，就是 t_{i-1} 时刻状态 S_{i-1} 经决策 D_i 的结果。而 i 阶段时段初状态为 S_{i-1}，采取 D_i 决策，水库获得的效益为 $r_i(S_{i-1},D_i)$ 或 $f_i(S_{i-1})$，即 $f_i(S_{i-1})=V_i(S_{i-1},D_i)$。由第 i 阶段初状态 S_{i-1}，作 i 阶段决策 D_i，至第 n 阶段末的总效益为 $f_i^n(S_{i-1},D_i)$。用加"∗"的 $f_i^{n*}(S_{i-1},D_i)$ 表示 i 阶段初至 n 阶段末的最优总效益。状态 S 与效益 r 都是决策 D 的函数。整个供水期的总效益，与每一阶段的决策有关。为了求得最大效益，必须分阶段做出决策，并使每一阶段取一个决策所组成的序列为最优策略。其多阶段决策过程，可用图 3.21 表示。

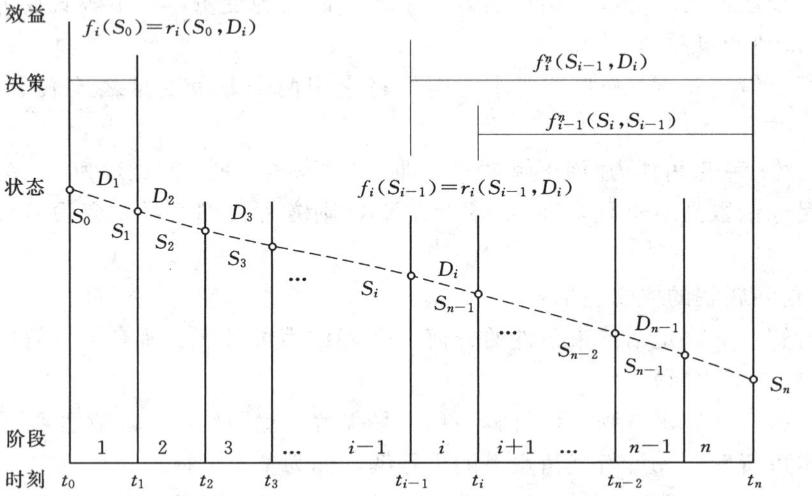

图 3.21　多阶段决策过程及递推示意

(2) 递推关系与最优化原理。上述水库调度的多阶段决策过程，在供水期初与供水期末之间各阶段可有许多状态和做出不同决策，构成众多的策略，即有众多的调度方案。如果采用穷举法，逐一计算各方案的总效益，以选出总效益为最大的最优方案，是非常繁琐甚至是难以实行的。现假定供水期为 11 月初至次年 3 月末，仍以月作为阶段，并经初步筛选，每阶段还会留 3 个状态和 9 个决策可供比较。用简化的水库调度问题来说明动态规划法的递推方程与最优化原理。水库状态及决策过程见图 3.22。图 3.22 圆圈中的编号为各阶段始末水库状态（可以用库水位或水库蓄水量表示），线上数字代表各阶段根据入库径流，采取不同决策可获得的综合效益。

3. 逐次优化算法

传统的动态规划算法在求解水库群优化调度中，水库个数和调度时段增加到一定数量时，就会出现"维数灾"问题，这个缺点很大程度上限制了它的应用。一些改进算法相继

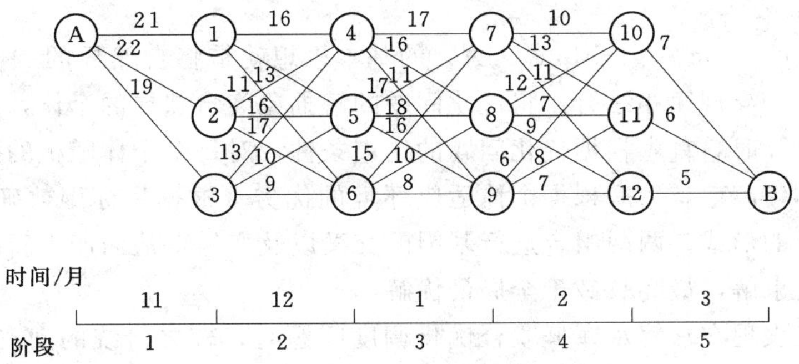

图 3.22 水库状态及决策过程示意图

被提出，其中，逐次优化方法（Progressive Optimization Algorithm，POA）就是最为常用的一种。

研究表明，该方法可以使最优化求解问题收敛到唯一的全局最优解，与动态规划的基本思想大概一致，即将原来复杂的多阶段问题进行降维处理，但与动态规划不同的是，算法是将原最优化问题化为一系列的二阶段极值问题，每次优化求解仅针对相邻的两个阶段进行，因此求解难度和复杂性就大为降低，但该方法非常依赖于初始最优解，这是其自身的固有缺点。

4. 粒子群算法

粒子群算法（Particle Swarm Optimization，PSO）是一种基于群体智能的随机启发式高效搜索算法，1995 年由 J. Kennedy 和 R. C. Eberhart 通过对鸟类模型进行研究时提出，具有概念简明、实现方便、收敛速度快、参数设置少的的优点。在算法中把优化问题的每个可行解类比为搜索空间中的一只“鸟”，称之为“粒子”，每个粒子都有一个由目标函数决定的适应值。PSO 算法通过种群中个体粒子之间的协作和运动来寻找最优解，这是它与基于进化论思想的遗传算法的主要的不同之处。

作为群体智能算法的一种，其基本思想仍是将待优化问题的解抽象为一个微粒，多个微粒组成一个群体，每个微粒有自己的飞行速度和位置空间，二者决定了下次飞行的方向，同时作为群体中的一员，每个微粒的运动方向受整个群体中最优微粒的影响，同时还受自己已有历史寻优轨迹的影响，从而通过不断的迭代计算，整个群体收敛于全局最优解。由于 PSO 算法容易理解、易于实现，所以 PSO 算法发展很快，该算法已被越来越多的学者运用到水库调度的优化求解中，且已被“国际进化计算会议”（IEEE International Conferences on Evolutionary Computation，CEC）列为一个讨论专题，其计算流程见图 3.23。

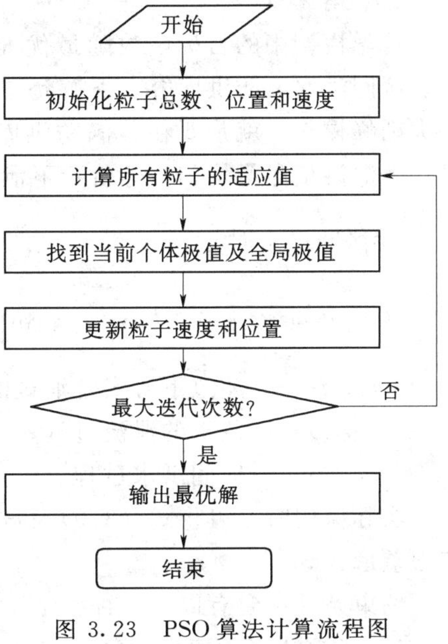

图 3.23 PSO 算法计算流程图

5. 基因算法

基因算法（Genetic Algorithm，GA）的基本思想就是将自然界的“优胜劣汰”法则与基因的遗传、变异规律相结合。将优化问题的解抽象为自然界的个体，多个个体构成一个种群。优化计算时，首先根据优化问题的约束条件，对每个个体随机的赋初值，即将可能的解的空间均匀离散，然后根据个体适应环境的优劣（根据目标函数确定），在父代个体中以随机选择的形式，两两组合进行基因的交叉以及变异，从而产生新的子代个体，以此方式逐代迭代求解，最终收敛于全局最优解。

其优势突出表现在求解水库群联合优化调度问题时，较之传统的动态规划方法，GA算法所需内存小、稳定性强，在确定性的优化调度问题中应用最为广泛。主要原因是 GA算法采用概率化的寻优方法，能自动获取和指导优化的搜索空间，自适应地调整搜索方向，不需要确定的搜索规则。同时，搜索过程不直接作用于变量上，状态变量和控制变量不需要进行离散化。

3.3.3 单一水库优化调度

水库的优化调度，其完整的概念包括水量、水能、水质和库容的最优利用。为单一目标服务的单一水库，最优化调度研究的途径主要是通过建立调度过程的数学模型来进行。水库调度的数学模型，根据径流描述的方法又分为确定性模型和随机性模型。

3.3.3.1 防洪水库优化调度

1. 最优准则

水库的防洪任务，一般是为了减免下游防洪地区的洪水灾害。因此，最优准则就是指衡量防洪操作优劣程度的标准，一般可归纳为三种形式：①最大削峰准则；②最短洪淹历时准则；③最小洪灾损失或最小防洪费用准则。

2. 数学模型

数学模型中的目标函数随最优准则的不同而不同。以最大削峰准则为例，当入库洪水、区间洪水、防洪库容、下游允许安全泄量和溢洪道泄洪能力等均为已知的情况下，按最大削峰操作，就是要在蓄满防洪库容的条件下尽量使下泄流量均匀。在数学上可以证明，下泄流量尽量均匀，等价于下泄流量的平方和最小。于是目标函数为

无区间洪水时
$$\min\int_{t_0}^{t_D} q^2(t)\mathrm{d}t \tag{3.9}$$

有区间洪水时
$$\min\int_{t_0}^{t_D}[q(t)+q_{区}(t)]^2\mathrm{d}t \tag{3.10}$$

式中 t_0、t_D——超过下游安全泄量的洪水起讫时间，或最优化防洪操作时间；

$q(t)$——待求的泄流过程；

$q_{区}(t)$——区间洪水过程。

实际应用时，可将式（3.9）和式（3.10）按选定时间 Δt（例如 1 天、5 天等），化为有限差形式。

约束条件主要有以下 4 种。

（1）防洪库容约束：

$$\sum_{t_0}^{t_D}(Q_t - q_t)\Delta t = V_{防} \tag{3.11}$$

式中 Q_t——时段 Δt 内的平均入库流量；

q_t——Δt 内决策的下泄流量；

$V_{防}$——防洪库容。

（2）防洪策略约束（遇设计或超标准洪水时）：

无预泄时 $$q_{安} \leqslant q_t \leqslant Q_t \tag{3.12}$$

有预泄时 $$q_{安} \leqslant q_t \tag{3.13}$$

式中 $q_{安}$——下游的安全泄量。

（3）泄洪设备（如溢洪道）能力约束：

$$q_t \leqslant q(Z_t B_t) \tag{3.14}$$

式中 Z_t——各时刻的（或各时段平均的）水库蓄水位，为决策 q_t 和时段初库水位的已知函数；

B_t——溢洪道操作方式，即各时刻门孔开启的数目和开度。当闸门操作并无事先的限制要求时，以门孔全开之 B_M 代入，而 B_t 的变化过程，由泄流决策求出后反推之。

（4）水库水量平衡约束：

$$(Q_t - q_t)\Delta t = \Delta V \tag{3.15}$$

式中 ΔV——时段 Δt 内库容的变化。

3. *求解方法*

上述 4 种约束条件中，最后两个通常为非线性约束。如果模型为线性，就可用线性规划的单纯形法解出最优泄流决策。当模型为非线性时，可以直线逼近或其他线性化方法（如泰勒级数展开式）使之线性化。目前更常用的是按动态规划的模式来解。

运用动态规划法求解，关键在于写出系统的状态转移方程和效益递推方程。当用水库蓄水量（即库容）作为状态变量时，则状态转移方程为

$$V_i = V_{i+1} + (Q_i - q_i)\Delta t \tag{3.16}$$

式中 V_i——第 i 阶段末的状态变量；

V_{i+1}——第 i 阶段初的状态变量；

Q_i——第 i 阶段的入库流量；

q_i——第 i 阶段的出库泄量；

Δt——第 i 阶段的时段长。

水库最大削峰准则时的防洪效益的递推方程（逆推时）为

$$f_i^*(V_{i-1}) = \min_{\Omega}\{q_i^2\Delta t + f_{i+1}^*(V_i)\} \tag{3.17}$$

式中 $f_i^*(V_{i-1})$——第 i 阶段初水库状态为 V_{i-1} 时至第 n 阶段末的最优总效益；

$q_i^2\Delta t$——第 i 阶段即面临阶段的效益，当时段长 Δt 取为定值时，只计 q_i^2；

$f_{i+1}^{*}(V_i)$——第 i 阶段初水库状态为 V_{i-1}，经 q_i 放水决策后到第 $i+1$ 阶段初（即 i 阶段末）状态为 V_i 时余留期的最优总效益；

Ω——可行的决策域，即诸约束条件所组成的约束集合。

具体计算，可由洪水过程线退水段上超过下游安全泄量的时间开始，或当防洪库容蓄满时开始逐时段（阶段）逆推，逆序解法框图如图 3.24 所示。以下结合一个简单的例子，介绍入库洪水为确定型时的求解方法。

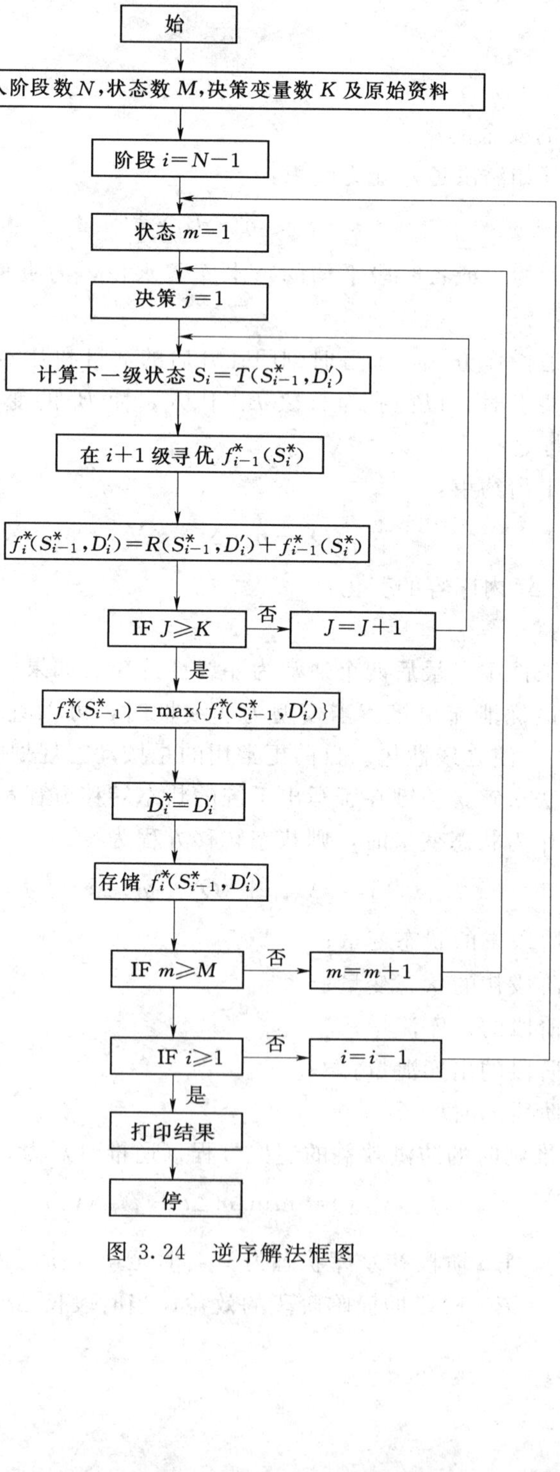

图 3.24　逆序解法框图

3.3.3.2 水电站水库优化调度

水电站水库调度依据运行时间的长短，可分为中长期调度、短期调度和实时（小时）经济运行。中长期发电调度的主要任务是依据水库自身的调蓄功能，根据水库所承担的发电任务，将一定时期（季、年或多年）范围内的有限输入能合理分配到较短的时间段内（月、旬、周或日），制定出电站的中长期（最优）运行方式，以达到充分利用水能、增加水库发电量和保证整个系统安全可靠运行的目的。水电站发电调度计划的制订与实施的模式是长套中、中套短，并依据所面临的时刻信息不断修正调度决策。将具有较高预报精度的中长期径流预报用于制定水电站水库的中长期发电调度计划，与不考虑径流预报信息的常规调度相比，可增加水电站的发电量、减小水库弃水量、降低水库的破坏深度。

1. 最优准则

水电站水库优化调度的目的是指通过优化课题求解所期望获得的最大总效益，包括直接效益和间接效益。直接效益是指运行调度所能获得的直接运行效益，即必须尽可能满足国民经济和社会提出的各项具体要求。间接效益是指运行调度所带来的社会和生态环境影响（包括正面影响和负面影响）效益。优化目标是指为达到优化目的，运行调度所谋求获得的直接效益，即必须尽可能地满足国民经济和社会的各项具体要求，如防洪、发电、灌溉、航运、工业与城镇供水等能以定量指标表示的具体要求。

优化准则，又称为最优准则或经济准则，是衡量达到最终优化目的和优化目标的定量指标，是“最优”的标准，即体现运行调度基本原则，评价运行调度方案、方式、计划、策略及决策优劣和阐明运行效益大小的最优定量标准。优化准则原则上应力求全面反映目的和目标，但实际上难以做到，因为有些效益难以用定量指标反映。目前，存在着各种体现指标不同、反映效益程度不同及适用情况不同的优化准则，如国民经济效益最大、总费用或运行费用最小、损失最小、电力系统燃料费用或燃料耗量最小、水电站发电量最大、水电站输入能量或耗水量最小等准则。在纯水电系统中，水电站发电量最大准则是一种较为常用的准则，该准则在满足各部门用水和用电的条件下，有效利用水能资源安排电站的发电量，从而达到最优的经济效益。

水电站运行的最优准则，一般应包括数量和质量两个方面，即发电的经济效益最大和供电的质量最高。经济效益最大的准则，对单一水电站水库来说，最常用的是调节周期（年）内发电量最多；对于水电站、火电站组成的混合电力系统，常用的是系统总的年运行支出最小或等价的系统年煤耗量最小。

2. 最优调度的物理基础

当水电站以发电量最多作为最优准则时，优化调度的物理基础可由出力的基本公式 $N=AQH$ 和电量公式 $E=\sum E_i=\sum N_i\Delta t$ 来分析。在河川径流及调节库容已定的情况下，发电量的多少，取决于出力系数、发电引用流量和水头的大小，即优化调度要着眼于出力系数、引用流量和水头的最优利用。

出力系数与机型、引用流量和水头有关。对一定机型，优化调度实质上是研究流量与水头的最优利用。在求出逐月或逐旬最优平均出力的基础上，再研究水电厂机组间的最优负荷分配，即研究短期厂内经济运行问题。

调节程度不高的不完全年调节和季调节水库，流量的最优利用除枯水年份外，一般远较水头利用的效益为大，也更重要。因此，除约束条件的满足是基本要求外，应把流量利用作为第一位考虑的因素。调节程度高的水库，弃水机会少，故水利用的效益可能更重要，只是在接近满蓄和来水较丰的年份，流量与水头利用的效益可能仍同等重要。

3. 数学模型

单一发电水库，入库为确定型，以计算期内总电能最大为最优准则时，目标函数为

$$\max\sum_{i=1}^{n}N_i=\max_{q_i}\left\{\sum_{i=1}^{n}N_i(Z_{i-1},Z_i)\right\} \tag{3.18}$$

式中 N_i——i 时段的平均出力，它是时段引用流量 q_i 与水头 H_i 的函数。

时段引用流量和水头又是时段始末库水位的函数，故 N_i 也是 i 时段始末库水位 Z_{i-1} 与 Z_i 的函数。约束条件，有以下几个：

（1）水位限制： $$Z_{死}\leqslant Z_i\leqslant Z_{正}（或 Z_{汛}） \tag{3.19}$$

（2）出力限制： $$N_{保}\leqslant N_i\leqslant N \tag{3.20}$$

（3）引用流量限制： $$q_{\min}\leqslant q_i\leqslant q_{\max} \tag{3.21}$$

（4）水量平衡限制： $$\overline{Q_i}-q_i=\frac{\Delta V(Z_{i-1},Z_i)}{\Delta t} \tag{3.22}$$

4. 求解方法

求解上述数学模型，就是在死水位和正常蓄水位给定的情况下，对有 $n-1$ 个自变量的函数式，求其满足诸约束条件的最大值。当用动态规划法求解时，系统的状态转移方程和逆推的效益递推方程可写为

$$V_{i+1}=V_i+(Q_i-q_i)\Delta t \tag{3.23}$$

$$f_i^*(V_i)=\max_{q_i}\{N_i+f_{i+1}^*(V_{i+1})\} \tag{3.24}$$

式中 V_{i+1}——第 i 阶段末的水库蓄水量，即状态变量；

V_i——第 i 阶段初的水库蓄水量；

Q_i——第 i 阶段的平均入库流量；

q_i——第 i 阶段的发电引用流量；

$f_i^*(V_i)$——第 i 阶段初状态为 V_i 时至第 n 阶段末的最大电能；

N_i——第 i 阶段的平均出力或电能；

$f_{i+1}^*(V_{i+1})$——第 i 阶段初状态为 V_i 经 q_i 放水决策后到第 $i+1$ 时阶段初状态为 V_{i+1} 时余留的最大电能。

以下介绍当入库径流为确定型时的电算求解方法。

对计算机求解的程序变量数组说明如下：

N——总的周期时段数；

M——兴利库容等分数；而 $M+1$ 即为库容节点数；

I——阶段循环变量（$I=1$，2，…，N）；

J——任一阶段初始状态循环变量（$J=1$，2，…，$M+1$）；

K——任一阶段末状态循环变量（$K=1$，2，…，$M+1$）；

DT——计算时段，即阶段长；

$Q(I)$——I 阶段的平均入库流量（$I=1$，2，…，N）；

VN——死水位相应库容，即死库容；

VM——正常蓄水位相应库容；

NN——保证出力；

NM——装机容量；

QN——水轮机组最小过水能力；

QM——水轮机组最大过水能力；

A——出力系数；

$N(I)$——I 阶段决策 $Q(I)$ 的出力（$I=1, 2, \cdots, N$）；

$F(I,J)$——阶段初状态在 J 阶段，采取 $Q(I)$ 决策由 I 阶段初到 N 阶段末的最大出力；

$H—V$——库容曲线对应数组；

$H—Q$——下游水位流量关系对应数组。

计算由第 N 时段开始，逐时段逆推至第 1 时段止。最后打印出最优决策变量序列 $Q(I)$ 和最优轨迹即最优调度线。同时得到所求的目标函数值 F，即 $f_1^*(VN)$，如图 3.25 中的粗线所示。

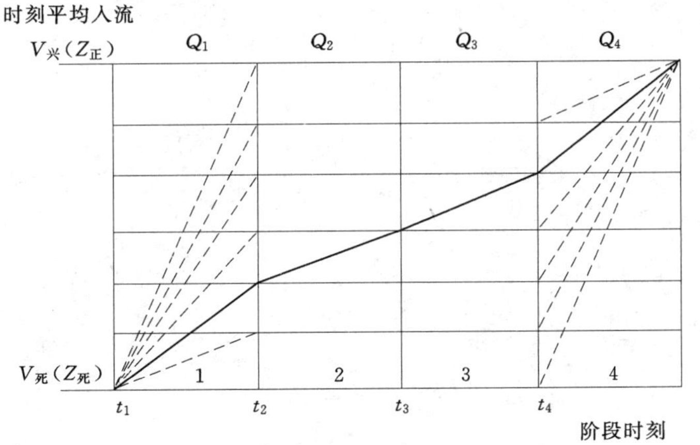

图 3.25 动态规划法求发电最优调度线示意图

采用格点方法求解，当格点较疏时，往往得出的最优调度线实际上可能不是最优的。但当格点取得很密时，需占有较大的计算机内存且计算时间冗长。实用中，往往采用增量动态规划法求解。

所谓增量动态规划法是用迭代程序求解递推方程的一种方法。现将其求解过程简单介绍如下。先选择一个满足诸约束条件的可行策略（或称试验轨迹），并在这个轨迹的一定领域内求解递推方程，得出比原策略更优的新的可行策略，并以此作为下一步迭代的新可行策略。重复上述步骤，直至策略不再增优或满足某一收敛准则为止。具体计算时，可在初始策略的附近取增减一个增量 Δ，而形成一个“走廊”，再对“廊道”内的各阶段按上述的动态规划方法求解，找出“廊道”内的相对最优策略，然后检验该策略是否能继续增优。如尚可增优，则以此策略为初始策略，按同样步长 Δ 构成新的“走廊”，重复上述步骤寻求相对最优策略。如果检验证明对于 Δ 步长已不能增优，则可缩小增量步长为 Δ_1，按同样步骤，直至收敛为止，即得最优调度线，如图 3.26 中粗线所示。该法的收敛速度取决于初始轨迹。

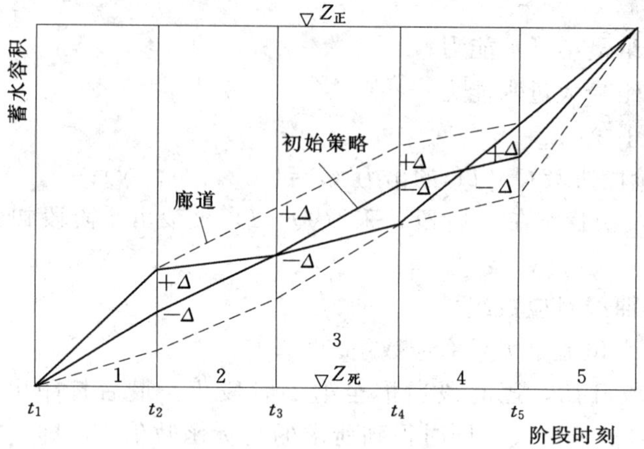

图 3.26　增量动态规划法示意图

第4章　多库群调度

4.1　库群调度

所谓水库群，即是为了从全流域的角度研究防灾和兴利双重目的，需要在干支上布置一系列水库，形成一定程度上能互相协作，共同调节径流，满足流域整体中各用水部门的多种需要，这样一群共同工作的水库整体称为水库群。随着社会的发展，农业、工业、城镇以及交通运输等国民经济各个部门日益增长，对水资源的要求也越来越高。因此，合理开发利用水利资源，科学地进行水库调度，显得更加迫切更加重要。

4.1.1　概述

水库群的类型按照各水库在流域中相互位置和水利有无联系，可以分成下列3种类型，即并联水库群、串联水库群和混联水库群。

并联水库群是位于几条相邻的干、支河流上的并排水库，它们有各自的集雨面积，并无水力联系，仅当为同一目标共同工作时，才有水力联系，如图4.1中的1、2、3水库。

串联水库群（又称梯级水库）是布置在同一条河流上，各库的径流之间有着直接联系，又因同一河流上，有着水力联系，共同为某一目标工作，有着水力联系，如图4.1中2、4、5、6水库。

混联水库群是并联与串联混合的更一般的水库群，如图4.1中的1、2、3、4、5、6水库。

水库群的类型按其主要的开发目的和服务对象，又可分：①水电站水库群；②航运梯级（亦称渠化梯级），通常是连续和衔接的；③其他如防洪、灌溉和拦沙为目的的水库群。不过在河流的综合开发中，单一目标的水库群是少见的，多数情况下是综合利用的水库群。

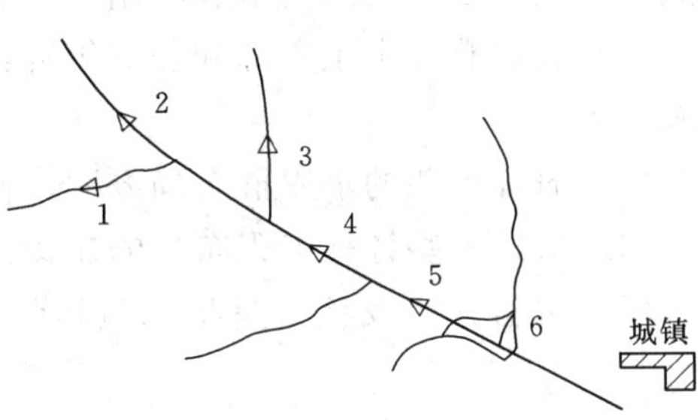

图4.1　水库群示意图

水库群的工作特点主要表现在下列4个方面：

（1）库容大小和调节程度上的不同。库容大、调节程度高的水库通常可帮助调节性能差的一些水库，发挥所谓“库容补偿”调节的作用，提高总的开发效果或保证水量。

（2）水文情况的差别。由于各库所处的河流在径流年内和年际变化的特性上可能存在的差别，在相互联合时，就可能提高总的保证供水量或保证出力，起到所谓“水文补偿”

的作用。

（3）径流和水力上的联系。对于梯级水库，这种联系影响到下库的入库水量和上库的落差等，使各库无论在参数（如正常蓄水位、死水位、装机容量、溢洪道尺寸等）选择或控制运用时，均有极为密切的相互联系，往往需要统一研究来确定。

（4）水利和经济上的联系。一个地区的水利任务，往往不是单一水库所能完全解决的。例如，河道下游防洪的要求、大面积的灌溉需水，以及电网的动力供应，往往需要由同一地区的各水库来共同解决，或共同解决效果更好，这就使组成水库群的各库间具有了水利和经济上的一定联系。例如，规划中曾考虑由三峡以上干支流几个较大的水库来共同负担长江中游一定的防洪任务。

库群的规划和调节，问题较复杂，为便于说明和求解，往往把它区分为几种主要的典型。如区别发电和非发电，串联和并联，以及兴利和防洪等情况，并按传统的计算方法，或按优化方法来进行规划。

在进行水库群规划、研究解决水利工程总体布置方案时，应该遵循一些基本原则。例如，要贯彻全流域（或地区）统筹兼顾、协调矛盾的全面观点和资源综合利用、统一调度的规划思想；要从综合效益最好的角度来研究比较规划方案，达到经济、环境、社会三方面的效益（或影响）都能满意；要从发展的角度，兼顾近期和远景需要及可能变化，来草拟规划方案，并留有必要的余地和灵活性，以及要主动征询有关部门和公众的意见，以使规划能更切合实际和有实施的群众基础。

水库群开发计划，根据要解决的水利问题和用水需要而不同。而流域或河系、地区的自然概貌、环境条件和社会、经济等情况又总是随地而异，后者还随时间而发展变化，因此不可能有一个放诸四海而皆准的样板可套。所以，只能由过去的经验，提出一般的规划步骤和规划方法，还需要规划人员根据其所面临的实际情况，创造性地运用和补正。对于流域水库群规划工作，一般包括下列步骤和内容：

（1）以法规、政策为指导，收集开发治理要求的资料，由此确定开发原则、方针，确定其任务主次及有关的要求和限制。

（2）收集有关水土资源和经济等资料预测供需关系，分析水资源开发利用的现状、远景及有关问题。

（3）研究可能的水库群布局方案，初步评价经济、环境、社会的影响或效能。

（4）形成一些各种工程布局的比较方案，并具体计算和评价每一方案的影响和效能。

（5）编写报告及项目呈报，包括骨干工程的建设顺序和优先性（方案宜具有一定的弹性）。

4.1.2　非发电库群兴利调度

非发电库群主要是指以灌溉或给水为主的水库群，这类水库群也兼有防洪、发电等作用。非发电库群的调度，是通过库群径流调节，确定各水库合理的蓄水量，以及蓄水和供水的时间次序等问题，以充分发挥库群的联合作用和各水库的潜力，使水库群总体效益最大。

1. 串联水库的兴利调节

(1) 从上游水库开始向下游逐级调节。梯级水库中每个水库，都负有自己的灌溉任务，具有相对的独立性。因此各水库的兴利调节，都以满足本水库供水要求为主。虽然上、下梯级间的水利联系不很密切，但上一级水库经过径流调节后，改变了河川天然径流情况，必将影响下一级水库。这种情况，拟采取自上而下逐级调节的方式。各梯级水库供水保证率相同时，调节计算的步骤如下：

1) 对上游第一级水库，根据兴利库容和设计枯水年的来水、供水过程线，进行兴利调节计算，其方法与单库相同。

2) 求第二级水库的入库流量过程线。从第一级水库调节后的出库流量过程线，减去所消耗的水量，再加上一至二级的区间同频率流量过程线，即为所求。

3) 对第二级水库的入库流量过程线和供水过程线，进行兴利调节计算，方法仍与单库相同，得第二级的调节流量过程线。

4) 依次逐级计算。

因各梯级水库的供水保证率不同，可将调节计算分为两种情况：一种情况是上游保证率高，如上游为工业供水工程 $p=95\%$，下游为农业灌溉工程 $p=75\%$，上游水库按本身要求的 $p=95\%$年来水量进行调节；当调节计算下游水库时，需要应用上游水库 $p=95\%$年来水量进行调节所得出的下泄流量过程，再加上 $p=95\%$的区间来水，作下级水库的入库流量，再进行调节计算。另一种情况，是上游供水保证率低于下游，如上游 $p=75\%$，下游 $p=95\%$，则上游水库本身按 $p=75\%$进行径流调节；下游水库需按上游 $p=95\%$年来水量，加上 $p=95\%$的区间来水，推求下游水库 $p=95\%$枯水年的入库流量过程线，作调节计算。

(2) 从下游水库开始向上游调节计算。当下游的灌溉供水任务大，因地形地质条件或淹没损失等限制，下游水库不能满足综合利用供水要求时，需要上游修建水库，对下游作补偿调节。上游水库主要是配合下游水库共同承担供水任务，而本身并无独立供水任务，或只有附带的少量任务时，串联水库各库容需要统一考虑，合理分配，通过自下而上进行调节计算，可选择其中上、下游水库的总库容较小，而总效益较大的方案。其步骤如下：

1) 确定下游总灌溉供水过程线。

2) 求出上、下游水库及区间的设计年径流过程线。

3) 拟定下游水库的兴利调节库容 $V_{兴下}$。如果灌区较大，需水量较多，则所拟定的库容要能够满足调节区间径流。对年调节水库，在设计枯水年能蓄存非灌溉期的区间天然来水量；对多年调节水库要能蓄存设计枯水段非灌溉期的区间天然来水量（见表 4.1）。若 $V_{兴下}$ 拟得过小，调节性能差，可能导致上游水库兴利调节后难以满足总的灌溉任务（见表 4.2）。

表 4.1　某河灌溉供水量及上、下游水库区间设计年径流量（$p=80\%$）　单位：万 m^3

时　间		1月	2月	3月	4月	5月	6月	7月	8月	9月	10月	11月	12月	全年
灌溉供水量	①	1320	1507	1727	1388	2259	2348	3300	3244	1415	1032	1480	1480	22500
下库天然来水量	②	529	472	1517	1298	2807	5990	6638	1788	690	878	1084	509	24200
上库天然来水量	③	212	189	607	479	1123	2396	2655	714	276	351	434	204	9640
区间天然来水量	④	317	283	910	719	1684	3594	3983	1074	414	527	650	305	14460

表 4.2　　　下游水库兴利调节计算表 $p=80\%$

月份	下游水库入库水量/万 m^3			下游总灌溉供水量/万 m^3	来水一供水		月末供水量/万 m^3	弃水/万 m^3
	上游水库补给水量	区间来水量	合计		+	−		
①	②	③	④	⑤	⑥	⑦	⑧	⑨
1	670	317	987	1320		333	701	
2	670	283	953	1507		554	147	
3	670	910	1580	1727		147	0	
4	670	719	1389	1388	1		1	
5	670	1684	2354	2259	95		96	
6	670	3594	4264	2348	1916		2012	
7	670	3983	4653	3300	1353		3365	
8	670	1074	1744	3244		1500	1865	
9	670	414	1084	1415		331	1534	
10	670	527	1197	1032	165		1690	
11	670	650	1320	1480		160	1539	
12	670	305	975	1480		505	1034	
Σ	8040	14460	22500	22500	3530	3530		

4）推求下游水库为满足下游总灌溉供水过程所需要的入库流量过程线。

5）用下游水库所需要的入库流量过程线，减去区间流量过程线，即得上游水库应补偿的水量过程线，再加上它本身附带的少量供水过程，得出上游水库的供水流量过程线。

6）用上游水库的设计年径流量与供水流量过程进行径流调节，求出上游水库所需的库容 $V_{兴上}$（见表 4.3）。同理，可求出另一组上、下游库容。然后，作技术经济比较，择优选用。

表 4.3　　　上游水库兴利调节计算表（$p=80\%$）

月份	水库来水量/万 m^3	上游水库入库水量/万 m^3		来水一供水			月末供水量/万 m^3	弃水/万 m^3
		向下游水库补偿水量	本身供水量（灌溉 2 万亩）	合计	+	−		
①	②	③	④	⑤	⑥	⑦	⑧	⑨
1	212	670	53	723		511	920	
2	189	670	60	730		541	379	
3	607	670	69	739		132	247	
4	479	670	56	726		247	0	
5	1123	670	90	760	363		363	
6	2396	670	94	764	1632		1995	

续表

月份	水库来水量/万 m^3	上游水库入库水量/万 m^3		来水一供水			月末供水量/万 m^3	弃水/万 m^3
		向下游水库补偿水量	本身供水量(灌溉2万亩)	合计	+	—		
7	2655	670	132	802	1853		3148	700
8	714	670	130	800		86	3062	
9	276	670	57	727		451	2611	
10	351	670	41	711		360	2251	
11	434	670	59	729		295	1956	
12	204	670	59	729		525	1431	
Σ	9640	8040	900	8940	3848	3148		

【例 4.1.2-1】 某河布置上、下游串联水库，如图 4.2 所示，下游灌溉农田 50 万亩，推求上、下游两库的兴利库容。

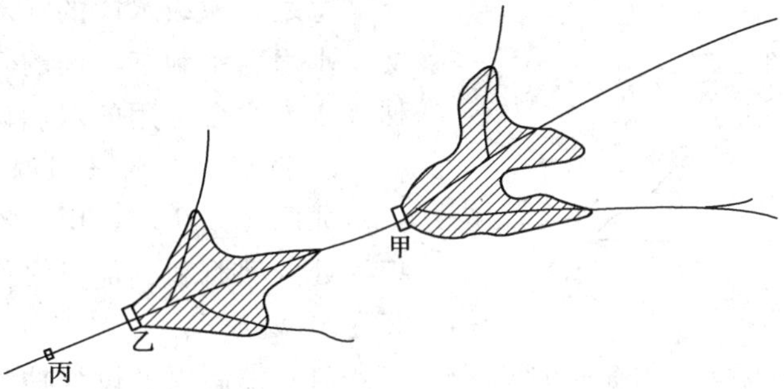

图 4.2 某河流串联水库布置示意图

解： 1）根据灌溉面积与当地灌溉制度，求得下游总灌溉用水过程线，如表 4.1 中①栏。

2）求出上、下游水库及区间的设计年径流（$p=80\%$）过程线，如表 4.1 中②、③、④栏。

拟出下游水库的兴利库容 $V_{兴下}$，并推求为满足 50 万亩农田灌溉供水要求所需要的入库流量过程线。为了使下游水库能够足以调节区间径流，设计枯水年区间来水全部用于灌溉外，不足水量由上库补偿（初步考虑上库均匀补偿），则灌溉总供水量减去区间来水总量，得上库补给总水量，分配到各月，得表 4.2 中②栏。

经过调节计算得表 4.2⑧栏，水库月末蓄水量的最大值，即为保证灌溉，能够调节区间径流，在上游水库补偿调节的情况下，下游水库所需的兴利库容 $V_{兴下}=3365$ 万 m^3 即为上游水库所需的兴利库容 $V_{兴上}$。

在得出上述一组 $V_{兴上}$、$V_{兴下}$ 再重新拟定几个 $V_{兴上}$，经调节计算，得出相应的 $V_{兴上}$，得出几组上、下游库容值后，进行技术经济比较，择优选用。

对于以灌溉为主，且灌区遍布上、下游多级梯级水库，径流调节计算的途径，基本上与两级水库相同，自下而上逐级计算盈亏水量，经调节计算求出各级库容。由于最下游水库所拟定的库容值有几个方案，则可求出几组各个水库的库容，然后对这几组梯级库容分配方案，进行技术经济比较，择优选用。

上述自上而下和自下而上的两种调节计算方法，都是根据水量平衡原理，逐级计算。一般自上而下的调节计算，常用于梯级发电、航运、供水为主的情况。自下而上的调节计算，常用于梯级水库以灌溉为主，灌区遍布上、下游的情况，这样可充分利用上、下游各级水库的调节能力和区间径流，以发挥上游水库的补偿作用，有利于灌溉、发电、航运等综合利用。

上面讲述的串联水库水利计算为年调节。如果灌溉用水量大于设计枯水年的年径流，则需要水库拦蓄丰水年的水补给枯水年。梯级水库中，要用一库或多库进行多年调节。因为多年调节改变了河川年径流的年际变化规律，故梯级水库多年调节计算，主要是考虑水库经多年调节后对下库入库流量的影响问题，也就是如何推求下游各级梯级水库的入库流量频率曲线问题。求出某一梯级的入库流量频率曲线之后，该水库的调节计算就与单一水库相同了。

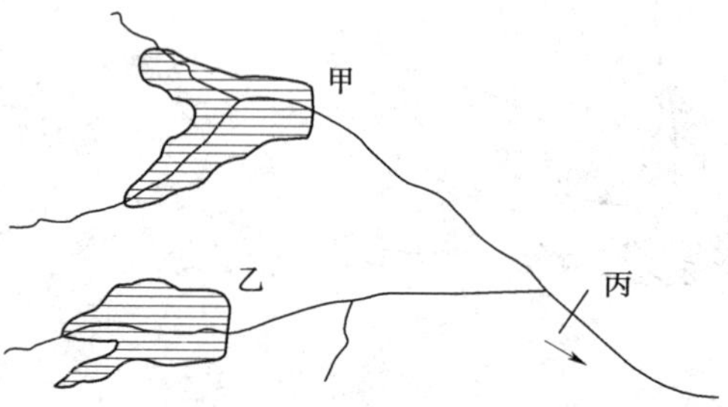

图 4.3　某河流并联水库布置示意图

总之，梯级水库的径流调节，必须考虑水文、水力、水利三方面的互相联系，这些统称梯级水库联合运用的水利计算问题。

2. 并联水库的兴利调节

如图 4.3 所示，甲、乙两并联水库共同承担丙处的灌溉和其他供水任务。其兴利调节计算的步骤如下：

(1) 编制丙处设计枯水年的总需水流量过程线图（表）。

(2) 推算甲、乙与丙的区间流域在设计枯水年区间来水量的可利用值，即区间可利用的流量过程线。

(3) 从总需水流量过程线减去区间可利用的流量过程线，得甲、乙两库的共同供水流量过程线，如图 4.4 中的 1 线。

(4) 确定补偿水库和被补偿水库。以库容较大、调节性能好、对供水没有特殊限制的水库作为补偿水库，库容较小的水库作为被补偿水库。先对较小水库按本身的有利方式进行兴利调节计算，其调节流量过程线如图 4.4 中的虚线 2。

(5) 从甲、乙两水库总供水流量过程线（1 线）中减去乙水库的调节流量过程线（2 线），得甲水库的供水流量过程线，如图 4.4 中的 3 线。

(6) 对甲水库进行兴利调节计算。根据甲水库来水与供水进行兴利调节计算的方法与单一水库相同。如果水库的设计枯水年来水量 $W_{P甲}$ 大于年供水量 $W_{供甲}$，可进行年调节；如 $W_{P甲}<W_{供甲}$，则需要进行多年调节。

如果有三个以上的并联水库，先对较小水库进行调节计算，不足水量由中水库调节，再不足的水量由较大水库补偿调节。总之，并联水库兴利调节的原则是，先调节较小水库，最后用较大水库进行补偿调节。

在规划设计并联水库时，应对较小水库拟出几个方案，分别进行水利计算，通过技术经济比较，综合分析，然后，统一研究确定各并联水库的工程规模特征值。

3. 非发电库群的调度问题

(1) 以灌溉为主的水库群统一调度原则。单纯的灌溉水库群是很少的，一般大中型水库都兼有发电任务。如果主要任务是灌溉和供水，发电用水较少，则不一定考虑各水库水头变化引起的电能损失。主要考虑各水库和水量合理分配，减少弃水，提高供水保证率，确定适当的蓄水放水次序。

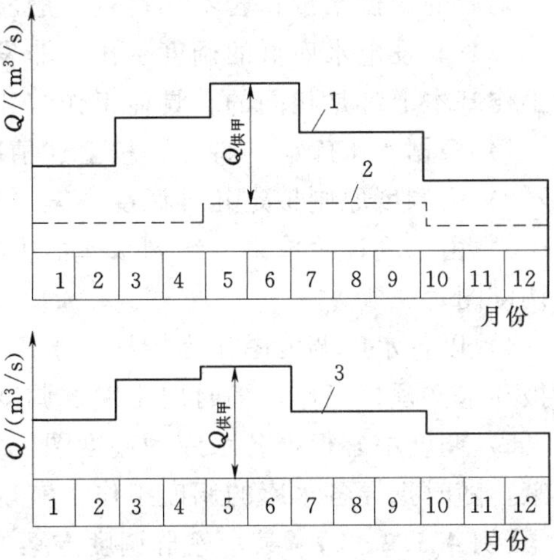

图 4.4 推求甲水库供水流量过程线示意图

1) 以灌溉为主的串联水库群调度原则。以灌溉为主的串联水库，上游的梯级水库放水可被下游水库再调节，而下游水库的供水量可由上游各梯级补给。因此，为提高水量利用率，减少梯级的总弃水量，蓄水时应首先蓄满上游各梯级水库，最下游的梯级水库最后蓄满。供水时应使下游水库先供水，最后由最上级水库供水。这样可利用下游梯级水库腾出的库容调蓄区间径流，发挥水库群的联合作用。

2) 以灌溉为主的并联水库群调度原则。在供水期，库容较小、调节性能较差的水库，按本身单独运用的有利方式进行供水，不足水量由调节性能较高的大水库补给。在蓄水期，调节性能高的或汛期结束较早的水库，应先蓄水，保证较大水库正常蓄水，以免影响供水；调节性能低的或汛期结束较迟的水库，可滞后蓄水，避免早蓄而产生弃水。

(2) 以灌溉为主，兼顾发电的水库群调度。从河流的水利开发目标和主要任务，确定水库群以灌溉为主兼顾发电，在调度中仍然要考虑主要任务。然而为了发挥工程潜力，尽可能地照顾各方面的需要，在不影响主要任务的情况下，应提高综合利用程度，使总的经济效益最大。

在水库群统一调节工作中，会遇到灌溉与发电的矛盾。例如，梯级水库为了提高灌溉用水的保证程度，往往上游水库先蓄水，下游水库先供水。但是对发电来说则相反，下游水库先蓄水上游先供水，可提高利用的落差，增加不蓄电能增发电量。在保证灌溉照顾发电的原则下统一调度，可拟定若干方案，应用过去的观测资料，进行水利计算，择优选用既满足灌溉要求，又使发电效益较大的方案。

当灌溉与发电能够结合时，水库供水先经过发电，以后再灌溉。可先研究发电方面的蓄放水次序，然后检验能否满足灌溉需要。若不能满足，则视河流来水情况，调整发电用水量。当来水量偏丰，可增加发电用水以满足灌溉要求；当来水偏枯，可改变或调整各水库的供水次序，以满足灌溉供水要求。

当灌溉引水与发电不能结合，如水库上游灌溉自库内引水，为满足灌溉和发电两方面的要求，可拟定一些统一调度方案，进行水利计算，择优选用。也可以先由水电站群蓄放水次序判别式，判定各库蓄放水次序，若与灌溉要求的蓄放水次序基本符合，即可进一步确定两者的蓄供水量；若不相符，一般应根据水库群任务的主次关系决定。

（3）非发电水库群的调度工作。非发电水库群无论是串联水库群还是并联水库群，调度工作基本上都是相同的。具体工作综述如下：

1）根据本水库群的特点，按上述情况确定统一调度原则。

2）由调度原则拟定几种调度方案，对各方案进行水库群水利计算。

3）由水利计算成果，绘制水库群中各水库的年调度图，即水库群统一调度下的各水库调度图。

4）以各水库调度图作为指导本水库调度工作的基本依据。在实际工作中要开展水文测报和水文预报工作，随时向水库群调度中心汇报情况。

5）调度中心根据各水库的调度图、实际调度线、水库水情，需水等实际情况，作出决策，随时指导各水库的调度工作，实现统一调度。

【例 4.1.2-2】 某水库群调度方案的选择。

解： 某河水库群布置，如图 4.5 所示。干流上修建甲、丙两串联水库，下游支流上修建并联水库乙。三座水库均以灌溉和工业供水为主，兼顾发电等综合利用。过去，曾以灌溉、工业供水拟定统一调度方式，即丙库先供水、后蓄水。以致丙库长期处于低水位运行。灌溉供水期库水位常低于发电要求的最低水位。因此，甲库下泄水量和甲、丙区间来水量的不蓄电能损失很大，降低了总的发电效益。

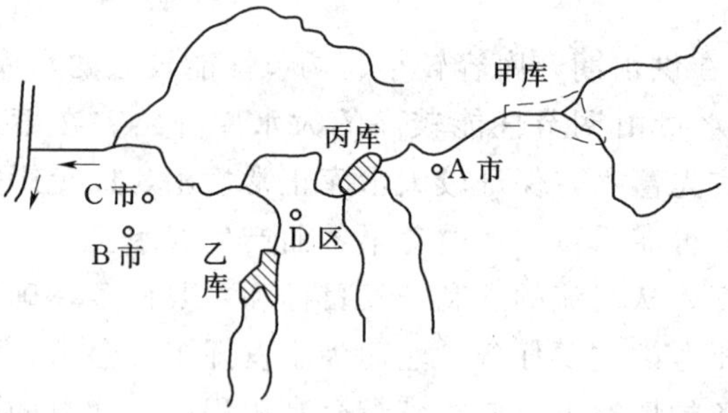

图 4.5 某河水库群布置示意图

后来，经过分析比较决定采用在满足工农业供水的前提下，尽量增加发电效益为目标的原则，重新拟定统一调度方式。按三库的调节能力，确定丙库为被补偿水库，乙库为补偿水库，甲库为最后补偿水库。所以，考虑丙库调度方案尽可能有利于发电，即采用先蓄、后供的方式，尽量保持高水位运行，从而大大增加了不蓄电能。

在供水方面：三库的工业供水比较分散，常采用分片负责，调剂余缺，就近解决的方法。如甲库供 A 市；丙库供 B、C 两市；乙库供 D 区。农业灌溉用水大部分集中于乙、丙两库下游，甲库在满足甲、丙区间灌溉用水之外，对乙、丙两库灌溉用水，进行补偿调节。

根据上述原则，拟定一系列三库联合控制运用方案，进行水利计算。按初步选用的方案，在满足工农业用水的条件下，比过去的方案每年增加 2000 万 kW·h 电能。

4.1.3 水电站库群兴利调度

水电站库群主要是指以发电为主的水库群。这类水库群通常也兼有防洪、灌溉等综合利用的任务，水利计算主要研究发电效益。一个地区的水电站库群，往往都向同一个电网供电，无论有水力联系的串联水电站，还是不同河流上无水力联系的并联水电站，都可以进行补偿调节。各水电站经过联网后，进行统一调度，具有更大的灵活性和优越性。

水电站库群调度，就是各水电站在装机容量不变的情况上，研究如何发挥库群的联合作用，进行统一调度，提高总的保证出力和发电效益。具体来说，有以下三方面：①研究水电站群的补偿调节作用，通过补偿调节计算，确定各水电站间的最优补偿效果，以减少弃水，提高总的保证电能，并确定各水电站通过补偿后，在统一调度中的出力过程；②在电力系统中保证正常供电的条件下，研究各水电站最优蓄水、放水次序，进行合理调度，增加发电量；③绘制各水电站在水库群统一调度下的调度图，以指导调度工作。不同河流上无水力联系的并联水电站，都可以进行补偿调节。各水电站经过联网后，进行统一调度，具有更大的灵活性和优越性。

水电站库群调度，就是各水电站在装机容量不变的情况上，研究如何发挥库群的联合作用，进行统一调度，提高总的保证出力和发电效益。具体来说，有以下三方面：①研究水电站群的补偿调节作用，通过补偿调节计算，确定各水电站间的最优补偿效果，以减少弃水，提高总的保证电能，并确定各水电站通过补偿后，在统一调度中的出力过程；②在电力系统中保证正常供电的条件下，研究各水电站最优蓄水、放水次序，进行合理调度，增加发电量；③绘制各水电站在水库群统一调度下的调度图，以指导调度工作。

1. 水电站库群补偿调节

水电站库群补偿调节的情况可分为两方面：一方面，由于各水电站处于不同的流域或处于同一流域的不同位置，河川径流具有年际变化与年内分配的不同特性，如果某一条河流遇丰水时，另一河可能是平水或枯水，可通过高压输电线联网进行径流电力补偿调节。这种由于水文差异而获得的补偿效益，称为水文补偿效益。另一方面，由于水电站群中各水库调节性能不同，在电网中联合工作时，由调节性能高的较大水库改变调度方式，帮助调节性能差的较小水库提高保证电能，使季节性电能转变为可靠电能，从而提高电力系统中的保证出力和供电质量。这种因库容大小的差异而获得的电力补偿效益，称为库容补偿效益。由此可见，水电站库群补偿调节是十分必要的，其具体计算分述如下。

2. 串联水电站的径流补偿调节计算

如图 4.6 所示，甲水电站为年调节水库。乙水电站由于地形和淹浸等条件的限制，仅修一个壅水坝（或引水式水电站壅水坝），无调节能力。为了提高乙水电站枯水期的调节流量，和两水电站的电能，由甲水电站对乙水电站进行径流补偿调节。

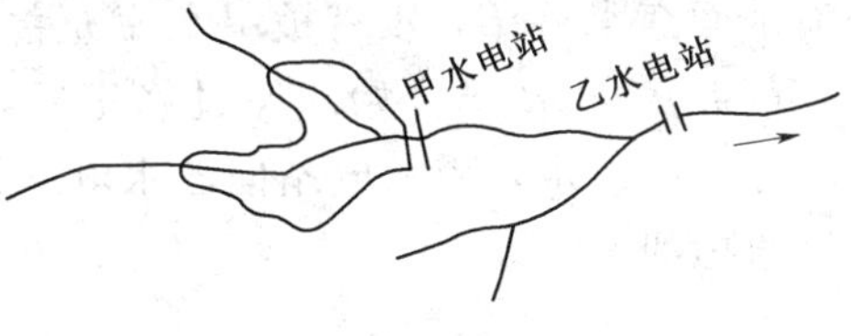

图 4.6 径流补偿调节的串联水电站布置示意图

补偿调节的方式为：在丰水期甲水电站少泄流多蓄水，使乙水电站充分利用区间（包括支流）径流；在枯水期因区间径流较少，则由甲水电站多泄流以提高乙水电站的调节流量。由于乙水电站仅有壅水坝，甲水电站的补偿调节，对乙水电站发电来说，增加了径流利用率，减少了弃水，而对水头的影响很小，故为径流补偿调节。如果乙水电站具有一定调节能力的水库，甲水电站的补偿调节不仅是径流补偿，而且在径流补偿的同时，对乙水电站的水头有一定影响。对这种情况，需要考虑径流与水头的综合影响。

当甲、乙两串联水电站相距不远时（忽略径流传播时间），径流补偿调节计算的步骤如下：

（1）首先对乙水电站按单库考虑，求出乙水电站坝址处天然来水流量过程线，如图

4.7 所示。

（2）乙水电站无调节库容，而将甲水电站的兴利库容 $V_{兴甲}$ 用于乙水电站，同单库一样作年调节计算：在洪水期以水轮机最大过水流量 Q_T 发电；在枯水期按调节流量 $Q_{调}$ 发电；其余时间按天然流量 $Q_{天}$ 发电，得出放水流量过程线 $abcdefh$；蓄水量 bcd；弃水量 cde，供水量 fgh。

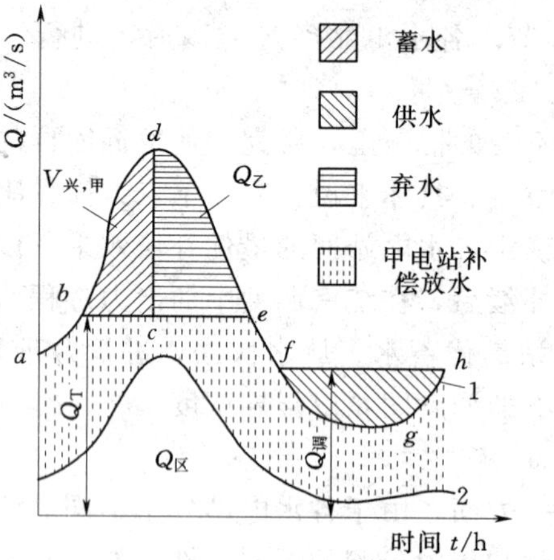

图 4.7　水电站径流补偿调节计算图（一）（洪水期区间流量小于 Q_T）

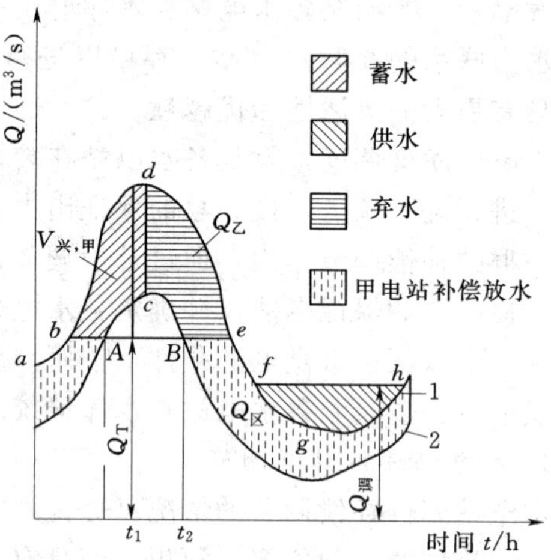

图 4.8　水电站径流补偿调节计算图（二）（洪水期区间流量大于 Q_T）

（3）绘出甲、乙区间流量过程线，如图 4.7 中 2 线。

（4）线 $abcdefh$ 与 2 线之间的纵坐标即为甲水电站向乙水电站补偿调节的放水流量过程线。当洪水期区间流量大于乙水电站最大过流量 Q_T 时，上述调节的水库蓄水、放水要予以修正。如图 4.8 中 $t_1 \sim t_2$ 之间，甲水库不放水，乙水电站除充分利用区间水量之外，还有区间弃水 AcB，没有被甲水库充蓄。因此要使甲水电站水库蓄满 $V_{兴甲}$ 后，才允许弃水，故弃水从 cd 线开始。经过修正后，对乙水电站的径流补偿来说，2 线上的 AB 段，甲水库不必放水，甲水电站向乙水电站补偿调节的放水流量过程，如图中 1 线、2 线之间的竖直虚线。

4.1.4　库群洪水调度

4.1.4.1　并联水库群的防洪调度

如图 4.9 所示，甲、乙两水库共同承担丙处的防洪任务，要求两库密切配合对区间洪水互相进行补偿调节，其目的为：在设计防洪标准的情况下，一方面使丙处泄流量小于安全泄量 $q_{安}$；另一方面要满足各水库本身的防洪要求。

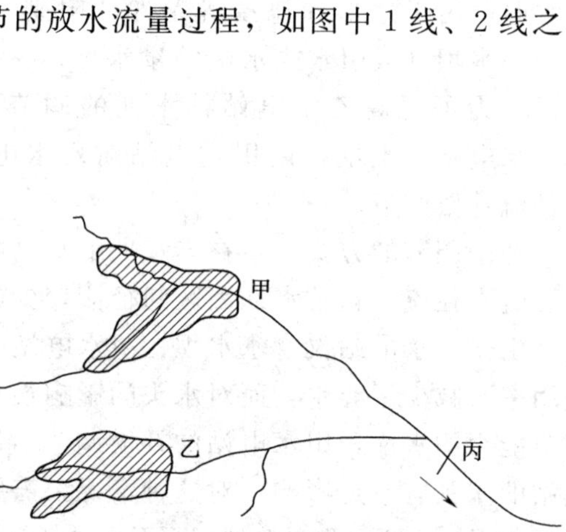

图 4.9　某河流并联水库布置示意图

1. 分析设计洪水的组成

在防洪调度计算之前，经水文计算求出

丙处设计洪水过程线及其各组成部分。丙处洪水由哪些地区组成，其比例和规律怎样，在时间、空间、数量上可能遭遇的情况，对水库群防洪来说是很重要的，也是复杂的。

如果丙处百年一遇洪水可由甲、乙和区间各种不同频率的洪水组合而成，但是极限的情况有两种：一是甲处发生百年一遇洪水，而乙处发生相应的洪水；二是乙处发生百年一遇洪水，甲处发生相应洪水。第一种情况乙处的相应洪水可用式（4.1）求得

$$\sum Q_{乙}=\sum Q_{丙1\%}-\sum Q_{甲1\%} \tag{4.1}$$

若甲、乙与丙的区间流域洪水需要考虑时，可按式（4.2）计算或其他方法求出。

$$Q_{区}=Q_{甲}\left(\frac{F_{区}}{F_{甲}}\right)^{\frac{1}{2}} \tag{4.2}$$

式中 $F_{甲}$、$F_{区}$——甲库以上及甲、乙与丙的区间的流域面积。

2. 求总防洪库容 $V_{防总}$

如果甲、乙到丙相应于防洪标准的区间设计洪峰流量，不大于丙处的安全泄量，则仍可根据丙处的设计洪水过程线，按 $q_{安丙}$ 控制，求出所需要的总防洪库容 $V_{防总}$。在实际调度中，由于补偿调节的误差，防洪库容不可能得到充分利用，故设置 $V_{防总}$ 时需再增加10%～30%。

3. 防洪库容的分配

甲、乙两并联水库如何分配 $V_{防总}$，要先确定各库的防洪库容。若丙处发生设计洪水，乙丙区间（即丙流域面积减去乙坝址流域面积）也发生同频率洪水，而乙处流域发生相应洪水。设乙库相当大，能完全控制乙坝以上洪水。根据乙丙区间同频率洪水，按丙处为安全泄量泄洪的情况计算，得出甲库所需要的防洪库容就是甲库必需的防洪库容。同理，乙库的防洪库容，应根据甲丙区间（丙处流域面积减去甲库流域面积）发生相应于设计标准的洪水，按丙处为安全泄洪的情况下计算得出。

由总防洪库容 $V_{防总}$ 减去两库必须防洪库容之和，得出两库应共同分担的防洪库容。至于如何分配，一般原则为：①干流水库较支流水库、距防护点近的较距防护点远的水库、洪水比重大的水库较比重小的水库，应多分担一些共同承担的防洪库容；②按各水库总兴利损失最小的原则分配。在初步方案拟订时，尽量利用防洪与兴利可能结合的共同库容。如不够再于调节性能较高、本身防洪要求较高、发电水头较低的水库多分配一些；③按总计算支出最小分配。在满足下游防洪要求的前提下，各分配方案的计算支出最小，以确定最优方案。各方案兴利效益的差值，用替代方案的投资和运行费折算。

在某些洪水分配情况变化剧烈的河流，有时求出的总必须防洪库容，可能超过所需要的总防洪库容 $V_{防总}$，则以甲、乙两库总的必须防洪库容，作为它们的 $V_{防总}$。此时两库也就无需再分担防洪库容了。

4. 防洪调度方式

（1）固定下泄流量的方式。若各水库属于同一暴雨区，洪水基本上同步，且区间流域面积很小，防护点的洪水主要来自各库，可采用固定下泄流量的方式进行洪水调节。它与单库固定下泄流量的防洪调度方式类似，即根据防洪等级标准的不同，可分为一级或多级固定下泄流量。所不同之处，应按前述方法拟定的各库防洪库容，分别规定各库的分级判别条件和下泄流量。

(2) 补偿调度方式。由于各水库洪水的多变性，以及区间洪水的影响，为了有效地发挥库群的防洪作用，需要对区间洪水或水库之间进行补偿调节。现以两库共同防洪的补偿调度为例说明：

1) 先后补偿法。如图 4.9 所示，甲、乙两水库上游洪水，具有一定程度的同步性。它们共同承担丙处的防洪任务，首先，选择调洪能力大、控制洪水比重大的水库（如乙库）作为防洪补偿调节水库，另一水库（如甲库）为被补偿水库。然后，对甲库按其本身的防洪及综合利用要求，进行洪水调节，求出下泄流量过程线 $q_{甲}-t$，将此过程线沿河道进行洪水演进计算，确定洪水流量传播时间与河槽调蓄作用后，再和甲、乙与丙的区间洪水过程 $Q_{区}-t$ 同时间迭加，得 $(q_{甲}+Q_{区})-t$ 线。

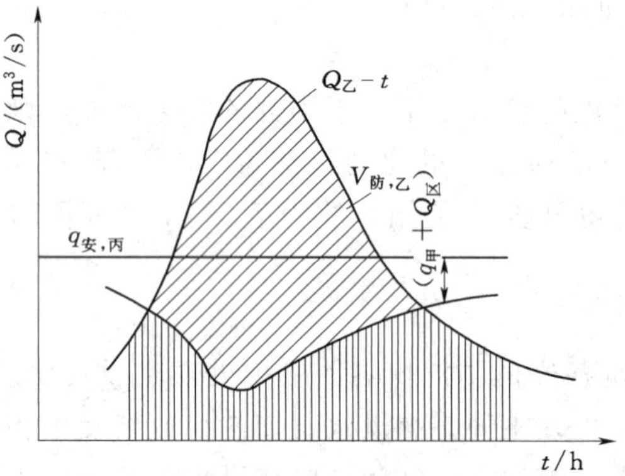

图 4.10　确定补偿调节水库的防洪库容

在乙库处，相应于防洪标准的洪水过程线 $Q_{乙}-t$ 上，绘一条丙处的安全泄流量 $q_{安丙}$ 线。然后将 $(q_{甲}+Q_{区})$ 线倒置于 $q_{安丙}$ 线下面（见图 4.10），此线与乙库洪水过程线 $(Q_{乙}-t)$ 所包围的面积，即为乙库为了丙处防洪，又考虑了甲库调洪和区间洪水作用后，所应用的防洪库容值 $V_{防乙}$，如图 4.10 中的斜线阴影部分。乙库下泄流量过程如图 4.10 中的竖线阴影部分。

2) 随机补偿法。此法应用于甲、乙两并联水库的洪水比重相差不大，且同步性较差的情况。它不先决定两库的补偿调节次序，而是根据洪水发生的情况及预报值，再决策两库蓄水泄水次序和补偿调节关系。

如图 4.10 所示，当丙处发生设计洪水时，乙库发生同频率洪水，甲库发生相应洪水，则乙库按满足自身防洪要求的方式进行调洪，甲库根据区间和乙库泄洪情况对丙处进行补偿调节。又如，甲、乙两库根据预报发生的洪水相近，但乙库来洪比甲库早，则应先调蓄乙库，使甲库尽量腾出库容，以迎接迟到的洪峰，这种情况即乙库先作补偿调节蓄满防洪库容，然后甲库进行补偿调节后，蓄满防洪库容。

4.1.4.2　串联水库群的防洪调度

1. 串联水库的防洪库容

串联水库与并联水库一样，在进行防洪调节计算之前，需要分析计算设计洪水的组成，求出总防洪库容 $V_{防总}$，再分配各水库所承担的 $V_{防总}$。

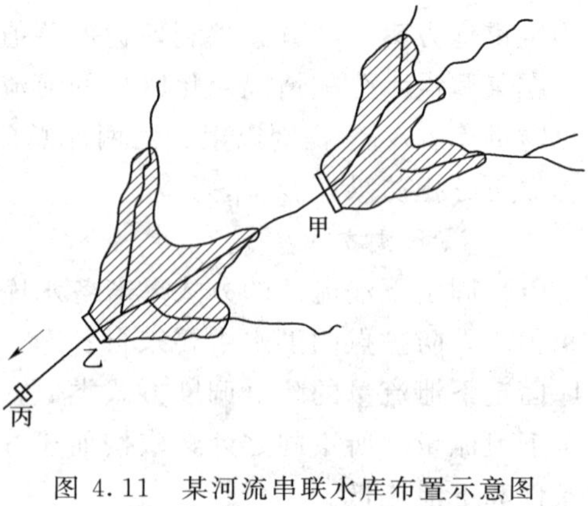

图 4.11　某河流串联水库布置示意图

如图 4.11 所示，甲、乙两串联水库共同承担丙处的防洪任务。如果乙库到防洪控制站丙处，相应于防洪标准的区间设计洪峰流量小于丙处的安全泄流量 $q_{安丙}$，则可根据丙处的设计洪水过程线，按 $q_{安丙}$ 控制用单库方法求出所

需要的总防洪库容 $V_{防总}$。再以（1.1～1.3）$V_{防总}$分配到各水库。

为满足丙处设计防洪要求，当甲、乙之间的河段本身无防洪要求时，则乙库必须承担的防洪库容，甲、乙及乙、丙区间的同频率洪水按 $q_{安丙}$ 控制，经调洪计算得出。假如，乙库的实际防洪库容小于这个必须防洪库容，当甲、丙区间出现设计洪水时，即使甲库不放水，也不能满足丙处的防洪要求。由于甲库的泄水可由乙库控制，故甲库并无必须承担的防洪库容。

$V_{防总}$减去必须防洪库容，得两库应共同分担的防洪库容。根据实践经验，梯级水库分担防洪库容时，使库容较大、本身防洪要求高、水头较低、梯级的下一级、距防护区较近的水库多承担一些防洪库容比较有利。

2. 串联水库的防洪调度方式

防洪调度方式主要是指怎样进行各水库之间的防洪补偿调节，以及对各水库的蓄洪泄洪次序作出决策。如图 4.11 所示，如果甲、乙两水库调洪性能相差较大，应以调洪性能较高的水库为补偿水库，调洪性能较低的水库，按单独运行方式调节洪水。如果甲、乙两水库的调洪能力相差不多，当丙处发生设计洪水时，需根据甲库的入库洪水和甲、乙区间洪水的组合情况决定蓄泄次序。一般来说，在丙处发生大洪水时，需要甲、乙两水库拦洪错峰，若甲库拦蓄的洪量对减轻丙处水灾确有作用，则先蓄甲库比较有利。当甲库泄量减少到不能再小时，才适当应用乙库拦洪。若甲库和甲、乙区间同时遭遇到较大洪水，需根据较准确的洪水预报，并考虑乙、丙区间洪水的影响，可采取两库分担丙处洪水的补偿调节方式，再结合两库防洪库容大小，确定总蓄洪量和两库各分配的蓄洪量。

若甲、乙区间也有防洪要求，则甲库的泄洪、乙库的蓄洪在上述防洪调度中也应综合考虑。对于多库防洪调节以及调度方式的原则是一致的，可参照上述方法进行。

在工作中可选择实测的（或模拟的）若干场次典型暴雨洪水，分别进行水文分析、库群防洪调节，并编制出调度方案，以做到胸有成竹。当实际发生洪水时，可参考所编的一些方案，进行库群防洪调度。

4.1.4.3 混联水库的防洪调度

混联水库群防洪调度的效益，主要表现为各水库的空间补偿效益，具体体现在 3 个方面：

（1）库容之间的补偿效益。利用各水库空闲库容的不同，安排蓄泄次序，实现流域内各水库安全度的总体均衡。

（2）水文补偿效益。由于各个水库的来水时间不尽相同，因此，可依据不同水库的来水发生时间差别和各个水库的当前状态，决定各个库的蓄泄方案，使防洪控制点最大过水流量最小或成灾历时最短，即防洪效益最大。

（3）水力补偿效益。不同水库到达同一防洪控制点的距离不尽相同，为了增加防洪控制点的安全性，就需要制定并实施库群的联合调度方案，避开或减弱各支流的洪峰相遇。

对于水库与河道的联合调度，主要是水力补偿效益尤其在考虑水库与防洪控制点及水库与水库之间的水力补偿时不但要考虑洪水在河道中的流动变形，更要关注河槽对洪水的调蓄作用。

为了使建立的模型具有更好的适应性，假定系统的结构具有如下特征：①水库与防洪控制点之间的区间流量都必须考虑在内；②考虑区间河道内的水流演变；③各水库都有自己的防洪对象；④同水库有共同的防护对象。

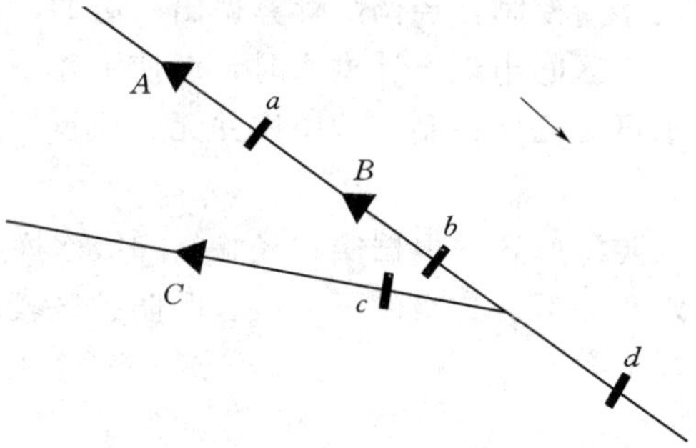

图 4.12　混联水库群防洪系统

假设符合以上特征的水库群防洪系统包含串联水库 A、B 与并联水库 C，a、b 和 c 为 3 个防洪控制点，d 为三库共同防洪控制点，见图 4.12。如果上游水库 A、C 的入库洪水过程已知，各水库到防洪控制点的区间洪水过程也已知，Q_a、Q_c 分别表示水库入库洪水过程。q_a、q_b、q_c 分别为各水库与各自防洪点之间的区间流量，$O_{a,k}$、$O_{b,k}$、$O_{c,k}$ 分别为各水库第 t 时段的出库流量演算到防洪控制断面的过程，$O_{区,k}$ 为各库至共同防洪控制点之间的总区间流量过程。在满足各防洪控制点要求的前提下，以防洪控制点断面的最大过流量最小为优化准则，寻求洪水在混联水库的最佳时间和空间分配，即制定混联水库最优防洪调度方式。

设将洪水过程划分为 N 个时段（$k=1$，2，…，N），建立数学模型目标函数为

$$\min F=\sum_{k=1}^{N}\{\beta_b[O_{b,k}+\alpha_b q_{b,k}]^2+\beta_c[O_{c,k}+\alpha_c q_{c,k}]^2+[O_{b,k}+O_{c,k}+O_{区}]^2\} \tag{4.3}$$

式中　β_b、β_c——两水库自身防洪点的重要性系数；

α_b、α_c——两水库调度模式指示变量；

O_b——由梯级两库防洪优化调度求得；

O_c——由单库防洪调度求得。

流域中的每一个水库需要承担的防洪任务都不相同，而且需要保护的对象的重要程度也不尽相同。由于并联水库的各水库之间没有水力联系，各水库的自身防洪任务之间是相互独立的。但是对于各水库的共同防护对象来说，它们又是彼此联系的。特别是，当某个水库的自身防洪控制点的重要性要比公共防洪控制点的低时，公共防洪控制点的任务在一定条件下会向之转移；相反，如果某水库的自身防洪控制点的重要性高于公共防洪控制点，其承担的公共防洪点的防洪任务就相对较小。在本小节中，各防洪控制点的重要性用 β 来定量描述。对于没有自身防护对象的水库，可令 $\beta=0$。

针对各库的具体情况，在库群中具有自身的防洪控制点的水库在调度模式上一般有两种不同的选择“补偿模式与削峰模式”。当水库与防洪控制点的区间汇流面积较小或水库距防洪控制点较近时，区间来水可忽略，这时采用削峰模式。α 表示选择调度的模式，$\alpha=1$代表补偿模式，$\alpha=0$ 代表削峰模式。采用 $\alpha=1$ 的作用是减小了混联水库群防洪调度的难度，增强了处理部分问题的灵活性。α 和 β 的联合运用，可以使式（4.3）灵活性和适应性大大增强，有益于编制混联水库群防洪的调度软件和人机交互界面。

4.2　梯级水库调度

梯级水库通常具有防洪、发电、航运、供水等多种功能，是一个兼顾多个目标的大型

水利枢纽系统。梯级上下游水库之间往往具有复杂的水力、电力联系，同时梯级水库在进行联合调度的过程中，各个部门有不同的调度目标和调度要求，而在年内部分时段不同目标之间可能存在着一定程度的用水矛盾，例如：在汛期，具有结合库容的水库，防洪调度目标和发电调度目标存在着争夺库容利用的矛盾；在枯水期，对于上游有供水要求的水库，存在着供水与发电之间的矛盾等等。因此，梯级水库的联合调度是一个具有复杂约束条件的多目标优化调度决策问题。

在梯级水库实际调度的过程当中，往往受到水文、水力等众多不确定性因素的影响，其中以入库径流的不确定性影响较大，因此梯级水库系统本质上是一个不确定系统，而目前的许多研究把入库径流当作确定性径流处理，忽略了径流不确定性可能给水库实际调度带来的风险，致使调度方式难以描述水库的实际运行情况，无法量化和协调水库调度风险与效益之间的关系，从而给管理人员进行调度决策带来一定的困难。

4.2.1 梯级水库系统的特点

梯级水库系统的规模庞大、单元要素众多、关系结构错综复杂，是一个自然系统和人工系统复合的动态多目标复杂系统。同时，梯级水库系统兼具水利特性和电力特性的双重属性，是水资源系统和电力系统的交叉复合系统。一方面，梯级水库系统通过各个水电站水库之间的水力联系将防洪、航运、灌溉、供水、旅游、养殖等多个目标联系起来构成水资源系统；而另一方面，又可以通过输电网络将与电力系统中的火电站、核电站、风电站等各类电站以及电力用户、变电站等联系起来，一起组成电力系统。梯级水库系统涉及自然、社会、经济、技术等多个领域，基本特点有以下几个方面：

(1) 梯级水库系统是自然系统和人工系统复合的复杂系统。从水能资源自身规律来讲，是一个不随人类意志而转移的自然系统；从人类对水能资源的开发利用来讲，又是一个人类利用水能资源以满足人类自身经济社会发展所建立的人工系统。

(2) 梯级水库系统的单元众多、规模结构庞大、关系错综复杂。组成水电站水库群系统的结构单元有水库、大坝、溢洪、通航等水工建筑、电站、升降压变电所、配电网、输电线路，等等。这些结构单元相互制约，相互联系，协同工作，关系极为复杂，共同构成了一个有机整体。

(3) 梯级水库系统不单纯是水系统，也不单纯是电系统，它兼具水利和电力多方面的特点和任务。水库通过水把和上下游的防洪、供水、航运等多个目标联系起来构成水资源系统；水电站通过电把其他水电站、火电站以及核能、光能、风能等能源系统联结起来构成能资源系统。

(4) 梯级水库系统是具有多目标和多用途的系统。一般情况下，除防洪、发电外，还兼具航运、灌概、供水、旅游、养殖等多方面的功能。现代的大型梯级水库系统（如三峡梯级）的作用和影响已经超越了纯经济的范畴，扩大到了政治、社会等其他领域。

(5) 梯级水库系统中存在大量的不确定性。梯级水库中的不确定性主要是两个方面造成的：其一，是自然现象发生的不确定性，如输入系统的径流（包括洪水、枯水和期间的变化），传递信息的水文预报和靠输出供水补给的需水量等都具有很大的不确定性；其二，是外界社会的和人思维过程中的不确定性，如社会上不可预知的变化，人对概念系统中某些要素的模糊认识，以及人的不确定性的效用观念等。因此，梯级水库系统决策的风险性，或大或小总是存在的。因此，梯级水库系统本质上是一个包含众多不确定因素的不确定系统。

4.2.2　梯级水库防洪调度

4.2.2.1　梯级水库调度要求

梯级水库之间的水力关系复杂，是一个复杂的多目标大系统，在规划运行时是多目标的，且各个目标之间相互影响、相互制约、不可公度，有时甚至是相互矛盾的。而调整各个调度部门之间的关系，协调相互之间的矛盾，达到梯级水库运行综合效益的发挥是一项值得深入研究的重要课题。梯级水库系统各部门的调度要求主要有：

（1）防洪要求。除个别无防洪要求的水库外，防洪要求是水库调度必须考虑的问题。防洪要求主要包括确保大坝自身安全、确保上游易掩没地区安全和下游防洪控制点的防洪安全。水库防洪调度的主要任务是，根据规划设计的水库洪水标准和下游防洪对象的防洪标准，按照水库、下游河道堤防及分蓄洪区防洪体系联合运用原则及泄洪方式，在确保水库大坝自身安全的前提下，通过控制水库泄流对入库洪水进行调整，以保障上、下游防护对象的安全，并尽可能使水库取得最大的综合效益。

（2）发电要求。梯级水库在进行联合发电调度时需保证电力系统的正常供电要求，并在满足水库一些硬性约束条件的前提下，使梯级水库系统尽可能多发电，并要尽量满足电力系统中对容量条件的要求。

（3）航运要求。水库航运调度应满足涉及范围内航道、港口和通航建筑物等航运设施的最高与最低通航水位、最大与最小通航流量、流速等安全运用的要求。对反调节水库，还应根据上游水电站日调节运行下泄的非恒定流和反调节水库库区及其下游河道航运安全对流态的要求，拟定反调节调度方式。

（4）其他要求。对于其他部门的调度要求，应满足水库下游的基本生活、生态、生产用水需求，且在水库泄水过程中，应尽量兼顾上、下游的综合利益要求等。

梯级水库系统规划运行的多目标调度就是通过对梯级水库调蓄能力的联合运用，在水库工程安全得到保证的前提下，合理地对天然入库径流进行蓄泄，以达到最大限度满足各部门的需要，同时维持社会、经济、生态环境等的可持续发展。

4.2.2.2　基本梯级水库防洪调度方法

梯级水库防洪调度的任务是保证大坝及防护对象安全的前提下，提高电站经济效益，尽量避免和减少下游洪灾损失。在实际调度工作中，对于大洪水，关注重点是大坝本身和防护对象的安全；对于常遇洪水，更多关注充分利用洪水资源，尽量少弃水。

梯级洪水调度工作涉及信息多、范围广，面对不同的降雨等级、天气形势，不同标准的洪水、梯级水库调蓄能力，不同的电站运行情况，不同阶段有不同的调度需求，调度者须综合考虑，快速、科学地进行决策。

梯级防洪调度工作需求可归纳为 6 类：基本资料管理需求；模拟、学习、演习和总结需求；调度计算需求；调度成果的安全校验需求；调度中的帮助需求；会商分析需求。

1. 基本资料管理

基本资料指与梯级洪水调度工作相关的资料，应分类进行管理，便于调度者平时或调度方案制作时学习、查阅。基本资料管理主要包括以下内容：

（1）水库基本资料管理。包括水库的特征水位、特征库容、水位-库容关系曲线、闸门的泄流曲线、闸门启闭原则、闸门启闭顺序、机组的综合特性曲线、限制出力曲线、机组的振动区资料以及各电站洪峰频率曲线等。

（2）调度的法律、法规和规章制度管理。将与调度相关的法律、法规和规章制度录入到系统中，方便调度人员随时查看，也有利于在帮助功能中随时调用、检索。

（3）调度方案管理。对已制定的调度方案进行管理，可以方便地进行删除、批量删除、批量导入和导出、筛选、指定查询、打印等。

（4）调度命令管理。定时对调度命令自动编号、填写、修改、存储、打印、查询，指定分类查询统计等。

（5）洪水调度总结。及时进行每场洪水结束后的调度总结，可以方便地录入或导入到系统中，随时查看，便于调度人员学习和管理。

（6）历史洪水资料管理。资料包括：①实际发生的洪水过程，其对应的降雨情况、天气形势、上游电站的开闸情况，显示洪水过程时，同时显示洪水的特征值（洪峰、洪量、对应频率）；②设计典型洪水过程，展示不同频率的典型洪水过程时，同时显示洪水的特征值（洪峰、洪量、对应频率）。

2. 模拟、学习、演习和总结

在防洪调度工作中，调度人员为了掌握流域来水特性，提高调度水平，需要一个防洪调度的仿真学习和演习系统，通过对历史洪水资料分析、历史调度方案、洪水调度经验的不断学习，对洪水调度过程的模拟仿真和防洪演习，达到不断积累调度经验、提高实战水平的目的。

防洪调度软件的开发应充分考虑学习、仿真、演习的需求，提供一个良好的学习支持环境，有利于培养优秀的调度人员。学习系统应该与游戏类似，可以设置用户账号，记录调度洪水的频率和难度，方案制定所用的时间、削峰度、闸门启闭次数等数据，使调度人员通过不断的模拟调度提高调度水平。

3. 调度计算

根据预报入库过程，需估算梯级各水库的弃水风险，进行调洪计算，跟踪梯级各水库水位变化等。

（1）梯级各库短期弃水风险估算。汛期发生弃水前，调度员需要随时掌握梯级各库的弃水风险，以便合理控制各水库库水位。

1）默认按前一日方式运行，梯级各水库 3d、7d 等指定时间后，发生弃水所需的最小入库水量、相应平均入库流量和出现的概率。

2）可人工修改计算中的发电流量。

3）结果展示时，按弃水风险出现概率从大到小排列。

（2）自动梯级库水位跟踪计算。

1）自动定时计算在默认情况下 24h 的梯级库水位变化过程。

2）允许人工修改梯级各区间预报入库流量过程、发电流量过程。

3）允许指定后期闸门启闭组合状态下的试算。

（3）梯级调洪方案演算。

1）多人同时分析计算同一场洪水。遇到一场洪水，需要快速制定多个不同调度方案，经过会商，选定优化方案作为实施方案。利用多台工作站多人同时分析计算，不但可以提高工作效率，而且可以在方案中体现不同调度者的调度经验，满足调度对方案制定的快速、优化需要。

2）指定方式的分析计算（水位控制模式、最大泄量控制模式、优化调度）。利用计算机完成指定条件下的计算，如末水位控制法，给定各库末水位，推求调度期内的平均泄洪流量。也可以采用一些优化调度算法，计算调度期的水位变化、泄流变化过程，供调度人员参考。

3）库水位、入库流量、发电流量、泄洪流量之间的仿真分析。通过上述指定方式的分析计算获得参考方案后，调度者通常还需要对库水位、入库流量、发电流量、泄洪流量进行仿真分析，展示当另外两个量一定的情况下，入库流量与库水位、发电流量与库水位、泄洪流量与库水位的相互变化关系。

4）已知闸门开启方式的调洪演算。通过前面的分析或人工经验判断，洪水调度方案的制订最终要确定闸门启闭的方式。闸门启闭的时间、开度是否合适，由人工判断最实用，实现也较简单，为此，需要给定闸门开启方式，演算在该种开启方式下库水位、尾水位、入库流量、出库流量等的变化过程。计算时，闸门开启时间及开度允许任意设定，允许试算，入库洪水过程允许任意修改。已知闸门启闭方式后的反推计算是防洪调度计算的最后环节，也最重要，如果缺少这一环，防洪调度软件的可用性大大降低。任何一个实用的防洪调度软件，最后都要获得可操作的闸门启闭方案。

（4）梯级电站拦蓄洪尾方案演算。拦蓄洪尾经济效益显著，操作难度大，仅凭人工经验调度难以很好地完成，人们常常采用频繁启闭闸门的方法来保证最后一次关闸后能蓄满水库。梯级水库的形成，使拦蓄洪尾的计算变得复杂，越是下游的电站，计算越复杂。

1）自动估算梯级电站关闸时间。自动提取当前各区间预报流量、梯级闸门开启情况，计算出梯级的关闸组合，使梯级各水库正好蓄满。每小时一次自动计算，给出各级水库在计算期内的多余水量或者相应的关闸提示。

2）指定计算梯级电站关闸时间。已知各区间来水过程、梯级闸门开启情况，求多少小时后全关闸门可以在入库流量退至机组满发流量时刚好蓄满水库，并展示梯级各库拦蓄洪尾过程。允许人工修改各区间入库过程与闸门情况，进行仿真试算。

3）确定梯级电站关闸方案。在关闸时间计算结果的基础上进行闸门反推计算。允许闸门仿真试算，确定关闸方案。

4. 调度结果的安全校验

一个调度方案是否符合电站的运行设计要求、符合调度规范的要求、实施后对上下游有什么影响，以前通常是由人工判断，但在梯级水库调度中，这类判断条件越来越多，越来越复杂，人工判断不但对调度人员要求很高，而且速度也慢，容易漏项，不能很好地满足梯级水库调度的需求。

将判断条件录入计算机，对结果进行校验，再由人工复核，将大大提高方案制定速度，减少出错率，提高安全度。主要判断内容为：是否满足大中型水电站水库调度规范要求，如一场洪水的最大下泄流量不大于最大入库流量；坝前水位是否超过某一标准，应提前采取什么措施；下游水位是否越过特定区域，需要在什么时间之前采取怎样的措施；入库流量、下泄流量是否越过某一标准，需要在什么时间之前采取相应措施。

5. 调度中的帮助

在防洪调度的学习、演习和调度计算中，使用者需随时查询相关规定、资料及信息，应充分利用计算机资源，将相关信息集成到软件中，便于搜索、查询。

6. 会商分析

会商分析需要综合各种信息，对方案进行会商、优选，确定最终实施方案。会商时图表应在同一界面显示，若能三维动画显示各方案实施后上下游水位、流量变化情况，将使会商更加直观、明了。会商需要的另一个重要功能是指定条件下的调洪计算，依据决策者提出的条件，立即展示计算成果、辅助决策分析，以便快速获得实施方案。在实际工作中，常会遇到多目标、多约束的情况，设计应用软件时应允许将约束分级设定，若结果不能满足所有约束，则先满足优化级较高的约束，直至获得满足尽可能多的约束的优化方案。

4.2.3 梯级水库的风险决策

4.2.3.1 机会约束规划

机会约束规划是不确定理论体系中的随机规划方法，近年来得到广泛应用，规划允许所作出的决策在一定程度上不满足约束条件，但所作决策应使约束条件成立的概率不小于决策者事先给定的某一置信水平 α，即决策违反约束条件的概率小于 $1-\alpha$。基本的模型可表示为

$$\left.\begin{aligned}&\max\overline{f}\\&\text{条件：}\\&P_r\{f(x,\xi)\geqslant\overline{f}\}\geqslant\alpha\\&P_r\{g_j(x,\xi)\leqslant 0,j=1,2,\cdots,p\}\geqslant\beta\end{aligned}\right\}\tag{4.4}$$

式中 $\overline{f}$——目标函数值；

$P_r\{\cdots\}$——事件 $\{\cdots\}$ 成立的概率；

x——n 维决策向量；

ξ——随机向量；

α、β——事先给定的目标函数随机约束条件 $g_j(x,\xi)\leqslant 0$ 的置信水平。

机会约束规划中，由于采用置信水平对目标函数和约束条件满足某种给定目标要求的概率进行描述，因此，机会约束规划思想就提供了一种描述或衡量调度过程中某项决策所引起的风险程度的手段。

4.2.3.2 梯级水库的主要风险因子

梯级水库联合调度过程中涉及多个输入和输出，针对调度目标的不同也会面临不同的

风险。梯级水库调度风险是多个风险因子相互作用的结果，调度过程中，各个风险因子相互影响，联系复杂。联合调度过程中的风险因子主要分为以下几类：

（1）水文风险因子。主要指造成与水库相关的各项水文数据出现偏差的各类不确定因素。水文风险因子主要来自水文事件自身的不确定性以及水文资料、水文模型分析过程中产生的误差，例如水文统计模型、雨洪转换模型的不确定性以及所选模型参数的不确定性。

（2）水力风险因子。指水力模型本身的不确定性、可能造成水流或渗流形态演变的不确定性因素以及由于测量、施工误差等导致的结构、材料的不确定性。例如：由于模型的不确定性、测量过程中产生的误差、水库泥沙淤积等造成的水位库容曲线或下泄流量曲线等不确定性。

（3）工程结构风险因子。主要包括工程建筑在设计、施工管理过程中存在的各种影响大坝安全的不确定性因子，以及工程调度特点的不确定性，例如汛期起调水位和运行水位、预报技术、调度规则信息提取等的不确定性。

（4）其他风险因子。其他风险因子主要指社会、经济、法律、政策等因素，这些因素影响着水库调度过程中风险的产生。另外，调度管理决策人员对风险的偏好不同（如冒险型、保守型、中间型）也会对调度的结果产生影响。

4.2.3.3　多目标风险决策数学模型

梯级水库各个水库之间同时存在着水、电两方面的联系，在进行调度过程中，不同的部门涉及不同的用水目标，如防洪调度目标、发电调度目标、航运调度目标、供水调度目标等。在讯期，对于有防洪要求的水库，防洪目标主要考虑的是大坝自身以及下游的防洪安全，一般以控制水库坝前水位最低和水库下池流量最小为调度目标。在调度的过程中，水库水位和下泄流量受到入库径流不确定性旳影响，将防洪目标以随机机会约束的方式进行处理；在整个调度期内，针对梯级水电站水库的发电优化调度，以可能实现的总的发电效益最大为目标，发电效益以平均年发电量进行表征，调度过程中允许调度方案在某些极端情况下违反约束条件，但违反约束的概率必须小于事先给定的某一置信水平，即模型中允许在给定的某一置信水平下存在风险；对于有航运调度要求的水库，以航运效益最大为目标，航运效益以通航保证率进行表征，所建模型中同样允许航运效益在某一给定置信水平的前提下存在风险。本节所建模型主要考虑水库的防洪、发电和航运目标。综上分析，构建基于机会约束的梯级水库联合调度的多目标风险决策模型如下：

目标函数：

$$\max\{\overline{f}_1, \overline{f}_2\} \tag{4.5}$$

$$f_1=\frac{1}{m}\sum_{i=1}^{m}\sum_{i=1}^{N}\sum_{i=1}^{T}N_{i,t}\Delta t=\frac{1}{m}\sum_{i=1}^{m}\sum_{i=1}^{N}\sum_{i=1}^{T}K_iq_{i,t}H_{i,t}\Delta t \tag{4.6}$$

$$f_2=\frac{1}{mT}\sum_{i=1}^{m}\sum_{i=1}^{T}S_t(z_t, q_t) \tag{4.7}$$

式中　$\overline{f}_1$，$\overline{f}_2$——梯级水库联合调度的目标函数，其中式（4.6）和式（4.7）分别为梯级水库联合调度时发电效益（发电量）的计算公式和航运效益（通航保证率）的计算公式；

$N_{i,t}$——第 i 个水电站 t 时段的出力；

N——电站总数；

T——调度期内的总时段数；

m——模拟计算的年数；

Δt——所取时段长度；

K_i——第 i 个电站的出力系数；

$q_{i,t}$——第 i 个电站时段的发电流量；

$H_{i,t}$——第 i 个电站时段的平均发电水头。

$S_t(z_t,q_t)$——水库在 t 时段的通航情况，是一个（0，1）之间的变量，与水库的水位和下泄流量有关；

z_t，q_t——水库 t 时段的水位和下泄流量。

其中，若 t 时段满足通航要求则 $S_t(z_t,q_t)$取值为 1，否则若 t 时段不满足通航要求，则 $S_t(z_t,q_t)$取值为 0。

约束条件：

（1）目标利润函数的机会约束条件：

$$P_r\{f \geqslant \overline{f}_1\} \geqslant \alpha_1 \tag{4.8}$$

$$P_r\{f \geqslant \overline{f}_2\} \geqslant \alpha_2 \tag{4.9}$$

式中　P_r {…} ——事件 {…} 成立的概率；

α_1，α_2——发电目标和航运目标约束的置信水平。

（2）水库蓄水量的机会约束条件：

$$P_r\{V_i^{\min} \leqslant V_{i,t} \leqslant V_i^{\max}\} \geqslant \beta_1 \tag{4.10}$$

式中　$V_{i,t}$——第 i 个水库 t 时段的库容；

$V_i^{\min}$——第 i 个水库的死库容；

$V_i^{\max}$——第 i 个水库正常蓄水位对应的库容，汛期时则为防洪限制水位所对应的库容；

β_1——给定的水库蓄水量约束的置信水平。

式（4.10）考虑了入库径流对将水库蓄水量的影响，将蓄水量约束视为机会风险约束。

（3）水库下泄流量的机会约束条件：

$$P_r\{q_{i,t}^{\min} \leqslant q_{i,t} \leqslant q_{i,t}^{\max}\} \geqslant \beta_2 \tag{4.11}$$

式中　$q_{i,t}^{\min}$、$q_{i,t}^{\max}$——第 i 个水库时段的最小下泄流量和下游允许的最大下泄流量；

β_2——给定的水库下泄流量约束的置信水平。

式（4.11）考虑了入库径流对将水库下泄流量的影响，将下泄流量约束视为机会风险约束。

（4）水库水量平衡约束：

$$V_{i,t+1} = V_{i,t} + (Q_{i,t} - q_{i,t} - qloss_{i,t})\Delta t \quad (i=1,2,\cdots,N-1) \tag{4.12}$$

式中　$V_{i,t+1}$、$V_{i,t}$——第 i 个水库 t 时段的初、末水库蓄水量；

$Q_{i,t}$、$q_{i,t}$、$qloss_{i,t}$——第 i 个水库 t 时段的入库流量、出库流量及扣损流量（对应渗漏、蒸发等水量损失)。

(5) 水电站预想出力约束:

$$N_i^{\min} \leqslant N_{i,t} \leqslant N_{i,预} \tag{4.13}$$

式中　$N_i^{\min}$——第 i 个电站 t 时段的最低出力限制;

$N_{i,t}$——第 i 个电站 t 时段的实际出力;

$N_{i,预}$——第 i 个电站 t 时段的预想出力限制。

(6) 水库之间的水量平衡约束:

$$Q_{i+1,t} = q_{i,t} + Q_{i+1,t}^{in} \quad (i=1,2,\cdots,N-1) \tag{4.14}$$

式中　$Q_{i+1,t}$——t 时段下游水库的入库流量;

$q_{i,t}$——t 时段上游水库的下泄流量;

$Q_{i+1,t}^{in}$——t 时段下游水库的区间入流。

(7) 非负约束等其他约束。

4.2.4　梯级水电站多目标兴利调度

单一水利枢纽航运效益一般以水电站下泄流量满足最低通航流量的程度来体现,对于梯级水电站联合运行,其最下游水电站下泄流量对梯级下游河道渠化、最大通航能力、全年通航天数具有重要影响,加大下泄流量将使水电站坝前水位提前降低并快速消落,降低了枯水期甚至全年的平均发电水头,导致梯级水电站全年发电量降低,因此流域梯级水电站全年发电量和通航流量是一对相互矛盾、相互制约的调度目标,传统调度方法难以同时优化。多目标进化算法具有求解效率高、可同时均衡优化多个目标、单次计算即可生成系列非劣解集等优点。因此,本节以发电量最大和最小下泄流量最大时段为目标,即考虑梯级水电站发电效益和航运效益的相互制约关系,建立了梯级水电站多目标兴利调度模型;并以原始粒子群算法为基础,提出了双种群多目标粒子群算法(DPPSO),对构建的多目标优化模型进行高效求解,生成一组分布广泛、排列均匀的非劣调度方案集,为决策者的方案优选提供有力的技术支撑。

4.2.4.1　梯级水电站多目标兴利调度模型构建

1. 目标函数

以确定性预报来水为模型输入,将梯级总发电量最大和最小下泄流量最大同时作为优化的调度目标,构建流域梯级水电站多目标兴利调度模型,其目标函数的数学描述如下。

(1) 梯级总发电量最大:

$$\max f_1 = \max E = \sum_{i=1}^{M_h} \sum_{i=1}^{T} N_{i,t}(q_{i,t}, h_{i,t}) \Delta T \tag{4.15}$$

式中　E——梯级总发电量;

$N_{i,t}$——第 i 个水电站在第 t 时段的平均出力,由发电引用流量 $q_{i,t}$、发电水头 $h_{i,t}$ 计算求得;

M_h——梯级电站个数;

T——时段总长度;

ΔT——某一时段长度。

(2) 最小下泄流量最大:

$$\max f_2 = \max Q_S = \min\{Q_{M_{h,t}}\} \tag{4.16}$$

式中 Q_S——梯级水电站群最末一级枢纽在整个调度期内最小下泄流量;

$Q_{M_{h,t}}$——梯级最末一级水电站在第 t 时段的下泄流量。

2. 约束条件

(1) 水量平衡约束:

$$V_{i,t+1} = V_{i,t} + (I_{i,t} - q_{i,t} - Q_{De})\Delta t \tag{4.17}$$

式中 $V_{i,t}$——第 i 水电站在第 t 时段初的库容;

$V_{i,t+1}$——第 i 水电站在第 t 时段末的库容;

$I_{i,t}$——第 i 水电站在第 t 时段的平均入库径流;

Q_{De}——第 i 水电站在第 t 时段的弃水流量;

Δt——时段长度。

(2) 蓄水位约束:

$$Z_{i,t}^{\min} \leqslant Z_{i,t} \leqslant Z_{i,t}^{\max} \tag{4.18}$$

式中 $Z_{i,t}$——第 i 水电站在第 t 时段初的坝前水位;

$Z_{i,t}^{\min}$、$Z_{i,t}^{\max}$——水库水位的最小、最大值,需综合考虑水电站设计特性参数、汛期防洪限制水位等要求确定。

(3) 流量约束:

$$Q_{i,t}^{\min} \leqslant Q_{i,t} \leqslant Q_{i,t}^{\max} \tag{4.19}$$

其中:

$$Q_{i,t} = q_{i,t} + Q_{De} \tag{4.20}$$

式中 $Q_{i,t}$——第 i 水电站在第 t 时段的下泄流量;

$Q_{i,t}^{\min}$、$Q_{i,t}^{\max}$——下泄流量的极小、极大值,需综合考虑水库下游供水、河道行洪能力、下游通航水位流量等要求拟定。

(4) 出力约束:

$$N_{i,t}^{\min} \leqslant N_{i,t} \leqslant N_{i,t}^{\max} \tag{4.21}$$

式中 $N_{i,t}^{\min}$、$N_{i,t}^{\max}$——第 t 时段出力的最大、最小值。

(5) 水头约束:

$$h_{i,t}^{\min} \leqslant h_{i,t} \leqslant h_{i,t}^{\max} \tag{4.22}$$

式中 $h_{i,t}^{\min}$、$h_{i,t}^{\max}$——第 i 水电站 t 时段的下、上限线。

(6) 梯级水电站群联合调度中的约束处理。采用约束廊道法处理金沙江下游梯级和三峡梯级联合调度中的约束问题。计算步骤如下:

1) 从第一个时段开始,根据时段初水位 Z_{Begin} 及时段最小出力 P_{firm} 迭代计算求出满足出力约束的时段末水位 Z_{End},并将该水位作为下一时段的初水位,逐时段计算直至时段末,所得水位过程为约束廊道上限,表示为

$$\overline{Z}_1 = f(Z_{\text{Begin}}, P_{\text{firm}}), \cdots, \overline{Z}_i = f(Z_{i-1}, P_{\text{firm}}), \cdots, \overline{Z}_{T-2} = f(Z_{T-2}, P_{\text{firm}}), \overline{Z}_{T-1} = Z_{\text{End}} \tag{4.23}$$

2) 从时段末水位开始,逆时序推求约束廊道上限,表示为

$$\underline{Z}_{T-2} = f(Z_{\text{End}}, P_{\text{firm}}), \cdots, \underline{Z}_i = f(Z_{i+1}, P_{\text{firm}}), \cdots, \underline{Z}_1 = f(Z_2, P_{\text{firm}}), \underline{Z}_0 = Z_{\text{Begin}} \tag{4.24}$$

则 $[Z_{\text{Begin}}, Z_{\text{Begin}}]$，$[\underline{Z}_1, \overline{Z}_1]$，…，$[\underline{Z}_i, \overline{Z}_i]$，…，$[\underline{Z}_{T-2}, \overline{Z}_{T-2}]$，$[Z_{\text{End}}, Z_{\text{End}}]$ 构成可行域的约束廊道，在寻优过程中，当时段初水位超出该廊道边界时，直接将其置于边界值。

4.2.4.2 双种群多目标粒子群算法设计

1. 原始种群进化

(1) 粒子群算法。粒子群算法（PSO）中粒子以自身最好位置和群体最好位置为引导逐步调整自身的飞行方向，种群中第 i 个粒子在第 t 次迭代中速度和位置更新公式为

$$\left.\begin{aligned}v_{i,j}^{t+1}&=wv_{i,j}^{t}+c_1r_1(p_{i,j}^{t}-x_{i,j}^{t})+c_2r_2(p_{g,j}^{t}-x_{i,j}^{t})\\x_{i,j}^{t+1}&=x_{i,j}^{t}+v_{i,j}^{t}\end{aligned}\right\}\tag{4.25}$$

式中 w——惯性权重；

c_1、c_2——加速常数；

r_1、r_2——在0到1上均匀分布的随机数；

$p_{i,j}^t$——第 i 个粒子当前个体最好位置在第 j 维上的分量；

$p_{g,j}^t$——当前群体最好位置的粒子在第 j 维上的分量。

(2) 基于外部精英种群的精英向导。为克服传统粒子群算法在寻优过程中全局最优和个体最优缺乏交流和联系、易陷入局部最优解等问题，提出一种基于外部精英种群的精英向导策略，即在个体粒子进化过程中，种群最优解和个体最优解分别从外部精英种群中随机选取，从而在增强原始种群多样性的同时，提高粒子群算法的局部搜索能力。采用基于外部精英种群的精英向导策略后，标准PSO速度和位置更新公式为

$$\left.\begin{aligned}v_{i,j}^{t+1}&=wv_{i,j}^{t}+c_1r_1(Q_{\text{rand}_2,j}^{t}-x_{i,j}^{t})+c_2r_2(Q_{\text{rand}_1,j}^{t}-x_{i,j}^{t})\\x_{i,j}^{t+1}&=x_{i,j}^{t}+v_{i,j}^{t}\end{aligned}\right\}\tag{4.26}$$

式中 $Q_{\text{rand}_1,j}^t$、$Q_{\text{rand}_2,j}^t$——第 i 个粒子从外部精英种群中随机选取的非支配解在第 j 维上的分量。

2. 外部精英种群更新

将PSO算法应用于多目标问题求解，主要是针对嵌套的进化算法进行了一定程度的改进，并未对多目标进化本身存在的问题提出修改意见，导致在决策空间内难以找到范围广泛、分布均匀的近似Pareto最优前沿。而外部精英种群的更新就是将原始种群进化中生成的非支配解添加进外部精英种群，并删除原有外部精英种群中受新添加粒子支配的个体，当精英种群规模超出设定规模时则剔除多余个体，使外部精英种群中非支配解分布均匀且范围广泛，最终达到逐渐逼进Pareto真实前沿的目的。

3. 外部精英种群维护

在外部精英种群更新中，进化粒子添加进外部精英种群时需与其中粒子进行比较，根据优劣关系选择较优粒子；同时，当外部精英种群中非支配解数量超出预设规模时，需根据其聚集距离淘汰分布性较差的粒子，保持外部精英种群规模不超过其预设值，这就是外部精英种群的维护。对于预设规模为 N_Q 的外部精英种群 P_{Elite}，将原始种群进化生成的 X 加入 P_{Elite} 时将其与 Q 比较，外部精英种群维护原则可归纳为：①当两粒子有一个为不可行解，则可行解进入 P_{Elite}；当两粒子均为不可行解，则约束违反值较小的粒子进入 P_{Elite}。②当 X 和 Q 存在支配关系，则支配解存入 P_{Elite}；当 X 和 Q 互为非劣，则两者同时保存于

P_{Elite}。③当 P_{Elite} 中保存的粒子数量超过预设规模 N_Q，则计算 P_{Elite} 中聚集距离，从中选取聚集距离较大的前 N_Q 个解。

4.2.4.3 算法流程

DPPSO 计算流程如下：

（1）初始化原始进化种群和外部精英种群 P_{Elite}。在决策空间内随机生成初始种群，设置算法参数，并用初始种群对 P_{Elite} 进行更新和维护。设置进化代数为 0。

（2）原始种群进化。在 P_{Elite} 中随机选取精英向导，使用精英向导更新公式。

（3）外部精英种群更新。结合进化的原始种群，采用 P_{Elite} 更新策略对 P_{Elite} 中粒子进行更新。

（4）外部精英种群维护。P_{Elite} 更新后，采用外部种群维护方法对 P_{Elite} 进行维护，使其不超出预设规模。

（5）迭代。当迭代次数为最大迭代次数时，多目标优化计算结束，P_{Elite} 作为最终优化结果输出；否则，进行迭代，转至步骤（2）。

第5章　水库防汛抢险

兴建水库能够截断江河、集中水流、改变河流的天然径流情况，使其按照国民经济的需要调蓄河流的水量。所以水库工程是改造河流、充分利用水利资源的一个重要措施。但是，由于水库建成以后，工程状态不断在变化，特别是水文气象条件的变化，很可能在水库运行期间出现超过设计标准的暴雨洪水，这就要求人们在精神上和物质上都要有所准备，当突然发生异常变化的时候，才不至措手不及。因此要根据“以防为主、防重于抢”的方针认真做好水库的防汛抢险工作，做到有备无患，以确保水库的安全。一旦垮坝失事，会有很高的水头和大量的洪水，在很短时间内倾泻下来，洪波巨浪所到之处，必将造成摧毁性的破坏，使国民经济建设和人民生命财产遭到严重损失。即便是小型水库的失事，也同样会带来难以预计的严重后果。因此，水库的防汛与抢险工作事关国民经济建设、社会安定及人民生命财产安全的大局，必须高度重视，认真做好防汛工作，决不能麻痹大意，掉以轻心，在任何情况下，都必须确保水库安全。例如，1975 年 8 月上旬，一场罕见的特大暴雨突降河南省中部地区，在河南省腹地从沙汝河到洪汝河流域近 2 万 km^2 的面积上，降雨量在 400mm 以上，洪水总量达到 170 亿 m^3，造成山洪暴发，江河横溢，水库垮坝，发生了震惊中外的“75・8”洪水大劫难。此次特大洪水，驻马店、许昌、周口、南阳等地区有 30 个县（市）受灾，受灾人口 1015 万人，受灾面积达 1780 万亩，京广铁路中断交通 16 天，46 天后才恢复双轨运行，直接经济损失近百亿元。河南省两座大型水库、两个滞洪区、两座中型水库和 58 座小型水库垮坝，冲毁涵洞 416 座，护岸 47km，河堤决口 2180 处，漫决总长 810km，洪水相互窜流，中、下游平原最大积水面积达 12000km^2，造成极为严重洪涝灾害。据不完全统计，河南省有 29 个县（市），1100 万人口，1700 多万亩耕地遭受严重水灾，其中遭受毁灭性和特重灾害的地区有耕地 1100 万亩，人口 550 万人。倒塌房屋 560 万间，死伤牲畜 44 万余头，冲走和水浸粮食近 20 亿斤，死亡 26000 人。京广铁路冲毁 102km，中断停车 18 天，影响运输 48 天。遂平、西平、汝南、平舆、新蔡、漯河、临泉等城关进水，平地水深达 2～4m，仓库被淹，工厂停产，建筑设施被毁，直接经济损失近 100 亿元。

5.1　概述

防汛是指汛期中为防御较大洪水而实施的各种工作，包括自汛前对水利工程和防汛设施加强检查、养护和维修，以提高防御能力，以及在汛期中采取的一切措施，如加固堤防、巡回监视、水库洪水预报调度、分洪滞洪、应急抢险等。因此无论汛期还是非汛期，凡是为提高洪水的防御能力而做的一切工作都属防汛范畴。

5.1.1　水库防汛抢险的特点

我国水库防汛与抢险的特点主要表现在以下几个方面：

（1）小型水库工程数量多。在大中小型水库达8.7万余座中，小型水库占总座数的96%。因而必须分工负责，落实各级行政首长负责制，加强对防汛工作的领导，确保工程安全。

（2）小型水库工程分布广。在江河的中小支流上，星罗棋布，几乎到处可见，遭遇超标准洪水的次数较多，每年总有一些小型水库，出现险情，甚至垮坝，加重了防汛与抢险的任务。

（3）小型水库多为土石坝。其挡水建筑物绝大多数采用当地土、砂、石等材料筑成。在高水位长期的作用下，容易产生渗漏，而且不耐冲刷。因此，土石坝的险情多，抢险任务重。

（4）小型水库多处于江河的上游。可控制流域面积小，河道坡降大，一旦遇到集中暴雨，库区洪水进库快，库水位迅速猛涨，防汛工作准备时间短；防洪标准低，库容小，坝内涵管短而小，泄水能力弱，调蓄能力差。这些不利因素，加重了小型水库的防汛与抢险任务。

（5）小型水库大多是群众自办。其规划、设计、施工和管理运行等方面，往往不像大中型水库那样正规，防洪标准和工程质量或多或少都存在一些这样那样的问题。这些问题在汛期就容易暴露出来，成为工程的薄弱环节，给防汛与抢险增加了很大的困难。

（6）多数小型水库分散在人烟稀少的山区，道路、通信和照明设备条件差，甚至存在“三不通”的情况，即不通车、不通信、不通电，给防汛与抢险带来很大困难。

（7）小型水库由于数量多、规模小，管理工作不到位。同时，技术管理薄弱，防汛与抢险工作条件差，增加了防汛工作的难度。

5.1.2　水库防汛抢险的重要性

1. 小型水库蓄水兴利的作用

新中国成立后，我国已建成大中小型水库8.7万余座，总库容5184亿m^3，有效灌溉面积约2.4亿亩，其中小型水库8.3万余座，总库容594亿m^3，星罗棋布的小型水库，对保证农田灌溉、夺取农业丰收，以及对城乡供水、发展小水电和水库养殖等方面都发挥了重要作用。

2. 小型水库失事几率大

在20世纪50年代后期和70年代初期修建的大量小型水库工程中，绝大多数是依靠群众自力更生兴建起来的。由于当时兴建水库的数量多，地区分散，技术力量不足，加上审批制度不健全，对工程质量缺少严格的标准，也没有完善的施工检查和验收制度，使工程存在不少问题。如对水库坝址的选择、坝基地质条件、集水面积、年来水量和库容大小，都没有认真地勘测分析计算，其工程规模、泄洪能力的确定等，都存在很大的盲目性。按1954—2000年的统计，全国垮坝失事达3000多座，其中绝大部分是小型水库，分析洪水漫顶失事的约占37%，工程质量问题失事的约占36%。由此可见，泄洪能力不足、防洪标准低、工程质量差，是造成水库失事的主要原因。

3. 小型水库失事的危害性

兴建水库能够截断江河，集中水流，改变河流的天然径流情况，使其按照国民经济的需要调蓄河流的水量，所以修建水库是充分利用水利资源的一个重要措施。但是，事物总是一分为二的，水库集中了洪水，蓄水多，水位高，居高临下，一旦垮坝失事，会有很高的水头和大量的洪水，在很短时间内倾泻下来，洪水所到之处，必将造成摧毁性的破坏，使国民经济建设和人民生命财产遭到严重损失。即便是小型水库的失事，也同样会带来难以预计的严重后果。因此，小型水库的防汛与抢险工作，事关国民经济建设、社会安定及人民生命财产安全的大局，必须高度重视，认真做好防汛工作，决不能麻痹大意，掉以轻心，在任何情况下，都必须确保水库安全。

5.1.3 水库防汛抢险的方针

防汛方针是根据不同时期国家经济状况、防洪工程建设程度以及防洪任务的要求而提出的。新中国成立后，水利建设迅速发展，兴建了大量水库工程，整修加固了江河堤防，防洪工程设施增多，控制江河洪水的能力有所提高。在这样的情况下，20 世纪 60 年代防汛强调了从最坏处打算，向最好方向努力，提出了“以防为主，防重于抢，有备无患”的防汛方针。这主要是强调一个“防”字，不论在汛前的准备工作，还是在汛期的防守工作，都强调立足于防，防重于抢。要克服麻痹侥幸思想，要特别重视平时的防汛准备和汛期的巡视检查，不怕一万，就怕万一。要防患于未然，把各种险情消灭在萌芽状态。对出现超标准洪水或严重险情时，也要本着有限保证，无限负责的精神，积极防守，力争把灾害减少到最低限度。当前，我国防汛体系已逐步趋于健全，江河水库、堤防、水闸等防洪工程的体系也逐渐完善，对于不同类型洪水制定不同的防御预案，加强了非工程防洪措施的建设，开展了蓄滞洪区的安全建设与管理，提高了暴雨洪水预报精度，加强了通信报警系统，树立了以行政首长负责制为核心的各项责任制度，防汛工作已进入了一个新的里程碑。同时，随着国民经济的发展，防汛任务更繁重。因此，当前防汛方针是“安全第一，常备不懈，以防为主，全力抢险”，这是总结过去几十年来的实践经验而提出来的。

5.1.4 水库防汛抢险的任务

防汛的主要任务是：采取积极有效的防御措施，把洪水灾害的影响和损失减少到最低限度，以保障经济建设的顺利发展和人民生命财产的安全。

为完成上述任务，防汛工作的主要内容是：有组织、有计划地协同有关部门开展防汛工作；大力宣传提高广大群众的防汛减灾意识；完善防洪工程措施和建立非工程防御体系；密切掌握洪水规律和汛情信息；制定防御不同类型洪水的预案，研究洪水调度和防汛抢险的最优方案；汛后总结当前防汛工作的经验教训，并提出下一年防汛工作的重点等。

此外，各地洪水灾害不同，防汛任务各异。主要洪水灾害有暴雨洪水，融雪、融冰产生的洪水，山区暴发的山洪、泥石流、滑坡，沿海地区热带气旋、台风引起的风暴潮等。各地可根据所处的地理环境、气候条件、防洪工程设施以及社会经济等情况，确定不同的防汛任务。

5.2 防汛组织机构和职责

5.2.1 防汛组织机构

除了国务院、省级、地（市）级成立防汛指挥机构外，有防汛任务的县（市）人民政府也应成立防汛指挥部，由县有关部门、当地驻军和人民武装部队负责人组成，由县负责人任指挥。其办事机构设在县级水行政主管部门，负责管辖范围内的日常防汛工作。有防汛任务的乡（镇）也应成立防汛组织，负责所辖范围内防洪工程的防汛工作。有关气象、水文部门负责提供气象、水文信息和预报。防汛工作按照统一领导，分级分部门负责的原则，建立健全各级、各部门的防汛机构，发挥有机的协作配合，形成完整的防汛组织体系。防汛机构要做到正规化、专业化，并在实际工作中，不断加强机构的自身建设，提高防汛人员的素质，引用先进设备和技术，充分发挥防汛机构的指挥战斗作用。

5.2.2 组织机构的职责

各级防汛指挥部在同级人民政府和上级防汛指挥部的领导下，是所辖地区防汛的权力机构，具有行使政府防汛指挥权和监督权。根据统一指挥，分级分部门负责的原则，各级防汛机构要明确职责，保持工作的连续性，做到及时反映本地区的防汛情况，果断地执行防汛抢险调度指令。对小型水库的防汛抢险，防汛机构的职责一般是：

（1）贯彻执行国家有关防汛工作的方针、政策、法规和法律。

（2）制定和组织实施各种防御洪水的方案，主要包括：已建水库汛期防洪调度运用计划和河道防汛方案；在建水库的度汛计划或防御洪水措施；防台风、防山洪、防泥石流等对策方案。

（3）掌握气象形势、雨情和水情，及时了解降雨地区暴雨强度、洪水流量、水库水位、短期水情和气象分析预报。

（4）组织检查防汛准备工作。其内容包括：检查树立常备不懈的防汛意识，克服麻痹思想；检查水库各项工程加固或维修完成情况，有无防御超标准洪水的应急方案；检查水文报汛和预报准备工作；检查防汛通信准备工作；检查防汛料物准备；检查防汛抢险队伍的组织落实情况；检查交通道路维修情况；检查电源和照明设备的准备情况。

（5）加强汛期对工程的检查，制定切实可行的检查制度。具体规定检查的时间、部位、内容和要求，并确定巡回检查路线和检查顺序、组织有经验的技术人员负责进行巡回检查。

（6）组织汛后检查，主要内容有：工程损坏情况；工程损坏修复的计划；汛期暴雨洪水特征；防汛物资使用情况；汛期中的防汛经验教训。

（7）检查防汛的预警系统。

（8）负责统计掌握洪涝灾害情况。

（9）开展防汛宣传教育和组织培训并推广先进的防汛抢险经验。

防汛是一项社会性的防洪抗灾工作，需要动员和调动各有关部门有关行业的力量，在政府和防汛指挥部的统一领导下，同心协力共同完成抗御洪水灾害的任务。各有关部门的防汛职责是：

（1）水行政主管部门负责所辖已建和在建的小型水库工程的维护管理，负责防洪调度方案的实施以及组织防汛抢险工作。

（2）气象、海洋部门负责暴雨、台风、潮位和异常天气的监测和预报，按时向防汛部门提供气象预报和有关公报。

（3）水文部门负责汛期各水文站网的测报报汛。当流域内降雨、水库水位、流量达到一定标准，应及时向防汛部门提供雨情、水情和有关预报。

5.3 防汛抢险组织与责任制

5.3.1 防汛抢险组织

为做好防汛抢险工作、取得防汛斗争的胜利，除充分发挥水库工程的调洪能力外，更主要的一条是在每年汛前组织一支“招之即来，来之能战，战之能胜”的防汛队伍。各地防汛队伍名称不同，基本上可分为专业队、抢险队、常备队和预备队等，其组成人员和职责是：

（1）专业队。专业队是防汛抢险的业务骨干力量，由水库管理单位或专职的管理人员组成，平时根据掌握的工程情况，分析工程的抗洪能力，做好抢险准备。进入汛期，要上岗到位，密切注视汛情、加强检查观测，及时分析险情。专业队要不断学习养护修理、水库调度和巡视检查知识以及防汛抢险技术，必要时进行实战演习。

（2）抢险队。抢险队参加保护水库工程设施脱离危险的突击性行动，关系到防汛的成败，这项行动既要迅速及时，又要组织严密，指挥统一。所有参加抢险队的人员必须服从命令听指挥。由群众防汛队伍中选拔有抢险经验的人员组成抢险队。平时要进行培训和实战演习，当发生险情时，能够熟练地进行抢险。

（3）常备队。常备队是防汛抢险的基本力量，是群众性防汛队伍，人数比较多，由水库周围的乡、镇、村居民中的民众或青壮年组成。常备防汛队伍组织要健全，汛前登记造册编成班、组，要做到思想、工具、料物、抢险技术四落实。汛期按规定分批组织出动。另外，在库区也要成立群众性的转移救护组织，如救护组、转移组、留守组等。

（4）预备队。预备队是防汛的后备力量，当防御较大洪水或紧急抢险时，为补充加强常备队的力量而组建的。人员条件和距离范围更远一些，要落实到户到人。

5.3.2 防汛责任制

防汛是一项责任重大而复杂的工作，关系国民经济的发展和城乡人民生命财产的安全。洪水到来时，工程一旦出现险情，防汛抢险是压倒一切工作的大事，需要动员和调动各部门各方面的力量投入战斗，必要时还要当机立断、做出牺牲局部、保存全局的重要决策，必须建立和健全各种防汛责任制，实现防汛工作正规化和规范化，做到所有工作各负其责，这是做好防汛工作的关键。

1. 行政首长负责制

行政首长负责制是各种防汛责任制的核心，是取得防汛抢险胜利的重要保证，也是历来防汛斗争中行之有效的措施。防汛抢险需要动员和调动各部门各方面的力量，党、政、军、民全力以赴，发挥各自的职能优势，同心协力共同完成。因此，防汛指挥机构需要政府主要负责人亲自主持，全面领导和指挥防汛抢险工作，实行防汛行政首长负责制，其主要内容是：

（1）贯彻制定有关防汛的方针政策，督促建立健全防汛常设机构，配备专职人员。宣传教育广大职工服从统一指挥、统一调度，树立全局观点，以大局为重，防止本位主义。克服麻痹思想，树立有备无患、常备不懈的观念，宣传动员群众积极参加防汛抢险工作。

（2）根据统一指挥、分级分部门负责的原则，密切配合，协调各有关部门的防汛责任建立防汛指挥系统。部署有关防洪措施和督促检查各项防汛准备。

（3）督促检查重大防御洪水措施方案、调度计划、度汛工程措施和各种非工程措施的落实。

（4）批准管辖权限内的水库调度方案，采取紧急抢险措施等重大决策。对重大的抢险应亲临第一线，坐镇指挥，调动所辖地区的人力、物力有效地投入抢险斗争。

2. 分级责任制

根据水库所处地区、工程等级和重要程度等，确定县、乡（镇）、村分级管理运用指挥调度的权限责任。在统一领导下，对水库实行分级管理、分级调度、分级负责。

3. 包库责任制

为确保水库工程和下游保护对象的汛期安全，县、乡（镇）负责人和县防汛指挥部领导成员实行包库责任制，责任到人。

4. 技术责任制

在防汛抢险工作中，为充分发挥技术人员的专长，实现科学抢险、优化调度以及提高防汛指挥的准确性和可能性，凡是确定工程抗洪能力和雨水情报、制定调度方案、采取的抢险措施等有关技术问题，均应由专业技术人员负责，建立技术责任制。关系重大的技术决策，要组织有经验的技术人员进行咨询，以防失误。县、乡（镇）的技术人员也要实行技术包库负责制，责任到人，对水库安全技术负责。

5. 值班责任制

为了随时掌握汛情，防汛指挥机构应建立防汛值班制度，以便及时加强上下联系，多方协调，充分发挥水利工程的作用。汛期值班主要责任是：

（1）及时掌握汛情。汛情一般包括水情、工情和灾情。水情：按时了解雨情、水情实况和水文、气象预报；工情：当雨情、水情达到某一数值时，要了解水库和河道等防洪工程的运用和防守情况；灾情：主动了解受灾地区的范围和人员伤亡情况以及抢救的措施。

（2）按时请示报告。对于重大汛情及灾情要及时向上级汇报；对需要采取的防洪措施要及时请示批准执行；对授权传达的指挥调度命令及意见，要及时准确传达。

（3）及时掌握本地区水库发生的险情及处理情况。

（4）对发生的重大汛情要整理好值班记录，以备查阅，并归档保存。

（5）熟悉所辖地区的防汛基本资料。对所发生的各种类型洪水要根据有关资料进行分析研究。

（6）严格执行交接班制度，认真履行交接班手续。

（7）做好保密工作，严守国家机密。

5.4 防汛抢险准备

防汛工作的成败，首先取决于“防”。每年汛期到来之前，要充分做好各项防汛准备。其内容主要包括思想准备，组织准备，工程准备，物料准备，雨情、水情测报准备，道路、通信和照明准备。

5.4.1 思想准备

1. 树立安全第一，常备不懈的思想，克服麻痹侥幸思想

防汛抢险工作是长期的任务，要年年抓。防汛的思想准备是各项准备工作的首位。思想准备工作是否充分，直接影响到各项防汛工作的落实。各级防汛部门要结合每年汛前部署防汛工作，利用多种形式向广大干部群众普遍地、反复地进行防汛安全教育，提高对小型水库安全重要性的认识。通过认真总结历年防汛抢险的经验教训，从而使广大干部和群众，切实克服麻痹侥幸思想，要充分认识到防汛工作必须坚持“安全第一，常备不懈，以防为主，全力抢险”的精神。坚定抗灾保安全的信心，树立起团结协作顾大局的思想。加强组织纪律性，做到严守纪律、听从指挥，同时也要加强法制宣传，增强人们的法制观念，以水法和防洪法为准绳，抵制一切有碍防汛工作的不良行为。

2. 树立吃大苦、耐大劳、连续作战的思想

防汛抢险工作是非常艰巨和紧迫的，越是恶劣的条件，越是防汛人员紧张工作的关头。因此，参加防汛抢险的人员必须做好吃大苦、耐大劳、连续作战的思想准备。“千里之堤，溃于蚁穴”。任何工程的破坏都是从小到大，从量变到质变。因此，抢险人员也必须谨慎从事，勤于用脑、用眼、用手、用脚，进行拉网式检查，不放过任何细微的险情征兆。

5.4.2 组织准备

防汛是组织动员社会上人力和物力向洪水作斗争的大事，必须有健全而严密的组织系统。每年汛前要做好各项组织准备工作，主要是：

（1）健全防汛常设机构，由各级政府有关部门和单位组建防汛指挥机构。小型水库的防汛一般由县、乡两级防汛指挥机构负责。

（2）各级负有防汛岗位职责的人员要做好汛期上岗到位的组织准备。同时小型水库管理单位或专人要做好进入汛期运行的组织准备。

（3）各级防汛部门要做好防汛队伍的组织准备，小型水库以农村民众为主体组成防汛抢险队伍，必要时可以组织附近机关、学校、厂矿等单位的人员作为后备力量。

（4）做好水情测报和汛情通信组织准备。

（5）根据部门的行业分工，并做好协作配合的组织准备，争取做到汛期互通信息，行

动一致，共同做好防汛工作。

（6）进行防汛抢险技术训练和实战演习，熟悉工程环境、工程情况、防汛材料、设备操作和通信联络，避免防汛抢险时慌乱失措，造成不应有的损失。在任何情况下都能做到“召之即来，来之能战，战之能胜”。

5.4.3 工程准备

汛前应全面对水库工程进行一次检查，摸清工程现状。如果发现问题，要及时处理，暂时不能处理的，也应研究安全度汛措施。要注意把溢洪道上的阻水障碍物清除干净。对溢洪道和输水洞的闸门和启闭设备，要进行试车。闸门、启闭设备、照明、通信、交通道路等，如果有问题，要及早检查维修。在冬春农田基本建设中，要对小型水库进行整修加高，提高标准，消除隐患，以利安全度汛。根据工程情况，制定水库防洪调度计划，并报上级批准后，在汛期执行。

5.4.4 物料准备

防汛使用的主要物料有砂料、石料、石子、木料、竹材、草袋、麻袋、编织袋、土工织物、土工膜、篷布、铅丝、绳索、照明器材等。根据水库工程防洪标准和质量、易出险的部位和下游保护对象等情况，检查所备防汛物料品种是否齐全，数量是否满足需要，堆放地点是否合理以及库房是否安全等。汛前要对机械设备、照明和救生设备等检查清理，必要时要进行检修和测试。为汛期运送抢险物料的交通道路要保持畅通。

5.4.5 雨情、水情测报准备

小型水库控制集水面积内，应至少设一个雨量筒和水库水位及出库流量观测点，规定暴雨、水位和测报要求以及测报的通信设施，做好暴雨和来水的测量工作。

5.4.6 道路、通信和照明准备

汛前要检查维修好道路、通信和照明设施。汛前交通道路、通信设备和照明设施，如有损坏，在汛前要检修好。

5.5 防汛检查

5.5.1 汛前工程检查

为确保水库汛期安全运用，必须在汛前组织检查各项工程设施，以便及时发现薄弱环节，采取除险措施。其检查内容主要有：

1. 水库防洪性能检查

（1）水库规划设计的水文资料有无补充和修正；计算数据有无变更；水利计算成果与设计暴雨、设计洪水、调洪方式等有无修正和变更；运行中防洪调度执行情况，工程效益

的实际效果。

（2）水库上游雨情、水情测报点是否齐备，精度是否符合要求。

（3）校对水库库容和库容曲线有无变化；位于多含沙量河流上的水库，应定期施测库区地形，修正库容曲线。当发生大洪水后，要检查泥沙对有效防洪库容的影响，泥沙的淤积部位，回水线有无向上游延伸，增加淹没和浸没农田面积。

（4）水库遭遇超标准洪水时，有无非常措施，其可行性如何；当允许非主体工程破坏时，有无防护主体工程的措施；有无减少对下游灾害损失的措施。

（5）水库库区有无浸没、塌方、滑坡以及库边冲刷等现象；坝址附近的地形、地貌有无变化；坝区和上坝公路附近汛期有无可能发生塌方、滑坡、山洪泥石流等破坏断路迹象。

2. 坝体检查

（1）坝顶。有无裂缝、异常变形、积水或植物滋生等现象；防浪墙有无开裂、挤碎、架空、错位、倾斜等情况。

（2）迎水坡。有无裂缝、崩塌、剥落、滑坡迹象、隆起、塌坑、架空、冲刷、堆积或植物滋生等现象，有无蚁穴、兽洞等；近坝坡有无漩涡等异常现象。

（3）背水坡及坝趾。有无裂缝、崩塌、滑动、隆起、塌坑、堆积、湿斑、冒水、渗水或管涌等现象，排水系统有无堵塞、破坏；草皮护坡是否完好；有无蚁穴、兽洞等；滤水坝趾、集水沟、导渗减压设施等有无异常或破坏现象。

3. 坝基和坝区检查

（1）坝基。基础排水设施是否正常；渗漏水的水量、颜色、气味及浑浊度、温度有无变化；坝下游有无沼泽化、渗水、管涌、流土等现象；上游铺盖有无裂缝、塌坑。

（2）坝端。坝体与岸坡接合处有无裂缝、渗水等现象；两岸坝端区有无裂缝、滑坡迹象、隆起、塌坑、绕渗或蚁穴、兽洞等隐患。

（3）坝趾近区。有无阴湿、渗水、管涌、流土等现象；排水设施是否完好。

（4）坝端岸坡。岸坡有无隆起、塌陷或其他损坏现象；有无地下水出露。

4. 输、泄水洞（管）检查

（1）引水段。有无堵塞、淤积，两岸坡有无崩塌。

（2）进水塔（或竖井）。有无裂缝、渗水、倾斜或其他损坏现象。

（3）洞（管）身。洞壁有无纵横向裂缝、空蚀、剥落、渗水等现象，放水时洞内声音是否正常。

（4）出口。放水期水流形态、输水量及浑浊度是否正常；停水期是否有渗流水。

（5）消能工。有无冲刷、磨损、淘刷或砂石、杂物堆积现象。下游河床及岸坡有无异常冲刷、淤积和波浪冲击破坏等情况。

5. 溢洪道检查

（1）进水段（引渠）。有无坍塌、崩岸、堵淤或其他阻水现象；流态是否正常。

（2）堰顶或闸室、闸墩、胸墙、溢流面。有无裂缝、渗水、剥落、错位、冲刷、磨损、空蚀等现象；伸缩缝、排水孔是否完好。

（3）消能工。检查项目与输、泄水洞（管）相同。

6. 闸门及启闭机检查

(1) 闸门。有无变形、裂纹、脱焊、锈蚀等损坏现象；门槽有无卡堵、气蚀等情况；启闭是否灵活；开度指示器是否清晰、准确；止水设施是否完好；部分启闭时有无振动情况；吊点结构是否牢固；钢丝绳、栏杆、螺杆等有无锈蚀、裂纹、断丝、弯曲等现象，风浪、冰盖、漂浮物等是否影响闸门正常工作和安全。

(2) 启闭机。运转是否灵活；制动、限位设备是否准确有效；电源、传动、润滑等系统是否正常；启闭是否灵活可靠。

7. 其他设备检查

(1) 观测设施是否完好。

(2) 通信和照明设施是否正常。

(3) 交通道路有无损坏和阻碍通行的地方。

5.5.2 汛期工程检查

1. 交接班制度和注意事项

在汛期或库水位较高时，必须实行昼夜值班，并实行严格的交接班制度，上下班要紧密衔接。接班人要提前上班，与交班人共同进行一次拉网式检查。交班人应交代本班了解的情况，特别是可能出现的问题，必须交代清楚，并要注意以下事项：

(1) 检查、休息、交接班时间，由带领检查的队（组）长统一掌握，检查进行中不得休息，规定时间内不得离开岗位。

(2) 检查是以人的直觉器官或辅以简单工具，对险情进行检查分析判断，夜间检查要持照明工具。

(3) 队（组）检查交界处必须越界，一般重叠检查段的长度不应少于 10～20m。

(4) 检查中发现可疑问题应派专人进一步详细检查，探明原因，采取处理措施，并及时向上级报告。

(5) 检查人员必须注意“五时”，做到“四勤”“三清”“三快”。

“五时”：黎明时（人员疲乏）、吃饭时（思想最松动）、换班时（检查容易间断）、黑夜时（看不清易忽视）、狂风暴雨交加时（出险不易判断）。这些时候最易疏忽忙乱，注意力不集中，易遗漏险情。特别是对已处理的险情和隐患，还要注意检查，必须提高警惕。

“四勤”：眼勤、手勤、耳勤、脚勤。

“三清”：险情查清、信号记清、报告说清。

“三快”：发现险情快、处理快、报告快。

做到了以上几点，才能及时做到发现险情，分析原因，小险迅速处理，防止发展扩大，重大险情，应立即报告，尽快处理，避免垮坝失事，造成严重灾害。

2. 报警制度和注意事项

(1) 警号规定包括：口哨警号，凡发现险情，吹哨报警；锣（鼓）警号，在水库固定地方备锣，凡发现漏洞、严重裂缝、管涌、流土、滑坡等较大险情时，即敲锣报警；鸣枪（或燃响炸药包）警号，在狂风暴雨交加时，土坝出现重大险情，有可能垮坝时，可以对空鸣枪报警。有条件地方，也可用手机、电台、警报器报警。

（2）出险标志包括：出险、抢险地点白天挂（插）红旗，夜间高挂红灯（应能防风雨）。

（3）注意事项包括：吹口哨报警，由检查人员掌握，敲锣（鼓）报警，由待查队（组）长掌握。发警号的同时，应大力组织抢护，并立即上报。上级部门接到报警信号后，应即组织人力、料物赶赴现场，大力抢险，但检查工作不得停止和中断。有垮坝危险时的警号、标志，应事先向沿河群众广泛宣传，做到家喻户晓。

3. 检查记录和报告

在检查过程中，有异常情况时，除应详细记录时间、部位、险情和绘出草图外，必要时还应测图或摄影。现场记录必须及时整理，如果有异常现象，应立即进行复查，以保证记录的准确性。在检查中发现异常现象时，应及时采取应急措施，并上报主管部门。各种检查记录、报告均应整理归档，以备查考。

5.5.3 防汛检查方法和要求

为做好工程检查工作，其检查方法和要求如下。

1. 检查方法

（1）常规方法。用眼看、耳听、手摸、鼻嗅、口尝、脚踩等直觉方法，或辅以锤、钎钢卷尺、放大镜等简单工具对工程表面和异常现象进行检查。

（2）特殊方法。采用开挖表层或拆除块石护坡、挖坑、探槽、探井、投放化学试剂如高锰酸钾或颜料、潜水员探摸等方法，对工程内部、水下部位或坝基进行检查。

2. 检查要求

汛期水库险情的发生和发展，都是从无到有、由小到大的变化过程，只要发现及时，抢护措施得当，即可将其消灭在早期，及时地化险为夷。检查是防汛抢险中一项极为重要的工作，切不可掉以轻心，疏忽大意。具体要求如下：

（1）检查人员必须挑选熟悉工程情况、责任心强、有防汛抢险经验的人担任。

（2）检查人员力求固定，全汛期不变。

（3）检查工作要做到统一领导，分项负责。要具体确定检查内容、路线及检查时间（或次数），要把任务落实到人。

（4）当发生暴雨、台风、地震、库水位骤升骤降及持续高水位或发现水库有异常现象时，应增加检查次数，必要时应对可能出现重大险情的部位实行昼夜连续监视。

（5）检查时应带好必要的辅助工具和记录簿、笔。检查路线上的道路应符合安全要求。

3. 检查前准备工作

（1）安排好水库调度，为检查输、泄水建筑物或进行水下检查创造条件。

（2）做好电力安排，为检查工作提供必要的动力和照明。

（3）排干检查部位的积水，清除检查部位的堆积物。

（4）安排好临时的交通设施，便于检查人员通行。

（5）采取安全防范措施，确保检查人员和工程安全。

（6）准备好工具、设备、必要的车、船以及量测、记录、绘草图、照相等器具。

5.6 防汛抢险应急预案

我国政府历来重视水库的安全工作，自1999年以来中央财政投入了200多亿元对1500座病险水库实施除险加固，但在短期内通过工程措施加固所有病险水库十分困难，有必要研究通过非工程措施以降低和控制水库风险。水库防汛应急预案是控制水库风险最重要、最有效的非工程措施，可以提高水库防汛突发事件防范能力，规范突发事件灾难的应急管理和应急响应程序，及时有效地实施应急转移与救援工作，最大限度地减少人员伤亡和财产损失，维护人民生命安全和社会稳定。

一般来讲，引起水库紧急情况的原因不外乎工程事件和自然事件。工程事件如工程质量缺陷、未按照标准建设等原因造成的病险水库。对病险水库进行除险加固是消除该类事故的主要手段。随着工程技术水平的提高，由工程事件造成的大坝溃决等事故已明显减少。引起溃坝的自然事件如因暴雨、泥石流、山洪暴发等，目前来讲还属于不可控因素，人们只能采取适当的措施减小事故后果的严重性。水库防洪应急预案就是当由此类自然事件或人为事故发生时保护大坝下游、减少洪灾损失的基本手段。

1991年3月22日，国务院第78号令颁布的《水库大坝安全管理条例》，2005年，国家防汛抗旱办公室编制发行了《洪水风险图编制导则》（试行），2006年1月8日，国务院发布了《国家突发公共事件总体应急预案》，其后各级政府纷纷出台各类应急预案，水利部也于2006年4月11日发布了《关于加强水库安全管理工作的通知》，要求所有水库尽快制定突发事件应急预案，提高应对水库大坝突发事件的能力。国家防汛抗旱办公室还在2006年出台完成了《水库防洪应急预案编制导则》的编制。目前，大多数大型水库和重要中型水库均按照《洪水风险图编制导则》（试行）及《水库防洪应急预案编制导则》要求编制各自水库的防洪应急预案。由于《水库防洪应急预案编制导则》主目录仅有“总则、工程概况、应急组织保障、主要措施”四项，按照该导则编制出的水库防洪应急预案目次不全、内容不连贯、要点不明显、结构也比较散乱。国家防汛抗旱总指挥部对编制导则进行了修订，于2006年3月正式下发《水库防汛抢险应急预案编制大纲》（简称《编制大纲》）。《编制大纲》主目录依次是“总则、工程概况、突发事件危害性分析、险情监测与报告、险情抢护、应急保障、预案启动与结束、附件”八项，每项又有详细的分条目及要求，目次齐全，结构合理且要求明确，编制起来可循序渐进、条理清晰，目前已成为我国编制水库防洪应急预案的指南。

根据《编制大纲》规定，对大型水库和重要的中型水库都要编制、测试、发布并维护防洪应急预案。水库防洪应急预案是一个经当地政府批准的正式书面计划，它确定了一旦水库出现紧急情况，水库管理人员应遵循的程序和方法。通过水库防洪应急预案，应该明确在危急时刻及时调动联络水库主管部门、水库管理人员、当地政府、防汛机构、消防部门、军队、警察等机构或人员的各自责任和行动计划。一般讲，水库防洪应急预案应包括以下几个方面的基本内容：①评估事故的可能特征及其对水库下游造成的后果；②减少溃坝所造成洪水损失的措施，如预警系统、下游居民疏散和救助计划、提供预警信息以便公众和地方政府做好防汛救灾和撤退准备；③在发生意外事故和危急情况下，对上下游有关水利、建筑工程及影响范围内的居民采取适宜的保护措施；④救援物资的准备等。

根据国家防汛抗旱总指挥部办公室编制的《防汛抢险应急预案编制大纲》，防汛抢险应急预案编制的内容见附录 A。

5.7　三维预警监视平台结构

根据防汛的实际应用需求，三维预警监视平台（three dimension early warning monitoring platform，3D－EWMP）应该具有实时性、可扩展性、较好三维效果、界面友好与用户交互等特点，遵循“总体设计、模块化划分、组件式开发和集成应用”的思路进行设计与应用开发。

5.7.1　3D－EWMP 体系基本内容

5.7.1.1　3D－EWMP 体系结构

面向防汛的 3D－EWMP 体系结构由数据层、服务层、应用层和客户层四层构成，如图 5.1 所示。数据层主要包括防汛基础数据、防汛空间信息、气象数据、组件基础数据及

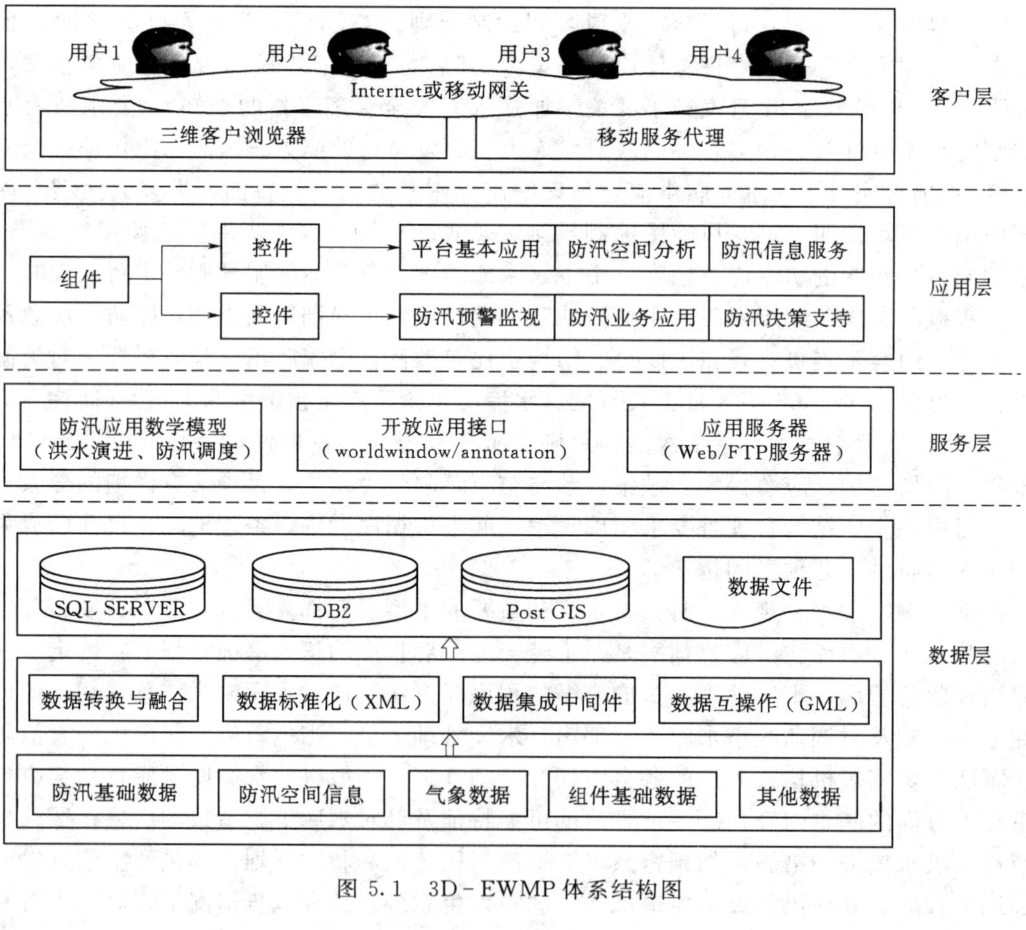

图 5.1　3D－EWMP 体系结构图

其他数据，防汛基础数据通过数据集成中间件集成后存储在防汛标准数据库中，防汛空间信息经数据标准化和互操作处理，以网络地图服务（Web Map Server，WMS）形式进行管理、存储与展现，组件基础数据主要包括高程数据和影像数据，通常以数据文件形式存在，用于三维可视化环境的构建。服务层介于数据层与应用层之间，通过开放应用接口从数据层中读取防汛应用数学模型所需数据进行分析，以Web服务的形式读取组件基础数据构建平台三维可视化环境，并在应用服务器中进行平台的部署以及防汛应用服务的发布。应用层采用模块化思想，将防汛应用分为平台基本应用、防汛信息服务、防汛预警监视、防汛业务应用、防汛空间分析和防汛决策支持共六大功能模块，每个功能模块包括若干个防汛应用模型，应用层分别从数据层和服务层获取数据与应用数学模型，开发相应的防汛应用。客户层作为3D-EWMP的最上层，为用户提供了人机交互便利，考虑防汛实际需求，采用三维客户浏览器和移动服务代理两种模式为用户提供三维操作与浏览以及可移动的服务环境。

5.7.1.2　3D-EWMP功能模块

3D-EWMP应用层按照模块化进行设计，共划分为六大功能模块，每个功能模块包括若干个防汛应用模型，将应用模型视为控件进行开发，经封装后形成组件，提供应用服务。3D-EWMP应用层功能模块如图5.2所示。防汛基本应用模块包括个性化的分级用户管理机制，管理员拥有最高权限，并对其他用户进行授权，不同应用需求、不同管理部门与流域机构的单位或个人可以对权限内的应用进行操作与管理，通过本地保存功能将用户操作过程输出并存储到本地，供防汛决策支持，日志服务为平台的正常运行与维护提供保障，基本设置满足用户通过可视化界面直接对数据库、FTP服务器和网络连接参数等进行配置。防汛空间分析模块包括几何属性测量、三维虚拟视察、二维剖面图与三维剖面体服务，为防汛提供辅助分析与决策支持服务。防汛信息服务模块包括防汛基础信息服务与防汛空间信息服务，在3D-EWMP三维可视化环境中实现防汛信息集成应用。

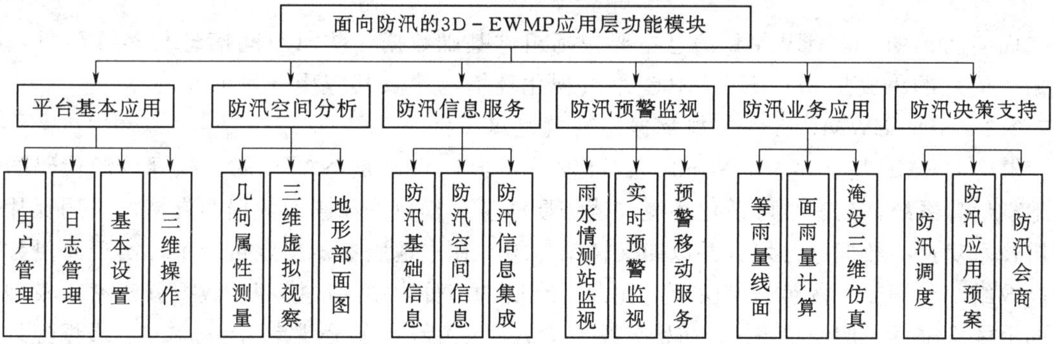

图5.2　3D-EWMP应用层功能模块

防汛预警监视模块分为雨水情测站监视、实时预警监视与预警信息移动服务等内容。防汛业务应用模块指与雨水情相关的防汛应用，主要包括基于3D-EWMP的雨量线、等雨量面绘制，指定区域或流域的面雨量计算，洪水淹没分析与三维可视化仿真等内容。防汛决策支持模块是根据防汛预警监视反馈和防汛业务应用分析结果开展防汛调度、防汛应急预案制定以及防汛会商等服务。

在 3D-EWMP 应用层各模块中，平台基本应用和防汛空间分析是基础模块，防汛信息服务、防汛预警监视与防汛业务应用是核心模块，防汛决策支持为高级模块，需要基础模块与核心模块的支撑。

5.7.1.3　3D-EWMP 基础组件架构

3D-EWMP 的组件式开发能够实现低耦合与高内聚的需求，结合防汛应用要求，3D-EWMP 所采用的组件具有对防汛信息集成、组件与应用相互独立和标准化应用接口等特点。采用三维地理信息系统 World Wind 组件作为基础组件，组件主要由模型、视图、事件监听机制、图层及组件框架等部分组成，基础组件架构如图 5.3 所示。组件开发所需要的数据通过本地化数据、Internet 或缓存数据三种方式提供，鉴于安全性考虑，在防汛应用开发中采用本地化数据。球体模型、应用图层和纹理构成组件的应用模型，不同图层通过图层控制器进行管理，通过视图对用户视角进行控制，事件监听器对界面所有的事件进行监听并响应事件，应用模型、属性文件和视图共同形成防汛应用组件，采用框架技术对组件封装面向特定应用，并最终在 3D-EWMP 进行集成。

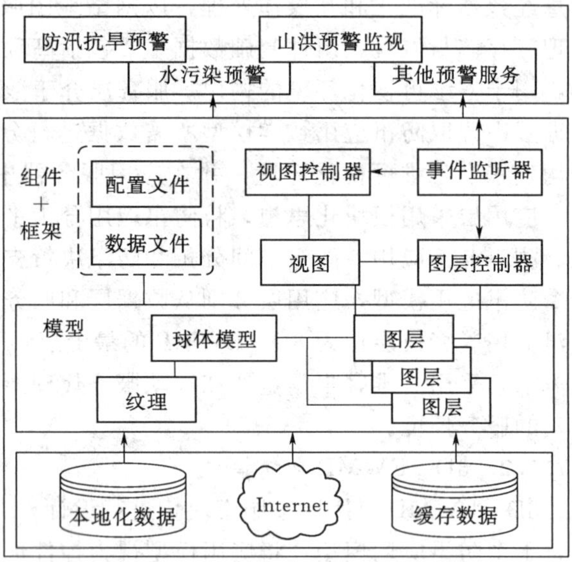

图 5.3　3D-EWMP 基础组件架构

5.7.2　基于三维预警监视平台的信息集成应用

面向防汛的 3D-EWMP 信息主要包括组件基础数据，防汛空间信息与多源防汛基础数据，信息的集成是 3D-EWMP 三维可视化环境构建及其应用开发的基础。

5.7.2.1　3D-EWMP 组件基础数据的高效组织

3D-EWMP 基于 World Wind 组件开发，World Wind 是 NASA 的一款开放源代码的三维地理信息系统，其三维可视化环境构建需要海量高程数据和影像数据的支持，采用瓦片金字塔技术对这些数据进行划分并以四叉树结构缓存在本地服务器指定目录中，实现海量数据的高效组织与调度。按照倍率法形成瓦片金字塔的多分辨率层次模型，数据分辨率由模型底层向上依次降低，假定倍率 r，初始分辨率为 r_0，则第 i 层的分辨率 $r_i = r_0 \times n^i$。数据经划分后按照瓦片数据存储规则缓存在本地服务器中，缓存目录为 World Wind Data＋根目录＋数据名称＋瓦片金字塔等级＋所在层＋行＋行 _ 列 . 数据格式，其中瓦片数据的行号和列号可以根据每个瓦片数据左下角的经纬度值确定。当应用程序发出数据请求时，根据上述存储规则对瓦片数据进行调度，应用程序先获取所需要瓦片数据的行号和列号，若缓存中包括满足条件的瓦片，则直接调用，减轻因海量数据传输导致的网络拥塞并提供数据的响应速度；若没有，则从应用服务器上下载相应分辨率的数据，并在组件三维球体模型的指定位置进行叠加与渲染，构建 3D－EWMP 的三维可视化环境。

5.7.2.2 基于 OGCWMS 的防汛空间信息集成

遵循 OGC 规范，将防汛空间信息以 WMS 在 3D－EWMP 上进行有机融合与三维可视化。WMS 是 OGC 实现规范之一，地图在 WMS 规范中被定义为地理数据可视化表现，它定义了 GetCapabilities、GetMap 及 GetFeatureInfo 三个基础性操作协议，这三个协议利用 WMS 构建和叠加显示异构服务器上的地图服务。其中，GetCapabilities 操作对请求参数和服务信息内容进行描述，并返回以 XML 形式文件表示的服务元数据，GetMap 操作根据客户端发出的请求参数在服务器端进行检索并返回指定格式的地图图像，通过 GetFeatureInfo 操作可以获取某些特殊要素的地图信息。服务层的 GeoServer 应用服务器通过接受统一规范的 WMS 请求并返回防汛空间信息的地图数据，采用 OpenLayers 封装 WMS 请求，3D－EWMP 客户端程序发送 GetCapabilities 操作请求获取地图元数据描述，通过解析返回的 xml 文档获取需要的防汛空间地理信息地图，后发出 GetMap 请求，确认地图的经纬度范围、样式、间参照系统、输出的格式和大小以及背景色等信息，服务器在获取 GetMap 请求后，根据 HTTP 语句中的相关参数，将地图返回到 3D－EWMP 三维客户浏览器上进行图形化显示。

5.7.2.3 多源防汛基础数据集成应用

防汛涉及大量的基础数据，主要包括区域自然、经济与社会数据、基础地理数据、雨水情数据、气象数据、水文数据和防汛历史数据等，在 3D－EWMP 功能模块开发前，需要对多源防汛基础数据进行集成。区域地理数据通常以纸质或 CAD 地形图为主，对这些数据进行数字化处理或转换成 GIS 数据存储到 PostGIS 等 GIS 数据库中。雨水情数据经遥测雨量站、遥测水位雨量站和遥测水位站等自动遥测站采集后，通过水利专网数据通信链路进入数据库，卫星云图、雷达回波及天气预报等气象数据本着“信息共享”原则，利用水利专网从相关部门实时获取与存储。防汛基础数据的多源性使得不同类别以及来源的数据通常存储在不同的数据库当中，主要包括自然数据库、水文基础数据库、地理信息数据库、防洪工程基础数据库等基础数据库和实时雨水情数据库、气象数据库、防汛物资数据库、实时工情险情数据库、防汛预案数据库等专业数据库。采用数据融合和数据集成中间件对这些数据库进行整合，并存储到防汛标准数据库中，为 3D－EWMP 应用开发提供基础数据源。

5.8 多旋翼无人机技术

5.8.1 多旋翼无人机的特点及优势

多旋翼无人机采用技术先进的飞控平台及前、后台视频监控传输系统，配合飞行及地勤保障系统，对地面实施长时间空中监控，从而实现用较低的综合成本对传统手段无法涉足的区域进行实时监控和辅助救援。

（1）操控原理简单。多旋翼无人机的飞行起降不要求专用起降场地，且升空准备时间短、操控容易、控制器参数调节简单。操控器上的遥杆对应无人机的前后、左右、上下和偏航方向的运动，自动驾驶仪方面能做到点哪飞哪、就地盘旋、视频切换、实时调高、飞行召唤。相对多旋翼无人机，固定翼无人机飞行场地要求开阔，而无人直升机飞行过程中会产生通道间耦合，自驾仪控制器设计困难，控制器调节也很困难。

(2) 可靠性高。若仅考虑机械的可靠性，多旋翼无人机没有活动部件，可靠性基本取决于无刷电机的可靠性，因此可靠性较高。而且多旋翼无人机能够悬停，飞行范围受控，相对固定翼无人机和无人直升机更安全。此外多旋翼无人机由于动力分散到多个机翼、有些还有动力冗余，有些甚至可以安装降落伞，安全系数较高。固定翼无人机和无人直升机有活动的机械连接部件，飞行过程中会产生磨损，导致可靠性下降。

(3) 拍摄视野全面。多旋翼无人机通过宽带、数据链技术可以实现超视距控制，具有很全面的视野，既可以实现在高空对目标进行全局性拍摄，也可以调整距离和角度，按需抓拍对现场决策有重要帮助的关键因素，还可以通过远程控制无人机和摄像头实时采集图像，尤其是在低空飞行时，无人机跟踪拍摄能力极强，机载摄像头获取的图像分辨率极高(可以达到0.1m)。若配备热视或红外等夜视功能，其收录的视频将更加全面。多旋翼无人机相对于人工测量、人工拍摄采集等传统技术手段，其高精度的特点更符合现今防汛抢险的技术要求。

(4) 应用领域广泛。多旋翼无人机结构简单、造价低、操控能力好，其垂直起降、可悬停的特点使得飞机可以突破飞行跑道的限制，能适应各种复杂的起降环境，还可以从事各种空中作业项目。这些优势使得多旋翼无人机不仅可以用于一些军事领域，还可以广泛应用于民用领域。而固定翼无人机和无人直升机机结构复杂、造价较高，目前仅用在军事领域。

5.8.2 多旋翼无人机在抢险中的技术应用

随着我国水利现代化建设的不断发展和进步，如何加快水利信息化建设，有力支撑水利规划、建设、监测和管理各项工作，特别是应对频繁发生的洪涝干旱、冬雨冬雪等灾害，已成为摆在人们面前的重要问题。多旋翼无人机的引入为防汛抢险工作提供了一种更快捷、高效的技术选择，结合防汛抢险工作的实战需求，多旋翼无人机的运用可以解决以下几方面的问题。

5.8.2.1 高空侦察和监控

当自然灾害发生时，在地形和环境极为复杂的防汛抢险救援现场，多旋翼无人机可以及时做到机动、灵活地开展侦察工作。特别是一些急难险重的灾害现场，无人机机载摄像头（空中电子眼）能够多角度、大范围地进行现场观察，迅速将现场的视频、音频信息及监测到的相关数据配合卫星通信系统传输到防汛指挥中心，跟踪事件的发展态势，供防汛指挥中心进行判断和决策，具有不可替代的作用，是一般监控设备无法比拟的。多旋翼无人机高清摄像机还带红外补偿功能，能在夜晚进行工作。

5.8.2.2 高空喊话

在防汛抢险工作中，常常因为信息中断、交通受阻、洪水围困导致受灾人员聚集。多旋翼无人机的集成语音、扩音模块传达指令可以进行空中喊话，将救援方法、步骤通过高音喇叭在目标区域上空播放，对于快速稳定局势、安抚被困人员情绪有积极作用，较地面喊话或者指令更有效，尤其适用于高空、高层等项目中的救援。以多旋翼无人机为载体，有效传达关键指令，具有覆盖范围广、可灵活移动等特性。

5.8.2.3 空中抛投救生物资

在道路阻塞或现场情况危险的条件下，因救生抛投器的精准度和环境所带来的局限性往往导致错过最佳救援时间。通过多旋翼无人机携带少量应急物品前往现场，如救生衣、手台、救援绳、药品、水、食物、工具等救援装备，操作人员根据多旋翼无人机实时传输回来的图像确定投放位置后，通过手持遥控器将无人机上的投物器控制打开，将应急物质及救援装备快速运输到被困者手里，可提高被困人员的生存概率，延缓救援时间。

5.8.2.4 三维倾斜摄影

多旋翼无人机利用其滞空优势，挂载倾斜摄像机对事件现场进行图像采集，并通过无线方式回传或存储于 TF 卡中，最终交付于地面三维处理软件，绘制出三维地图模型，指挥中心可通过三维地图更加直观、清晰地进行现场指挥调度。

多旋翼无人机的应用远远不止这些，如数字城市、城市规划、国土资源调查、土地调查执法、矿产资源开发、森林防火监测、环境监测、边防监控、军事侦察和警情消防监控等行业，以及其他可以用到多旋翼无人机作业的行业。

5.8.3 防汛抢险对多旋翼无人机的技术需求

多旋翼无人机技术的引入为防汛抢险工作提供了一种更快捷、高效的技术选择，实现了紧急突发事件的受灾区域跟踪、搜索、侦察和支持，使相关政府部门对应急突发事件情况了解更全面、反应更迅速、人员协调更充分、决策更有据。针对防汛抢险灾害现场实际情况，多旋翼无人机在防汛抢险的运用中还应达到一定的技术要求。

5.8.3.1 载重范围

多旋翼无人机的载重限制了机上所搭载的救援设备重量和数量。在载重性能方面，多旋翼无人机相比固定翼无人机和无人直升机是最差的，因此，用于防汛抢险中的多旋翼无人机的载重重量、载物数量均需进一步提升。据了解，目前多旋翼无人机最大起飞重量通常在 10～20kg，现场只能运送小于 20kg 的救生物资。

5.8.3.2 续航能力

多旋翼无人机在深入抢险救灾现场时，由于电池续航问题，并不能很好地发挥其作用。据了解，目前国内专业级多旋翼无人机正常续航能力在 60min 左右，而载物时续航能力大大降低。通常配置较高的多旋翼无人机根据机上搭载设备的不同，续航时间一般可持续 40min 左右。因此，在深入抢险救灾现场时，为了更好地发挥其作用，还需要增配多块大容量锂聚合物电池。

5.8.3.3 图传效果

多旋翼无人机图像传输系统就是将天空中处于飞行状态的无人机所拍摄的画面实时稳定地发射给地面无线图传遥控接收设备，其图像传输的实时性、稳定性是关键。因而，要求多旋翼无人机必须有一定的抗干扰能力，从而达到在使用过程中图像质量高、实时画面监控延迟低的要求，而且还需具备远距离传输功能。实际抢险现场通过无线传输易出现干扰，而且传输距离有限（传输和控制距离为 5km 左右），如何在低功耗前提下实现超远距离图传是需进一步解决的问题。

5.8.3.4 恶劣环境下作业能力

险情发生的诱因以自然因素为主，自然因素中以降雨为主，这对无人机的抗风和防雨性能提出了较高要求，需考虑风速、防水、防雾等多种复杂环境因素。普通多旋翼无人机可以在6级风以下飞行，并可以在5000m高海拔下正常飞行，但大部分多旋翼无人机只具备一定的雨中作业能力，降雨量较大时均无法飞行。其次是夜视能力，由于灾害发生的时间、环境不可预知，因此应当配备具有红外夜视功能的摄像头，并配备辅助光源。

5.8.3.5 操作的严谨性

若配备多旋翼无人机，必然需要对操作人员进行素质培训，因此必须形成一套训练考核机制，形成无人机日常管理使用制度和售后维护保养机制，飞行员必须定岗定位，确保无人机保持良好的使用常态，使无人机的使用更符合民航管理规范。

5.8.4 多旋翼无人机在防汛抢险中的应用前景

多旋翼无人机航拍监控设备是现代防汛抢险技术应用的一种有效设备，拥有机动快速、使用成本低、维护操作简单、节能环保、没有人员安全风险等技术特点。多旋翼无人机系统作为卫星遥感和有人机的补充手段，能利用所载装备及时传递现场影像等信息，并能够实时监测险情发展，为工程管护和防汛抢险提供准确的信息和决策依据，具有广阔的发展空间和应用前景。

第6章　水工建筑物运行管理与维护

6.1　概述

与其他类型的建筑物相比，大中型水工建筑物承受巨大的荷载，受力和运行条件复杂；水下和基础部位的许多工程是隐蔽的，损坏不易被察觉；水利枢纽自身具有鲜明的特点，有特殊的功能要求；大坝基础处理设计和施工质量是决定大坝安全的重要因素；建筑材料老化，易使强度和抗渗抗侵蚀性能降低，防渗作用降低甚至失效，边坡破坏以及颗粒破裂。

因此为了加强水利枢纽运行管理，充分发挥其效益，应重视水工建筑物运行维护工作，建立必要的管理制度，定期进行检查和观测。在汛前和汛后、地震后或大洪水之后，还应进行特殊检查，掌握水工建筑物的变化规律和工作状态。特别要注意水下工程和隐蔽工程的状况，要防微杜渐，发现缺陷或异常及时采取措施处理。一般在运行多年，缺陷较多或有重大异常现象时，应组织技术鉴定，提出处理方案，重大工程应作专门设计。

因此，针对土石坝、混凝土坝、浆砌石坝、水闸、溢洪道等不同类型的建筑物，应分类论述其可能存在的问题，提出相应的处理措施，为水工建筑物的运行管理与维护提供参考。

6.2　土石坝运行管理与维护

土石坝管理的主要目的是防止产生洪水漫顶、管涌和滑动等可能导致坝体破坏的现象。土石坝历史悠久，数量众多，发生过各种各样的事故，也进行了一些养护管理的尝试，但直到近几年，才对土石坝的运行管理进行了深入的研究。

由于坝址处的地形、地质条件以及坝的规模、坝型和施工方法的不同，大坝的工作状态也不相同。因而对分布于各地的坝，除了按上述统一规定标准进行管理外，必要时还应增补一些新的管理项目。

土石坝的运行管理与维护内容主要包括土石坝的日常检查和维护、裂缝的处理、滑坡的处理、渗漏的处理、护坡破坏的修理及白蚁的防治等。

6.2.1　土石坝的日常检查和养护

土石坝的日常检查和养护是土石坝必须经常进行的一项重要工作。通过检查发现问题，及时养护，可以防止或减轻外界不利因素对土石坝的损害，及时消除土石坝表面的缺陷，保持或提高土石坝表面的抗损能力。

根据各地水库的管理经验，土石坝最容易产生五个方面的问题，即：坝体裂缝，坝坡滑动，坝身、坝基或绕坝渗流，坝体沉陷和风浪、雨水或气温对坝面造成的破坏。因此，土石坝的日常检查和养护工作也应对这几个方面加以注意，以保证土石坝的安全。

1. 土石坝日常检查工作

在土石坝日常检查工作中，根据上述情况主要应注意以下几个问题：

（1）检查有无裂缝。对于坝体两端、坝体填土质量较差坝段、岸坡处理不好或坝体与其他建筑物连接处，要特别注意检查。发现裂缝以后，应做好记录。对严重的裂缝应观测其位置、大小、缝宽、错距方向及其发展情况。对观测所得资料应及时整理，并分析裂缝产生的原因。对平行坝轴线的较大裂缝，应注意观测是否有滑坡迹象；对垂直于坝轴线的较深裂缝，应注意观测是否已形成贯通上下游的漏水通道。

（2）检查有无滑坡、塌陷、表面冲蚀、兽洞、白蚁穴道等现象。

（3）检查背水坡、坝趾、涵管附近坝体和坝体与两岸接头部分有无散浸、漏水、管涌或流土等现象，应结合土石坝的渗水观测，注意浸润线、渗水流量和渗水透明度的变化。当出现异常情况，特别是出现浑水时，应尽快查明原因，以便及时养护、修理。

（4）检查坝面护坡有无块石翻起、松动、塌陷或垫层流失等损坏现象；检查坝面排水沟是否畅通，有无堵塞、淤积或积水现象；检查坝顶路面及防浪墙是否完好等。

（5）在汛期高水位、溢洪、暴雨、结冰及解冻时，最易发生问题，应加强检查。

2. 土石坝的日常养护工作

土石坝的日常养护工作主要有以下内容：

（1）正确地控制库水位，使各期水位高程和水位降落速度符合设计要求。

（2）经常保持土石坝表面（如坝顶、坝坡及马道）的完整。对表面的坍塌、细微裂缝、雨水冲沟、隆起滑动、兽穴隐患或护坡破坏等，都必须及时加以养护修理。

（3）严禁在坝身上堆放重物、建筑房屋，以免引起不均匀沉陷或滑坡。禁止利用护坡作装卸码头，靠近护坡的库面不得停泊船只、木筏等。更不允许船只沿坝坡附近高速行驶，以保持护坡完整。

（4）在对土石坝安全有影响的范围内，不准取土、爆破或炸鱼，以免造成土石坝裂缝、滑坡或渗漏。

（5）经常保持土石坝表面排水设施及坝端山坡排水设施的完整，要经常清除排水沟中的障碍物和淤积物，保持排水畅通无阻。

（6）对护坡加强养护工作。当干砌块石护坡的个别块石因尺寸过小或嵌砌不紧，在风浪作用下有松动现象时，应及时更换砌紧；当发现嵌砌的小块石被冲掉，影响块石稳定性时，应立即填补砌紧；当个别块石翻动后垫层被冲，甚至淘刷坝体时，应先恢复坝体和垫层，再将块石砌紧；个别块石风化或冻毁，应更换质量较好的块石，并嵌砌紧密。如果冰凌可能破坏护坡时，应根据具体情况，采用各种防冰和破冰方法，减少冰冻挤压力。有条件的，也可调节库内水位破碎坝前冰盖。下游草皮护坡如有残缺时，宜于春季补植草皮保护。

（7）在土栖白蚁分布区域内的土石坝，或有动物在坝体内营造作穴的土石坝，应有固定的专门防治人员，经常检查坝区范围内是否有白蚁活动迹象或其他动物的危害现象。

（8）导流工程上不能随意移动石、砂材料，不能进行打桩、钻孔等损坏工程结构的活动；当库内水位较高或汛期期间，不得随意在坝后打减压井、挖减压沟或翻修导渗工程。

如有特殊需要，需经慎重研究做出设计，并经上级批准后方可动工；若坝下游有河水倒灌或水库溢洪使坝趾受到淹没时，应防止导渗工程被堵塞或被水流冲坏。一般可考虑修筑隔水堤或将导渗体石块表面局部用水泥砂浆勾缝等保护措施。

(9) 注意各种观测仪器和埋设设备的养护，以保证监测工作正常进行。对于监测资料，应及时进行整理、分析，以便指导养护工作。

通过认真、严格的日常养护工作，可以大大减轻土石坝易产生病害现象的严重程度，并可防止不幸事故的突然发生。对于土石坝的一些重大病害现象，则要求进行专门的维修处理，才能恢复土石坝的正常工作能力。

6.2.2 土石坝的裂缝处理

土石坝坝体裂缝是一种较为常见的病害现象，细小的横向裂缝有可能发展成为坝体的集中渗漏通道；而有的纵向裂缝也可能是坝体滑坡的预兆，也有坝体内部产生裂缝的。因此，对土石坝的裂缝现象，应给予足够的重视。

6.2.2.1 横向裂缝

横向裂缝的走向与堤坝轴线垂直或斜交，常出现在堤坝顶部并伸入堤坝内一定深度，严重的可发展到堤坝坡，甚至贯通上下游造成集中渗漏直接危及堤坝的安全。产生横向裂缝的原因，主要是相邻堤坝段坝基产生较大的不均匀沉陷，出现横向裂缝的常见部位如下。

(1) 土石坝与岸坡接头坝段及河床与台地的交接处。在土石坝与岸坡的接头处，如岸坡过陡（岩石岸坡陡于1∶0.75，土质岸坡陡于1∶1.5），或岸坡上有局部峭壁或者有突出的变坡点，就容易产生横向裂缝。在河床与台地的交接处，由于坝体高度变化较大，不均匀沉陷也较大，故也常易产生横向裂缝。

(2) 坝基压缩性大的坝段。当坝基存在软黏土层时，由于其压缩性很大，容易出现横向裂缝。如果坝基是未经处理的湿陷性黄土，水库蓄水后，由于不均匀的地基沉陷，也将引起横向裂缝。

(3) 土石坝与刚性建筑物接合的坝段。土石坝与刚性建筑物接合的坝段，往往由于不均匀沉陷而引起横向裂缝（如坝体与溢洪道导墙相接的坝段就属于这种情况）。在埋设涵管的坝段，由于涵管上部与涵管两侧的坝体填土高度不同而有不均匀沉陷，因此在相应部位的坝顶处也有可能出现横向裂缝。

(4) 分段施工的接合部位。如土石坝合拢的龙口坝段，施工时土料上坝路线、少数土石坝采取分段施工的各段接头处，往往由于结合的坡度太陡、坝体填筑高差过大、各段坝体碾压密实度不同，甚至接头坝段漏压，引起不均匀沉陷而产生横向裂缝。

对坝体横向裂缝除了加强平时检查外，坝顶防浪墙或路缘石开裂也往往反映出坝体内有横向裂缝的存在。此外，当坝顶相邻的垂直位移标点之间出现较大的不均匀沉陷时，也预示着可能产生了横向裂缝。必要时，应开挖与坝轴线平行的深槽，挖开保护层探明情况。

6.2.2.2 纵向裂缝

与坝轴线平行的裂缝称为纵向裂缝。纵向裂缝多发生在心墙坝、斜墙坝和混合坝的坝顶，并位于坝轴线或内外坝肩附近。均质坝也可能发生纵向裂缝，裂缝位置除坝顶部分以外，在坝坡上也可能发生。

纵向沉陷裂缝通常出现在下述各种部位：

（1）坝基压缩性大的坝段。压缩性大的坝基主要指的是软土和黄土的地基。对于未经处理的深厚黄土地基，当水库蓄水后，其上游部分先湿陷，因此，在蓄水初期，沿横断面方向，地基就产生不均匀沉陷，使坝体出现纵向裂缝。对于软土地基，如果其厚度沿横断面方向变化较大，则在土石坝荷重作用下，地基也会发生较大不均匀沉陷，引起坝体纵向裂缝。

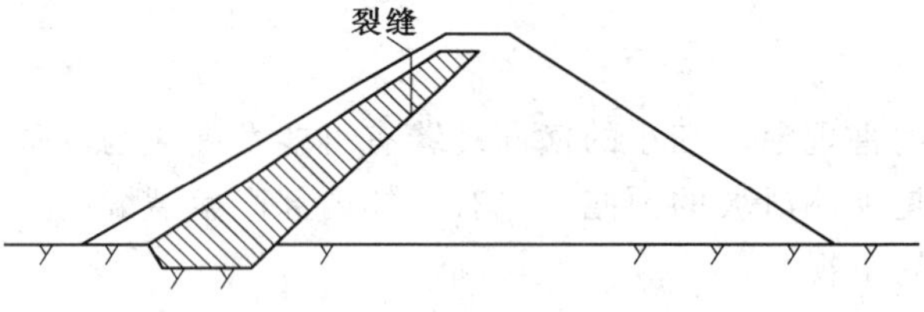

图 6.1　斜墙上的纵向裂缝

（2）坝身透水料部分沉陷量大，使心墙或斜墙与坝身结合处裂缝。例如坝身透水料部分压缩性大或碾压不实，则可能使心墙和坝壳结合处发生纵向裂缝，或使斜墙上发生纵向裂缝，如图 6.1 所示。

（3）坝体横向分区结合面裂缝。有些水库施工时分别从上、下游取土填筑，土料性质不同；或坝身上、下游碾压不一致，甚至在分区结合部有漏压现象，密实性更差，因此，蓄水后容易在横向分区结合面产生纵向裂缝。

（4）与截水槽对应的坝顶处。因截水槽系黏土分层碾压筑成，比其两侧地基的压缩性为小，故坝顶沉陷比两侧坝坡沉陷小而产生纵向裂缝，如图 6.2 所示。

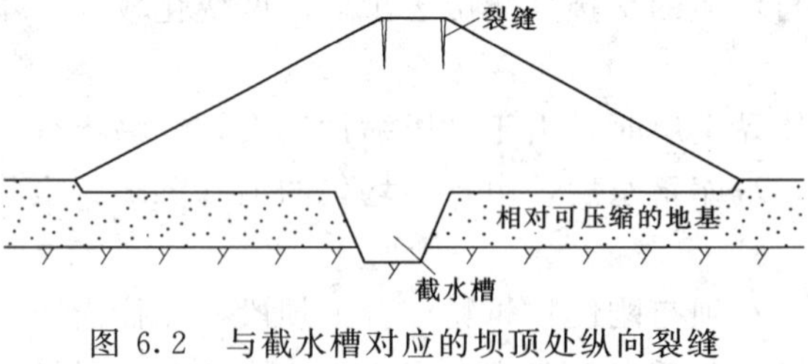

图 6.2　与截水槽对应的坝顶处纵向裂缝

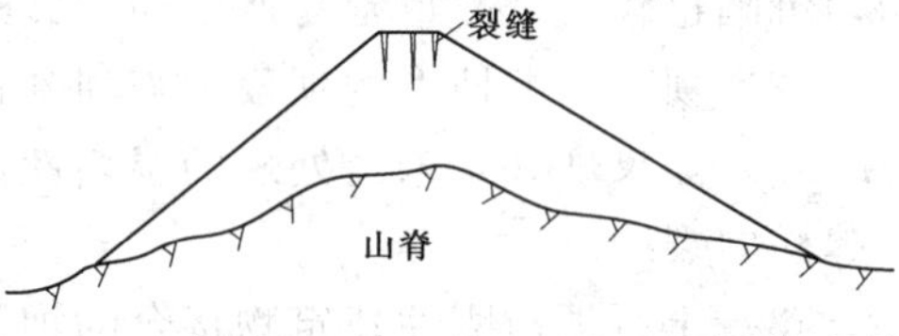

图 6.3　跨骑在山脊上的土石坝坝顶纵向裂缝

（5）跨骑在山脊上的土石坝坝顶处。当土石坝两端靠岸坡处坐落在山脊上，或有的副坝布置在较为单薄的条形山脊上时，山脊被包在土石坝内，由于坝体填土向山脊的两侧沉陷，坝顶很容易出现纵向裂缝，如图 6.3 所示。还应指出，当岸坡较陡时，还有造成坝体滑坡的可能。

6.2.2.3　内部裂缝

1. 内部裂缝的部位

土石坝坝体不仅可能发生在坝面上可观察到的裂缝，坝体内部也可能在以下情况发生内部裂缝。

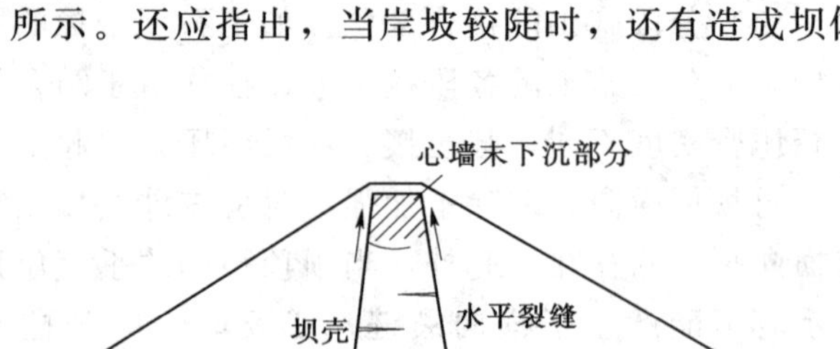

图 6.4　心墙坝的内部水平裂缝

（1）窄心墙土石坝内部水平裂缝。这种裂缝可能产生在用可压缩的黏性土料筑成的边坡陡、断面窄的心墙部位，如图6.4所示。

(2) 在狭窄山谷中高压缩性地基上修建的土石坝。

(3) 建于局部高压缩性地基上的土石坝底部，如图6.5所示。

(4) 坝体和混凝土（或浆砌石）建筑物相邻部位。图6.6为混凝土防渗墙顶部因不均匀沉陷而引起的内部裂缝。类似的情况，也往往发生在坝体和混凝土（或浆砌石）放水涵管相接处。

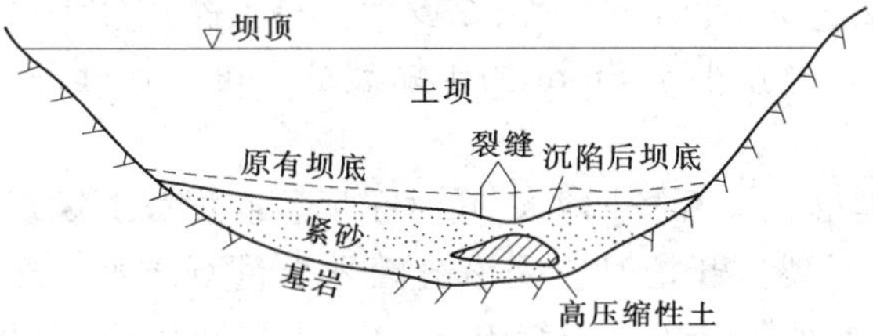

图6.5　局部高压缩性地基上土石坝底部的裂缝

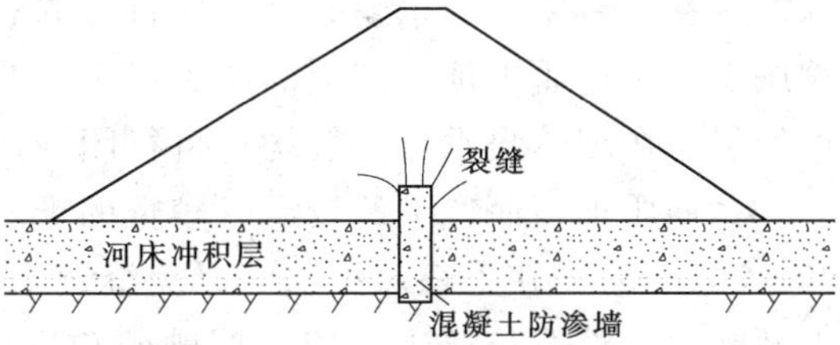

图6.6　混凝土防渗墙引起的坝体内部裂缝

2. 内部裂缝的检查

内部裂缝很难从坝面上发现，因此，管理人员发现时裂缝往往已经发展成集中渗漏通道，造成了险情，这使维修工作被动，甚至无法补救，所以坝体内部裂缝的危害性很大。关于内部裂缝的检查方法，可参考以下几种。

(1) 当土石坝实测的坝体沉陷量远小于计算沉陷量时，应结合地形、地质、坝型和施工质量等条件进行分析，判断内部裂缝产生的可能性。

(2) 加强渗透观测。当初步判断有发生内部裂缝的可能时，应加强渗透观测。特别是渗流量和渗水透明度的观测。如渗流量突然增加或渗水由清变浑，则应进一步分析坝体内部裂缝的可能性。

(3) 必要时根据分析，在可能产生内部裂缝的部位钻孔进行注水试验，或者开挖探井直接检查坝体内部裂缝情况。

(4) 坝体内埋设有土压力计以观测垂直压力和侧压力，也可根据坝体内压力分布的规律，分析判断内部裂缝存在的可能性。

对于已发现或存在较大可能有内部裂缝的土石坝，不应冒险蓄水，应查明情况，进行妥善的维修处理后方能使用。

6.2.2.4　非滑动性裂缝的处理方法

处理坝体裂缝时，应首先根据观测资料、裂缝特征和部位，结合现场检查坑开挖结果，参考前述内容，分析裂缝产生的原因，然后根据裂缝不同情况，采用适当的方法进行处理。

裂缝的处理方法主要有三种，即：开挖回填法、灌浆法和开挖回填与灌浆相结合的方法。开挖回填法是裂缝处理方法中最彻底的方法，适用于深度不大的表层裂缝及防渗部位的裂缝；灌浆法适用于坝体裂缝过多或存在内部裂缝的情况；开挖回填与灌浆相结合的方法适用于自表层延伸至坝体深处的裂缝。现仅将开挖回填法和灌浆法介绍如下。

1. 开挖回填法

(1) 干缩裂缝和冻融裂缝。干缩裂缝是由于土体表面水分蒸发而收缩，而土体内部不收缩（或收缩很小），使表层土受到约束，产生接应力而形成的裂缝。冻融裂缝是由于土体冻结后气温骤降，表层冻土收缩时受内部未降温土体的约束，而在表层发生的裂缝。干缩和冻融裂缝呈龟裂状，纵横交错，缝深从几厘米到 1m 左右，上宽下窄逐渐尖灭。这种裂缝常见于含水量较高的细粒土中，没有护坡或保护层的黏性土上下游坝坡，不可避免地会产生这种裂缝，这种裂缝一般对坝的安全没有妨碍，但会加剧坝向雨淋沟的发展。这种裂缝也可能出现在水库泄空而出露的上游防渗铺盖表面上，如果施工期停工一段时间，没有对填土表面进行保护，也会因干缩而发生裂缝。

对黏土斜墙上的干缩裂缝，应将裂缝表层全部清除，然后按原设计土料干容重分层填筑压实。对均质坝坝面产生的缝深小于 0.5m，缝宽小于 5mm 的干缩裂缝，可不加处理，这种裂缝在坝体浸水后一般均可自行闭合。

对均质坝坝面产生的较深、较宽的干缩裂缝也应开挖回填，同时在坝顶或坝坡上填筑 30～50cm 的砂性土料保护层，以免继续干缩开裂。开挖时应先沿缝灌入少量石灰水，显出裂缝，再沿石灰痕迹开挖。挖槽的长度和深度都应超过裂缝 0.3～0.5m。开挖边坡以不致坍塌并便于施工为原则，槽底宽约 0.3m，沟槽挖好后，把槽周洒湿，然后用与坝体相同的土料回填，分层夯实，每层填土厚度以 0.1～0.2m 为宜。

(2) 横向裂缝。横向裂缝因有顺缝漏水、坝体穿孔的危险，因此，对大小横缝均用开挖回填法进行彻底的处理。开挖时顺缝抽槽，阶梯高度以 1.5m 为宜。回填时再逐级削去台阶，保持梯形断面，如图 6.7 (b) 所示。

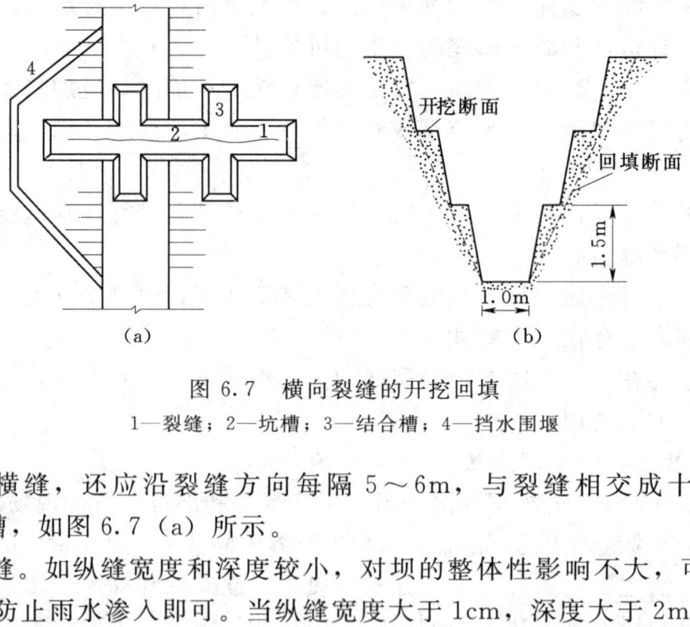

图 6.7　横向裂缝的开挖回填

1—裂缝；2—坑槽；3—结合槽；4—挡水围堰

对于贯穿性横缝，还应沿裂缝方向每隔 5～6m，与裂缝相交成十字形，挖 1.5～2.0m 宽的结合槽，如图 6.7 (a) 所示。

(3) 纵向裂缝。如纵缝宽度和深度较小，对坝的整体性影响不大，可不必开挖回填，只需封闭缝口，防止雨水渗入即可。当纵缝宽度大于 1cm，深度大于 2m 时，则应采用开挖回填处理，其方式如图 6.8 所示。图 6.8 (a) 所示为心墙坝或均质坝坝内裂缝较深、分布较广、透水性强时的处理情况；图 6.8 (b) 为裂缝不深的防渗部位处理情况；图 6.8 (c) 为裂缝不深的非防渗部位处理情况。不均匀沉陷引起的纵向裂缝，如对坝的安全无严重威胁时，可先暂时封闭缝口，待沉陷趋于稳定后再进行处理。对于因管涌通道而引起的裂缝，应首先处理管涌，再处理裂缝。

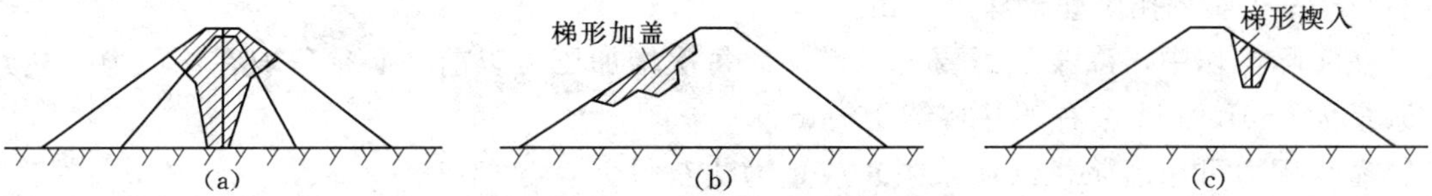

图 6.8 纵向裂缝的开挖回填

2. 充填式黏土灌浆法

灌入裂缝的浆液失水后，要能充满裂缝，才能起防渗作用。因此灌浆材料和灌浆浓度应满足可灌性、填满缝隙、固结后收缩小或不收缩，以及能与坝体协调变形等要求。灌浆材料之配合比主要视裂宽度、深度、走向、坝料土质以及裂缝在坝中所处的位置而定。黏土在浆液中的比例视需要而定，一般黏粒含量为30%～40%，粉粒和砂粒含量为60%～70%（砂粒不大于5%）。对宽度为1～2mm的细缝，浆液中不能含有砂粒。否则，将影响灌浆效果。用黏土水泥浆液，水泥的作用是加快浆液的凝固，减少体积收缩和增加结合的强度。否则不利于适应土坝的继续变形，根据经验水泥掺量为固定颗粒的15%左右（重量比）。灌浆压力一般不宜过大，浅层裂缝只能自流灌浆，即保持浆液在一定高程靠自重灌入，深层裂缝可稍加大压力，以免因压力过大而产生新的裂缝。灌浆结束后，再进行质量检查，以确保灌浆后的防渗效果。

当裂缝较深或裂缝很多，开挖困难或开挖将危及坝坡稳定时，宜采用充填式黏土灌浆法处理。对于坝体内部裂缝，则只宜采用灌浆法处理。

（1）灌浆孔布置。灌浆前应首先对裂缝的分布、深度和范围进行调查和探测，调查了解施工时坝体填筑质量以及蓄水后坝体的渗漏和裂缝情况，并通过钻孔和探井来探测裂缝分布位置和深度。对表层裂缝，一般每条主要裂缝均应布孔。孔位布置在长裂缝的两端、转弯处、缝宽突变处及裂缝密集和错综复杂的交汇处。但应注意，灌浆孔与防渗斜墙、反滤排水设施和观测设备应保持足够的安全距离（一般不应小于3m），以免串浆而破坏各设备的正常工作。对于内部裂缝，布孔时应根据内部裂缝的分布范围、裂缝的大小和灌浆压力的高低而定。一般宜在坝顶上游侧布置1～2排，孔距由疏到密，最终孔距以1～3m为宜，孔深应超过缝深1～2m。

（2）灌浆压力。灌浆压力的选择是保证灌浆效果的关键。灌浆压力越大，浆液扩散半径也越大，可减少灌浆孔数，并将细小裂缝也充填密实，同时浆液易析水，灌浆质量也越好。但是，如果压力过大，也往往引起冒浆、串浆、裂缝扩展或产生新的裂缝，造成滑坡或击穿坝壳、堵塞反滤层和排水设施，甚至人为地造成贯穿上、下游的集中漏水通道，威胁土石坝安全。通常灌浆时的灌浆压力都必须由小到大，逐步增加，不得突然增大，同时采用的最大灌浆压力不得超过灌浆孔段以上的土体重量。允许最大灌浆压力可估算为

$$P=\frac{\gamma}{10}KH \tag{6.1}$$

式中 P——允许最大灌浆压力，kN/m^2；

γ——灌浆孔段以上土层的容重，可采用$14\sim16kN/m^3$；

K——系数，对砂质土取1.0；壤土取1.5；黏土取2.0；

H——灌浆孔段埋藏深度，m。

在实际操作中，灌浆压力要逐步增加。每次增加压力以前，必须争取在该压力下达到吃浆量为 0.5L/min 左右，并持续 10min。

灌浆压力可用灌浆机（泥浆泵）或重力法获得。

（3）灌浆浆液。灌浆浆液有纯泥浆和水泥黏土混合浆两种，前者多用于浸润线以上坝体的灌浆，后者多用于浸润线以下坝体的灌浆。

（4）泥浆拌制。泥浆可用干法或湿法拌制。干法系将黏土烘干或晒干后磨细，如水泥一样装袋，运至工地使用。湿法系将黏土运至工地，经浸泡、搅拌、过筛和沉淀后流入蓄浆池储存备用。

6.2.3　土石坝滑坡处理

土石坝坝坡的一部分土体由于各种原因失去平衡，发生显著的相对位移，脱离原来的位置向下滑移，这种现象叫做滑坡。

土石坝滑坡也是土石坝常见病害之一。对土石坝滑坡，如不及时采取适当的处理措施，将造成垮坝事故，因此，必须严格注意。

6.2.3.1　滑坡的种类

土石坝滑坡可按其滑动性质分为以下三种类型。

1. 剪切破坏型

当坝体与坝基土层是高塑性以外的黏性土，或粉砂以外的非黏性土时，土石坝滑坡多属剪切破坏。破坏的原因是由于滑动体的滑动力超过了滑动面上的抗滑力所致，这种滑坡称为剪切破坏型滑坡，如图 6.9 所示。

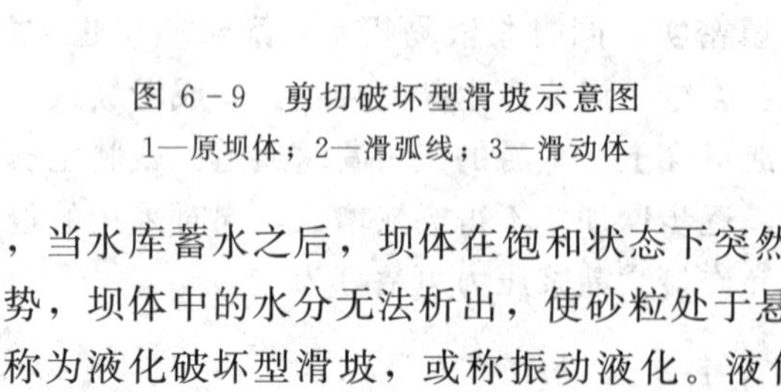

图 6-9　剪切破坏型滑坡示意图

1—原坝体；2—滑弧线；3—滑动体

2. 塑流破坏型

如坝体或坝基土层为高塑性的黏性土，这种土的特点是当承受固定的剪应力时，由于塑性流动（蠕动）的作用，土体将不断产生剪切变形。即使剪应力低于抗剪强度，也会出现这一现象。当坝坡产生显著塑性流动现象时，称为塑流破坏型滑坡，或称塑性流动，如图 6.10 所示。

3. 液化破坏型

如坝体或坝基土层是均匀中细砂或粉砂，当水库蓄水之后，坝体在饱和状态下突然经受强烈的振动时，砂的体积有急剧收缩的趋势，坝体中的水分无法析出，使砂粒处于悬浮状态，从而向坝趾方向急速流泻，这种滑坡称为液化破坏型滑坡，或称振动液化。液化破坏型滑坡往往发生的时间很短促，如图 6.11 所示。

上述三种类型的滑坡以剪切破坏型最为常见。所以本节主要分析这种类型滑坡的产生原因和处理措施。塑流破坏型滑坡的处理方法与剪切破坏型滑坡基本相同。至于液化破坏的问题则应在建坝前加以周密地研究，并在设计与施工中采取防范措施。

6.2.3.2 滑坡的处理方法

处理滑坡的基本原则应该是"减少滑动力与增大抗滑力相结合"，即"上部减载，下部压重"并结合"上截下排"。滑坡的处理应尽量争取在发现滑坡象征的初期进行，因为此时滑坡体尚未受到严重扰动破坏，故不必将滑坡土体大量翻筑，处理的工程量与滑坡后的工程量比较大为减小。滑坡处理前，应严格防止雨水渗入裂缝内，可用塑料薄膜等覆盖封闭滑坡裂缝，同时在裂缝上方开挖截水沟，拦截和引走坝面的雨水。如受客观条件限制，对滑坡不能及时彻底处理，则应采取一些临时性的、局部的、紧急的处理措施，增加坝体稳定性，防止滑坡继续发展。常用的临时处理措施有控制水库蓄水位，以防渗水对滑坡的不利影响；对由于排水失效使浸润线抬高或因雨水饱和而引起的滑坡，可在下游开挖导渗沟，降低浸润线，避免渗水在滑坡体内存在；对已蓄水的均质坝或心墙坝，可用透水性较大的砂石料压住坝脚，增加滑坡体的稳定性；对已蓄水的黏土斜墙坝，有防渗要求的可向水中大量抛土，以增加坝坡稳定和防渗能力。

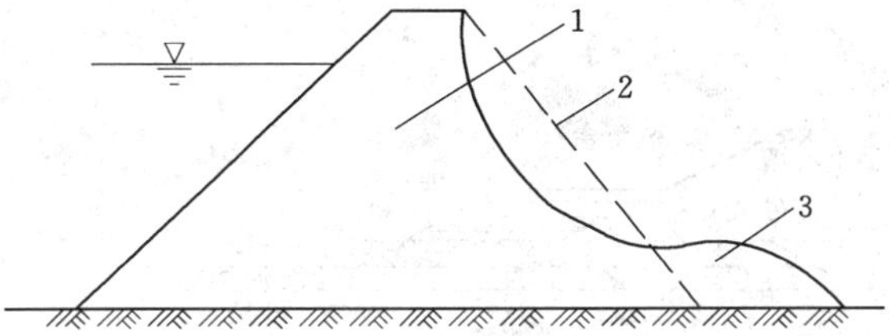

图 6.10 塑流破坏型滑坡示意图

1—原坝体；2—原坡线；3—隆起体

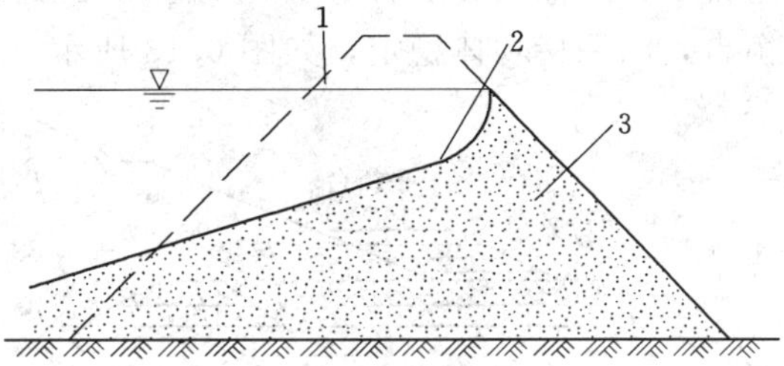

图 6.11 液化破坏型滑坡示意图

1—原坝坡线；2—滑动面；3—原坡体

待滑坡产生原因查明，库水位降低后，再针对滑坡的具体原因，采用下列方法进行彻底处理。

1. 堆石（或抛石）固脚

在滑坡坡脚增设堆石体加固坡脚，是防止滑动的有效方法。如图 6.12 中堆石固脚（或抛石固脚）的部位应在滑弧中心垂线 OM 左边，靠近滑弧下端部分，而不应将堆石放在滑弧的腰部，即垂线 OM 与 NP 之间，更不能放在垂线 NP 以右的坝顶部分。因为放在垂线 OM 左边对增加抗滑力最为有效；放在腰部，虽然增加了抗滑力，但也加大了滑动力，堆石的效果较微；而放在顶部，则主要增加了滑动力，对坝坡的稳定反而不利。如果忽略黏结力 C 的影响，根据土条沿弧面的切向分力 $T=G\sin\alpha$ 等于土条产生的阻止滑动的力 $N\tan\varphi=G\cos\alpha\tan\varphi$ 的条件，很容易求得 $\angle NOM=\alpha=\varphi$，这样就可以定出 N 点的位置，如图 6.12 所示。

当水库有条件放空时，最好在放水后采取堆石的办法，而在坝脚处堆成石埂，效果更好。堆石部分的具体尺寸应根据稳定计算确定。当水库不能放空时，可在库岸上用经纬仪定位，用船向水中抛石固脚。

堆石固脚的石料应具有足够的强度，并具有耐水、耐风化的特性，石料的抗压强度一般不宜低于 $4kN/cm^3$。

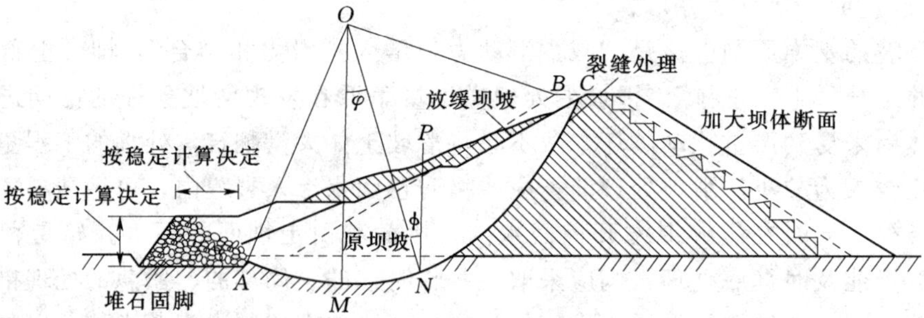

图 6.12　滑坡处理示意图

上游坝坡滑坡时，原护坡的石块常大量散堆在滑坡体上，可结合清理工作，把这部分石料作为堆石固脚的一部分。

当滑坡是由于坝基有软弱层或淤泥层引起时，可在坝脚将淤泥部分清除，作水平或垂直排水，降低淤泥层含水量，加速淤泥层固结，增加其抗剪强度，然后在坝脚用石料作平衡台，以保持坝体稳定，如图 6.13 所示。

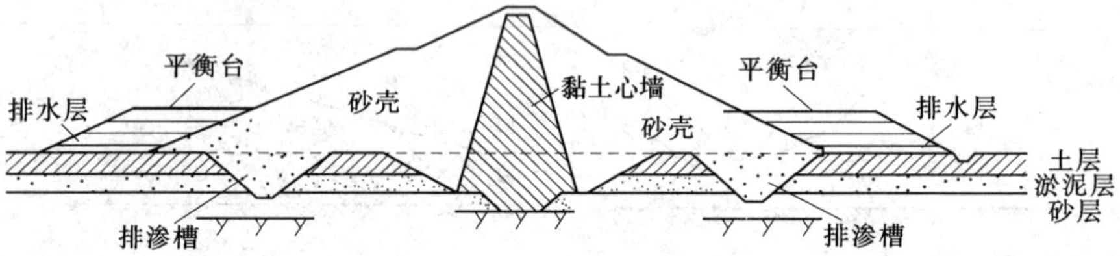

图 6.13　淤泥地基处理示意图

2. 放缓坝坡

当滑坡是由于边坡过陡所造成时，放缓坝坡是最彻底的处理措施。

由图 6.12 可以看出，在坝顶部分的土条，其弧边的弦与水平线的夹角 α（$\alpha=\phi$）较大，因此这部分土条沿弧面的切向分力 $T=G\sin\alpha$ 也较大，而阻止滑动的力 $N\tan\varphi=G\cos\alpha\tan\varphi$ 却较小。因此，放缓坝坡时，除应将坝坡滑动土体下部被挤出的隆起部分挖除放缓外，同时应削掉坝顶陡峻部分坝坡，借以减少滑动力矩，稳定滑动土体。显然，如图 6.12 所示，在垂线 NP 以上部分放缓坝坡、削坡减载，效果将最好。放缓坝坡后，如果要求维持坝顶原有宽度，则应适当加厚下游坝体断面。

因放缓坝坡而加大坝体断面时，应先将原坡面挖成阶梯，回填时再削成斜面，用与原坝体相同的土料分层夯实，如图 6.13 所示。

3. 裂缝处理

对土石坝伴随滑坡而产生的滑坡裂缝必须进行认真处理。因为土体产生滑动以后，土体结构已破坏，抗剪强度减小，加以各裂缝易为雨水或渗透水流浸入使土体软化，将使与滑动体接触面处的抗剪强度迅速减小而降低稳定性。

处理滑坡裂缝时，应将裂缝挖开，特别要将其中的稀泥挖除，再以与原坝体相同土料回填，并分层夯实，达到原设计要求的干容重。对滑坡裂缝一般不宜采用灌浆法处理。但是，当裂缝的宽度和深度较大，全部开挖回填比较困难，工程量太大时，可采用开挖回填与灌浆相结合的方法，即在坝体表层沿裂缝开挖深槽，回填黏土形成阻浆盖，如图 6.14 所示，然后以黏土浆或水泥黏土混合浆灌入。此时必须注意，在灌浆前应先做好堆石固脚或压坡工作，并经核算坝坡确属稳定后才能灌浆。灌浆过程中，应严格控制灌浆压力，并有专人经常检查滑坡体及其邻近部位有无漏浆、冒浆、开裂或隆起等现象；在处理的滑坡段内要经常进行变形观测。当发现不利情况时，应及时研究处理，必要时应停灌观测，切不可因灌浆而使裂缝宽度加大，破坏坝体稳定，加速滑坡滑动。

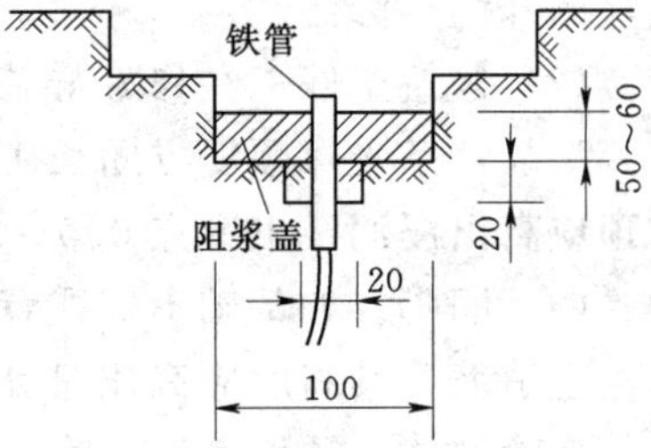

图 6.14　黏土回填形成的阻浆盖（单位：cm）

4. 滤水还坡

采用反滤结构恢复堤防断面的抢护滑坡的措施称为滤水还坡（图 6.15）。该法适用于因背水坡土料渗透系数偏小，引起堤内浸润线升高，排水不畅，而形成的严重脱坡。具体做法如下。

（1）导渗沟滤水还坡。先在背水坡滑坡范围内做好导渗沟，其做法与下述滤水土撑的导渗沟做法相同。在导渗沟完成后，将滑坡顶部削成斜坡。并将导渗沟覆盖保护后，用砂性土做好还坡，并用块石固脚。

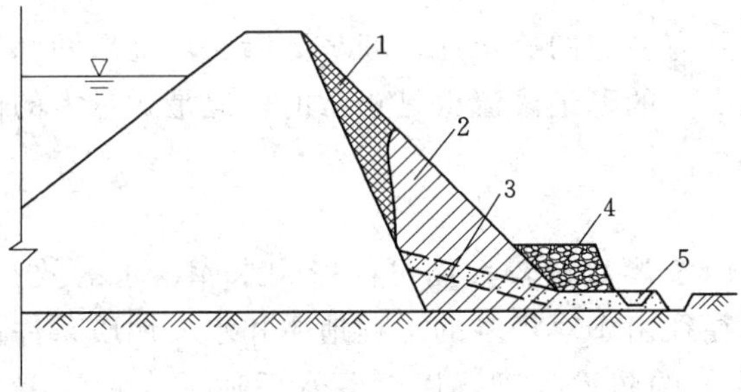

图 6.15　滤水还坡示意图

1—削坡换填砂性土；2—还坡部分；3—导渗沟；4—堆石固脚；5—排水暗沟

（2）反滤层滤水还坡。该法与导渗沟滤水还坡法基本相同。只是将导渗沟改为反滤层。反滤层的做法与抢护渗水险情的反滤层做法相同。

（3）砂土滤水还坡。当砂石等反滤料缺乏时，可采用粗砂、中砂还坡，以复原断面。如用细砂还坡，应适当放缓边坡。其基本做法与上述导渗沟和反滤层做法相同。如基础不好，应先加固地基，然后将滑坡体的松土、软泥、草皮及其他杂物清除，并将滑坡上部陡坎削成缓坡，然后按原坡回填透水料。

（4）梢土滤水还坡。此法过去应用较多，其具体做法与抢护渗水险情采用的梢土后戗法基本相同。其主要区别在于抢筑的断面是斜三角形，梢层和土层随着坡度要求下宽上窄而不相等。

5. 滤水土撑

该方法适用范围为：堤基不好，背水坡徘水不畅，滑动范围较大，脱坡严重，取土又比较困难的堤段。施工方法如下。

（1）开沟导渗。先将滑坡处松土略加清理并削成斜坡，然后在坡体上顺坡到脚直至拟筑土撑部位挖沟，沟内按反滤要求铺设土工织物滤层或分层铺填砂、石、梢料等反滤材料，再在其上做好覆盖保护。并按滤沟向下游挖明沟，以利渗水排出。详细做法参见散浸抢险的开沟导渗法。

(2) 修筑土戗。在修好导渗沟后，应抓紧修筑土戗。其尺寸应视险工情况和水情确定。一般每条土撑顺堤方向长 10m 左右，顶宽 5～8m，边坡 1∶3～1∶5，间距 8～10m，撑顶应高出浸润线出逸点 0.5～2.0m。土撑采用透水性较大土料，分层填筑夯实。

(3) 固脚。如基础不好或背水坡靠近坑塘或渍水软泥等，需先用块石、砂袋固基。用砂性土填塘，其高度应高出渍水面 0.5～1.0m。也可采用撑沟分段结合。即在商土撑之间，在滑坡体上顺坡做反滤沟，覆盖保护。

6. 滤水后戗

如背水坡滑坡险情严重，可在其出险范围内全面抢护导渗后戗，既能导出渗水，降低浸润线，又能加大堤防断面，使险情趋于稳定。因此，有的将这种方法也叫透水压浸台。此法适用于堤身断面单薄，边坡过陡，有反滤材料，取土又比较方便的堤防。

其具体做法与上述滤水土撑法基本相同其主要区别在于滤水土撑法抢筑土撑是间隔抢筑。而滤水后戗则是全面连续抢筑。其长度应超过滑坡地段的两端各 5～8m。当滑坡面土层过于稀软不易做到导渗沟时，常用透水土工织物、砂石或梢料等作反滤材料的反滤层法代替，其具体做法与抢护渗水的反滤层法相同。

6.2.4　土石坝渗漏处理

6.2.4.1　土石坝渗漏的途径及其危害性

由于土石坝的坝身填土和坝基土一般都具有一定的透水性，坝身渗漏、坝基渗漏和绕坝渗漏是通常会产生的现象，在坝下游出现少量的稳定渗流也是正常的。但是，过大的渗流则将对土石坝枢纽造成以下危害。

1. 损失蓄水量

极少数在强透水地基上修建的土石坝，由于渗流量较大而可能影响水库蓄水的效益，而严重的问题多出现在岩溶地区。有的水库往往由于对坝基的工程地质和水文地质条件重视不够，未作必要的调查研究，没有进行妥善的防渗处理，以至蓄水后造成大量渗漏损失，有时甚至无法蓄水。

2. 抬高浸润线

抬高坝身浸润线后，会造成下游坝坡出现散浸现象，甚至造成坝体滑坡。

3. 产生渗透变形

在渗流通过坝身或地基时，由于渗流出逸部位的渗透坡降大于临界坡降，使土体发生管涌或流土等渗透变形破坏。这种渗透变形对土石坝的安全影响极大，许多土石坝破坏事故，都是由于渗透变形的发展所引起的。

当渗流的渗透坡降过大，使坝体或地基发生管涌、流土破坏时，为危险性渗水；对坝体或地基不致造成渗透破坏的渗水，则为正常渗水。一般正常渗水的渗流量较小，水质清澈见底，不含土壤颗粒。危险性渗水则往往渗流量较大，水质浑浊，透明度低，渗水中含有大量的土壤颗粒。当坝基下有砂层时，如在下游地基渗流出口处出现翻水冒砂现象，也说明发生了危险性渗水。危险性渗水往往造成大坝滑坡、甚至垮坝事故，所以当发现危险性渗水时，必须立即设法判明原因，采取妥善的维修处理措施，防止危害扩大。

防止渗流危害的主要措施是“上堵下排”。“上堵”就是在坝身或地基的上游采取措施提高防渗能力，尽量减少渗透水流渗入坝身或地基；“下排”就是在下游做好反滤导渗设施，使渗入坝身或地基的渗水，安全通畅地排走。

6.2.4.2　坝身渗漏的形式及其处理方法

1. 坝身渗漏的常见形式

(1) 坝身管涌及管涌塌坑。当坝体有贯穿上、下游的裂缝或渗漏通道时，渗流将沿裂缝，或通道集中渗漏带走坝体中土粒，形成管涌。管涌初期，在没有反滤层保护（或反滤层设计不当）的渗流出口处，渗流把土粒带走并且淘成孔穴，逐渐形成塌坑（称出口塌坑）；随着土粒的不断流失，孔穴将沿渗流向上游发展；由于渗流途径逐渐缩短，渗流量逐渐增大，孔穴发展的速度越来越快，直至形成一条贯穿上、下游的渗漏通道，并在通道进口形成塌坑。在渗漏通道的形成和扩大过程中，在填土质量较差的地方，通道的顶壁将不断坍塌，每坍塌一次，渗漏量表现为突然减少，渗水变清；但当渗流把虚土冲开后，水色变得特别浑浊，渗漏量也较前更大。顶壁坍塌不断垂直向上发展，最后常在渗漏通道上的坝坡上出现直立的陷阱塌坑，呈漏斗或倒漏斗状。这时，管涌塌坑已发展到很危险的阶段，必须迅速维修处理，否则极易造成垮坝事故。

(2) 斜墙或心墙被击穿。塑性斜墙或心墙是坝体重要的防渗设施。坝体的稳定和渗流稳定都要在斜墙或心墙正常工作的前提下方能得到保证。由于斜墙和心墙的厚度较薄，渗透坡降较大，当在坝体沉陷不均，填筑质量差或者反滤不符合要求等情况下，往往可使斜墙或心墙发生裂缝或土料流失，最后使斜墙或心墙被击穿形成渗漏通道。

(3) 渗流出逸点太高。水库蓄水后，经过坝体的渗流在坝下游的出口处称出逸点。当渗流出逸点过高，超过下游排水设备顶部而在下游坝坡上逸出时，则将在下游坝面造成大片散浸区，使坝体填土湿软，或引起坝坡丧失稳定。

(4) 坝体集中渗漏。由于各种原因，在土石坝坝体内形成水平薄弱层，水库蓄水后，在土石坝下游坝面出现成股水流涌出的情况，叫做集中渗漏。集中渗漏对坝体的安全威胁极大，特别是在涵管等埋于坝内的建筑物与坝体接触面的集中渗漏，是一种既普遍又严重的现象。

2. 坝身渗漏的处理方法

(1) 斜墙法。适于原坝体施工质量不好，造成了严重管涌、管涌塌坑、斜墙被击穿、浸润线和逸出点抬高、坝身普遍漏水等情况。具体做法是在上游坝坡补做或修理原有防渗斜墙，截堵渗流，防止坝身继续渗漏。修建防渗斜墙时，一般应降低库水位，揭开块石护坡，铲去表土，然后选用黏性土料（黏土或黏壤土），分层夯实。当水库不能放空，无法补作斜墙时，可采用水中抛土法处理坝身渗漏。即用船载运黏土至漏水处，从水面均匀倒下，使黏土自由沉落在上游坝坡上，堵塞渗漏孔道，但效果没有斜墙法好。

(2) 土工膜截渗法。采用土工膜截渗时，应符合以下规定：

1) 适用于均质坝和斜墙坝。

2) 土工膜厚度选择应根据承受水压大小而定。

3) 土工膜铺设范围，应超过渗漏范围上下左右各2～5m。

4) 土工膜的连接，一般采用焊接，亦可采用胶合剂黏接。

5）铺设前应进行坡面处理，先将铺设范围内的护坡拆除，再将坝面表层土挖除 30～50cm，要求彻底清除杂草，坡面修整平顺、密实，然后沿坝坡每隔 5～10m 挖滑沟一道，沟深 1.0m，底沟宽 0.5m。

6）土工膜铺设，将卷成捆的土工膜沿坝坡由下而上纵向铺放，同时周边用 V 形槽形式埋固好；铺膜时不能拉得太紧，以免受压破坏；施工人员不允许带钉鞋进入现场。

7）回填保护层要与土工层铺设同时进行；保护层可采用沙壤土或沙，厚度不小于 0.5m；先回填防滑槽，再填坡面，边回填边压实；保护层上面再按设计恢复原有护坡。

（3）灌浆法。对于均质土石坝，特别是对心墙坝，当要求进行防渗处理的深度很大，采用斜墙法或水中抛土法处理有实际困难时，可采用灌浆法处理坝身渗漏问题。这种方法不要求放空水库，可在水库照常运用情况下进行施工，具体方法与裂缝处理时的灌浆法相同。由于纯黏土浆强度低、凝固时间长、不能抵御较大的渗透流速冲刷，因此，当坝身存在严重的集中渗漏时，灌注纯泥浆的效果较差，应采用水泥黏土混合浆。

（4）防渗墙法。这种方法是用冲击钻或振动钻在坝身上打成直径 0.5～1.0m 的圆孔，再将若干圆孔形成一槽形孔（为了防止孔壁坍塌，一般采用泥浆固壁），然后在造好的槽孔内浇筑混凝土，将许多槽孔连接起来，形成一道防渗墙，以解决坝身渗漏问题。防渗墙法比压力灌浆可靠，是处理坝身渗漏较为彻底的方法，目前国内已有多处工程使用。

（5）导渗法。导渗即为“下排”措施，当原有的排水设施不能满足坝体渗透稳定要求，使下游坝坡发生散浸等现象时，通过改善和加强坝体排渗能力，使渗水顺利排向下游，以保坝体和坝基的土粒不被渗水带走，并保持坝面干燥。这种方法是加强坝体排水能力，使渗水顺利排向下游，不致停留在坝体内。根据具体情况，可分别采用以下几种措施：

1）导渗沟法。当坝体散浸不严重，不致引起坝坡失稳时，可在下游坝坡上采用导渗沟法处理。

2）导渗培厚法。当坝体散浸严重，渗水在排水设施以上逸出，且坝身单薄，坝坡较陡，要求在处理坝面渗水的同时还要求增加下游坝坡的稳定性，此时可采用导渗培厚法。

3）导渗砂槽法。当散浸严重，但坝坡较缓，采用导渗沟不能解决问题时可用此法。导渗砂槽能深达坝基，把坝体内渗水迅速排走，有效地降低坝体浸润线。

（6）堵塞动物洞穴。若因鼠蚁或其他动物钻成洞穴而造成漏水时，应先找到洞穴，用石灰和药物等塞入洞内，然后用黏土补塞洞穴。或从坝顶开挖到洞穴，再填土夯实。白蚁对土石坝的危害性很大，应重视白蚁的防治工作，要贯彻“以防为主，防治并重”的方针，发现白蚁要及时处理，防止蔓延。

6.2.4.3　坝基渗漏的处理方法

产生坝基渗漏的常见原因有：缺少必要的防渗措施；截水槽未与不透水层相连接；截水槽填筑质量不好或尺寸不够而破坏；铺盖长度不够；铺盖厚度较薄被渗水击穿；水库运用不当，库水位降落太低，以致河滩台地上部分黏土铺盖暴晒裂缝而失去防渗作用；因导渗沟、减压井养护不良，淤塞失效，致使覆盖层被渗流顶穿形成管涌或使下游逐渐沼泽化等。

在各种不同类型坝基中，渗漏造成的破坏现象也略有不同。

1. 在单层结构坝基

由渗水性较大的均质砂土构成的单层结构坝基，由于缺少防渗措施或原有防渗失效，使渗流出口的出逸坡降超过地基土的允许水力坡降而产生管涌破坏。

由均质砂砾层构成的单层结构坝基一般问题较少。但是，如果坝基内存在大孔层而截水槽又未与不透水层紧密连接，仍将引起严重的渗漏问题。

2. 在双层结构坝基

在双层结构坝基中，由于地基表层较薄，当防渗设施较差，例如铺盖长度不够、铺盖裂缝、铺盖较薄为渗流击穿时，均易造成下游坝基表层为渗流顶穿、涌水翻砂、渗流量不断增大的事故，如图 6.16 所示。

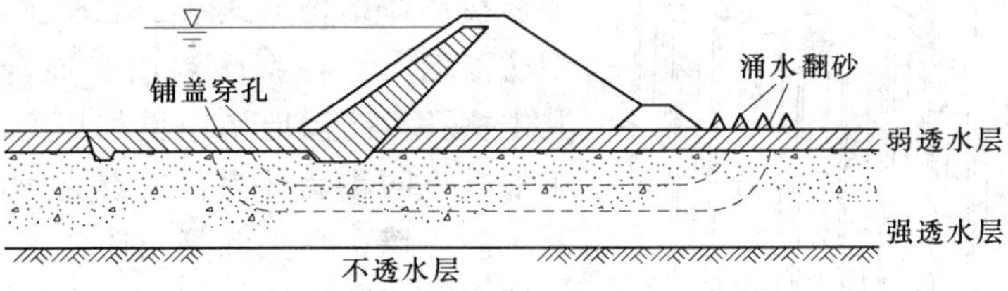

图 6.16 双层结构坝基下游涌水翻砂现象

3. 在多层结构坝基

由于利用了不连续的黏土层作为隔水层，或截水槽未与连续的黏土层相连，均可能造成坝基严重渗漏。如果此时地基表层为均质砂层，则危险性渗漏的表现也为坝后地基表面翻水带砂，发展过程与单层结构坝基相同，如图 6.17 所示。

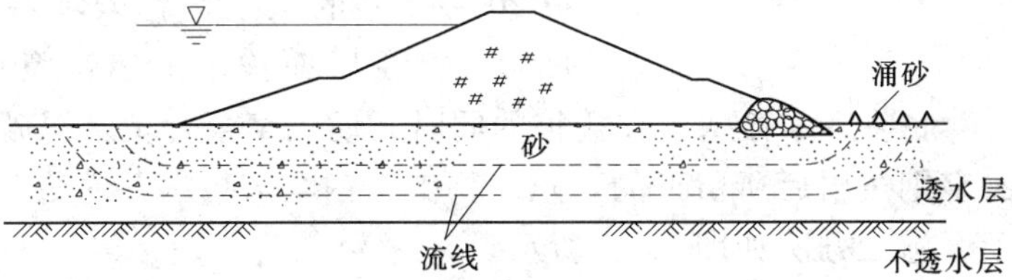

图 6.17 多层结构坝基渗漏破坏现象

6.2.4.4 坝基渗漏的处理措施

坝基的渗漏处理措施仍可归纳为“上堵下排”。“堵”就是用防渗措施杜绝或减少渗流经过坝基；“排”就是用导渗措施使已进入坝基的渗流安全排走。

1. 黏土截水槽

大量工程实践表明，黏土截水槽是很可靠的防渗措施之一，国内外的高土石坝多采用这种防渗措施。因此，在条件适合时，应优先采用黏土截水槽处理坝基渗漏。

根据河南省的经验，采用截水槽防渗的土石坝，其覆盖层厚度一般在 12m 以下。根据国外资料，当采用机械化施工时，覆盖层在 15～23m 以下仍可采用截水槽防渗。但是当覆盖层超过以上界限时，则施工排水困难，投资增长很快，用截水槽防渗不太经济。

2. 混凝土防渗墙

如地基透水层较深，修建黏土截水槽开挖断面过大很不经济时，可考虑采用混凝土防渗墙处理坝基渗漏，这也是一种很可靠的方法。

混凝土防渗墙一般是用冲击钻造孔，然后在孔内浇筑混凝土，形成一道封闭的防渗墙防止坝基渗漏。目前多采用槽形防渗墙。

当水头较低时，在用料上，近年来已逐渐发展采用泥结卵砾石防渗墙。此外，近年来还有试用灰土（即水泥和壤土混合物）代替混凝土作防渗墙的。

用防渗墙处理坝基渗漏时，可直接将防渗墙与原坝体的防渗设备连接在一起，也可将防渗墙布置在上游，利用一小段黏土铺盖与原坝体防渗设备连接起来。

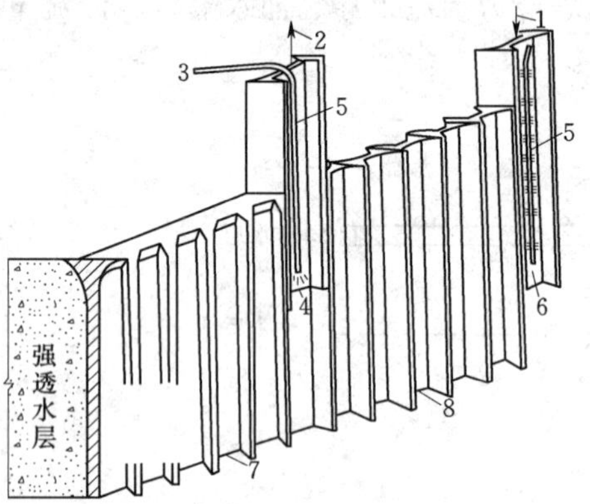

图 6.18　砂浆板桩施工示意图

1—打桩；2—拔桩；3—接泥浆泵；4—灌注砂浆板桩；5—灌浆管；6—栓塞；7—已灌注好的板桩；8—已打好的工字钢

水工混凝土防渗墙的类型可按墙体结构形式、墙体材料和成槽方法分类。

按墙体结构形式水工混凝土防渗墙分为槽孔型防渗墙、桩柱型防渗墙和混合型防渗墙三类，其中槽孔型防渗墙使用更加广泛。按墙体材料水工混凝土防渗墙分为普通混凝土防渗墙、钢筋混凝土防渗墙、黏土混凝土防渗墙、塑性混凝土防渗墙和灰浆防渗墙。按成槽方法水工混凝土防渗墙分为钻挖成槽防渗墙、射水成槽防渗墙、链斗成槽防渗墙和锯槽防渗墙。

3. 砂浆板桩

对于不超过 10m 深的粉砂、淤泥等软基渗漏处理，可采用砂浆板桩防渗，就是用人力或机械把 20～40 号的工字钢打入坝基内，一组在前面打，一组在后面拔。工字钢腹板上焊一条直径 32mm 的灌浆管，管底装一木栓塞。在拔桩的同时开动泥浆泵，把水泥砂浆经灌浆管注入地基内，以充填工字钢拔出后所留下的孔隙。待工字钢全部拔出并灌浆后，整个坝基防渗砂浆板桩就完成了。施工方法如图 6.18 所示。

4. 高压喷射灌浆

处理最大工作深度不超过 40m 的软弱土层、砂层、砂砾石层地基的渗漏，或者含量不多的大粒径卵石层和漂石层地基的渗漏，可采用高压喷射灌浆技术。灌浆处理前，应详细了解地基的工程地质和水文地质资料，选择相似的地基做灌浆围井试验，取得可靠技术参数后，进行灌浆设计。浆孔轴线一般沿坝轴线偏上游布置；有条件放空的水库，灌浆孔位也可以布置在上游坝脚部位；凝结的防渗板墙应与坝体防渗体连成整体，伸入坝体防渗体内的长度不小于 1/10 的水头；防渗板墙的下端应落到相对不透水层的岩面。

5. 灌浆帷幕

灌浆帷幕是在一定压力作用下，把浆液压入坝基透水层中，使浆液充填地基土体中的孔隙，胶结而成防渗帷幕。非岩性的砂砾石坝基和基岩破碎的坝基可采用灌浆帷幕防渗，其位置应与坝身防渗体接合在一起，深度应根据地质条件和防渗要求而定，一般应落到相对不透水层，浆液材料应通过试验确定。采用灌浆帷幕防渗时，应进行灌浆帷幕设计。

6. 黏土铺盖

黏土铺盖是一种水平防渗措施，是利用黏性土在坝上游地面分层填筑碾压而成。铺盖的作用是覆盖渗漏部位，加长渗径，减小坝基渗透比降，保证坝基渗透稳定，如图 6.19 所示。

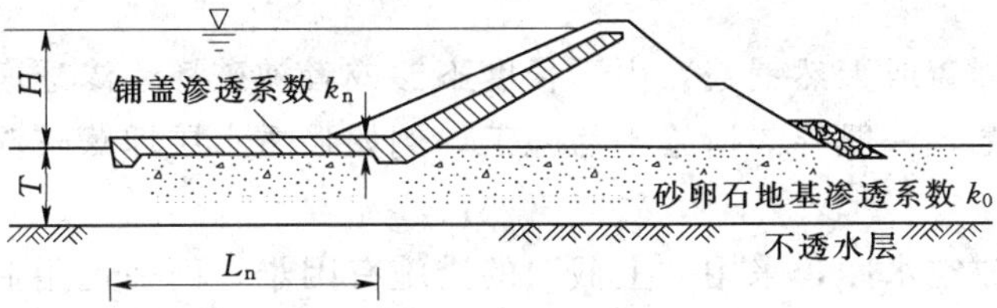

图 6.19　黏土铺盖示意图

当土石坝质量较好，不透水层很深，开挖截水槽困难时，宜优先采用铺盖防渗，在多沙河道上，铺盖防渗的效果随着土石坝使用年数的增长，库区淤积的增多而增大，因此，在多沙河道上采用铺盖更加有利。但是，采用铺盖防渗虽然可以防止坝基土壤的渗透变形并减少渗透流量，却不能完全杜绝渗漏。

黏土铺盖的长度应满足坝基平均水力比降的要求，铺盖厚度应保证各处通过铺盖的渗透坡降不大于容许值，渗透系数 k_n 一般不应大于 1×10^{-5}cm/s。坝基土体的渗透系数 k_0 与铺盖渗透系数 k_n 之比（即 k_0/k_n）最好能大于 1000。如果在透水性较强的砾卵石层上设置铺盖，应按反滤要求在铺盖下设反滤层，在水库运用期间，如不允许放空水库后设置铺盖，也可采用水中抛土法形成铺盖。

7. 排渗沟

在坝下游修建排渗沟的目的有：①有计划地收集坝身和坝基的渗水，排向下游，以免下游坡脚积水；②当下游有不厚的弱透水层时，尚可利用排水沟作为排水减压措施，如图 6.20 所示。

排渗沟应设在下游坝脚附近。对一般均质透水层，排渗沟只须深入坝基 1～1.5m。对双层结构地基，如表层弱透水层较薄，则应挖穿弱透水层，将排渗沟放在透水层内，以引走渗流并降低剩余水头。但是当透水层较深时，其作用只是局部的，作为导渗减压的控制渗流措施就不适宜了。

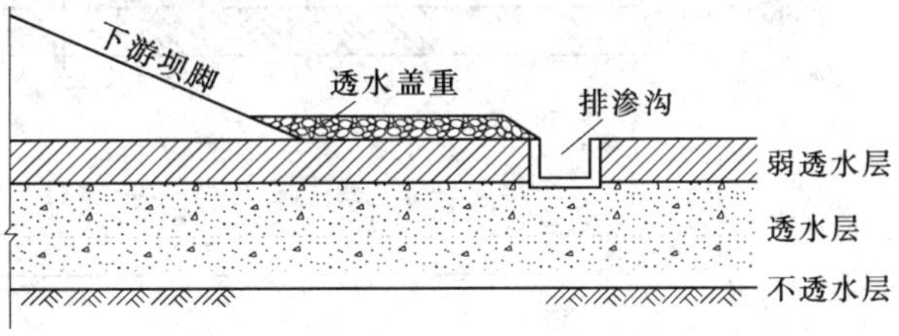

图 6.20　坝下游的排渗沟和透水盖重

排渗沟若仅为引排渗透水，其底宽及断面可根据渗流量设计。如需起排水减压作用，则要通过专门的计算确定。排渗沟还要有一定的纵坡和排水出路，使渗透水能顺利排除。排渗沟内应设反滤保护，以防止渗流破坏。

8. 减压井

减压井是利用钻机在地基内每隔一定的距离钻孔形成的。钻孔穿过弱透水层直达强透水地基的一定深度，孔的下部埋设滤水管，中段接不透水引水管，将渗水由上部出水口排出。这样，可以把地基深层的承压水导出地面，以降低浸润线和防止坝基土渗透变形，并可防止下游地区沼泽化。减压井是解决砂砾石地基渗流稳定的重要措施之一。

减压井虽然有良好的排渗降压效果，但施工较复杂，对管理和养护的要求也高，有的工程在运用多年以后，容易出现淤积堵塞使减压井失效的现象，因此，一般仅用于下列情况：

（1）上游黏土铺盖或天然铺盖，由于长度不够或者被破坏，渗透逸出坡降升高，同时坝基为复式透水地基，一般导渗措施不易施工，例如强透水层埋藏较深而不易挖穿，或其他措施处理无效。

（2）由于不能放空水库，采用“上截”的措施有困难，而在运用上允许在安全控制地基渗流条件下，损失部分水量。

（3）在施工、管理运用和技术经济方面都比其他处理措施较为优越。

9. 透水盖重

透水盖重是在坝体下游的地面上，根据反滤原则铺设的透水盖重层，利用其自重以平衡渗透压力，防止地基渗透破坏，如图 6.21 所示。由于这种方法简单易行，也是在处理坝基渗漏中较常采用的一种手段，特别是双层结构地基应用更多。

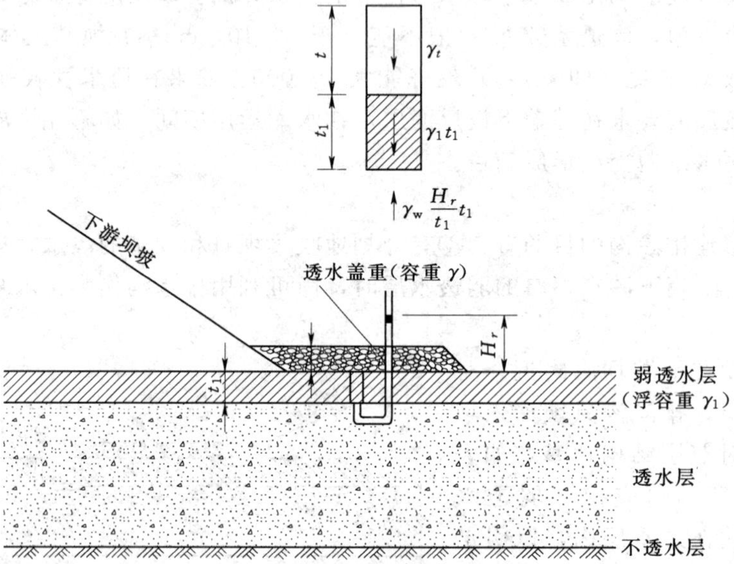

图 6.21　坝体下游的透水盖重

用作透水盖重的土料必须比地基土层透水性大，但也不能过粗，因为还要求起反滤作用。

透水盖重应铺设到弱透水地基中实际水力比降小于坝基土的允许水力比降处。

6.2.4.5　绕坝渗漏的处理方法

绕坝渗漏的处理措施。处理前首先应观测渗漏现象，摸清渗漏原因，对渗漏与库水位的关系，渗漏与降雨量的关系，渗漏的部位，水文地质条件，施工接头处理和质量控制等方面均应进行了解分析，然后提出处理措施。处理措施仍可归纳为上堵下排两方面，常用的具体措施如下：

(1) 截水墙。当岸坡中存在强透水层引起绕坝渗漏时，可开挖深槽切断强透水层，回填黏土形成截水墙防止绕渗。

(2) 防渗斜墙。当坝端岸坡岩石异常破碎从而造成大面积渗漏时，如岸坡地形平缓，又有大量黏性土可供使用，则可沿岸坡做黏土防渗斜墙防止绕坝渗漏，斜墙下端应作截水槽嵌入不透水层，或以铺盖的方式向上游延伸。如水库放空困难，水下部分也可采用水中抛土或浑水放淤方法处理。在斜墙顶部以上应沿山腰开挖排水沟，把雨水排向他处，以免冲刷斜墙。由较粗的砂砾料堆积成的岸坡，也可采用黏土防渗斜墙处理绕坝渗漏，此时在斜墙下应铺设反滤层。对于斜墙坝和均质坝，特别适宜采用黏土防渗斜墙以防止绕坝渗漏。

(3) 黏土铺盖。在坝肩上游的岸坡上设置铺盖以延长破碎岩层中的渗径，这也是防止绕渗的有效措施。尤其对于坝肩岩石节理裂隙细小，风化轻微，但山坡单薄，黏性差，透水性大者，用此法效果较好。当山坡较缓时，可贴山坡作黏土铺盖防渗；当山坡较陡时，在水位变化较少的部位，可采用砂浆抹面；在水位变化较频繁的部位，或者裂缝较大地段，可用混凝土、钢筋混凝土或浆砌石材料，结合护坡，作衬砌防渗。这种衬砌可以根据绕坝渗漏情况，只在渗漏岩层段的上游面进行，不必沿整个岸坡全做。

(4) 灌浆帷幕。当坝端岩石裂隙发育，绕渗严重时，也可采用灌浆帷幕处理。具体方法与坝基的灌浆帷幕处理相同。坝肩两岸的灌浆帷幕应与坝基的灌浆帷幕形成一完整的防渗帷幕。

(5) 堵塞回填。如绕渗主要是由于岸坡岩石中的裂缝造成，则可先将岸坡进行清理，用砂浆勾缝，再用黏土回填夯实。如岸坡内存在洞穴且与库水相通时，应按反滤原理堵塞洞身，上游面再用黏土回填夯实。如洞穴并未与库水相连通，则可用排水沟或排水管把泉水引导到坝体下游。

(6) 抛土放淤法。在处理土石坝绕坝渗漏问题时，如果因某种原因不能将水库中的水排泄出去进行施工时，可以采用抛土放淤的方法进行防渗处理。抛土的具体做法是利用船只运送黏土，在渗漏部位将黏土倒入水中，使其形成防渗层，继而达到防渗堵漏效果。放淤的具体操作方法是利用管道沿着坝体铺设，将配制好的泥浆输送至渗漏部位，使其淤积成一层厚厚的防渗层，达到施工预期效果。这两种方法一般在岸坡较为平坦的土石坝中应用较为广泛。

(7) 下游导渗排水。在下游岸坡绕坝渗流的出逸段，可铺设排水反滤层，保护土料不致流失，以防管涌、流土的产生。对岩石岸坡，如果下游岸坡岩石渗水较小，可沿渗水坡面以及下游坝坡与山坡接触处铺设反滤层，导出渗水；当下游岸坡岩石地下水位较高，渗水严重时，可沿岸边山坡或坡脚处，打基岩排水孔，引出渗水；当下游岸坡岩石裂隙发育密集，可在坝脚下山坡岩石中打排水平洞，切穿裂隙，集中排出渗水。

排水导渗的作用是增强坝体的排水能力，将已经渗入坝体和坝基的水，在不致引起渗透破坏的情况下，顺畅地排出坝外，增强坝体的稳定性。根据排水导渗的形式和使用的部位不同，可分为导渗沟法、贴坡排水法、导渗砂槽法、排渗沟法、排水盖重法、减压井法等。

6.2.4.6 石灰岩地区渗漏的处理方法

在石灰岩地区修建水库的主要问题是地下溶洞、泉水、暗河、陷阱等引起的库区和坝基渗漏的问题。总结各地区在这类地区筑坝的经验，对库区的坝基防渗的方法有铺盖法、堵塞法、截水墙或帷幕灌浆法、导泄法、围井法和隔离法 6 种方法。

1. 铺盖法

对库内均匀岩溶裂隙漏水地带，可用黏土（或混凝土）作铺盖防渗。这种熔岩地区铺盖设计，与砂砾石透水层防渗铺盖的设计略有不同。应视地质情况重点放在溶洞或渗透集中的个别地段，将漏水岩石地段铺盖起来，与其周围非岩溶地层相连接，使库底形成一个封闭的防渗层。因此，对铺盖除要求分层压实紧密，铺至一定厚度以外，并要与四周不透水层接合良好，才能发挥有效的作用。

应该注意，在岩溶地区进行维修水库时，必须保护水库内的天然覆盖层，不能在水库内取土，以免破坏天然铺盖，造成或加重库区漏水。有些水库大面积均匀溶隙漏水，每年引含砂量大的洪水蓄水，利用洪水淤积，形成天然铺盖防渗，也有一定的效果。

2. 堵塞法

此法是经查明溶洞通道或漏水洞穴系统之后，在其中段或上口加以堵塞，切断地下水通道，起到防渗的作用。对溶洞系统较为简单或个别孤立的落水洞或坝基出水的小泉眼此法效果较好。

堵塞法分全部堵塞和局部堵塞两种：全部堵塞是将洞身全部充填，按照反滤级配原理，将溶洞填筑大块石、碎石、砂子与黏土；局部堵塞仅需将溶洞、暗河切断，阻隔地下水通路即可。

泉井堵塞是一项必须重视的坝基处理工程，因为泉井能造成水库漏水和坝基管涌。堵塞泉井时，应先清除井口范围的松动土石至基岩为止，以大块石堵塞井口，再依次填以小石、碎石和粗细砂后，用混凝土或浆砌石封堵。当坝基有多股小泉眼或分散出露的无压裂隙水时，一般在坝体回填时把它堵塞在坝基下。堵塞时应先小后大，先高后低，先山边后河床，先堵坝轴线上游、后堵坝轴线下游。

水库在蓄水期间发生溶洞集中漏水时，也可借助水力冲填砂石加以堵塞。先将碎石冲入漏水溶洞，然后再冲填粗砂和细砂，最后沉下黏土，截断渗水。广东省连县曾经用过这种方法，效果尚好。

3. 截水墙或帷幕灌浆法

采用开挖截水墙或帷幕灌浆法截断强透水层也是一种有效的防渗措施。当坝基岩溶不很发育，没有大的溶洞，只有小的溶洞（直径小于 1m）和溶蚀裂隙漏水时，宜于采用这种方法。

当相对漏水层埋藏较浅时，可用开挖法筑截水墙切断漏水通道。截水墙应挖至相对隔水层，并以采用混凝土或圬工砌体作截水墙材料最佳。

当岩溶透水层埋藏较深时，可采用帷幕灌浆法。用钻机打孔，灌注水泥浆或水泥黏土混合浆等形成防渗帷幕。这种方法对于裂隙性岩溶的充填与胶结有其独特作用，并能使用于深层溶洞和地下水很深地段。

4. 导泄法

在坝基开挖中出现泉水或漏水点而堵塞困难时，可用导泄法把泉水引出坝外。一般在泉水的出口处，砌以石块和粗细砂，作成反滤形式导泄。通常对坝轴线上游的泉水以堵塞为佳，对坝轴线下游的泉水以导泄出坝体为佳。但是，当坝轴线上游泉水流量大，水头高，堵塞困难，且泉水的下游有隔水层并与水库外地下水无关联时，可在坝的内坡作导管，把泉水导入库内。若泉水与水库外地下水有关联，导入库内反会变成库内漏水通道，则应导出坝外，并应在导管顶端作一截水墙，尽量截断库水与地下水的联系，截水墙不能离上游坝坡脚太近，并应在上游做铺盖减少漏水量。

5. 围井法

在库区回水范围内有反复泉，雨季出水，旱季落水或周期性的反复出水落水，堵塞困难，不堵塞又是漏水通道；或者在库区内有直径较大的落水洞竖井，深度、宽度较大，大小溶洞连通，要把溶洞逐个加以堵塞，工程量很大且不保险，此时可采用围井法处理。具体作法是在反复泉或落水洞口四周，筑黏土围井（如水头较高而洞口又不太大时，则可用混凝土或圬工作围井）。围井高度应高出水库最高洪水位。作围井时应注意围井的基础一定要放在不透水层或完整的基岩上。云南省蒙自县长桥海水库即采用围井法处理库区内落水洞，收到良好效果。

6. 隔离法

当库内个别地段落水洞竖井集中，溶洞很多，采用铺、堵、截、围的方法处理都极为困难时，可采用隔离法，把落水洞集中的漏水地段作隔堤与水库隔开，以保证蓄水。如云南省曲靖县胡家坟水库库区漏水即用隔离法处理，收到了较好的效果。

上述各种处理方法，根据具体情况，可单独使用，也可综合使用。对一般坝址区的渗漏多用铺、堵、截、导的方法。对水库区的渗漏则多采用铺、堵、围、隔的方法。

6.2.4.7 反滤层的应用

1. 对反滤层的要求

设置反滤层是防止土体发生管涌的有效措施。在渗流的出逸处，或渗流从细粒土流向粗粒土时，为防止渗水将土粒带走，往往在出逸面或接触面用透水料铺设一定厚度的透水层，使渗流自由通过，而不允许被保护土粒穿过透水层，这种透水层即称为反滤层。

在透水性较小的塑性斜墙或心墙与透水性较大的坝身土料相接处，以及排水设施与坝身和坝基相接处，均应设置反滤层，以防止产生管涌，引起坝身或坝基严重渗漏或塌陷。

为使渗水能自由通过而又不带走土粒，反滤层必须符合下列条件：

（1）反滤层材料的孔隙大小应不允许被保护土的土粒穿过。但是少量的特别小的颗粒例外，它们允许被带走。因为只要土壤中的骨架颗粒不被带走，就不会产生危险的变形。

（2）反滤层中粒径较小的一层土粒，不允许穿过粒径较大的一层。

（3）反滤层的透水性应远较被保护土体大，并应保证反滤层不被淤塞。

（4）反滤层应有足够的厚度以保证其均匀性。

（5）反滤层透水料应采用坚硬的砂砾或碎石，并具有耐风化，耐溶蚀的特性。

2. 反滤层的设计

设计反滤层的任务主要是：选择宜于作反滤层的天然土料（取土场土料）和人工土料

（碎石）；计算反滤层的层数和厚度；规定反滤层各层的最大偏差等。

6.2.5　土石坝护坡破坏的修理

护坡破坏的修理，按修理的性质，可分为如下两种情况：

（1）临时性紧急抢护。当护坡遭受风浪或冰凌破坏时，为防止破坏范围扩大和险情不断恶化，应采取临时性的抢护措施。

（2）永久性加固修理。经过认真分析研究护坡破坏的原因，采取永久性加固修理措施。

6.2.5.1　临时性紧急抢护

1. 砂袋压盖抢护

当风浪不大，局部护坡松动脱落，但垫层未被淘刷时，可用砂袋压盖护坡破坏部分。压盖范围应超出破坏，边缘 0.5～1.0m，厚度应不少于两层，并纵横互叠。如垫层和坝体已被淘刷，在压盖前，应先抛填 0.3～0.5m 厚卵石或碎石，然后用砂袋压盖。

2. 抛石抢护

当风浪较大，局部护坡已有冲失坍塌时，则采用抛块石压盖。石层越厚，块石越大，抛石体越稳定；抛石越集中，越迅速越好。如垫层及坝体已被淘刷，抛石前最好先抛填一层卵石或碎石，厚度 0.3～0.5m，然后再抛石。

3. 石笼抢护

当风浪特大，护坡破坏较严重，非上述抢护方法所能抗御时，可放置块石竹笼（或铁丝笼）压盖。块石可就地装笼，然后系住石笼的一端，再用木棍撬动就位；如破坏面积较大，可以并列数个块石笼，笼间用铁丝扎牢和填塞块石，防止滚动。

6.2.5.2　永久性加固修理

护坡破坏经临时紧急抢护而趋于稳定后，必须抓紧时机，创造条件及时进行永久性的加固修理，以免遭受更严重的破坏。至于采用何种加固修理措施，应根据护坡破坏的主要原因，如原护坡结构形式，破坏范围的大小，建筑材料，气温和风力，施工设备和库水位情况，技术上的可靠性和经济上的合理性等有关因素，经综合分析比较后合理选定。

在一般情况下，应首先考虑在现有基础上填补翻修，如填补翻修不足以防止局部破坏，可研究其他处理措施，甚至改变护坡形式。现将常用的加固修理方法分述如下。

1. 填补翻修

由于护坡原材料质量不好，施工质量差而引起的局部脱落、塌陷、崩塌和滑动等破坏现象。可采取填补翻修的办法处理。首先把紧急抢护时所压盖的物料全部清除，并按设计要求先把滤层填补完整，然后再按原护坡类型（干砌块石、浆砌石块、堆石、草皮、混凝土、沥青渣油），进行翻修护砌。

2. 干砌石缝黏结

对于护坡石块较小、不能抗御风浪冲刷、需要加固的干砌石护坡和框格砌石护坡，可用砂浆或细石混凝土等填缝，使石块结合成较大的整体，增强其抗御冲刷的能力；对块石尺寸较大，但施工质量差，不能抗御风浪冲刷的，也可用沥青渣油和沥青混凝土充填缝隙，加强原护坡的整体性，其修补方法如下：

(1) 将块石缝隙内的泥砂杂物清除，并冲洗干净。

(2) 向块石缝隙填注黏结料。

(3) 对较大缝隙，填黏结料后应再用手锤楔入小片石，以减少黏结料用量，并增强砌体的紧密度。

(4) 将缝面上所有松散浆料及污物凿掉并冲洗干净，然后用不低于 M5.0 水泥砂浆勾缝。

(5) 采用水泥砂浆勾缝的护坡，为防止水泥砂浆早期干缩曝裂，勾缝后要注意养护，养护期不少于 7d。当气温低于 0℃时，要采取保温措施。

3. 混凝土盖面加固

对于原来砌块尺寸太小，厚度不足，强度不够，而风浪较大，需要加固的干砌石护坡和浆砌石护坡等，可在原砌体上部浇筑混凝土盖面，以增强其抗冲能力。首先将原砌体缝隙及护坡表面刷洗干净，然后自下而上在原护坡面上浇筑 C10～C15 混凝土盖面，一般混凝土厚度 5～7cm。浇筑混凝土时，每隔 3～5m 用沥青木板分缝。如原护坡因垫层问题而引起破坏，翻修部位应补作垫层或排水暗沟，其他可参照本章混凝土护坡的填补翻修。

我国沿海地区几座土石坝，采取混凝土盖面加固后，经十级台风考验，没有发现护坡损坏，改变了以往年年抢护维修的被动局面。

4. 框格加固

适用于石块较小及砌筑质量差的干砌石护坡的修理加固。按框格所用材料不同可分为以下两种：

(1) 浆砌石框格。框格是用原干砌块石护坡中尺寸较小的块石浆砌而成。框格砌好后，根据设计要求，可先往框格内铺垫层，然后再用石块干砌填满。

(2) 混凝土框格。框格是用混凝土筑成，有现场浇筑和预制两种。预制框格构件的造型统一，可以拼砌成各种格式。

5. 沥青渣油混凝土护坡

沥青渣油混凝土既具有塑性又具有弹性，是护坡的新型材料。当护坡损坏严重，缺乏其他刚性护坡材料，而又容易解决沥青渣油材料，且较经济时，可采用这种材料护坡。沥青渣油混凝土护坡，能适应坝坡的变形。当坝坡有轻度变形时，不致使护坡产生裂缝。

6. 局部翻砌

此方法适用于原有设计比较合理，只是由于土坝施工质量差，护坡产生不均匀沉陷，或由于风浪冲击，局部遭到破坏，可按原设计恢复的情况。在翻砌前，先按坝原断面填筑土料和滤水料的垫层，再进行块石砌筑。要求做到：

(1) 在砌筑块石时，须预先试行安放，以测试块石应锤击修凿的部位。修凿的程度，要求达到接缝紧密，块石间能有较大的缝隙，一般称“三角缝”。

(2) 块石应立砌，其间互相锁定牢固，不应平砌或块石大面向上，底部架空。

(3) 筑的竖向缝必须错开，不应有直缝。

(4) 石缝的底部如有较大空隙，应用碎石填满塞紧，要做到底实上紧，避免垫层砂砾料由石缝被风浪吸出，造成护坡塌陷破坏。

(5) 防止护坡因块石松动，淘刷垫层，而使整体护坡向下滑动。

为此，有的在迎水坡上顺轴线方向设置浆砌石齿墙的阻滑设施，如图 6.22 所示。实践证明，采取了这一措施，效果显著。

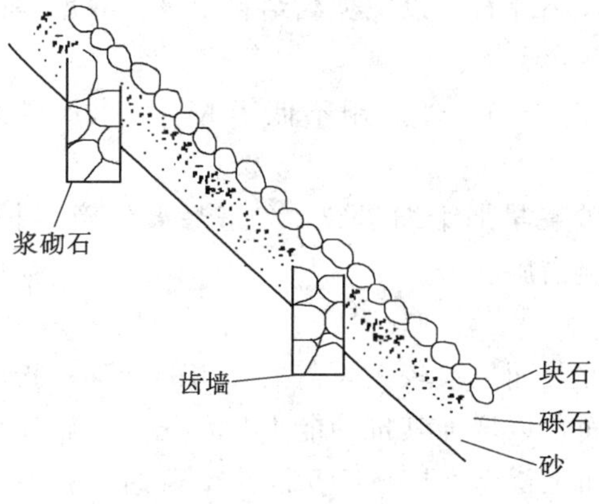

图 6.22　浆砌石齿墙护坡示意图

7. 全面浆砌块石

当采用混凝土或砂浆灌注石缝加固，不能抗御风浪淘刷和结冰挤压时，可利用原有护坡的块石进行全面浆砌。在砌筑前，将原有的块石洗干净，以利于块石与砂浆紧密结合。砌筑块石时，必须保护好下边垫层，防止水泥砂浆浸入。一般采用 M5 的砂浆，勾缝为 M8 的砂浆，并一律采用块石立砌。为适应土坝边坡不均匀沉陷和有利于维修工作，应分块砌筑，并设置伸缩缝。一般分块的面积以 5～6m^2 为宜，并应留一个排水孔或排水缝以利于排除土体内渗水。

8. 块石混凝土护坡

使用这种加固方法，可以利用原护坡块石，就地分块浇筑混凝土护坡，也有用预制混凝土板护坡的，并做好接缝处理和排水孔（缝）。采用这种护坡，比全面浆砌方法的优点是能抗御较大风浪的淘刷，耐冻性强，可就地使用块石。但也有缺点，如需要较多的水泥、砂、碎石，工程造价高，工期较长。在我国沿海附近地区的土坝护坡，遭受台风袭击，如采用浆砌块石护坡，仍会遭受破坏对，因此常采用这一加固措施。

6.2.5.3　土石坝上游护坡的冻害与防治

对于严寒地区的平原水库，由于冰面大，上游护坡遭受冰冻破坏极为严重，每年需投入大量人力物力进行修理，既浪费又影响水库的正常运行。如不及时修理或修理不符合要求，就会形成恶性循环，即冻害—风浪淘刷—再冻害，直至坝坡大面积破坏，使险情恶化或扩大。因此，严寒地区防治土石坝上游坝坡冻害是一项重要的任务。

1. 冰与冰压力

寒冷和严寒地区的水库，库面在冬季将冻结成一层冰晶体，冰层厚度有些地区可达 1m 以上。当气温回升时，冰层膨胀，随即对岸边和坝坡产生静冰压力。冰块破碎后，又会产生撞击在坝面的动冰压力。

2. 冰冻对土石坝上游护坡的破坏

在寒冷地区，特别是严寒地区，土石坝上游护坡在冰冻的作用下，易产生下列破坏情况。

（1）坝坡土体冻胀。当坝坡土体表层未设砂壳保护层或保护层厚度不足、不均匀且护坡下坝坡土体为粉质黏土、黏质壤土或粉土时，坝坡浸水后，冰冻期坝坡土体易产生不均匀冻胀。

（2）冰盖的破坏作用。寒冷和严寒地区，水库的冰盖产生沿坝坡向上爬升的现象，当冰盖裂缝内进水冻结后，又增加了冰盖的膨胀量，如此交替循环，膨胀量就逐渐增大，冰盖便沿坝坡不断上爬，特别是当冰盖与护坡冻结在一起时，其破坏作用更加严重，冰盖能产生很大的静冰压力，瞬时静冰压力可达 40～50N/cm²，所以冰盖的推力能严重破坏护坡，如图 6.23 所示。

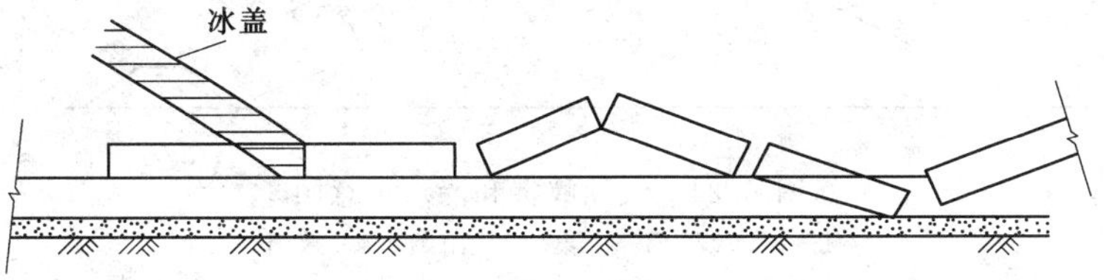

图 6.23 冰盖破坏护坡示意图

3. 土石坝护坡冻害的防治

多年来，土石坝护坡的冻害防治始终是一个难以解决的问题，目前尚未找到特别有效而又经济的办法，下面介绍几种措施。

(1) 梢捆防冻。这是一种地方性的办法，在盛产梢柴的地区可以采用。在使用时，将梢柴（条）用铁丝捆绑成圆柱状，当库面刚结成薄冰层时，沿坝坡与冰面的交线，将薄冰刨碎，再将梢捆放入。当冰盖开始融化时，静冰压力作用在梢捆上，使冰盖与护坡脱离接触，这样梢捆对冰压力起到缓冲作用，使护坡免受破坏。

(2) 吹气防冻。坝体不长时，对有条件的枢纽工程，可沿坝坡与冰面交线附近装设供气管路，每隔一定的距离设出气管口，并插到防冻部位的水下，用风泵或空气压缩机供气，通过定时在水下吹气，搅动水面，保持水面不结冰。吹气次数，根据当地气温变化灵活掌握。

(3) 破冰防冻。沿坝坡与冰面的交线，将冰盖每隔一定时间就刨碎一次，使坝面与冰盖交线处的水永不冻结，形成不冻槽，这样可使护坡免遭静冰压力的破坏。此法简单易行，但必须指派专人负责，按一定的时间进行。

6.2.6 白蚁的防治

白蚁的危害范围很广，如房屋、仓库、交通及电信设备、书籍织物、水库堤坝、农林作物以及橡胶、塑料、金属等，几乎危害到国民经济的各个领域。

白蚁按栖居习性不同，大致可分为木栖白蚁、土栖白蚁和土木两栖白蚁 3 种类型。危害堤坝安全的是土栖白蚁。

6.2.6.1 土栖白蚁对大坝的危害

土栖白蚁在大坝土壤里营巢筑路，到处寻水觅食。随着巢龄的增长和群体的发展，主巢搬迁由浅入深，巢体由小到大，主巢附近的副巢增多，蚁道蔓延伸长，纵横交错，四通八达。据考察估计，一个黑翅土白蚁的成年群体，其个体总数可达 100 万～200 万个。

主巢离地表的深度可达 2～3m，甚至更深；大的主巢直径在 1m 以上；副巢数达 100 余个，其直径也有 20～40cm；蚁道粗一般为 1.5～5cm，较大的可达 6～7cm，有的蚁道贯穿堤坝内外坡，成为涨水时的漏水通道如图 6.24 所示。一旦洪水来临，上游水位抬高，将产生堤坝漏水、散浸、跌窝和管涌等险情，甚至发生决堤垮坝的严重事故。

根据对土栖白蚁巢群发展的观察和研究认为，一对有翅繁殖蚁分飞后，脱翅、配对、

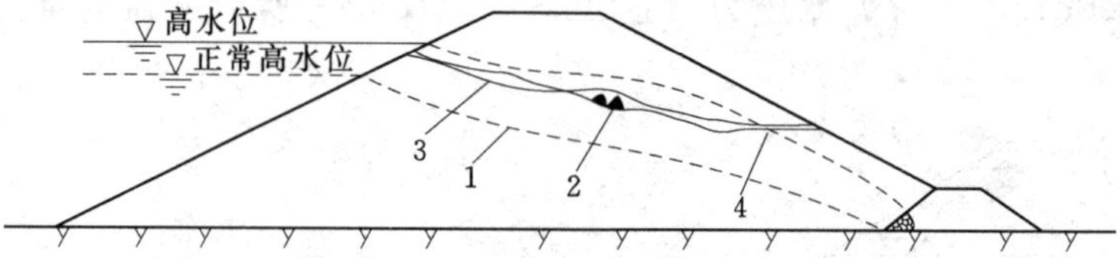

图 6.24 大坝蚁害和漏水示意图

1—浸润线；2—主巢；3—菌圃；4—蚁道

钻入浅层土壤，筑一个简单的空腔开始，发展到拥有几十万至上百万个体的大型巢群，大约需要 10～15 年的时间。我国堤坝大多建于 20 世纪 50 年代末和 60 年代初，至今已有 30 年左右的历史，因此，这些堤坝的蚁害已相当普遍和严重。鉴于白蚁对堤坝危害的广泛性和隐蔽性，全国各地的水管部门及科技工作者对堤坝白蚁的危害十分重视。10 多年来，在防治堤坝白蚁上，摸索出很多有效的方法，积累了不少经验，为保障堤坝的安全做出了很大的成绩。

6.2.6.2 大坝白蚁的检查与观察

土栖白蚁的分布大致有如下规律。

堤坝的背水坡较多，迎水坡较少；坝身上部较多，下半部较少；高水位持续时间短；蓄水浅的堤坝多，常年高水位蓄水的少；黏性土壤的堤坝多，砂质土壤的少；早期修建的堤坝多，新建的少；周围是松木山林的堤坝多，是水田旱地的少；靠近丘陵山地的堤坝多，靠近平原湖泊的少；荒野堤段多，居民集中的堤段少。堤坝中土栖白蚁的巢和菌圃大多筑在浸润线上方附近。

对堤坝白蚁的灭治，特别是对堤坝蚁害病患的处理，需要找到蚁巢的位置。蚁巢的寻找，通常采用问、找、挖的步骤进行，现分项叙述如下。

1. 调查蚁害情况

在灭治堤坝白蚁前，要进行调查研究。如了解建坝历史；坝型结构；坝身用料情况；是否利用小山包作坝体；坝身与两端相连山坡的蚁害情况；坝体的扩建及扩建前的蚁害情况；水库的常蓄水位及浸润线的位置；有翅成虫的分飞时间、部位和数量；堤坝的渗漏情况等。经过上述调查，可大致判断白蚁来源。蚁巢位置、危害蚁种、危害程度等情况，有利于指导我们对蚁巢具体位置的寻找和提出有效的灭治方法。

2. 寻找堤坝白蚁的方法

寻找堤坝白蚁的方法有以下两种：

(1) 普查法。根据白蚁的生活习性，寻找白蚁修筑的泥被、泥线和分飞孔等地表活动迹象，每年在 3—6 月和 9—11 月白蚁活动盛期，组织专业灭蚁技术人员或经过短期训练的群众，在堤坝内外坡面的每一部位进行仔细检查。

(2) 诱蚁法。在雨水冲刷和人畜踩踏的坡面，用普查法寻找白蚁活动的地表迹象较为困难，此时可采用诱蚁法。诱蚁法常分为坑诱法和堆诱法两种。

3. 寻找主蚁道

查到堤坝白蚁的地表迹象或活动痕迹后，即可寻找主蚁道，目前采用下述方法：

(1) 从泥被、泥线找主蚁道。发现泥被、泥线后，先铲去其周围 $1m^2$ 的草皮，然后，仔细地铲去泥被、泥线，即可找到半月形的小蚁道。此时可用喷粉器将滑石粉喷入小蚁道，或用细草茎插入小蚁道，再顺着白粉或细草茎挖出呈拱形较粗大的主蚁道。

(2) 由分飞孔找主蚁道。找到分飞孔后，挖开分飞孔便会发现较宽阔的呈半月形的候飞室。一般候飞室下连主蚁道，与主巢相通，距主巢较近。由分飞孔找主蚁道省工省时，但受季节限制，只有在分飞季节时才能采用。

(3) 开沟寻找主蚁道。在泥被、泥线的上方，顺堤坝轴线开挖一条深1.0m，宽0.5m，长若干米的沟，一般均能截断蚁道。白蚁为了保持正常生活，一般在1～2d后就会重修蚁道，把切断的蚁道修复连通。可根据新修的蚁道追挖主蚁道。

(4) 用诱蚁法寻找主蚁道。诱蚁法可引来大量白蚁取食，并形成蚁道，可顺着该蚁道追挖主蚁道。

(5) 翻铲枯萎杂草找主蚁道。铲开杂草根蔸找到白蚁时，可跟踪白蚁去向找出小蚁道，再顺着挖出主蚁道。

4. 确定巢位

找到主蚁道后，尚需判断和确定蚁巢位置，目前常用的方法介绍如下：

(1) 沿主蚁道追挖蚁巢。找到主蚁道后，可发现蚁道由小到大，多数蚁道朝着一个方向或发现菌圃、菌圃腔，菌圃颜色渐深且由小到大，当锄触土有空洞回声时，则不远处便可获得蚁巢。

(2) 利用锥探确定巢位。用长4～5m，直径3cm左右的钢钎一根，在有白蚁活动地表迹象的一定范围内，间距0.5m，排成梅花形用力向下锥探，如有突然掉锥现象，即可判断地下有空洞或蚁巢。

(3) 根据鸡纵菌寻找蚁巢。鸡纵菌呈伞状，灰褐色，可食用，多长在土栖白蚁主巢和菌圃上方，一般在高温、高湿的夏季，下过透雨后，质地疏松的黄棕色土壤地面上容易长出。顺鸡纵菌向下挖即可找到蚁巢。

(4) 利用放射性同位素探巢。放射性同位素碘或锑，制成小丸剂（或小条剂）引饵，放入主蚁道内，让白蚁食用。然后用辐射仪可探出土壤中的主蚁道。此方法由于土层对射线吸收较大，难以探出更深的巢位。

6.2.6.3 大坝白蚁的防治

1. 防治

土栖白蚁对堤坝的危害既隐蔽又严重，在白蚁对堤坝造成严重危害之前，通常不易被人们发现。另外，堤坝中产生白蚁的原因很多，防治白蚁的工作是经常而长期的，所以必须贯彻“防重于治，防治结合”的方针，以保障堤坝的安全，预防堤坝白蚁一般有如下措施：

(1) 做好清基工作。对新建的堤坝和扩建的加高培厚工程，施工前，必须做好清基工作，清除杂草和树根，并仔细检查白蚁隐患，认真地做好附近山坡白蚁的灭治工作；对料场的清基亦应予以重视，严禁杂草树根上堤坝，以避免蚁患填埋于堤坝中，造成严重隐患。

(2) 毒土防蚁。利用化学药剂处理堤坝土壤，可以防止外来白蚁的侵入和灭治堤坝浅层的初建巢群。目前各地常用的药剂有五氯酚钠水溶液、氯丹乳剂、可湿性六六六粉、煤油或柴油等，在毒土处理时，要防止库水的污染并注意人畜的安全。对新建堤坝，当施工接近常水位浸润线位置时，开始在堤坝内外坡的表层土以下及两端与山坡接合处，设置一道毒土防蚁层，使堤坝在浸润线以上形成封闭式防蚁结构。

(3) 灯光诱杀有翅成虫。每年在 4—6 月的分飞季节，利用有翅成虫的趋光习性，在坝区外装置黑光灯（或气灯、煤油灯）诱杀有翅成虫，以防止附近山地有翅成虫落到堤坝上建巢。

(4) 改变堤坝表土结构、改变堤坝表层土壤结构，可造成不利于白蚁生存的条件，以阻止新群体的产生。

(5) 生物防治。土栖白蚁大量活动期间和有翅成虫的分飞季节，在堤坝上放养鸡群，能将刚落在坝面上的有翅成虫啄食。白蚁的天敌很多，主要有青蛙、黑蚂蚁、蜻蜓、蝙蝠、燕子、麻雀等。它们对抑制土栖白蚁新群体的产生和原群体的扩展有重要作用，因此，对白蚁的天敌要进行保护并加以利用。

(6) 加强工程管理。禁止在堤坝上长期堆放柴草、木材等白蚁喜食的杂物，并经常清除堤坝上的枯草和树蔸，逐步更换堤坝附近白蚁喜食的绿化树种（如大叶桉等），可减少外来白蚁蔓延到堤坝上来。

2. 堤坝白蚁的灭治方法

灭治土栖白蚁的方法较多，一般可归纳为熏、灌、挖、喷、诱 5 种。现将常用的灭蚁方法分述如下：

(1) 磷化铝（或磷化钙）熏杀。利用磷化铝在空气中易吸收水分而产生极毒的磷化氢气体来熏杀白蚁。

(2) 灌毒泥浆毒杀。灌毒泥浆不仅能毒杀白蚁，还有填补蚁巢、空腔、蚁道和加固堤坝的作用。利用分飞孔，挖出主蚁道灌浆或在鸡枞菌位置锥孔灌浆，则效果更好。

(3) 挖巢灭蚁。挖巢灭蚁方法简单，可发动群众进行，取巢后要及时熏灌残留在蚁道内的白蚁，杜绝后患。挖巢后，及时回填并结合工程处理，但在汛期翻挖蚁巢，应特别注意堤坝的安全。此法的缺点是工程量较大。

(4) 喷灭蚁灵粉剂毒杀。灭蚁灵纯品是一种白色或淡黄色晶体，无气味，通常配成 75%粉剂，属慢性胃毒性杀虫剂。

(5) 灭蚁灵毒饵诱杀。此法由诱喷灭蚁灵粉方法改进而成，是目前灭治堤坝白蚁行之有效的新技术，已被广泛采用。

(6) 灭蚁灵毒饵诱杀结合毒土灌浆。经多年的实践观察，发现用灭蚁灵毒饵诱杀土栖白蚁，在死蚁巢会腐生真菌并长出地面，其形状有棒形、鹿角形和鸡冠形等，颜色一般为墨色、灰黑色和灰白色，俗称炭棒菌。因此，炭棒菌的下面即是蚁巢，它成为寻找蚁巢的指示物。投放灭蚁灵毒饵到地面长出指示物所需的时间，与温度，湿度、巢位深浅和白蚁群体大小等因素有关，最少为 20d，时间长的在半年以上，只要每隔 10～20d 找菌一次，一年内可找到全部死蚁巢体，再造孔灌浆，堤坝蚁害隐患可基本消除。

以上方法均有一定效果，但各有优缺点，可根据当地情况，因地制宜地采用，或进行综合治理，以便有效地消灭蚁患，保障堤坝安全。

6.3 混凝土坝运行管理与维护

用混凝土修建的挡水坝称混凝土坝，它是一种整体结构。混凝土重力坝的主要特点是坝体依靠自身重量维持稳定，混凝土拱坝是固结于基岩上的空间壳体结构，既有拱的作用也有梁的作用，混凝土坝工作安全性较高，抗冲能力较强。但是，由于工程设计、施工、运用管理等原因，在其运行过程中，往往也会出现混凝土的风化、磨损、剥蚀、裂缝、渗漏等现象，甚至出现大坝破坏。因此，必须加强对混凝土坝运用管理，同时做好大坝的养护管理。

混凝土坝常见的病害有以下3种。

1. 坝和地基的抗滑稳定性不足

混凝土重力坝必须同时满足强度和稳定两方面的要求。一般中等高度以下的重力坝，其强度条件较易得到保证，而抗滑稳定要求，则往往成为大坝设计的控制条件。特别当坝基内存在软弱夹层时，坝和地基的抗滑稳定性不够，常常成为一种常见的最危险的病害现象。

2. 坝体裂缝和渗漏

对于拱坝和连拱坝，由于坝身尺寸较为单薄，加以作为超静定结构，对温度和地基的变形十分敏感，因此，在各种荷载组合作用下，常于坝体内产生较大的拉、压应力。当应力超过材料的允许应力时，将在坝体内引起裂缝，并造成坝体渗漏。对于重力坝，当施工质量较差时，在温度和地基不均匀沉陷变形的影响下，也可能出现不同程度的坝体裂缝和渗漏。

3. 坝基渗漏与绕坝渗漏

一般情况下，坝基往往存在不同程度的缺陷，其渗透性多不能满足设计要求，水库蓄水后常易产生坝基渗漏现象，通常均要求对坝基进行灌浆处理。由于山体岩石破碎或在大坝施工时山体出现过滑坡等，在坝体施工中处理不够，以及水库蓄水后产生绕坝渗漏现象，在水库运行期需进行处理。

本节将分别介绍上述病害的处理方法。

6.3.1 混凝土坝的日常养护工作

1. 一般规定

(1) 养护包括工程表面、伸缩缝止水设施、排水设施、监测设施等的养护，以及冻害、碳化与氯离子侵蚀、化学侵蚀等的防护。

(2) 管理单位应根据有关规程规定，并结合工程具体情况，确定养护项目和内容。

(3) 严禁在大坝管理和保护范围内进行爆破、炸鱼、采石、取土、打井、毁林开荒等危害大坝安全和破坏水土保持的活动。

(4) 严禁将坝体作码头停靠各类船只。在大坝管理和保护范围内修建码头，必须经大坝主管部门批准，并与坝脚和泄水、输水建筑物保持一定距离，不得影响大坝安全和工程管理。

(5) 经批准兼做公路的坝顶，应设置路标和限荷标示牌，并采取相应的安全防护措施。

(6) 严禁在坝面堆放超过结构设计荷载的物资和使用引起闸墩、闸门、桥、梁、板、柱等超载破坏和共振损坏的冲击、振动性机械；严禁在坝面、桥、梁、板、柱等构件上烧灼；有限制荷载要求的建筑物必须悬挂限荷标示牌。各类安全标志应醒目、齐全。

2. 表面养护和防护

(1) 坝面和坝顶路面应经常整理，保持清洁整齐，无积水、散落物、杂草、垃圾和乱堆的杂物、工具。

(2) 过水面应保持光滑、平整，否则应及时处理；泄洪前应清除过水面上能引起冲磨损坏的石块和其他重物。

(3) 冻害防护可采取下列措施：

1) 对于易受冰压损坏的部位，可采用人工、机械破冰，或安装风管吹风、水管喷水扰动等防护措施。

2) 冻拔、冻胀损坏防护措施：①冰冻期注意排干积水、降低地下水位，减压排水孔应清淤、保持畅通；②采用草、土料、泡沫塑料板、现浇或预制泡沫混凝土板等物料覆盖保温；③在结构承载力允许时可采用加重法减小冻拔损坏。

3) 冻融损坏防护措施：①冰冻期注意排干积水，溢流面、迎水面水位变化区出现的剥蚀或裂缝应及时修补；②易受冻融损坏的部位可采用物料覆盖保温或采取涂料涂层防护；③防止闸门漏水，避免发生冰坝和冻融损坏。

(4) 碳化与氯离子侵蚀防护应采取下列措施：

1) 对碳化可能引起钢筋锈蚀的混凝土表面采用涂料涂层全面封闭防护。

2) 对有氯离子侵蚀的钢筋混凝土表面采用涂料涂层封闭防护，也可采用阴极保护。

3) 碳化与氯离子侵蚀引起钢筋锈蚀破坏应立即修补，并采用涂料涂层封闭防护。

(5) 化学侵蚀防护应采取下列措施：

1) 已形成渗透通道或出现裂缝的溶出性侵蚀，采用灌浆封堵或加涂料涂层防护。

2) 酸类和盐类侵蚀防护措施：①加强环境污染监测，减少污染排放；②轻微侵蚀的采用涂料涂层防护，严重侵蚀的采用浇筑或衬砌形成保护层防护。

3. 伸缩缝止水设施养护

(1) 各类止水设施应完整无损、无渗水或渗漏量不超过允许范围。

(2) 沥青井出流管、盖板等设施应经常保养，溢出的沥青应及时清除。

(3) 沥青井5～10年加热一次，沥青不足时应补灌，沥青老化及时更换，更换的废沥青应回收处理。

(4) 伸缩缝充填物老化脱落，应及时充填封堵。

4. 排水设施养护

(1) 排水设施应保持完整、通畅。

(2) 坝面、廊道及其他表面的排水沟、孔应经常进行人工或机械清理。

(3) 坝体、基础、溢洪道边墙及底板的排水孔应经常进行人工掏挖或机械疏通，疏通时应不损坏孔底反滤层。无法疏通的，应在附近补孔。

（4）集水井、集水廊道的淤积物应及时清除。

5. 监测设施养护

（1）各类监测设施应保持完好，能正常监测。

（2）对易损坏的监测设施应加盖上锁，建围栅或房屋进行保护，如有损坏应及时修复。

（3）动物在监测设施中筑的巢窝应及时清除，易被动物破坏的应设防护装置。

（4）有防潮湿、锈蚀要求的监测设施，应采取除湿措施，定期进行防腐处理。

（5）遥测设施的避雷装置应经常养护。

6. 其他养护

（1）有排漂设施的应定期排放漂浮物；无排漂设施的可利用溢流表孔定期排漂，无溢流表孔且漂浮物较多的，可采用浮桶、浮桶结合索网或金属栏栅等措施拦截漂浮物并定期清理。

（2）坝前泥沙淤积应定期监测。有排砂设施的应及时排淤；无排砂设施的，可利用底孔泄水排淤，也可进行局部水下清淤。

（3）坝肩和输、泄水道的岸坡应定期检查，及时疏通排水沟孔，对滑坡体应立即处理。

6.3.2 增加重力坝抗滑稳定性的措施

重力坝抗滑稳定特点包括以下几个方面：

（1）大坝滑动通道具有特定性和多元性：重力坝内有软弱结构面，抗剪强度低于基岩，形成了滑动的特定通道，而这种软弱结构面是多层的，通道具有多元性，性状、成因和充填物等都比较复杂。

（2）坝体连同坝基部分岩体同时滑动：如果滑动发生在介质分界面上，物理力学性质很难界定，属于不连续各向异性体，应力应变状态十分复杂。

（3）对下游尾岩抗力体的依赖性：在水平载荷下，基岩不能维持自身的稳定，坝体只有依靠下游尾岩抗力体才能满足稳定性，并且自身稳定性的安全系数小于1。

（4）抗滑稳定安全度判据的多元性：坝体滑动带动滑动面以上的部分，而只有依靠下游尾岩抗力体才能维持稳定，其稳定平衡系统由五个部分构成：坝体、滑动基岩、软弱结构面、软弱结构面下部基岩、下游尾岩抗力体，难以用单一的安全系数来衡量。要靠坝基、坝体、安全系数、尾岩等应力应变来综合判定。

6.3.2.1 重力坝抗滑稳定性不足的主要原因

重力坝抗滑稳定性相关指标包括坝与地基或坝基内软弱夹层的抗剪强度指标，坝基扬压力，坝体所受垂直和水平荷载等，特别是地基的抗剪强度指标，由于变化范围极大，对重力坝的抗滑稳定性常起着最关键的作用。归纳起来，最常见的原因有以下几个方面：

（1）坝基地质条件不良，坝体建造于较差的地基上。在勘测工作中，常由于各种原因，对坝基地质条件缺乏全面了解，特别是当忽略了坝基内摩擦系数极小的薄层黏土夹层或软弱结构，平时往往因为在设计中采用了过高的抗剪强度指标而造成抗滑稳定性不足。

（2）设计时坝体断面过于单薄，自重不够，在水平推力作用下，使坝体上游面底部形成拉力裂缝，增大了扬压力，导致坝体稳定性不足。

（3）施工时由于地基处理不彻底，开挖深度不够，将坝体置于强风化岩层上，使坝与地基接触面之间的抗剪强度指标减小，而坝底扬压力却超过设计计算数值。

（4）由于各种原因造成防渗帷幕断裂漏水，或者由于管理不善而造成排水设备堵塞失效，这样均将增大坝基渗透压力，减小坝体的抗滑稳定安全系数。

（5）在运行中，由于管理不善，造成水库水位超过设计最高水位，甚至出现洪水漫坝情况，增大了坝体所受水平推力。此外，如果下游冲刷坑过分靠近坝体，也将减小坝体的抗滑稳定性。

一般抗滑稳定性不足，往往是由于多方面原因综合造成的结果。采取处理措施增加抗滑稳定性以前，应对造成抗滑稳定性不足的原因进行全面的分析，针对具体情况，采取合理的处理措施，才能有效地增加坝体的抗滑稳定性。

6.3.2.2　增加抗滑稳定性的措施

根据重力坝抗剪公式，增加坝体抗滑稳定性的途径如下所述。

1. 减小扬压力的措施

扬压力对坝体的抗滑稳定性有极大的影响，减小扬压力是增加坝体抗滑稳定性的主要方法之一，特别是当观测中发现实测扬压力增大，成为坝体抗滑稳定性不足的主要原因。

通常减小扬压力的方法有两种：①在坝基上游部分补强帷幕灌浆；②在帷幕下游部分加强排水能力。补强帷幕灌浆减小扬压力的效果是极为显著的。对较为重要的工程当有条件进行补强帷幕灌浆时，均应首先考虑。灌浆时可从坝体灌浆廊道中进行，如图 6.25（a）所示。当没有灌浆廊道或需结合坝身灌浆处理时，可从坝顶上游侧钻孔，穿过坝身，深入基岩，进行灌浆，如图 6.25（b）所示。当从坝顶钻孔灌浆困难，而且既无灌浆廊道，又无放空的底孔时，也可进行深水钻孔灌浆，如图 6.25（c）所示。灌浆材料以水泥为主。当基岩较差，岩体破碎，造成坝体由于扬压力过大而抗滑稳定性不够时，除了应于坝基上游部分进行补强帷幕灌浆以外，还应在帷幕下游部分设置排水系统增加排水能力。二者配合使用更能保证坝体的抗滑稳定性。

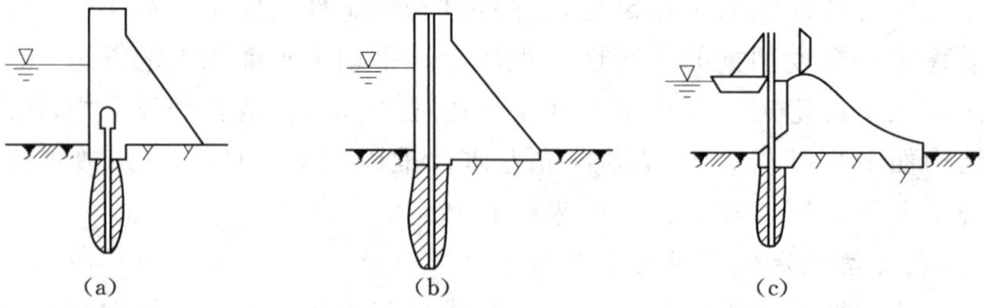

图 6.25　补强帷幕灌浆进行方式

排水的主要形式有排水孔、排水廊道和设置宽缝等。作为处理的手段，则只能采用排水孔。

排水孔作成竖直的较好，这样便于观测和检查，而且孔又不易堵塞。实际在工程中，也有的把排水孔倾向下游 10°左右以保证帷幕与排水孔在坝基面上有一定的距离（最小要求 2m）。常用的孔距为 2～3m，排水孔径 10～20cm，排水孔深为 0.40～0.75 倍的帷幕深度。经验证明，排水孔过浅，是不能很好地排除地基内的渗透水流，减小坝基扬压力的。

如果原有的排水孔受泥沙或地基中钙质析出物堵塞时，可用钻机进行扫通，恢复其排水能力。

2. 增加坝体重力的措施

增加坝体重力的措施可采用加大坝体断面方法或采用预应力锚索锚固。

加大坝体断面可从坝的上游面或从坝的下游面进行。从上游面增加断面时，既可增加坝体重力，又可能增加垂直水重，同时还可改善防渗条件，但必须降低库水位，或堆筑围堰挡水，然后进行砌筑。从下游面增加断面时施工较为方便，但不能利用水重和改善防渗条件。坝体断面增加部分的尺寸，应通过稳定计算确定，同时还应考虑增加坝体时分期施工对坝体应力的影响，不可增大上游面拉应力。所以，虽然采取从下游增加坝体断面，也最好能适当降低上游库水位以后进行。施工时还应注意新旧坝体之间结合紧密。

对空腹重力坝或大头坝等坝型，也可采用坝腔内填石渣加重，不一定增大坝体断面。预应力锚索锚固增加重力的方法是从坝顶钻孔到坝基，孔内放置钢索，将其一端锚入地基岩层中，而在坝顶的另一端施加很大的拉力，使钢索受拉，坝体受压，从而增加坝体抗滑稳定。阿尔及利亚的谢尔法砌石重力坝，由于坝体断面不够，即采用预应力锚索锚固方法加固坝体，收到很好效果，如图 6.26 所示，图 6.27 为锚索构造示意图。根据多年观测，效果良好。坝体稳定性大为提高，库水位比原水位提高 3.05m。坝内钢束的应力几乎都没有减少。个别钢束的拉力虽降低了 3%，但用千斤顶很方便地恢复了原有拉力。

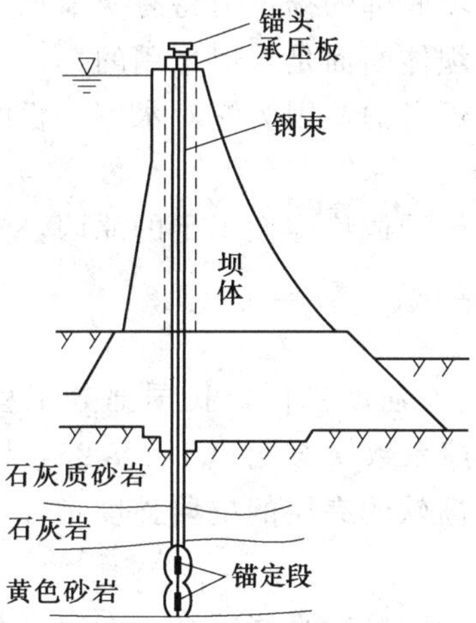

图 6.26　锚索构造图

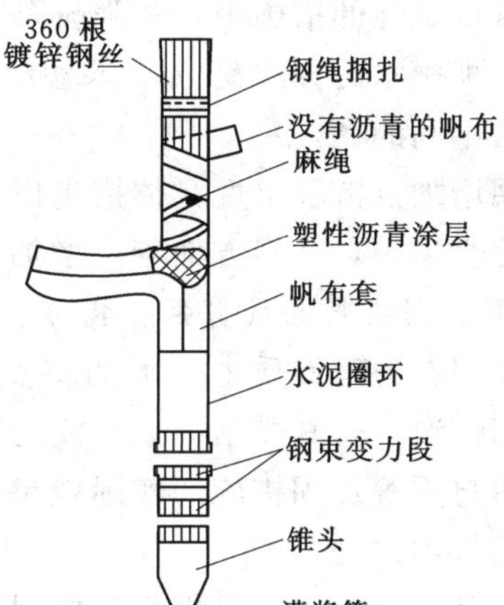

图 6.27　预应力锚索锚固的布置

预应力锚索锚固虽较有效，但仍有缺点，主要是材料困难，施工技术较为复杂并需要较多的施工机具设备。

3. 增加摩擦系数的措施

对于增加的坝体断面要求施工时必须注意清基和注意砌筑的质量。砌筑以前，最好先浇一层混凝土，一方面可改善坝体与地基的结合条件，另一方面也便于砌筑条石或块石。

如上游面增加的坝体能加做齿样，则对防止滑动更为有利。

对于原坝体与地基的连接，则只能通过固结灌浆的措施加以改善。固结灌浆除了能加强坝体与地基的结合，从而提高坝体的抗滑稳定性以外，还能增强基岩的整体性和其弹性模数，增加地基的承载能力，减少不均匀沉陷的发生；并可辅助帷幕灌浆，加强地基与防渗帷幕的衔接，提高帷幕灌浆的效果。

关于固结灌浆孔的深度，在坝的上游部分坝基中，由于坝基可能产生拉应力，要求基岩有较高的整体性；同时希望固结灌浆能够加强帷幕，故对钻孔要求较深，约 8～12m。在坝基的下游部分，应力较集中，所以也要求较深的固结灌浆孔，以便在加强坝体与地基连接的同时，提高基岩的抗压强度和弹性模数。在其余部分，则可采用 5～8m 的浅孔，但是当坝基有浅层软弱夹层影响坝体抗滑稳定性时，固结灌浆孔应穿过软弱夹层，加强坝基。固结灌浆孔距一般为 3～4m。呈梅花形或方格形布置。灌浆压力约为 20～50N/cm^2。

对基岩有软弱夹层的情况，还可采取开挖平洞或竖井等方法，然后回填钢筋混凝土增加抗剪强度，以加大坝体的抗滑稳定性。

4. 减小坝体所受水平推力的措施

当坝体受水平推力有可能向下游滑动时，可采用增筑支墩在下游面加固，使一部分水平推力通过支墩传给地基，从而减小了坝体所受的水平推力。也可在坝体下游一定距离处建一低坝造成壅水，给予大坝一指向上游的水压力，相当于减小了坝体所受水平推力，因此，也能增加坝体的抗滑稳定性。

应该注意，在坝体下游建低坝造成壅水后，大坝底部的扬压力将有所增加。在上述各种增加抗滑稳定性的措施中，补强帷幕灌浆和加大坝体断面是普遍采用的、行之有效的方法。下游建坝壅水的方法是应在其他方法无效时方可考虑，因为它对水库工程的综合利用和管理都是不利的。

在采用增加抗滑稳定性具体措施以前，必须分析造成稳定性不足的原因，然后针对原因，采取综合措施，从多方面着手增加坝体的稳定性。

5. 提高软弱夹层的抗剪强度指标

软弱夹层在力学性质上最大的特点之一就是抗剪强度极低，我国部分工程的试验结果，在不利情况下，其黏结力 c 常接近于零，而摩擦系数 f 多为 0.2～0.25，极大地降低了增加坝体自重等加固措施的实际效果。因此，提高软弱夹层的抗剪强度指标，是增加坝基抗滑定的根本途径。

（1）换基法。该方法是把坝基内对抗滑稳定不利的软弱夹层清除，而以混凝土替换回填，从而改变软弱夹层的力学性质，增大坝基的抗滑稳定性。一般对坝基表面浅埋的软弱夹层多采用明挖换基方法，对于深埋的软弱夹层则采用洞挖换基方法。

（2）坝踵深齿。该方法是将齿墙底部高程开挖至控制滑动面以下的完整基岩中，用齿墙切断软弱夹层，保证坝基的抗滑稳定性。

（3）对于坝体与地基的连接，则可通过固结灌浆的措施加以改善。固结灌浆除了能加强坝体与地基结合，从而提高坝体的抗滑稳定性之外，还能增强基岩的整体性和弹性模数，增加地基的承载能力，减少不均匀沉陷的发生。并可辅助帷幕灌浆，加强地基与防渗帷幕的衔接，提高帷幕的效果。

(4) 增加尾岩抗力。

1) 坝趾深齿。该方法是在坝趾下游修建深齿，增大尾岩抗力体高度，增加尾岩抗力，提高坝基的抗滑稳定性。

2) 坝趾预锚。在坝趾下游抗力体部分采取预锚措施，相当于在抗力体上增加荷载，有利于坝基的抗滑稳定。

3) 钢筋混凝土抗滑桩。在坝趾下游抗力体部分，于铅直方向布置钢筋混凝土桩，深入到控制滑动面以下完整岩层，利用桩所能承受的推力，加大尾岩抗力，可以增加坝基的抗滑稳定性。

(5) 其他措施。开挖坝基设计时，要考虑利用岩面的自然坡度，使坝基面倾向上游，有时有意将坝踵高程降低，使坝基面高程降低。但此方案将加大上游水压力，增加开挖量和混凝土浇筑量，故较少采用。当基岩比较坚固时，可开挖成锯齿状，形成局部的倾向上游的斜面，但能否挖成齿状主要取决于节理裂隙的产状。如葛洲坝二江泄洪闸，即将上游齿墙深入基岩13.5m，增加了泄洪闸的抗滑稳定性。

6.3.3 混凝土坝坝体缺陷的处理

6.3.3.1 常见的缺陷种类及其原因

1. 裂缝

(1) 裂缝的种类。裂缝是最常见的混凝土缺陷之一，对混凝土大坝的危害很大，严重的会恶化结构应力状态，破坏其整体性和抗渗性，危及建筑物的安全运行，轻微的也会影响大坝的耐久性和美观，有的还会发展成为严重裂缝。裂缝种类很多，性状千差万别，目前尚无统一的分类方法。我国裂缝分类的常用方法有根据成因分类，也有根据裂缝特征及其对结构的危害分类。按成因分类可分为温度裂缝、干缩裂缝、结构裂缝、沉陷裂缝、超载裂缝、约束裂缝、材料裂缝等；按裂缝特征（缝宽、缝长、缝深）和所在部位可分为表面裂缝、浅层裂缝、深层裂缝和贯穿裂缝。

(2) 裂缝的成因。引起混凝土裂缝的根本原因是大坝结构物中的应力超过了混凝土自身能承受的应力强度。由于混凝土的抗拉强度大约只有其抗压强度的1/6～1/15，因此裂缝的出现绝大多数是受拉应力控制的，只有挤压裂缝是因压应力而引起的。一般说来，混凝土大坝体积庞大，其裂缝的成因十分复杂，因素很多，从内因上讲，有原材料不佳、均匀性不好、配合比不优、水化热温升、自身体积变形及其热学、力学性能达不到抗裂能力的要求；有结构形式不合理，容易造成过大的应力集中；分缝分块不恰当，难以承受外界条件和荷载的影响等。从外因讲，有气温、湿度等环境变化，有基础、老混凝土的约束，有基础不均匀沉陷和外荷超载等。表6.1列出了常见的一些成因。

在上述原因中，温度应力和周边约束是最主要的原因。混凝土大坝体积庞大，内部水化热引起的温升不易散发，当受到自身和周围介质温度、湿度变化的影响制约，以及基础和相邻混凝土块的约束时，就会在大坝不同部位产生很大的温度应力而产生裂缝。混凝土浇筑后，在早龄期遇到寒潮袭击而又无保护或保护欠佳，往往一次寒潮过后就检查出一批裂缝。

表 6.1　　裂缝成因分类表

<table>
<tr><th>裂缝发生</th><th colspan="2">裂缝成因</th><th>产生裂缝直接原因</th><th>裂缝特征及其他</th></tr>
<tr><td>硬化前及硬化过程中</td><td colspan="2">发生混凝土非均匀沉陷</td><td>①钢筋周围（主要是上方）；②基础及老混凝土面不平整而造成局部应力集中；③施工机械等荷载过大</td><td>顺钢筋发生，如马鞍形地基上的水平裂缝</td></tr>
<tr><td rowspan="3">硬化后</td><td colspan="2">物理干缩</td><td>水分蒸发，干缩拉应力超过混凝土的抗拉强度</td><td>常见，不规则</td></tr>
<tr><td rowspan="2">温差</td><td>内部</td><td>大体积混凝土内部水化热温升</td><td>常见</td></tr>
<tr><td>外部</td><td>寒潮突袭等外部降温引起的外部收缩（过早拆模，保温不善）</td><td>常见</td></tr>
<tr><td rowspan="8">硬化后</td><td colspan="2">外界荷载</td><td>超载使用</td><td>沿跨中应力最大处开裂</td></tr>
<tr><td colspan="2">基础不均匀沉降</td><td>基础软硬不一，处理不善</td><td>常见，基础贯穿</td></tr>
<tr><td colspan="2">基础及老混凝土约束</td><td>浇筑层间歇时间过长</td><td>常见，上宽下窄缝</td></tr>
<tr><td colspan="2">原材料选用不当或配比不妥</td><td>①选用活性骨料；②水泥安全性差；③配合比不妥造成的极限拉伸值不足</td><td>不多见，但规律性强</td></tr>
<tr><td colspan="2">钢筋锈蚀膨胀</td><td>混凝土碳化超过保护层</td><td>顺筋发生</td></tr>
<tr><td colspan="2">提前过水</td><td>混凝土强度不足遇冷收缩</td><td>发生在过流面</td></tr>
<tr><td colspan="2" rowspan="2">结构形式因素</td><td>结构孔洞，突发部位产生集中应力</td><td>多发生在断面变化处</td></tr>
<tr><td>分缝分块不合理</td><td>多发生在长边方向</td></tr>
</table>

2. 内部架空

大坝混凝土内部架空是一种隐蔽性缺陷。架空的存在将降低混凝土的密实性、抗渗性、抗冻性、强度和容重。造成混凝土内部架空的原因主要是施工不良。混凝土架空大致可分为两类：一类是大范围的串漏架空，各空穴相互串通，压水（压风）检查时，串漏严重，打不起压力；另一类为局部封闭架空，相互不串通，压水检查时，稳定漏量甚微，当架空孔隙灌满水后漏量为零。局部封闭架空比较多见。不过前一类架空虽范围大，但灌浆补强的效果一般很好（因排水、排气条件好），一序孔即可灌满灌实。后一类架空反而不易灌好。

3. 表面不平整与空蚀磨损

表面不平整是指大坝混凝土的表面形状达不到设计的控制标准。常见的有以下几类：

（1）蜂窝麻面。这是由于施工中靠近模板处欠振、漏振或砂浆流失、砂浆黏附在模板上所致。

（2）外形轮廓尺寸走样。这是由于施工测量放线错误或模板走动、变形所造成。

（3）高低不平和错台、陡坎。这是由于抹面质量差、模板错位不平所致。

(4) 磨损、冲槽、冲坑。这是由于表面经受挟沙水流冲磨、尤其是推移质的冲磨所致。

(5) 气蚀坑、洞。这是由于混凝土表面不平整或水流状态异常或设计的过流面不当等原因造成过流表面与水流不吻合，以致在高速水流作用下产生负压形成气蚀（亦称空蚀），久而久之产生坑洞。

表面不平整轻则影响建筑的美观，重则影响泄水建筑物的泄流性能，危及建筑物的安全运行。

4. 渗漏溶蚀和化学侵蚀

混凝土坝体渗漏亦是常见的混凝土缺陷。渗漏给大坝带来一系列的不利影响，危及建筑物的安全运行，会使建筑物产生溶出性侵蚀，即外渗水将水泥中的 CaO 溶化析出，变成氢氧化钙，在出水口处形成碳酸钙结晶等溶蚀状态，从而使混凝土强度下降。

导致坝体渗漏的主要原因：一是坝体中有裂缝和架空，形成了渗水通道；二是坝体的止水设施质量差或浇空、浇翻、漏埋，使止水失去效果，如果库水具有较强的化学侵蚀性，也会在长期的化学侵蚀下，使坝体形成渗漏。因为渗漏和溶蚀的共同作用，将加速坝体渗漏破坏。尤其是当库水中含有硫酸盐（如 Na_2SO_4）时，与混凝土中的 $Ca(OH)_2$ 反应生成 $CaSO_4$，会产生体积膨胀，而 $CaSO_4$ 与混凝土中的 C_3A 反应生成硫铝酸钙，会产生第二次体积膨胀，膨胀应力使混凝土胀裂、变酥，极大降低混凝土强度，使混凝土遭到破坏，甚至成粉末状。

5. 低强混凝土

低强混凝土是指混凝土硬化后，达不到相应龄期的设计强度，产生低强的原因主要在施工方面。常易发生的如下：

(1) 原材料选用不当或采用劣质材料替代。

(2) 混凝土配合比得不到保证，例如配料称量出错或不准，入仓时任意加水，运输途中被雨淋，砂浆漏失，外加剂掺量失控等。

(3) 浇筑过程操作不当，骨料分离，欠振、漏振，养护不好等。

6. 止排水质量事故

止水系统包括止水片、沥青井及其他止水结构等。止水系统事故将造成止水失效而渗水漏水。

止水系统失效的主要原因有：①本身材料质量差或存在钉孔和焊穿孔；②止水片等埋入地方的混凝土不密实而造成绕渗；③止水片等漏埋或者浇混凝土时被浇翻；④材料老化或折裂，失去止水作用。

排水系统包括坝面排水孔、排水沟、排水槽等，排水系统事故主要是排水设施堵塞。止排水系统事故多是由于施工管理不严造成的。

7. 坝体混凝土碳化

坝体混凝土遭受空气中 CO_2 的侵蚀，使碱性降低，而逐步中性化的过程称为碳化。由于碳化，使钢筋表面原有钝化膜破坏，在氧和水作用下氧化锈蚀。一旦钢筋锈蚀，就将出现体积膨胀，膨胀量在 2～4 倍，此时混凝土中产生很大的膨胀应力而把混凝土保护层胀裂，形成沿钢筋的裂缝，称为“顺筋裂缝”，继而出现保护层的崩落，露筋以及钢筋断面严重削弱，甚至使构件失去承载能力而引起整个结构物损毁。

坝体混凝土的常见缺陷还有冻融破坏、海水侵蚀等等，这在我国北方寒冷地区和沿海地区修建的水工建筑物经常遇到。

综上所述，混凝土坝体结构缺陷可分为“先天性”和“后发性”两大类。先天性缺陷指的是由于设计和施工问题造成的缺陷，是人为的，这类缺陷事故必须避免，也是可以避免的，至少大部分是可以避免的。后发性缺陷指的是建筑物运行过程，受到外界环境的破坏造成的缺陷，如高速含沙水流冲刷、环境水的侵蚀破坏等。一般说，这类缺陷是不可避免的，但可以采取预防措施，降低缺陷的危害程度延长检修周期。建筑物先天性与后发性缺陷又是密切相关的，后发性缺陷通常由于先天性不足而加剧。因此，强调提高设计水平和施工质量是十分重要的。

6.3.3.2　混凝土大坝结构缺陷的预防

在修建混凝土坝的长期实践中，为了最大限度地消除混凝土缺陷，积累了一系列行之有效的预防措施及经验。这些措施，涉及设计、施工、运行等各个环节，归纳起来基本上可分为以下几个方面。

1. 合理选用原材料

合理选择混凝土的原材料及其配合比，能有效地改善混凝土的热学性能和力学性能，提高混凝土容重和密实性，是预防混凝土缺陷的基础。

水泥的选用不仅强度指标要符合要求，而且品种要符合耐久性要求。一般来说，混凝土坝体属于大体积混凝土浇筑，要选用低热水泥；在有硫酸盐侵蚀的工程，要选用抗硫酸盐水泥。

骨料的岩性对混凝土的热膨胀系数起着决定作用，为了降低温度应力，在条件允许的情况下，应尽量选用热膨胀系数小的骨料，如石灰岩、玄武岩等。

在混凝土中掺用优质外加剂（如引气剂）并保证合理的含气量和严格控制水灰比，是提高混凝土的抗冻性和抗渗性行之有效的措施。为防止裂缝，掺用氧化镁等微膨胀原料，促使混凝土微膨胀，已被实践证明相当有效。因此合理采用外加剂、掺合料对防止混凝土缺陷也是有用的。

除了原材料的种类和特性外，材料的配合比也是影响缺陷的重要内容。良好的配合比能提高混凝土的性能，增强抗缺陷的能力。

2. 优化结构形式

混凝土结构形式对坝体的应力状态有很大的影响，过流面的形状对气蚀形成起重要的作用，采用合理的结构形式将为预防和减轻混凝土缺陷提供有利的内在条件。我国混凝土坝的实践证明，合理的坝型和结构形式能有效地减小裂缝发生的概率。

为防止或减轻泄水建筑物混凝土遭受气蚀破坏，过流面应满足水流形态的要求，要严格控制表面不平整度，清除阻碍高速水流通畅下泄的钢筋头、混凝土渣，对凹凸不平和突变部位要认真处理，高速水流要采用掺气措施。

施工期间的结构形状合理与否也非常重要，分缝分块与相邻块高差都必须按照工程的温控条件合理选择、加以控制。因地制宜地进行分缝分块，对预防裂缝很重要。另外相邻块高差对裂缝的产生影响也很大。实践证明采用“薄层、短间歇、均匀上升”的浇筑方式，保持建筑物在施工期间的合理形象是预防和减少裂缝的有力措施之一。

3. 严格控制浇筑质量

加强混凝土全面质量管理，保证混凝土质量达到设计要求，是防止或最大限度地消除缺陷的最重要措施。尤其是搞好坝体混凝土施工期间的质量控制，更是关键。

混凝土施工质量控制与管理应该贯穿于坝体混凝土浇筑的全过程，包括原材料配备、拌和、运输、入仓、平仓振捣、养护及立模拆模等，每一个环节、每一道工序都必须注意做到精心施工，一丝不苟。往往有些工程很注重混凝土原材料本身的品质，注重配合比设计，但在施工的某些环节上却未能严格控制、以致造成混凝土质量低劣，其结果或者是直接造成缺陷，如架空、低强等，或者导致发生裂缝、渗漏等。

混凝土平均强度要满足要求外，还要力求控制混凝土的离差系数 C_v 值，以提高混凝土的均匀性。

在质检过程中，一旦发现问题，要立刻引起高度重视，一方面分析原因，找出症结所在，采取措施，防止重复出现同样的质量问题，一方面对缺陷及时处理，把缺陷消灭在萌芽之中，不使其发展扩大，控制和减少缺陷造成的危害。

4. 采用先进技术

在加强坝体混凝土质量控制的同时，积极推广应用新技术、新材料、新工艺，是提高坝体质量、最大限度地避免混凝土缺陷的重要一环。科学技术发展日新月异，科技成果层出不穷，这些都为提高混凝土坝体的技术水平创造了条件。混凝土大坝的设计、施工、运行各方面、各部门都有责任积极推广应用先进技术来预防坝体缺陷。

已经被广泛应用于混凝土大坝工程中的先进技术很多，如预冷骨料、微机控制混凝土拌和、液压滑模、平仓振捣机、软吸盘真空作业、组合钢模板和胶合板模板、无损检测等，对预防混凝土缺陷发挥了重要作用。

6.3.3.3 裂缝缺陷的处理技术

混凝土大坝裂缝的修补措施主要有以下一些方法：表面裂缝修复、表深层裂缝修复、混凝土坝水下裂缝的修复处理以及仿生自愈合修复法。下面主要介绍以下几种较为实用的裂缝修复处理技术。

1. 表面裂缝修复

坝体表面裂缝一般对结构强度无明显影响，但是影响抗冲耐蚀或容易引起钢筋侵蚀的干缩裂缝、沉陷裂缝、温度裂缝和施工缝都要修补，修补方法有 5 种：①表面涂抹；②表面粘补；③凿槽嵌补；④喷浆修补；⑤加防渗层。

在防护的同时为了防止混凝土受各种作用的影响继续开裂，通常可以采用在裂缝的表面粘贴玻璃纤维布等措施。

2. 表深层裂缝修复

此法适用于对结构强度有影响或裂缝内渗透压力影响建筑物稳定的沉陷缝、应力缝、温度缝和施工缝。常用的处理方法是灌浆，也有沿裂缝面抽槽回填混凝土的。当裂缝宽度大于 0.5mm 时，可采用水泥灌浆；裂缝宽度小于 0.5mm 时，多采用化学灌浆；对于渗透流速较大或受温度变化影响的裂缝，不论其开度如何，均宜采用化学灌浆处理。

3. 混凝土坝水下裂缝的修复处理

水下混凝土裂缝的修补技术可以分为两大类：表面封闭技术和深入裂缝的全面性修补技术。修补水下混凝土裂缝一般综合运用这两类技术，最终达到“表本结合，综合治理”的目的。

（1）水下混凝土裂缝的表面封闭技术。根据表面封闭的机理，水下混凝土裂缝表面化处理技术有“嵌、堵、涂、贴”4 种。根据不同的技术需要可选用不同的材料。

1）嵌缝是指沿着裂缝开槽，并在槽中嵌填弹塑性或刚性止水材料来达到封闭缝隙的目的。

2）封堵是指在裂缝的表面覆盖修补材料，形成一层保护层，隔离裂缝内部与混凝土外部的水。

3）涂布是指在混凝土表面涂刷合成高分子防水材料来修补裂缝。

4）粘贴是指在混凝土表面粘贴软性防水卷材来修补裂缝，一般用于大表面积混凝土的防渗处理，最常用的是坝面的处理。

在实际工程中，“嵌、堵、涂、贴”4 种技术经常一起使用，综合利用各种方法的优点来克服它们的缺点。而且，这 4 种技术常常会与水下裂缝灌浆技术联合使用。

（2）深入坝体水下混凝土裂缝内部的全面性修补技术。深入裂缝的全面性修补技术主要是指通过各种途径填充混凝土的缝隙以达到修补的目的，而不是在混凝土的表面进行简单的封闭处理。现在常用的全面性修补技术主要有灌浆技术和混凝土的自修复技术。

4. 仿生自愈合修复法

仿生自愈合法是一种新的裂缝处理方法，它模仿动物的骨组织结构受创伤后的再生、恢复机理，采用修复胶黏剂和混凝土材料相复合的办法，使材料损伤部位具有自愈合及再生功能。自愈合行为的智能材料模型为在材料的基体中布有许多细小纤维的管道。管中装有可流动的物质——胶黏剂。在外界环境作用下，一旦材料基体开裂，则纤维随即裂开，其内装的胶黏剂流淌到开裂处，由于化学作用自动实现黏合，从而抑制开裂修复材料。这可以提高开裂部分的强度，增强延性弯曲的能力，从而提高整个结构的性能。整个过程模仿生物伤口“破裂—流血—凝结—愈合”的机理。

6.3.3.4 过流面不平整处理

溢流面的不平整往往是引起空蚀破坏的主要原因。而溢流面不平整不论是在施工期还是在运行期都会产生。对于大坝溢流面来说，其不平整度控制标准主要取决于建筑物作用水头、流速、单宽流量，并充分考虑到建筑物的重要性。不平整度愈大，产生初生空化的流速愈小，且不平整形状对初生空化的流速也有影响。

1. 不平整缺陷分类及检查方法

混凝土坝体过流面不平整缺陷大致可分为以下三大类：

（1）表面轮廓线走样。主要因施工测量放线不准及模板滑动所致，一般可达数厘米至数十厘米。此类缺陷的检查，目前主要靠陆地摄影和激光测量，测量精度按一等Ⅰ级控制，测点间距根据不同部位从 0.25～2.5m 不等。

（2）升坎、跌坎、局部突起和蜂窝麻面。这类缺陷主要由施工中模板错位等原因造成的，是整平处理的主要内容。检测方法主要凭目测配合 1m 直尺测读。

（3）表面残留物。常见的有钢筋头、砂浆块和砂浆帘等残留物。

2. 整平处理方法

（1）升坎的凿除和磨平。根据平整度控制标准，对升坎高度超过标准要求的，先以风镐凿除，预留 0.5～1.0cm 保护层，再用手持电动砂轮研磨平整；对凿除超标准的凹坑，不得用锤击、斧砍，只能用砂轮磨平。

（2）蜂窝麻面的凿除和填补。对数量集中、超过规定的蜂窝麻面，先进行凿除（凿除的深度由所选用的修补材料类型决定），再将填补面清洗干净，涂刷相应的黏结剂或砂浆，补后压实抹平。

对上述两类缺陷的处理原则是："多磨少补、宁磨不凿"，尽量不损坏建筑物表面混凝土的完整性，以确保工程质量。

（3）凹陷部位的填补。凹陷部位修补材料选择的原则是：①应与被补基材的变形性能（如弹模和线膨胀系数）和力学性能相一致；②经济、安全和耐久性好；③方便施工；④外观颜色协调，满足美观要求。

根据上述原则，宜选用水泥类材料，如预缩砂浆、水泥石英砂浆等；其次选用水泥改性砂浆，如氯—偏聚合物改性水泥砂浆等；环氧及其他高分子聚合物砂浆宜用于重要部位，一般尽量少用，不宜在大面积范围内应用。

3. 主要修补材料

主要的修补材料为干硬性预缩砂浆、环氧砂浆、氯—偏聚合物改性水泥砂浆（简称氯—偏砂浆）、细骨料锚筋混凝土、钢纤维混凝土和浸渍混凝土等。总之，要结合实际工程实践，根据混凝土大坝具体的部位破损特点来选择适当的修补材料。

6.3.3.5 冲磨与空蚀处理

1. 推移质对水工混凝土的冲磨破坏

推移质对过流表面的磨损破坏与推移质的粒径大小、硬度、数量，泄水历时长短，建筑物表面材料韧度、强度、硬度，水流流速的大小，以及水流流向与建筑物表面的夹角大小等诸因素有关。

在高速水流作用下，推移质以滑动、滚动及跳动等方式在过流面上运动，除了摩擦及切削作用还有冲击作用。如过流面 A 点处受到质量为 m、速度为 V_1 的砂石的冲击。垂直向冲击力按动能原理分析应为（忽略水阻力）：

$$F_y=\frac{2mV_1\cos\alpha}{\Delta t} \tag{6.2}$$

石子在水流的作用下，以速度 V_1 冲击建筑物壁面，假定它又以同样的速度 V_1 反弹起来，由于冲击壁面的时间 Δt 很短，则 F_y 值很大。石子在反作用力作用下弹跳起来后，又会再次下落冲击壁面。这样反复作用的结果，会使 A 点遭受反复多次的摩擦、切削与冲击。当材料强度到达极限值或疲劳极限值时，则发生破坏，表现为表层剥落，并可能继续向纵深扩展。推移质冲磨破坏作用的大小，决定于水流速度、流态、推移质的质量、粒径及其运动方式。对建筑物整体来说，破坏程度还和材料的抗冲耐磨性能、过流时间等因素有关。

根据抗冲耐磨混凝土被磨损的情况总结分析磨损的原因，再结合工程特点和已建工程磨损后的修补经验研究磨损后的修补方案，选用修补材料。

2. 悬移质泥沙对混凝土大坝的磨损破坏

（1）悬沙磨损机理。携带泥、沙、石的高速水流，对混凝土表面冲磨破坏是一种单纯的机械作用破坏。悬移质泥沙颗粒较小，在高速水流的紊动作用下能充分与水混合，形成近似均匀的固液两相流。高速水流携带的悬移质在移动过程中触及建筑物过流面时的作用，表现为磨损、切削和冲撞。悬移质对混凝土的冲磨破坏开始表现为从表面开始的均匀磨损剥离。而后由于剥离程度的加深及混凝土本身的非均质性，过流表面会出现凹凸不平的磨损坑。此时水流就会受到扰动而产生游涡流，随着漩涡流的形成、扩大和消失，水流中的泥沙颗粒以较小的角度（5°～15°）冲击流道表面，对边壁施以切削和冲击作用，从而造成建筑物表面的磨损。原型观测结果表明，含悬移质的高速水流对泄水建筑物表面冲磨破坏作用的大小，与水流速度、水流形态、悬移质含量、颗粒粒径、形状和硬度以及混凝土的抗冲磨强度等因素有关。

悬沙随水流运动，对大坝混凝土表面进行摩擦，造成均匀剥离，破坏速度远较推移质破坏要缓慢得多。但当过流面因材料的非均匀性而产生坑洼时，则会在过流面形成各类漩涡，使水流条件恶化，磨损加剧；而磨坑的加深又导致水流的进一步恶化，从而加快了磨损进程，甚至发生空蚀，产生磨损和空蚀的相互作用。

（2）抗磨层的修补处理。悬沙对大坝混凝土的磨损破坏与泥沙的硬度、水流流速的大小、泥沙数量的多少、泄水历时的长短、水流流向与建筑物表面夹角、混凝土表面水流流态、混凝土表面材料硬度、强度等因素有关。它没有推移质大粒径卵石对水工混凝土表面的冲击破坏。因此，抗悬沙磨损材料除选用前述的抗推移质磨损材料外，还可采用硬度高的脆性材料，如铸石板（但水流流速大时铸石板容易被掀起冲走）。抗磨损面积很大的水工混凝土表面采用高标号混凝土较好，抗磨面积较小的可采用其他有机材料或新材料。磨损后修补处理、结构处理和使用材料同推移质冲磨处理一致。

3. 高速水流对混凝土大坝过流面所产生的空蚀破坏

高速水流作用的混凝土大坝过流面，由于过水边界的突变、突体、陡坎，使水流发生涡流和分离时，流速加大，压力降低。当压力降到相应水温的汽化压力时，流体中形成空腔（穴）或气泡，这称为“空化”。空穴气泡不断随水流运动而突然溃灭，在很短的瞬间以极大的压力冲击微小的混凝土表面，造成破坏，即为“空蚀”。从以上的分析，造成水流空化和建筑物表面空蚀的原因，主要是过流面水的流速过高和压强过低。试验表明，空蚀强度与水流流速的 5～7 次方成正比。泄水建筑物表面的不平整也是形成空化与空蚀的重要条件。同时，由于设计型式不合理、表面不平整、工程质量差或运行管理不善等原因，常常遭受空蚀破坏。从已发生的空蚀破坏看，空蚀一般发生在大坝泄水建筑物的反弧段、消能工表面和门槽等部位。

4. 冲磨空蚀破坏的主要形态特征

冲磨空蚀破坏的主要形态特征如下：

1）冲磨剥蚀一般面积较大，并且有一定的连续性。悬移质冲磨破坏表现为混凝土的均匀磨损，而推移质冲磨破坏则会在其强烈输移带处形成冲沟或冲坑。

2）空蚀破坏一般表现为在混凝土表面局部位置出现空蚀剥蚀坑，但其他部位完好，剥蚀坑深度有几厘米至几十厘米、甚至几米不等。

3）由冲磨引起的破坏，往往会与空蚀联合作用，相互交替和促进。

4）冲磨和空蚀破坏发展到一定程度，可能会增大砂石对过流面的冲角，从而诱发大面积的水力冲刷破坏。

5. 避免破坏措施

减免空蚀发生的措施涉及设计方面、施工方面和运行管理方面，以及掺气减蚀等。

（1）设计方面。设计方面的措施主要是通过模型试验，力求找出一条适应性最强、最合理的曲线型式。泄水建筑物泄槽段宜采用直线。如必须设置弯道段，应设在流速较小、水流平稳、缓坡的部位。平面布置弯道应采用大半径和小转角，弯道前后应设直线段。纵剖面曲线应连续、平顺。当流速大于25m/s时，应通过水工模型试验，使体型简单合理，水流平稳，时均压力大，避免发生空蚀。

1）抗冲磨设计。在设计泄水建筑物，在多泥沙河流应全面收集水流中的含沙量、泥沙颗粒形状、粒径、硬度、矿物成分、异重流运动规律等，分析其对混凝土表面的磨损影响。

在多泥沙河流的泄水建筑物进口附近宜设置排沙、沉沙设施。泄水建筑物的边坡和出口岸坡应进行防护，防止掉石、滚石进入槽内。

含推移质和多泥沙河流的闸坝泄水建筑物底板应采用一种坡度与护坦相接的急流泄槽型式。

含推移质水流速度大于10m/s或悬移质含量大于20kg/m^3（主汛期平均）且水流速度大于20m/s时，应根据工程条件进行混凝土抗冲磨试验，比选抗冲磨材料。

2）防空蚀设计。泄水建筑物设计，应选择合理体型，提高水流空化数σ，降低初生空化数σ_i，使$\sigma \geqslant \sigma_i$。放空洞、临时泄水建筑物（除导流洞和导流底孔的门梢外），易检修的部位可采$\sigma \geqslant 0.85\sigma_i$。对重要建筑物关键部位或水流速度大于35m/s或$\sigma_i < 0.3$时，应进行减压模型试验。同时，应根据水流空化数的大小确定过流表面的不平整度处理标准。

水流空化数$\sigma < 0.30$或流速大于30m/s时，宜按以下原则设置掺气减蚀设施：选用合理的掺气型式，组合式掺气应进行大比尺模型试验论证，确保形成稳定的空腔；近壁层掺气浓度应大于3%，要求特别高的部位应不低于5%；掺气保护长度根据泄水曲线型式和掺气结构型式确定，对长泄水道应考虑设置多级掺气减蚀设施。

（2）材料方面。

1）无机材料。不同冲磨情况对泄水建筑物的作用力不同，对材料的要求也不同。选择材料时，先应分清破坏类型。以悬移质破坏为主的高速含沙水流泄水建筑物表面，应选择抗磨损硬度较好的材料；受推移质破坏为主的泄水建筑物表面，应选择抗冲击韧性较好的材料。提高高速含沙水流泄水表面混凝土抗冲磨、抗空蚀性能的主要措施。

骨料混凝土的抗冲磨强度，主要取决于组成材料的抗冲磨强度及其在混凝土中所占的比例。细骨料应选用质地坚硬、含石英颗粒多、清洁、级配良好的中粗砂。粗骨料应选用质地坚硬的天然卵石或人工碎石，天然骨料最大粒径不宜超过40mm，人工骨料最大粒径可为80mm，当掺用钢纤维时混凝土骨料最大粒径不宜大于20mm。

在混凝土中，骨料的抗冲磨性能比水泥石高得多。提高水泥石的抗冲磨性能并减少其含量，可以减少骨料与水泥石抗冲磨性能的差距，从而提高混凝土冲磨后的平整度及水泥石对骨料的黏结作用。规范规定宜选用大于或等于 42.5 强度等级的中热硅酸盐水泥、硅酸盐水泥或普通硅酸盐水泥。

外掺高效减水剂已成为混凝土的重要组成部分，掺用高效减水剂可显著减少用水量，改善和易性，能有效提高各类混凝土的抗磨蚀能力。对于各种活性掺合料，由于硅粉可明显提高抗磨蚀性，应优先选用硅粉。

混凝土中掺入适量的钢纤维，能提高混凝土的抗冲击性及韧性，对提高混凝土的抗空蚀破坏性能是有利的。

2）有机材料。抗磨蚀护面的有机材料，可采用环氧树脂砂浆及混凝土、聚合物纤维砂架及混凝土、不饱和聚酯树脂砂浆及混凝土、丙烯酸环氧树脂砂浆及混凝土、聚氨酯砂浆及混凝土等。

各类抗磨蚀树脂砂浆及混凝土应选用耐磨填料及骨料，例如石英砂、粉，铸石砂、粉，金刚砂、粉等，其配合比应通过试验确定。

对容易发生空蚀破坏的部位，可采用高抗空蚀材料砌筑或作空蚀后的修复，亦是减蚀、抗蚀的措施之一。

（3）施工方面。施工方面的措施主要是控制泄流面不平整度，清除泄流面残留物和钢筋头，以达到过流面平顺，消除局部水流漩涡。

1）施工中定线误差，横向接缝不平（错台）或未清除残留突起物，过流表面不平整会引起局部边界分离，因而形成漩涡，产生冲磨空蚀破坏。若查明确实是不平整度引起的磨蚀破坏，应根据水流空化数的大小确定过流表面的不平整度处理标准，见表 6.2。

表 6.2　　表面不平整度处理标准表

水流空化数 σ		＞0.60	0.60～0.35	0.35～0.30	0.30～0.20		0.20～0.15		0.15～0.10		＜0.10
掺气设备		—	—	—	不设	设	不设	设	不设	设	修改设计
突体高度控制/mm		≤25	≤12	≤8	＜6	＜15	＜3	＜10	修改设计	＜6	
处理坡度	上游坡		1/10	1/30	1/40	1/8	1/50	1/10		1/10	
	下游坡		1/5	1/10	1/10	1/4	1/20	1/5		1/8	
	侧向坡		1/2	1/3	1/5	1/3	1/10	1/3		1/4	

2）粗骨料是混凝土中抗冲磨性能最优良的组成部分。因此，抗磨蚀混凝土配合比设计中，应尽量采用较小的混凝土坍落度，尽可能多地加人坚实的粗骨料，尽可能减少较弱的水泥浆用量；

3）拌制抗磨蚀混凝土投料顺序可参照《高强混凝土结构技术规范》（CECS 104）进行。

4）混凝土浇筑过程中由于自身的流动性和振捣引起的压力，以及其他各种荷载的作用，在安装、浇筑、拆除模板的过程中都有不同程度的损坏和变形，其结构设计需要随时修正，混凝土浇筑速度也需及时调整，才能保证泄水建筑物满足设计要求。

（4）运行管理方面。运行管理方面的措施主要是避免闸门不规则，小开度启用和局部间隔开启所造成的单宽流量集中和超标准泄水及流态恶化。为此，必须制订严格的操作规程，按规程操作和管理。

泄水建筑物运行时，应按设计要求进行水力学观测，并经常观测水流流态等，发现异常情况应及时记录并报告。

对易遭受冲磨与空蚀破坏的部位应重点检查。主要内容包括：查明遭受磨蚀破坏的状况，分析破坏类型与原因；判断消能工内残积物数量、分布范围及特征；判断结构物与基岩连接部位的破坏状况。

当泄水建筑物经短期运行即发生较严重磨蚀破坏，或长期运行发生周期性、重复破坏时，应重新审查与评估结构布置与体型设计的合理性，必要时可通过模型试验再行论证。

6.3.3.6 预埋系统缺陷处理

预埋系统是指在混凝土大坝结构的内部或表面，在混凝土未浇筑之前，预先设置或埋入某些物件，使其满足特定功能的需要，并能与混凝土共同工作的系统。

预设预埋系统是混凝土大坝中的一个重要组成部分，如果因设计、施工或运行管理等原因，造成预设预埋系统缺陷，轻则会使该系统出现故障失去作用，对大坝局部构成不良影响；重则会影响建筑物的正常运行，甚至给建筑物的安全带来威胁，酿成严重后果。因此，及时地进行大坝预设预埋系统缺陷检测与处理，对于保障大坝正常运行功能和效益，清除结构的安全隐患等都将具有重大的意义和作用。

1. 止水和排水系统

止水、排水系统多布置在大坝混凝土结构永久缝中，属于混凝土大坝的隐蔽工程，造成止水、排水系统缺陷的主要原因有漏埋、错埋、浇空、材质缺陷、堵塞和施工损坏等。

通过止水、排水系统的缺陷处理，达到建筑物受力条件基本不改变，满足建筑物的安全要求，使建筑物的漏水量控制在允许范围之内，不影响工程的正常运行。

(1) 排水和止水系统施工中的检查处理。在施工过程中，对已发现的漏埋、撞损等止水质量缺陷，采取挖除重埋的处理措施。对于堵塞、走样、砸坏的排水设施，采取凿除、疏通、修复等方法处理。大量地减少了工程完工后的止、排水缺陷数量及严重程度，减轻系统形成后的质量检查与处理的工作量。

(2) 系统形成后的检查处理。系统形成后的质量缺陷，必须通过压风、压水等试验手段进行。检查风、水的压力强度，以相当于相应部位投入运行后的工作水头为宜。对于已查明弄清的止、排水系统缺陷的处理，可用以下 3 种方法：

1) 引导。把因止水、排水部件的失效所引起的漏水集中到某一处引出，以减轻结构运行的内部压力。

2) 堵截。堵截即从止水、排水系统的外围进行围堵，以恢复失效的止水、排水系统的功能，从而使止水、排水正常发挥作用的办法。

3) 灌注。灌注即对止水、排水系统的外围不做处理，而对止水、排水系统本身进行灌浆回填的方法。

2. 接缝灌浆系统

接缝灌浆系统缺陷是一种隐蔽性的质量事故，这种质量事故的主要表现形式为管路不畅通和分区止浆片埋设缺陷。造成这种事故的主要原因有错埋、漏埋、材质缺陷和止浆片锈漏、现场接头质量缺陷、缝面和管道内混入杂物、现场管理不善等。接缝灌浆缺陷的出现，会给某一灌区乃至整个缝面的接缝形成阻碍，影响坝块的联合受力，如不处理，将会造成大坝缝面渗漏，运行能力下降，甚至危及大坝安全。

对灌浆系统的缺陷检查与处理宜在临近接缝灌浆施工前进行。一般采取压水、压风的办法来检查其缺陷。具体做法是：在灌浆廊道内从某一进浆管口压水（或压风），让水（风）经由灌浆管路到达缝面，再由排气管排出或由回浆管返回到廊道内，即表明该管路循环畅通。否则，表明有缺陷存在。

对于预埋止浆片的缺陷处理，参照前面所述止水片系统缺陷处理的方法实施，对于接缝灌浆循环系统阻塞的处理，主要采取以下两种措施：

（1）疏通恢复。当预埋灌浆管路出现局部堵塞，或堵塞不深时，可以采取疏通恢复的处理方法。

（2）钻孔再造。当预埋灌浆管路出现深层堵塞或全面堵塞，并经疏通处理无效时，可以采取钻孔措施再造一套新的灌浆系统。对于钻孔再造的接缝灌浆系统，为确保或增强灌浆效果，可选取环氧浆液等高强材料灌浆。

如果钻孔再造的接缝灌浆质量不符合设计要求，应重新造孔后再进行灌浆，直至灌浆质量完全满足设计要求为止。

3. 冷却水管系统

冷却水管系统缺陷形式主要表现为管路破损和堵塞，管路破损将导致冷却水沿其他途径流失，影响冷却效果，并破坏混凝土密实性；管路堵塞将造成冷却水不能全面到达需要冷却的部位。造成冷却水管缺陷的主要原因有管材本身的质量不佳、现场接头工艺质量不良、浇筑过程中受碰砸、管口保护欠妥、施工管理不善等。

在设计有埋设冷却水管的坝段施工中，当一层冷却水管埋入坝体后，应立即通水。进行坝体的初期冷却，利用通水检查管路的通畅情况。如果出现管路堵塞，应尽快地采取措施进行疏通。如果发现管路破损及串流，可以采取注入颜色水（如高锰酸钾水）的方法追踪检查，然后针对缺陷部位从外部进行密封和堵塞，以切断冷却水外漏的通路。

冷却水管系统形成后，对缺陷的检查多采用压水（或压风）方法，其缺陷的判别与施工中的缺陷判别相似。当管路堵塞，经疏通无效或管路严重破损而失去作用时，原管路应予废弃，其处理方法多采用钻孔再造，以钻孔替代原有管路。如果缺陷出现在大多数层面甚至全部层面，则可采取从坝顶向下打竖直孔的方法。当钻孔已完成了坝体冷却的使命之后，应将孔内冲洗干净，然后灌以浓水泥砂浆，并用预缩砂浆将孔口段 20cm 封堵，最后将孔口抹平。

6.3.3.7 渗漏处理

渗漏是大坝混凝土老化病害的一种表观现象，也最为常见。设计不合理、施工质量欠佳、运行管理不善、用途或使用条件改变、遭受意外荷载及材料老化等，会引发贯穿性裂缝，或在混凝土内部形成连通的蜂窝孔洞等深层缺损，或导致变形缝止水失效。这些老化病害在水压力作用下将引起渗漏。渗漏的危害视大坝结构形式、环境条件和渗漏部位的不同而异，轻则会加速老化病害的发展，重则造成大坝破坏甚至失事。危害性的大小决定着修补处理的必要性。针对具体工程，要通过调查、检测，进行成因分析，作修补处理判断，并结合工程特点，选择合适的修补材料和修补处理方法。

渗漏的处理方案应根据渗漏调查、成因分析及渗漏处理判断结果，选择适当的修补处理方法、修补材料、工艺和施工时机；防水堵漏应尽可能靠近渗漏源头；渗漏处理最好在无水期或枯水期内进行；选择修补材料时，要考虑修补材料对水质的污染和修补材料在特定环境下的耐久性。

1. 混凝土坝渗漏处理原则

混凝土坝渗漏处理的主要原则是“上截下排”，以截为主，以排为辅。在制定处理措施时，应按渗漏的部位、危害程度及修补条件等情况确定。

（1）对建筑物本身渗漏的处理，主要措施是在上游面封堵。凡有条件的，要尽可能在迎水面堵截，这样既能直接阻止渗漏，又能避免建筑物侵蚀或溶滤，降低渗透压力，有助于建筑物的稳定。

（2）对基础渗漏的处理，以截为主，辅之以排。由于排水尽管能降低压力，但可能增加渗漏量，甚至导致渗漏变形，因此，必须慎重对待。

（3）对接触渗漏或绕坝渗漏的处理，要尽可能采取封堵的措施损失，以避免渗透变形。但有些绕坝渗漏在封堵后还是有漏水时的措施。

2. 渗漏的处理方法

（1）点渗漏的处理方法。一般采用直接堵漏、下管堵漏、木楔堵漏或灌浆堵漏等方法。

（2）面渗漏的处理方法。常采用表面覆盖法，包括涂刷防水涂料、涂抹防渗层、粘贴（锚固）高分子防水片材等。也可采用喷射混凝土（砂浆）、加设防渗面板或向混凝土内灌浆等措施。

（3）裂缝渗漏的处理方法。

1）一般裂缝。水压小于0.01MPa时，可直接堵塞，水压大于0.01MPa时应先导渗后堵漏。

2）伸缩缝。处理方法有嵌填、粘贴、锚固、灌浆及补灌沥青等。

3. 渗漏的补修材料

（1）快速堵漏止水材料。包括由水泥浆或水泥砂浆掺促凝剂配制成的快凝灰浆和快凝灌浆材料。

（2）嵌缝材料。分刚性和柔性两类，刚性嵌缝材料常用的有水泥及预缩水泥砂浆、丙乳砂浆（PAEC）、BAC砂浆、丁苯胶乳水泥砂浆、氯丁胶乳水泥砂浆、水乳型环氧水泥砂浆（WECM）、环氧砂浆等；柔性嵌缝材料常用的有掺聚硫橡胶改性的弹性环氧砂浆、桐油沥青防水油膏、橡胶沥青防水油膏、弹性聚氨酯密封材料等。

（3）灌浆材料。包括水泥浆材、化学浆材等。

（4）覆盖护面材料。包括水泥防水砂浆、聚合物水泥砂浆、玻璃钢、沥青砂浆（混凝土）、挂钢丝网喷混凝土或砂浆、片材、卷材类护面材料、防水涂料等。

4. 坝体渗漏的处理

坝体渗漏多采用迎水面处理，操作时先要降低上游库水位，使渗漏，然后按渗漏的具体情况采用相应的修补措施，如表面涂抹凿槽嵌补及喷浆修补等。对裂缝宽度随温度变化的渗漏处材料和结构措施上给予保证，使其既能适应裂缝开合，又能保证封堵止水。

在迎水面封堵有困难，且渗漏水在坝体内不影响建筑物的正常运用时，也可在背水面封堵，以减少和消除漏水，改善工作环境。采用这种出口处理方法时，要采取以下导渗措施：

（1）埋管导渗。沿缝凿槽，并在漏水量较大的部位稍微扩大，埋入导水铁管，再用旧棉絮沿缝堵塞，使渗漏水集中从铁管引出。再用速凝灰砂或速凝砂浆封闭槽口，然后再把铁管凿除，封堵漏洞。

（2）钻孔导渗。用风钻在裂缝一侧钻孔，穿过裂缝面，使渗漏水从钻孔中导出，再封闭裂缝，从导渗孔灌浆填塞。

5. 坝基渗漏（或接触渗漏）的处理

（1）加深加密帷幕。在查明是帷幕深度不够时，要加深原帷幕。如孔距太大，需加密钻孔。

（2）接触灌浆处理。若混凝土与基岩间产生渗漏，要采用此方法。在钻至基岩面以下2m处进行灌浆，加强坝与基础之间的接触。

（3）固结灌浆。如果有断层破碎带垂直或斜交坝轴线，贯穿坝基，导致渗漏，除在该处适当加深加厚帷幕外，还必须按破碎带构造情况增设钻孔，进行固结灌浆。

（4）增设排水孔，改善排水条件。在查明是排水不畅或排水孔堵塞，要设法疏通，增设排水孔以改善排水条件。

（5）用开挖回填或加刺墙处理绕坝渗流。在查清渗漏是绕坝渗漏，要采用堵截措施。对土质地基的绕坝渗流，采用开挖回填或加深刺墙进行处理，即把防渗墙向岸坡延伸，加强阻渗作用。对岩石岸坡渗漏要采用灌浆处理。

6. 绕坝渗漏的处理

对绕坝渗漏，要在上游面封堵，也可进行灌浆处理。如发生下游山坡湿软和渗漏现象，一般是由绕坝渗漏或地下泉水引起，要按库水涨落与渗水量大小的关系，判别渗水来源。对地下泉水所造成的渗漏，由于入口难以找到，要按地质地形的具体情况，采用铺设反滤层或打导洞等方法，把水引出。

6.3.3.8 剥蚀破坏的修补

剥蚀是对水工混凝土建筑物表面区混凝土发生麻面、露石、起皮松软和剥落等老化病害的统称。究其原因是由于环境因素与混凝土表面及其内部的水泥水化产物、砂石骨料、掺合料、外加剂、钢筋之间，产生一系列机械的、物理的、化学的复杂作用而形成大于混凝土的抵抗能力（强度）的破坏应力所致。根据不同的破坏机理，可将剥蚀分为冻融剥蚀、冲磨和空蚀、钢筋锈蚀、水质侵蚀、风化剥蚀以及碱骨料反应破坏等。

1. 冻融剥蚀破坏的诊断和修补处理对策

（1）冻融破坏的诊断。诊断混凝土的冻融破坏，可从产生冻融破坏的必要条件、冻融破坏的部位特点、地域分布特点、破坏形态特征等方面入手。

1）发生冻融破坏的必要条件：①混凝土必须与水接触，或含水量不小于临界值91.7%；②在环境气温变化作用下，混凝土所含的孔隙水必须能够经历反复循环的冻结和融化过程。

2）水工建筑物冻融破坏的部位特点。对于混凝土挡水坝，冻融破坏主要发生在上下游面水位变化区，下游面坝体漏水部位，溢流坝面及反弧段；对于其他水工建筑物，冻融破坏部位主要是水位变化区钢筋混凝土结构或被渗漏水、地下渗流水、天然降水饱和的钢筋混凝土结构。

3）破坏形态特征。

a. 表面剥落：一般表现为混凝土表面起毛—砂浆剥落—骨料裸露—脱落，如此由表及里逐层剥落。

b. 深层冻胀破坏：这种破坏形式在严寒地区的工程中时有发生，且危害性大。一般发生在混凝土质量差且易浸水饱和的大体积混凝土内部。

c. 冰冻裂缝：当混凝土中的骨料为吸水率较大的岩石时，易发生这种形式的冻害。吸水饱和的骨料受冻时受膨胀压力和渗透压力作用膨胀爆裂使混凝土产生裂缝。如果冻胀骨料位于混凝土表面区，则会发生局部胀突现象。

4）成因分析。混凝土坝体遭受冻融破坏，一般可归结为以下几方面原因：①渗漏水使不具备饱水条件的混凝土吸水饱和；②混凝土设计抗冻等级偏低；③施工质量差使实际浇筑混凝土的抗冻性差。

（2）冻融剥蚀破坏的修补对策。冻融破坏发生后，首先要明确在特定工程条件下引发和控制冻融破坏发生、发展的主要因素，分清其中的可消除因素。其次根据工程维护管理资料确定或估计冻蚀的发展速度（年剥蚀深度），分析冻蚀现状（深度和范围）以及今后可能的发展对建筑物危害性的大小，最后判断修补处理的必要性及轻重缓急或采取适当的防护措施。对遭受冻融破坏的水工混凝土建筑物，目前均按照“凿旧补新”法进行修补，亦即将已遭冻融破坏的混凝土全部凿除，回填具有高抗冻性能的优质修补材料。在某些情况下，还可采取防水、止住渗漏和排水等补救处理措施。

2. 剥蚀破坏修补的工艺要点

通过对混凝土坝冻融剥蚀破坏的诊断和危害性分析进行修补决策后，对已经发生剥蚀破坏区域的混凝土进行“凿旧补新”修补，即清除受到剥蚀作用损伤的老混凝土，浇筑回填能满足特定耐久性要求的修补材料。

（1）清除损伤的老混凝土。必须彻底清除受到剥蚀作用损伤的疏松混凝土，以保证修补材料能与完好混凝土基面获得良好结合。

（2）修补体与老混凝土结合面的处理。对老混凝土基面的清理工作，包括去掉表面松动混凝土或骨料，用高压水冲洗干净或用吸尘设备吸去表面的浮渣和粉尘使基面洁净无油污。若采用水泥基修补材料，应使老混凝土基面吸水饱和，但表面不能有明水；若采用树脂基修补材料，则应做到表面干燥，或能达到修补材料可以接受的湿度要求。

（3）修补材料的浇筑回填。浇筑回填修补材料宜分层施工，且在上一层修补材料浇筑完成之后尚没有初凝或完全固化之前接着浇筑下一层。如果在层与层之间的施工中出现了延误，那么就应将层面凿毛。在恢复施工时，还要涂刷或铺设新的黏结层。砂浆类修补材料每一层的厚度一般为 1～2cm。混凝土类修补材料每一层的厚度以能充分振捣密实为宜。

（4）养护。树脂基修补材料固化时间短，强度增长快，除了在环境气温骤降情况下需要采取保温措施外，一般完成修补后在固化期通常不需要任何的养护措施。水泥基修补材料强度增长较慢，需要加强早期的潮湿养护，以防止修补体和结合面黏结层在尚未能获得足够的抗力之前遭受损害或早期发育不良。如早期水分蒸发过多导致修补体发生干缩裂缝、起皮脱落或表面质量下降，特别是对于浅层修补更是这样，早期受冻会使修补体混凝土（砂浆）的内部结构严重受损，造成不可恢复的质量下降。

6.4　浆砌石坝运行管理与维护

本小节仅就浆砌石坝的日常养护工作和常见的病害（如浆砌石坝的滑动问题；坝体裂缝和渗漏问题等）分别进行介绍。

6.4.1　浆砌石坝的日常养护工作

浆砌石坝的日常养护工作包括以下内容：

（1）经常保持坝体清洁完整，清除杂草、积水。在坝顶、防浪墙、廊道和坝坡等处，都不应该随意堆放杂物，以免影响管理工作。

（2）保持坝基排水、廊道排水和表面排水等排水系统畅通。

（3）严格禁止坝体及其上部结构承受超过设计允许的荷载。如启闭机工作桥，溢流坝顶交通桥均不准超过设计标准的车辆通行。

（4）严禁在大坝附近爆破。

（5）在汛期或冬季应注意防止漂浮物和流冰对坝体的冲击。

（6）浆砌石坝常见的病害是裂缝。管理人员在每年汛前水位下降时乘船仔细检查有无裂缝。当发现裂缝时应查明其形成原因并及时进行维修。一般表面裂缝可用水泥砂浆填塞，水灰比应小些，防止过分收缩。如发现严重的裂缝情况时，应做专门研究处理。在寒冬季节，绝不可残留下未经堵塞的大裂缝。

（7）当发现坝体有渗水现象时，应首先加强上游面勾缝处理，必要时再研究专门的处理措施。

（8）应定期检查伸缩缝工作情况，如发现沥青不足或止水损坏时，应及时修补。

（9）应定期进行对坝体内部和外部的观测，并及时整理和分析观测资料，对坝体工作情况作出准确判断。

对于浆砌石溢流坝，日常养护工作中还应注意以下几方面：

（1）溢流坝表面应经常保持光滑完整，对溢流表面被泥沙磨损或水流冲毁部分，应及时用混凝土填补。

（2）在消力池内不得堆积料石、杂物等。

（3）应保持闸门启闭灵活，汛前应进行启闭试验。

（4）泄洪时要正确使用闸门，应对称开启，保持水流对称，防止局部冲刷。

（5）泄洪时应注意水流形态是否正常。洪水后应检查溢流表面和消能设备有无冲刷损坏。

（6）通过较大洪水后，应观测下游河床的冲淤变化。

6.4.2 增加浆砌石重力坝抗滑稳定性的措施

浆砌石坝按其结构形式和传力特点可分为重力坝（包括空腹重力坝、宽缝重力坝和大头坝）、拱坝和连拱坝3种，其中浆砌石重力坝采用最多。对于浆砌石重力坝，应力条件较易满足要求，而抗滑稳定要求往往是坝体安全的关键问题。浆砌石重力坝必须保证在各种外力组合作用下，有足够的抗滑稳定性。抗滑稳定性不足是浆砌石重力坝最危险的病害情况。当发现坝体存在抗滑稳定性不足（如坝基发现新的软弱夹层，核算结果抗滑稳定性小于安全要求），或已产生初步滑动迹象（如观测结果，坝体底部水平位移增大，或由于水平位移而引起坝体裂缝和渗漏）时，必须严加注意，应详细分析坝体抗滑稳定性不足的原因，并提出妥善的措施，及时处理。

由于浆砌石重力坝抗滑稳定性不足的原因和增加抗滑稳定性的措施与混凝土重力坝的类似，这里不再作赘述。

6.4.3 砌石坝坝体裂缝和渗漏的处理

6.4.3.1 浆砌石坝产生裂缝的原因

浆砌石坝体产生裂缝是一种较为普遍的现象，裂缝最初阶段细如发丝，延伸不长不易察觉，以后逐年发展，蔓延范围逐渐扩展，将使下游坝面发生渗水润湿，由于渗流作用，冲走裂缝附近的砂浆，灰缝脱落，使缝口显著扩宽，贯通上、下游或坝顶延至坝底，甚至造成射流，如不及时查出原因进行处理，就会危及坝身安全。坝体裂缝产生的原因有以下几种：

（1）坝体温差过大。由于浆砌石材料在坝体温度降低时，其体积将发生收缩。在干缩的过程中，其体积也同样有收缩现象。如果材料因受约束而不能自由变形，则将出现拉应力。当拉应力大于材料允许抗拉强度，坝体即产生裂缝。这种裂缝称为温度裂缝，在施工中，如果在浆砌石的砂浆中，加水太多，水灰比过大，也会引起干缩裂缝。此外，对新砌浆砌石体养护不良，或者没有设置温度缝，或者虽然设有温度缝，但分缝间距太长，均会使坝体产生温度裂缝。

（2）地基不均匀沉陷。由于坝基地质条件不均一，受力后产生不均匀沉陷，使坝体内局部区域发生较大的拉应力或剪应力，从而造成裂缝，这种裂缝称为沉陷裂缝。浆砌石坝要求河床及两岸山坡岩石较完整、坚硬。当坝基内存在软弱夹层，或有节理裂隙非常发育、风化严重的岩层，或有较易压缩的黏土岩类岩层时，受力后就会造成坝体产生不均匀沉陷裂缝。当坝基遭受冲刷，或漏水造成局部淘空时，也有可能引起坝体产生不均匀沉陷裂缝。

（3）应力。当坝体受到超过设计标准的外力作用，产生过大的内应力时，将造成坝体裂缝。由于浆砌石坝体石料强度不够，或者砂浆标号过低，砌筑时施工质量控制不严，均将降低砌体的强度，在坝体受力后，因砌体强度不够而产生裂缝。这些裂缝均称为应力裂缝。当坝体的结构形式或几何尺寸不合理时，往往在坝体中产生局部的应力集中，这样也将造成应力裂缝。

6.4.3.2　坝体渗漏的原因

当坝体由于上述各种原因或因施工质量不良等缺点，而发展形成贯穿性裂缝后，库水将沿裂隙下渗。浆砌石坝坝体裂缝破坏了坝体的整体性，降低了坝体的结构强度。贯穿上、下游的裂缝将会产生渗漏。

除了坝体贯穿性裂缝将造成坝体渗漏以外，当砌石坝的上游防渗部分由于施工质量不好，或者分缝不当，产生了温度裂缝、接触冷缝或其他漏水通道，也会造成坝体渗漏。此外，当砌缝中砂浆不够饱满，存在较多孔隙；或者施工时砂浆过稀，干缩变形过大；或者砌坝石料本身抗渗标号较低，也将造成坝体渗漏。一般砌石坝下游渗水往往有乳白色碳酸盐沉积物，这是坝体产生了渗漏的明显标志。

坝体裂缝和渗漏将对大坝造成两方面危害：一方面是破坏了坝体的密实性和整体性；另一方面是造成坝体渗漏，使浆砌石坝体的胶结材料不断被渗水分解而带出坝体。这两方面的危害均将削弱坝身结构强度，影响大坝的耐久性和安全。

6.4.3.3　坝体裂缝和渗漏的处理

浆砌石坝体裂缝处理方法与混凝土坝裂缝处理相似，这里主要讲一下浆砌石坝体的渗漏处理。

由于坝体贯穿性裂缝而引起的坝体渗漏，其处理方法如前裂缝处理部分所述。对其余几方面原因造成的坝体渗漏，可根据渗漏的具体情况采用以下方法处理：

（1）水泥砂浆重新勾缝。当坝体石料质量较好，仅局部地方由于施工质量较差，如砌缝中砂浆不够饱满，或砂浆干缩产生裂缝而造成渗漏时，均可采用勾缝方法处理。因为当石料具有一定的抗渗性能时，渗漏只可能沿灰缝发生。所以，认真进行勾缝处理后，渗漏途径可以全部堵塞。对于上游防渗墙部分裂缝引起的渗漏，当裂缝不稳定时，可进行表面粘补处理；当裂缝业已稳定时，也可进行勾缝处理。

（2）灌浆处理。当坝体砌筑质量普遍较差，大范围内出现严重渗漏，勾缝无效时，可采用从坝顶钻孔灌浆，在坝体上游部分形成防渗帷幕的方法处理。具体方法与前述混凝土大坝裂缝的处理方法相同。

（3）上游面加厚坝体。当坝体砌筑质量普遍较差，渗漏严重，勾缝无效，但是又无灌浆处理条件时，可放空水库在上游面加厚坝体起防渗层作用。如原坝体较为单薄，则结合加厚坝体防渗处理措施将更加合理。

（4）上游面增设防渗层。当坝体石料本身质量差，抗渗等级较低，加以砌筑质量不合要求，渗漏严重时，可采取在上游面增设混凝土防渗面板（墙）、五层砂浆防渗层或喷浆防渗层等方法处理。混凝土防渗面板施工时应放空水库，并布置插筋，加强与原坝体的连接，然后凿毛、清洗原坝面以后，再浇筑混凝土。防渗面板两端和底部应嵌入基岩 1～1.5m。根据我国各地的实践经验，混凝土防渗面板底部厚度约为水头的 1/15～1/60，顶部厚度应大于 30mm 以便施工，一般用 C15 混凝土即能满足防渗要求。

（5）增设高频振动灌浆的钢丝网水泥防渗面板。高频灌浆技术用于制作水工防渗面板是一种新的施工工艺，它是按砂在振动作用下产生液化流动的原理，采用高频振动灌浆装置把低水灰比砂浆液化后灌入网格内，由于振动易使内部空气排出，形成致密的钢丝网水泥防渗层。采用这种工艺施工的防渗面板具有较高的强度和抗渗功能。

6.5 水闸运行管理

水闸是一种利用闸门挡水和泄水的低水头水工建筑物，能调节水位、控制流量，在防洪、治涝、灌溉、供水、航运、发电等水利工程中占有重要地位，尤其在平原地区的水利工程建设中，更得到了广泛应用。

水闸作为蓄水和排涝建筑物，在现今社会中发挥的作用越来越大，其安全与否关系到人民的生命财产安全，有些水闸工程甚至成为生态旅游景点、休闲场所。然而大多数水闸工程运行年限已久，加上受维修经费、技术管理水平等因素的影响，具有不同程度的病害，因此，加强水闸的运行管理，改进水闸管理单位的管理工作，对于进一步管好、用好水闸，防止发生安全事故，充分发挥其效益具有十分重要的意义。

6.5.1 水闸的操作运用

水闸是一种具有挡水和泄水双重作用的低水头水工建筑物。它通过闸门的升降启闭来控制水位和调节量，在防洪、灌溉、排水、航运和发电等水利工程中应用十分广泛。水闸的土建部分与坝一样，都是由混凝土、浆砌石、块石及土等材料构成的。因此，其土建工程的维护工作与坝有很多相同之处，与大坝相同的维护内容和方法，不再重复，本节着重阐述与这些建筑物自身特点有关的养护维修和操作运用工作。

不同类型的水闸，有不同的特点及作用。现将水闸一般操作及运用技术要求简要叙述如下。

6.5.1.1 闸门启闭前的准备工作

1. 严格执行启闭制度

管理机构对闸门的启闭，应严格按照控制运用计划及负责指挥运用的上级主管部门的指示执行。对上级主管部门的指示，管理机构应详细记录，并由技术负责人确定闸门的运用方式和启闭次序，按规定程序下达执行。

操作人员接到启闭闸门的任务后，应迅速做好各项准备工作。

当闸门的开度较大，其泄流或水位变化对上下游有危害或影响时通知有关单位，做好准备，以免造成不必要的损失。

启闭前后应对启闭机是否灵活、丝杠有无损伤、闸门闸槽有无阻碍、闸门有封锁扭曲等情况进行检查；放水前要试行启闭一次；若闸下游无水或上、下游水头过大（超过1m），则放流时应逐步加大，并尽可能在正式启闸前先设法逐渐提高下游水位，以便消能，闭闸时亦应逐步关闭，以免冲刷；闸门启闭时如发现异常现象（如上下游水流方向、下游水流分布和水跃位置等的异常现象和闸门扭曲、震动、音响等）应及时检查，加以处理，以防情况加剧；如发生故障，严防强行操作，以免毁坏机件；闸门与闸槽及闸门槛等到均应密合，以防漏水，闭闸时，应注意清除闸底上的碎石等障碍物，以免关闸不严；闭闸时，当闸门快落到底时要降低下降速度，以防下降过猛，损坏机件。

启闭机械闸门应有处于需要位置的制动设备，并应在丝杠上有明显的表示闸门已落到底槛的标志；重要部分应有防尘土和雨水用的护罩等。

2. 认真进行检查工作

(1) 闸门的检查。

1) 闸门的开度是否在原定位置。

2) 闸门的周围有无漂浮物卡阻，门体有无歪斜，门槽是否堵塞；临河闸前应安置拦污栅，栅前漂浮要经常打捞，避免堆积闸前或越栅入渠；闸孔须随时清理，不能淤积；应及时清除闸孔和闸板上的秽垢和漂浮物，在严寒时期还应清除冰块和冻结物。

3) 冰冻地区，冬季启闭闸门前还应注意检查闸门的活动部分有无冻结现象，冰与闸连接处应打开一条宽0.6～2.1m的冰沟。

4) 闸、闸门及启闭机要保持清洁，启闭机件应根据当地灌水、风沙条件，定期加油。为了防锈，秋天用水后要涂以重油或其他废油。闸门等水下钢钉或木件应经常擦洗干净，并在干燥时期（如秋季）油漆一次。

5) 利用闸门量水时，应定期检查水尺零点及测定闸孔启闭高度的标尺，并应在管理过程中根据实测资料对水力计算公式中的系数逐步进行修正。

6) 闸基如发现渗漏及管涌现象时应迅速加以修理。行水期间，在闸上游如发现涡流即表示有渗漏发生。如建筑物下游土壤中渗出的水色混浊，即表示基础被淘刷。

7) 冬季停水期以及汛前都应定期大检查，并应及时加以修理。

(2) 启闭设备的检查。

1) 启闭闸门的电源或动力有无故障。

2) 电动机是否正常，程序是否正确。

3) 机电安全保护设施、仪表是否完好。

4) 机电转动设备的润滑油是否充足，特别注意高速部位（如变速箱等）符合规定要求。

5) 牵引设备是否正常。如钢丝绳有无锈蚀、断裂，螺杆等有无弯曲变形，吊点结合是否牢固。

6) 液压启闭机的油泵、阀、滤油器是否正常，油箱的油量是否充足，管道、油缸是否漏油。

(3) 其他方面的检查。

1) 上下游有无船只、漂浮物或其他障碍物影响行水等情况。

2) 观测上下游水位、流量、流态。

6.5.1.2 闸门的操作运用原则

(1) 工作闸门用来调节流量，可以在动水情况下启闭，要求有较大的启门力。

(2) 检修闸门用于短期挡水，以便对工作闸门、建筑物及机械设备进行检修，一般在静水情况启闭，启闭力较小。

6.5.1.3 闸门的操作运用

1. 工作闸门的操作

工作闸门在操作运用时，应注意以下几个问题：

(1) 闸门在不同开启度情况下工作时，要注意闸门、闸身的振动和对下游冲刷程度。

(2) 闸门放水时，必须与下游水位、流量相适应，水跃应发生在消力池内。应根据闸下水位与安全流量关系图表和水位—闸门开度—流量关系图表，进行分次开启。

（3）不允许局部开启的工作闸门，不得中途停留使用。

2. 多孔闸门的运行

（1）多孔闸门若能全部同时启闭，尽量全部同时启闭，中间孔依次向两边对称开启或由两端向中间依次对称关闭。

（2）对上下双层孔口的闸门，应先开底层后开上层，关闭时顺序相反。

（3）多孔闸门下泄小流量时，只有当水跃能控制在消力池内时，才允许开启部分闸孔。开启部分闸孔时，也应尽量考虑对称。

（4）多孔闸门允许局部开启时，应先确定闸下分次允许增加的流量，然后，确定闸门分次启闭的高度。

6.5.1.4 启闭机的操作

1. 电动及手、电两用卷扬式、螺杆式启闭机的操作

（1）电动启闭机的操作程序，凡有锁定装置的，应先打开锁定装置，后合电器开关。当闸门运行到预定位置后，及时断开电器开关，装好锁定，切断电源。

（2）人工操作手、电两用启闭机时，应先切断电源，合上离合器，方能操作。如使用电动时，应先取下摇柄，拉开离合器后，才能按电动操作程序进行。

2. 液压启闭机操作

（1）打开有关阀门，并将换向阀扳至所需位置。

（2）打开锁定装置，合上电器开关，启动油泵。

（3）逐渐关闭回油控制阀升压，开始运行闸门。

（4）在运行中若需改变闸门运行方向，应先打开回油控制阀至极限，然后扳动换向阀换向。

（5）停机前，应先逐步打开回油阀，当闸门达到上、下极限位置应立即将回油控制阀升至极限位置。

（6）停机后，应将换向阀扳至停止位置，关闭所有阀门，锁好锁定，切断电源。

6.5.1.5 水闸操作运用应注意的事项

（1）在操作过程中，不论是遥控、集中控制或机旁控制，均应有专人在机旁和控制室进行监护。

（2）启动后应注意，启闭机是否按要求的方向动作，电器、油压、机械设备的运用是否良好；开度指示器及各种仪表所示的位置是否准确；用两部启闭机控制一个闸门的是否同步启闭。若发现当启闭力达到要求，而闸门仍固定不动或发生其他异常现象时，应立即停机检查处理，不得强行启闭。

（3）闸门应避免停留在容易发生振动的开度上。如闸门或启闭机发生不正常的振动、声响等，应立即停机检查。消除不正常现象后，再行启闭。

（4）使用卷扬式启闭机关闭闸门时，不得在无电的情况下，单独松开制动器降落闸门（设有离心装置的除外）。

（5）当开启闸门接近最大开度或关闭闸门接近闸底时，应注意闸门指示器或标志，应停机时要及时停机，以避免启闭机械损坏。

（6）在冰冻时期，如要开启闸门，应将闸门附近的冰破碎或融化后，再开启闸门。在解冻流冰时期泄水时，应将闸门全部提出水面，或控制小开度放水，以避免流冰撞击闸门。

（7）闸门启闭完毕后，应校核闸门的开度。水闸的操作是一项业务性较强的工作，要求操作人员必须熟悉业务、思想集中，操作过程中，必须坚守工作岗位，严格按操作规程办事，避免各种事故的发生。

6.5.2 水闸的日常养护

衡量闸门及启闭机养护工作好坏的标准是：结构牢固、操作灵活、制动可靠、启闭自如、水封装置不漏水和清洁无锈。下面介绍具体养护工作。

6.5.2.1 闸门的日常养护

（1）要经常清理闸门上附着的水生物和杂草污物等，避免钢材腐蚀，保持闸门清洁美观，运用灵活。要经常清理门槽处的碎石、杂物，以防止卡阻闸门，造成闸门开度不足或关闭不严。

（2）严禁水闸的超载运行。严禁在水闸上堆放重物，以防引起地基不均匀沉陷或闸身裂缝。

（3）门叶是闸门的主体，要求门叶不锈不漏。要注意发现门叶变形、杆件弯曲或断裂及气蚀等病害。发现问题应及时处理。

（4）支承行走装置是闸门升降时的主要活动和支承部件，支承行走装置常因维护不善而引起不正常现象，如滚轮锈死，由滚动摩擦变为滑动摩擦，压合胶木滑块变形，增大摩擦系数等。对支承行走装置的养护工作，除防止压合胶木滑块劈裂变形及表面保持一定光滑度外，主要是加强润滑和防锈。

（5）水封装置要保证不漏水，按一般使用要求，闸门全闭时，各种水封的漏水量不应超过下列标准：

1）木水封1.0L/(s·m)。

2）木加橡皮水封0.3L/(s·m)。

3）橡皮水封0.1L/(s·m)。

4）金属水封（阀门上用）0.1L/(s·m)。

水封养护工作主要是及时清理缠绕在水封上的杂草、冰凌或其他障碍物，及时拧紧或更换松动锈蚀的螺栓，定期调整橡胶水封的预压缩量，使松紧适当；打磨或涂抹环氧树脂于水封座的粗糙表面，使之光滑平整；对橡皮水封要做好防老化措施，如涂防老化涂料；木水封要做好防腐处理，金属水封要做好防锈蚀工作等。

（6）闸门工作时，往往由于水封漏水，开度不合理、波浪冲击、闸门底缘型式不好或门槽型式不适当等，均容易使闸门发生振动。振动过大，就容易使闸门结构遭受破坏。因此，在日常养护过程中，一旦发现闸门有异常振动现象，应及时检查，找出原因，采取相应处理措施。

6.5.2.2 启闭机的日常养护

（1）启闭机的动力部分应保证有足够容量的电源，良好的供电质量；应保持电动机外壳上无灰尘污物，以利散热；应经常检查接线盒压线螺栓是否松动、烧伤，要保证润滑油脂填满轴承空腔的1/3～2/3，脏了要更换。

（2）电动机的主要操作设备如闸刀、开关等，应保持清洁、干净、触点良好，接线头连接可靠，电机的稳压、过载保护装置必须可靠。

（3）电动部分的各类指示仪表，应按有关规定进行检验，保证指示正确。

（4）启闭机的传动装置，润滑油料要充足，应及时更换变质的润滑油和清洗加油设施。启闭机的制动器是启闭机的重要部件之一，要求动作灵活、制动准确，若发现闸门自动沉降，应立即对制动器进行彻底检查及修理。

6.5.2.3 其他日常养护工作

（1）定期清理机房、机身、闸门井、操作室以及照明设施等，并要充分通风。

（2）拦污栅必须定期进行清污，特别是水草和漂浮物多的河流上更应注意。在多泥沙河流上的闸门，为了防止门前大量淤积，影响闸门启闭，要定期排沙，并防止表面磨损。

（3）备用照明、通信、避雷设备等要经常保持完好状态。

6.5.3 水闸的损坏与修理

水闸损坏的修理，首先应找出损坏产生的原因，采取措施改变引起损坏的条件，然后对损坏部位进行修复。

6.5.3.1 水闸的裂缝与修理

1. 闸底板和胸墙的裂缝与修理

闸底板和胸墙的刚度比较小，适应地基变形的能力较差。因此，很容易受地基不均匀沉陷而引起裂缝。另外，由于混凝土强度不足、温差过大或施工质量差等也容易引起闸底板和胸墙裂缝。

由于地基不均匀沉陷产生的裂缝，在裂缝修补前，首先应采取稳定地基的措施。稳定地基的一种方法是卸载，如将墙后填土的边墩改为空箱结构，或拆除增设的交通桥等。此法适用于有条件进行卸载的水闸。另一种是加固地基，常用的方法是对地基进行补强灌浆，提高地基的承载能力。对于因混凝土强度不足或因施工质量而产生的裂缝，主要应对结构进行补强处理。

2. 翼墙和浆砌块石护坡的裂缝与修理

地基不均匀沉陷和墙后排水设备失效是造成翼墙裂缝的两个主要原因。由于不均匀沉陷而产生的裂缝，首先应通过减荷稳定地基，然后再对裂缝进行修补处理，因墙后排水设备失效，应先修复排水设施，再修补裂缝。浆砌石护坡裂缝常常是由于填土不实造成的，严重时应进行翻修。

3. 护坦的裂缝与修理

护坦的裂缝产生的原因有：地基不均匀沉陷、温度应力过大和底部排水失效等。因地基不均匀沉陷产生的裂缝，可待地基稳定后，在缝上设止水，将裂缝改为沉陷缝。温度裂缝可采取补强措施进行修补，底部排水失效，应先修复排水设备。

4. 钢筋混凝土的顺筋裂缝与修理

钢筋混凝土的顺筋裂缝是沿海地区挡潮闸普遍存在的一种病害现象。裂缝的发展可使混凝土脱落、钢筋锈蚀，使结构强度过早地丧失。顺筋裂缝产生的原因是海水渗入混凝土后，降低了混凝土碱度，使钢筋表面的氧化膜遭到破坏，结果导致海水直接接触钢筋而产生电化学反应，使钢筋锈蚀。锈蚀引起的体积膨胀致使混凝土顺筋开裂。

顺筋裂缝的修补。其施工过程为：沿缝凿除保护层，再将钢筋周围的混凝土凿除2cm；对钢筋彻底除锈并清洗干净；在钢筋表面涂上一层环氧基液，在混凝土修补面上涂一层环氧胶，再填筑修补材料。

顺筋裂缝的修补材料应具有抗硫酸盐、抗碳化、抗渗、抗冲、强度高、凝聚力大等特性。目前常用的有铁铝酸盐早强水泥砂浆及混凝土、抗硫酸盐水泥砂浆及细石混凝土、聚合物水泥砂浆及混凝土和树脂砂浆及混凝土等。

5. 闸墩及工作桥裂缝与修理

我国早期建成的闸墩及工作桥，发现许多细小裂缝，严重的甚至出现老化剥离现象。其主要原因是混凝土的碳化。混凝土的碳化是指空气中的二氧化碳与水泥中氢氧化钙作用生成碳酸钙和水，使混凝土的碱度降低，钢筋表面的氢氧化钙保护膜破坏而开始生锈，混凝土膨胀形成裂缝。

此种病害应对锈蚀钢筋除锈，锈蚀面积大的加设新筋，采用预缩砂浆并掺入阻锈剂进行加固。混凝土的碳化，不仅在水闸中存在，在其他类型混凝土中同样存在。碳化的原因是多方面的，提高混凝土抗碳化的能力的措施，尚待不断完善。

6.5.3.2　消能防冲设施的破坏及处理

1. 护坦和海漫的冲刷破坏及处理

护坦和海漫常因单宽流量大而发生冲刷破坏。对护坦因抗冲能力差而引起的冲刷破坏，可进行局部补强处理，必要时可增设一层钢筋混凝土防护层，以提高护坦的抗冲能力。为防止因海漫破坏引起护坦基础被淘空，可在护坦末端增设一道钢筋混凝土防冲齿墙，如图 6.28 所示。

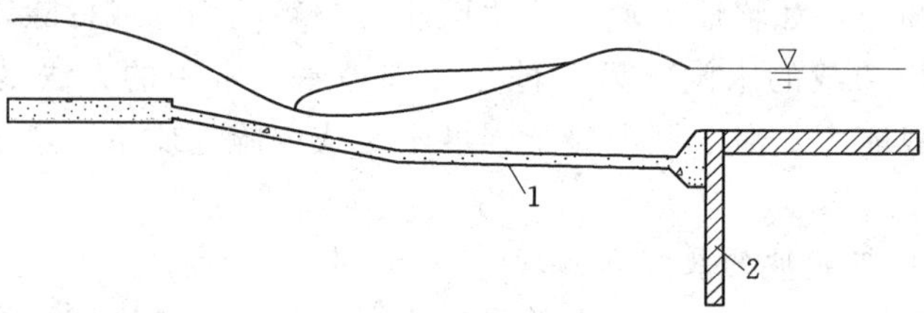

图 6.28　钢筋混凝土防冲齿墙

1—护坦；2—混凝土齿墙

对于岩基水闸，在护坦末端设置鼻坎，将水流挑至远处河床，以保证护坦的安全。

对软基水闸，在护坦的末端设置层槛可减小出池水流的底部流速，可减轻水流对海漫的冲刷；降低海漫出口高程，增大过水断面可保护海漫基础不被淘空，可减小水流对海漫的冲刷。

近年来，土工织物作为防冲保护和排水反滤的一种新型材料，已在闸坝等水利工程中得到了越来越广泛的应用。它具有抗拉强度高，整体连续性好；重量轻、抗腐、不霉变、储运方便；质地柔软，具有排水、防冲、等功能；施工简便、速度快、施工质量容易控制；工程抗老化能力强、造价低等诸多优越性。土工织物是高分子材料经聚合加工而成的，目前应用较多的有涤纶、锦纶、丙纶等。由于合成类型、制造方法不同，使织物在力学和水力性质方面有很大的差异。根据制造方法，目前土工织物可分为纺织型和非纺织型两种。

在选择土工织物时，需要了解下列特性：

(1) 物理特性。主要包括聚合物的种类，材料类型及结构，单位面积的重量压力下的厚度、密度、压缩性等。

(2) 力学特性。包括抗拉强度、撕裂强度、不同材料间摩擦系数等。

(3) 水力学特性。包括渗透系数、织物的孔径、平面渗透能力等。

(4) 耐久性。如抗老化、磨损、生物分解、化学侵蚀、温度变化的能力等。

2. 岩基的防冲防淘

当冲刷、淘刷的主要原因是由于下游水深不够，水跃不能发生在消力池内或护坦上时，可以在护坦末端设置一道鼻坎，将水流挑至远处河床（但要防止挑流冲刷影响结构物及岸坡的稳定）。也有采取在护坦下游建造辅助小坝抬高尾水，或增设消力墩等办法处理。面流消能工坎脚下游河床未做护坦，在不均匀泄水产生的横向水流冲击下引起冲刷、淘刷时，可以在坎脚下游设置与坎台同高的顺流潜水墩，截断横向水流，并对已经破坏的河床基岩采取混凝土封闭处理的措施，以增强消能工的稳定。

挑流消能工如果因下游水垫不足，引起冲刷，危及结构物安全时，除对结构物采取防护措施外，可在下游修建壅水坝以形成必要的水垫，防止发生过大的冲刷。当挑流消能工挑距不够，因而影响结构物的稳定时，可在溢流面设置隔墙，使少数闸孔开启时水不致因沿坝面扩散，造成出坎单宽流量减小而抛射不远现象，隔墙可自闸墩延伸至挑坎，每孔或每二孔设一道。有时，也可在挑坎尾部做成顶宽底窄的近似于“V”形的出口截面，这样就使在小流量泄洪时，仍能有较远的挑距和较充分的掺气扩散，但须通过水工模型试验决定。

如因河床基岩本身节理裂隙发育而抗冲能力不够时，则可根据具体情况，分别采用设置钢筋混凝土防护层或对被水平节理节切割的巨块岩石采用锚筋锚固，并用水泥砂浆嵌缝的措施，以提高抗冲能力。

3. 软基的防冲防淘

增设消力池和尾槛由于护坦布置太高，或者下游河床过低，使下游水深不能保证下泄水流在护坦上形成水跃，河床受到较大流速冲刷不断下降，使尾水位越来越低，因而破坏海漫时，可在护坦上加浇一层钢筋混凝土防护层，并增设消力池和尾槛，以使水跃发生在护坦上，防止下游海漫和河床的冲刷。综合改善措施软基的冲、淘破坏，有时是由多种因素所造成的，须采取多种措施。例如采用面流消能的溢流坝，由于护坦布置过高，下游水深小于跃后水深，因此泄洪时经过坎台的水流形成远驱式水跃，而河床的另一侧因布置有电站却产生淹没水跃，这两种流态便在电站一侧产生大片回流；同时过坝水流受电站尾水影响不能横向扩散，造成主流集中，形成单宽流量过大的折冲水流，从而引起海漫冲毁、护坦底下淘空等破坏情况时，首先应增建或延长导水墙，使泄洪与电站尾水分流，然后采用在护坦上加尾槛或将连续式坎台改成差动式坎台的措施，以减弱回流和冲刷；或在护坦末端下设置用冲击钻钻孔建造的连续式钢筋混凝土防冲齿墙，以防止护坦基础淘空而引起护坦沉陷、断裂。

4. 岸坡的防冲防淘

岸坡冲、淘破坏的主要因素为水流的直接冲刷、回流的淘刷、波浪的冲击等，在采取防冲、防淘措施时，要根据具体情况来选定。一般措施有：增做或延长导水墙，以改善水流扩散情况，减少回流；修建桃流坝或潜水墩，避免主流冲刷或回流淘刷；增做或延长混凝土或砌石护岸，以提高岸坡的抗冲能力；采用三向曲线型的尾部挑坎，使岸侧挑流水舌能沿规定方向抛射，避免冲击对岸岸坡；导水墙及护岸应建在岩基上，如为软基，则必须设防淘齿墙或采取其他护脚措施，如先抛石笼垫底后抛混凝土四面体护脚、现浇混凝土护脚、以钢筋混凝土预制板做围堰的预填骨料压浆混凝土护脚等。齿墙及护脚都应保证足够的埋藏深度。

6.5.3.3　气蚀及磨损的处理

气蚀与磨蚀常发生在挑坎、护坦、齿墩与尾槛等部位，除对损坏部分要及时修理外，还应消除气蚀、磨蚀发生的条件。可通过水工模型验定出合适的形状、尺寸，或考虑如下的改善措施：

（1）改善结构布置。对气蚀的处理可采取改善边界轮廓、对低压区通气、修补破坏部位等措施。如将消力坎等做成流线型，削去棱角；或将矩形差动坎改为梯形差动坎；或将消力池的尾槛由台阶形改为斜面梳齿形，并尽可能不设消力墩，这样即使有砂石等杂物带入消力池，也会被水流冲掉，不致积存在池内引起磨蚀。向低压区补充空气减少负压如在差动坎挑流的高坎侧壁开通气孔，通气孔的位置应在模型试验得出的负压部位或稍偏上游。

（2）加强结构物的抗蚀能力。多推移质河流上的水闸，磨损现象也较普遍。对因设计不周而引起的闸底板、护坦的磨损，可通过改善结构布置来减免磨损。对难以改变磨损条件的部位，可采用抗蚀性能好的材料进行护面修补。如在已经发生或容易发生气蚀的部位采用抗蚀能力强的材料来镶补，或在推移质含量大的河流的闸、坝消能工上用抗冲耐磨的材料做护面，如普通高强混凝土、钢板、铸铁板、铁砂混凝土、真空作业混凝土及花岗岩条石等，近来也有的采用环氧砂浆、环氧混凝土、铸石板、铸石砖、呋喃砂浆及呋喃混凝土等。

6.5.3.4　砂土地基管涌、流土的处理

对于砂土地基上的水闸，管涌、流土会造成消能工的沉陷破坏。这种破坏产生的主要原因是渗径长度不足或下游反滤失效。因此，对沉陷破坏应先采取措施防止地基发生管涌与流土，然后再对破坏部位进行修复。防止地基发生管涌与流上的措施有：加长或加厚上游黏土铺盖，加深或增设截水墙，下游设置透水滤层等。

6.5.3.5　闸门的防腐处理

1. 钢闸门的防腐处理

钢闸门常在水中或干湿交替的环境中工作，极易发生腐蚀，加速其破坏，为了延长钢闸门的使用年限，保证安全运用，必须经常地予以保护。

钢铁的腐蚀一般分为化学腐蚀和电化学腐蚀两类。钢铁与氧气或非电解质溶液作用而

发生的腐蚀，称为化学腐蚀；钢铁与水或电解质溶液接触形成微小腐蚀电池而引起的腐蚀，称为电化学腐蚀。钢闸门的腐蚀多属电化学腐蚀。

钢闸门防腐蚀措施主要有两种：一种是在钢闸门表面涂上覆盖层，借以把钢材母体与氧或电解质隔离，以免产生化学腐蚀或电化学腐蚀；另一种是设法供给适当的保护电能，使钢结构表面积聚足够的电子，成为一个整体阴极而得到保护，即电化学保护。

钢闸门不管采用哪种防腐措施，在具体实施过程中，首先都必须进行表面的处理。表面处理就是清除钢闸门表面的氧化皮、铁锈、焊渣、油污、旧漆及其他污物。经过处理的钢闸门要求表面无油脂、无污物、无灰尘、无锈蚀、表面干燥、无失效的旧漆等。目前钢闸门表面处理方法有人工处理、火焰处理、化学处理和喷砂处理等。

人工处理就是靠人工铲除锈和旧漆，此法工艺简单，无需大型设备，但劳动强度大、工效低、质量较差。

火焰处理就是对旧漆和油脂有机物，借燃烧使之碳化而清除。对氧化皮是利用加热后金属母体与氧化皮及铁锈间的热膨胀系数不同而使氧化皮崩裂、铁锈脱落。处理用的燃料一般为氧—乙炔焰。此种方法的设备简单，清理费用较低，质量比人工处理好。

化学处理是利用碱液或有机溶剂与旧漆层发生反应来除漆，利用有机酸与钢铁的锈蚀产物进行化学反应清理铁锈。除旧漆可利用纯碱石灰溶液（纯碱∶生石灰∶水＝1∶1.5∶1）或其他有机脱漆剂。除锈可用无机酸与填加料配制的除锈药膏。化学处理的劳动强度低，工效较高，质量较好。

喷砂处理方法较多，常见的干喷砂除锈除漆法是用压缩空气驱动砂粒通过专用的喷嘴以较高的速度冲到金属表面，依靠砂粒的冲击和摩擦以除锈、除漆。此种方法的工效高、质量好，但工艺较复杂，需专用设备。

（1）涂料保护。涂料可分为底漆和面漆两种，二者相辅相成。底漆主要起防锈作用，应有良好的附着力，漆膜封闭性强，使水和氧气不易渗入。面漆主要是保护底漆，并有一定的装饰作用，应具有良好的耐蚀、耐水、耐油、耐污等性能。同时还应考虑涂料与被覆材料的适应性，注意产品的配套性，包括涂料与被覆材料表面配套、涂料层间配套、涂料与施工方法配套、涂料与辅助材料（稀释剂、固化剂、催干剂等）配套。总之，必须根据实际情况，选择适宜的涂料。

提高施工质量，才能保证防腐效果，如有些钢闸门由于涂料选择不当，经防腐处理后，有效保护期仅1～2年，即需重新处理。

涂料保护一般施工方法有刷涂和喷涂两种。刷涂是用漆刷将油漆涂刷到钢闸门表面。此种方法工具设备简单，适宜于构造复杂、位置狭小的工作面。喷涂是利用压缩空气将漆料通过喷嘴喷成雾状而覆盖于金属表面上，形成保护层。喷涂工艺优点是工效高、喷漆均匀、施工方便。特别适合于大面积施工。喷涂施工需具备喷枪、储漆罐、空压机、滤清器、皮管等设备。涂料一般应涂刷3～4遍，涂料保护的时间一般为10～15年。

（2）喷镀保护。喷镀保护是在钢闸门上喷镀一层锌、铝等活泼金属，使钢铁与外界隔离从而得到保护。同时，还起到牺牲阳极（锌、铝）保护阴极（钢闸门）的作用。喷镀有电喷镀和气喷镀两种。水工上常采用气喷镀。气喷镀所需设备主要有压缩空气系统、乙炔系统、喷射系统等。常用的金属材料有锌丝和铝丝。一般采用锌丝。气喷镀的工作原理是：金属丝经过喷枪传动装置以适宜的速度通过喷嘴，由乙炔系统热熔后，借压缩空气的作用，把雾化成半熔融状态的微粒喷射到部件表面，形成一层金属保护层。

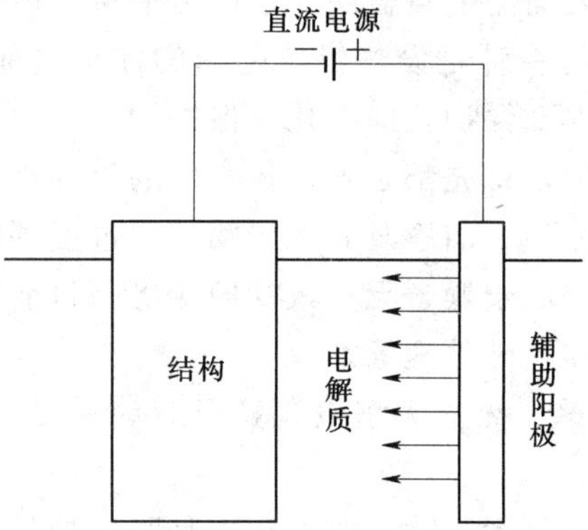

图 6.29　外加电流阴极保护示意图

(3) 外加电流阴极保护与涂料保护相结合。将钢闸门与另一辅助电极（如废旧钢铁等）作为电解池的两个极，以辅助电极为阳极、钢闸门为阴极，在两者之间接上一个直流电源，通过水形成回路，在电流作用下，阳极的辅助材料发生氧化反应而被消耗，阴极发生还原反应得到保护，如图 6.29 所示。当系统通电后，阴极表面就开始得到电源送来的电子，其中除一部分被水中还原物质吸收外，大部分将积聚在阴极表面上，使阴极表面电位越来越负。电位越负，保护效率就越高。当钢闸门在水中的表面电位达到－850mV 时，钢闸门基本能不锈，这个电位值被称为最小保护电位。在钢闸门上采用外加电流阴极保护时，需消耗大量保护电流。为了节约用电，可采用与涂料一并使用的联合保护措施。

2. 钢丝网水泥闸门的防腐处理

钢丝网水泥是一种新型水工结构材料，它由若干层重叠的钢丝网、浇筑高强度等级水泥砂浆而成。它具有重量轻、造价低、便于预制、弹性好、强度高、抗震性能好等优点。完好无损的钢丝网水泥结构，其钢丝网与钢筋被氢氧化钙等碱性物质包围着，钢丝与钢筋在氢氧化钙碱性作用下生成氢氧化铁保护膜保护网筋，防止了网筋的锈蚀。因此，对钢丝网水泥闸门必须使砂浆保护层完整无损。要达到这个要求，一般采用涂料保护。

钢丝网水泥闸门在涂防腐涂料前也必须进行表面处理，一般可采用酸洗处理，使砂浆表面达到洁净、干燥、轻度毛糙。

常用的防腐涂料有环氧材料、氯丁橡胶沥青漆及生漆等。为保证涂抹质量，一般需涂 2～3 层。

3. 木闸门的防腐处理

在水利工程中，一些中小型闸门常用木闸门，木闸门在阴暗潮湿或干湿交替的环境中工作，易于霉烂和虫蛀，因此也需进行防腐处理。

木闸门常用的防腐剂有氟化钠、硼铬合剂、硼酚合剂，铜铬合剂等。作用在于毒杀微生物与鱼类，达到防止木材腐蚀的目的。施工方法有涂刷法、浸泡法、热浸法等。处理前应将木材烤干，使防腐剂容易吸附和渗入木材体内。

木闸门通过防腐剂处理以后，为了彻底封闭木材空隙，隔绝木材与外界的接触，常在木闸门表面涂上油性调和漆、生桐油、沥青等，以杜绝腐蚀的发生。

6.6　溢洪道养护与修理

溢洪道的作用是宣泄洪水，保证水库的安全，溢洪道除了应具备足够的泄流能力外，还要保证其在工作期间的自身安全和下泄水流与原河道水流获得妥善的衔接。一些坝的失事，往往是由于溢洪道泄流能力不足或设计、运用不当而引起的。所以安全泄洪是水利枢纽设计中的重要问题。

溢洪道的使用率，取决于洪水特性、工程开发性质和水库设计标准。一般只是在汛期持续出现较大的流量，超过其他设施泄流能力的情况下，才启用溢洪道泄水。如库容较大或具有泄量较大的泄水孔或泄水隧洞，溢洪道是不会经常工作的。

6.6.1 河岸式溢洪道的日常养护工作

溢洪道的安全泄洪是确保水库安全的关键。对大多数水库的溢洪道，泄水机会并不多，宣泄大流量的机会则更少，有的几年或十几年才遇上一次。但由于大洪水出现的随机性，溢洪道必须做好每年过大洪水的准备，这就要求把工作的重点放在日常养护上，保证溢洪道能正常工作。

(1) 水库管理人员要经常检查规划设计基本资料是否准确，是否需要补充或修改设计。检查水库的集水面积、库容、地形地质条件和水、沙量等规划设计基本资料，按设计要求的防洪标准，验算溢洪道的过流尺寸。当过流尺寸不满足要求时，应采取各种措施予以解决。

(2) 检查开挖断面尺寸，检查溢洪道的宽度和深度是否已经达到设计标准；观测汛期过水时是否达到设计的过水能力，每年汛后检查观测各组成部分有无淤积或坍塌堵塞现象；还应注意检查拦鱼栅和交通桥等建筑物对溢洪道过水能力的影响等。通过检查，发现问题应及时采取措施。

(3) 应经常检查溢洪道建筑物结构完好情况，要检查溢洪道的闸墩、底板消力池等结构有无裂缝和渗水现象，陡坡段底板有无被冲刷、淘空、气蚀等现象，发现问题应及时采取措施进行处理。

(4) 应注意检查溢洪道消能效果。溢洪道消能效果好坏，关系到工程的安全。消力池消能应注意观察水跃产生情况。鼻坎挑流要注意观察水流是否冲刷坝脚，冲坑深度是否继续扩大。有些溢洪道出口过分靠近土坝，又无可靠消能设备时，管理人员应及时提出改建方案。

(5) 做好控制闸门和启闭机的日常养护，确保闸门正常工作。特别注意检查闸门有无扭曲，门槽有无阻碍，铆钉或螺栓是否脱落松动，止水是否完好，启闭是否灵活，闸前闸后有无淤积或残留物等。

(6) 严禁在溢洪道周围爆破、取土、修建无关建筑。注意清除溢洪道周围的漂浮物，禁止在溢洪道上堆放重物。

6.6.2 溢洪道的常见病害及处理方法

6.6.2.1 溢洪道泄洪能力复核与检查处理

在我国已建的中小型水库中，绝大多数设计洪水的确定是由符合一般规律的当地水文图集计算而得到的。这就很难完全符合某一水库实际情况，因此，在有条件的地方，管理人员应当用本流域的实测水文资料加以复核，用经过复核的资料来判断溢洪道的尺寸是否足够。按本地区定型水文图集设计而建成的中小型水库，应在坝区建雨量站，规模大的水库还应在整个集雨面积内合理布设测站，长期坚持降雨量、库水位、下泄流量和渗漏量等项目的观测。这些工作不仅是复核所需要的，也是及时掌握水情作好水库调度所需要的。

1. 复核时需要弄清的基本资料

(1) 水库上下游情况。要弄清上游淹没情况，下游河道的泄水能力，下游有无重要城镇、厂矿、铁路等，它们对防洪的要求怎样，万一发生超标准特大洪水时，可能造成的淹没范围和损失情况等。

(2) 集水面积。集水面积可通过较精确的 1：10000 地形图，至少精度为 1：50000 地形图再结合实地查勘求得。当没有合用的地形图时，应通过实地测量，根据集水面积大小，绘制 1：10000～1：5000 的地形图，然后用求积仪法、方格法或计算法求出集水面积。

(3) 库容。要做好水库管理工作，必须具备足够精确的水位与库容、水位与水库面积的关系曲线。水位—库容曲线也是需要经常进行复核的。有的是原设计时已有错误，有的是因水库逐年淤积而改变。

(4) 降雨量。降雨量是确定水库洪水的主要资料，经过 1975 年 8 月的河南大水后，全国各地对当地的可能最大降水都重新进行了核算，核算结果，许多原来认为安全的水库，随着可能最大降雨量的增加而显得不安全了，需要采取增加坝高或扩大溢洪道等措施，才能达到新的防洪标准。

(5) 地形地质。从降雨量推算洪峰流量时，涉及集水面积内的地形、地质、土壤和植被等情况。如果需要新增或扩建溢洪道时，为了合理选择溢洪道的位置，节省开挖及衬砌工程量，也要弄清坝址附近的地形地质条件。

2. 溢洪道过水能力的检查与处理

如前所述，溢洪道的过水能力主要取决于控制段，所以检查溢洪道的过水能力实际就是检查控制段的过水能力。

溢洪道过水能力与堰上水深、堰型和过水净宽等有关，因此，要经常检查控制段的断面、高程是否符合设计要求。当检查到不安全因素后，务必及时认真处理解决，不能抱姑息侥幸心理。

6.6.2.2 溢洪道下游及弯道部分的冲刷问题和处理

溢洪道下游，是指溢洪道控制断面以下陡坡及出口部分。其特点是水流湍急，流速很高。为使水流顺畅和便于保护，一般都应布置成直线，但也有时因受地形条件限制而布置成弯道的。弯道上的水流除流速很高外，还因离心力的作用而使水面倾斜、撞击和菱形波动，不少溢洪道都在此处发生事故，值得引起注意。

1. 溢洪道弯曲陡槽的特殊问题

陡槽在平面上应尽量布置成直线，等宽和对称，以使水流平顺。但是，有时从经济出发或处理洪水归河或为了将消能段建在岩基或较好基础上等方面考虑，也有布置成弯曲陡槽的。此时，弯道应取为定半径 R_0 的弧形，同时弯段底宽 b 宜保持不变。在纵断面上弯道不要再设变坡，以免水流条件过分恶化。

在弯道上的主要问题是水流因受惯性力和离心力的作用，互相折冲撞击，形成菱形冲击波，如图 6.30 所示，有时水面升高，有时水面下降，产生横向水面比降。弯道曲率半径（即转弯半径）R 越小，流速越大，则水流集中一侧的现象越明显，横向水面比降也越大。由于弯道上水面是交替升高或降低的，所以很难完全用理论公式进行计算。一般重要的工程都通过模型试验来确定水面情况。但模型试验时用的流量是特定的，而实际流量又不会一成不变，流量不同时实际水面线就随之变化，有时出入很大。

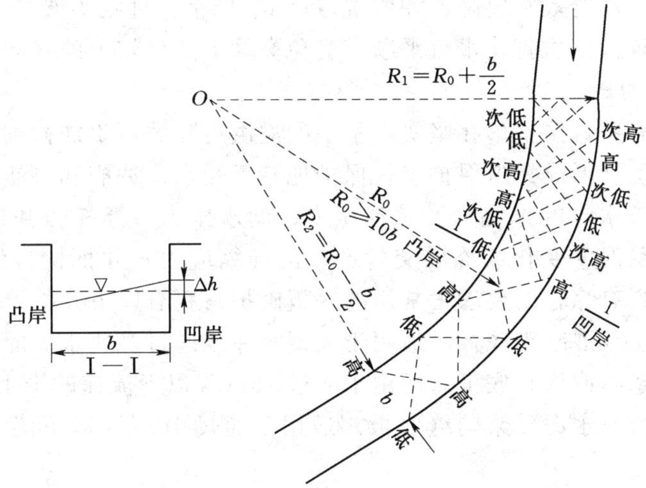

图 6.30　弯道水流特性示意图

2. 海漫

水流经消力池后削减了大部分能量（60%～70%），其残余的能量还将继续冲刷消力池后的渠道（原河道或退水渠），为此，在消力池后尚需再保护一段，这一段称为海漫。对海漫的要求是耐冲、透水、柔软，以适应河床变形而不致破坏。海漫材料有干砌块石、浆砌块石和铅丝石笼等。

对于一般土质的渠道或河床，决定海漫长度的主要因素是消力池末端的单宽流量 q 与上、下游水位差 Z，计算经验公式为

$$L=K(q\sqrt{Z})^{\frac{1}{2}} \tag{6.3}$$

式中　L——海漫长度，m；

q——单宽流量，$m^3/(s\cdot m)$；

Z——上、下游水位差，m；

K——系数，对细砂及砂壤土地基 $K=10\sim12$，对粗砂及黏性土地基 $K=8\sim9$，对硬质黏土地基 $K=6\sim7$。

有时，也可用以式（6.4）作粗略估算：

$$L_{np}=(8\sim12)h \tag{6.4}$$

式中　L_{np}——包括护坦、海漫在内的防冲长度，m；

h——跃后水深，m。

海漫的高程不要定得太高，不要以为定高了就经济，因为做高了将减少海漫上水深，结果水流速度提高，冲刷力增大，对海漫强度要求也随之而提高，结果造价可能更高。此

外，还应考虑到溢洪道建成后会引起下游局部冲刷和河床的普通冲深，下游尾水位将相应有所降低，故从安全出发，海漫高程最好稍微取低一些。

3. 挑流鼻坎

影响挑流情况的因素很多，主要是单宽流量 q，上、下游水位差 Z，下游水深 h_t，河床地质条件，挑流鼻坎的几何尺寸（包括挑射角 θ、反弧半径尺和鼻坎设置高程等）。对挑流鼻坎的要求是：消能效率要高，冲刷坑深度 d_p 最小；挑距 L 要大，这样使冲刷坑位置远离建筑物，不致淘刷坎脚；水流平顺，避免鼻坎上产生较大的震动和气蚀。

4. 陡坡底板的构造

如前所述，除有些直接坐落在坚实岩基上的溢洪道陡坡可不加衬砌外，一般都需用砌护材料做成底板，使之形成一道保护层，保护地基不受水流冲刷和自然风化破坏。底板在工作期承受水压力、水流的拖曳力、脉动压力、动水压力、浮托力和地下水的渗透压力等，此外，还要经受温度变化或冻融交替产生的伸缩应力，并抵抗自然的风化和磨蚀作用，所以对护砌材料有综合的要求。常用的底板砌护材料有以下几类：

（1）钢筋混凝土或混凝土底板。适用于大型水库或通过高速水流的中型水库溢洪道。

（2）水泥浆砌条石或块石底板。适用于通过 15m/s 以下流速的中小型水库溢洪道。

（3）石灰浆砌块石水泥砂浆勾缝底板。适用于通过 10m/s 以下流速的中小型水库溢洪道。

设计底板厚度要看底板上受力大小，但底板上作用着很多种力，其中有些力很难确切计算，例如影响底板稳定最主要的浮托力和地下水的渗透压力，就受地质构造、接缝漏水程度、排水系统效果等多种因素影响，数值相差可以很大。因此，底板厚度不是通过计算而是通过经验确定，其厚度按材料不同分述如下：

（1）钢筋混凝土和混凝土底板的厚度。在土基上的重要工程为 30～40cm，并适当布置面筋；在岩基上的重要工程为 15～30cm，并适当布置面筋；在不太重要的工程为 20～40cm，用素混凝土，也可用 30cm 块石而在面层铺 10～20cm 的素混凝土。

（2）浆砌块石底板的厚度。一般为 30～60cm。福建省有的在底层砌 30cm 块石，面层砌 30cm 条石；安徽省则不少先砌块石方格，四周浇混凝土形成框格的，这些经验都值得借鉴。

陡坡底板的破坏不少是由于构造上处理不当而造成的。下面仅介绍一些构造上的有关规定：

（1）分缝。底板在外界温度变化时要产生伸缩变形，为适应伸缩变形需要设置伸缩缝，通常缝的间距为 10m 左右。土基上薄的钢筋混凝土底板对温度变形敏感，缝间距应略小些；岩基上的底板因受地基约束，不能自由变形，往往自发地产生发丝缝来调整内部的应力状态，所以只需预留施工缝即可。

（2）排水。溢洪道底板下设置排水系统是消除或降低浮托力、渗透压力的有效措施。排水系统一般有板面排水和板下排水两种形式，板下排水由纵向排水支管、横向排水支管和排水干管组成；板面排水则由横向排水支管直接经竖向排水竹管排至板面。

板面排水构造简单，适用于岩基上的底板或有较好反滤措施的土基上的底板；板下排水效果较好，可在任何情况下适用。板下排水是隐蔽工程，一旦失效翻修困难，故施工时务必认真从事，干管更要保证畅通。一般要求干管具有两个以上的出口，当陡坡很长时，干管宜分成数段，每段独立排水。

排水管构造有多种，在新鲜基岩上多用预制混凝土半圆管；在风化岩或土基上则多用埋于反滤层中的多孔瓦管；当底板下有砂垫层时，瓦管即与垫层相接；有些次要工程也有直接用碎石代替瓦管的。

附带指出，除底板下需设排水系统外，陡坡两侧边墙之后也应设置，这对降低墙后地下水位，减少墙身所受侧压力，增加墙身稳定都是有利的，具体构造形式与底板下的类似。

6.6.2.3 溢洪道的裂缝及其处理

溢洪道的闸墩、边墙、堰体、底板、消能工等，一般均由混凝土或浆砌块石建成。裂缝也是这些结构物上经常出现的现象。裂缝产生的原因，主要还是温差过大、地基沉陷不均以及材料强度不够等。位于岩基上的结构物，裂缝多由温度应力引起；位于土基上的结构物，裂缝多因沉陷不均所致。有些裂缝是在施工期产生，有些则是在运行期出现。例如岸墩、边墙等与土坝或岸坡相接的结构物，往往由于施工时对质量重视不够，吃浆不饱，墙后填土回填过早，在砌筑材料强度还很低的条件下便承受外力作用，于是在施工期便产生了早期裂缝；有的则在运用期因墙背土压力超过了设计数值，或由于排水系统失效，增大了墙背侧压力而产生后期裂缝。值得提出的是有些水库对高出正常蓄水值部分的边墙更不重视，即使出现了裂缝也不予处理，结果汛期水位稍有超高，便险象丛生，陷于被动。

细小而不再继续发展的裂缝，虽对安全影响不大，也应及时处理，以防内部钢筋被锈蚀。底板上的裂缝，有的会因过水时水流渗入缝内，引起底板下浮托力增加或隆起鼓包，甚至整块被冲走。至于大的裂缝或发展很快的裂缝，常是更大险情的前兆，更不应忽视。

裂缝的类型，产生原因和处理方法基本与浆砌石坝部分相同，现仅针对溢洪道上水工混凝土和钢筋混凝土中裂缝问题补充如下。

1. 裂缝类型

裂缝从方向上可分为垂直于溢洪道堰轴线的横缝；平行于堰轴线的水平缝或纵缝；与堰轴线斜交的斜缝和无一定方向的纵横交错的龟裂缝等。

从裂缝产生的原因来分有：

(1) 温度缝。由于水泥在水化作用时伴随而产生的热量以及外界温度变化，使建筑物内外产生过大温差而造成。一般总是先从温度相对较低的地方开始发展，有时从表层开始，也有的从内部开始，故这种裂缝也可能是表面裂缝，也可能是深层裂缝或贯穿性的，缝宽比较一致。这种缝对温度影响灵敏，热则闭合，冷则张开。

(2) 沉陷缝。沉陷缝是由于基础沉陷不均造成的，沉陷缝多属于贯穿性的，常有较大错距。沉陷缝造成的后果轻则漏水，重则破坏整体性，使建筑物滑动或倾倒。

(3) 应力缝。在外力作用下，建筑物将产生应力，当应力超过了材料允许的数值时，便会产生应力裂缝。这种裂缝多属于深层或贯穿性的。缝宽常有明显变化，受力大处缝宽，受力小处缝窄。

(4) 干缩缝。由于施工时养护不好，混凝土过早失去水分，使建筑物干缩开裂而产生的裂缝，这种裂缝多属于表面裂缝，其宽度和长度都很小，细如发丝，走向纵横交错，没有一定的规律，故也叫龟裂缝。干缩缝一般问题不大，但个别在冻融交替作用下也有可能发展成贯穿性裂缝。

2. 产生裂缝的原因分析

混凝土产生裂缝的原因是多方面的，但归结起来主要是温度、应力和化学作用 3 个方面，具体如下：

（1）温度影响。混凝土和圬工材料一样，抗拉能力极低。因此，当混凝土受温度影响热胀冷缩时，如收缩应力超过了该种材料的抗拉强度，就会产生裂缝。经详细分析，其原因有以下几种：

1）在混凝土凝结过程中，由于内部水化热不易散发，形成了内外温差，特别是在外界气温骤降时，温差更大，使内外胀缩不一致，从而造成内部产生压应力、表面产生拉应力而引起裂缝。但由于初期混凝土塑性较大，弹性模量较小，故拉应力不太大，仅表现为表面裂缝。

2）施工初期养护不当，例如建筑物表面未加覆盖和未经常保持湿润，使混凝土在阳光曝晒下失水过速而引起干缩裂缝。

3）建筑物设置的温度缝分缝间距过长，因受基础或老混凝土的约束，在温度作用下不能自由伸缩而产生裂缝。

4）钢筋混凝土未按规定配置足够的温度筋或虽配了温度筋但断面太粗，钢筋布置过稀，不能充分发挥其作用时，混凝土仍将出现裂缝。

5）使用了收缩性较大的水泥，或加水过多、水灰比太大，在水分蒸发过程中产生裂缝。

6）外界温度骤升或骤降，使混凝土发生剧烈的胀缩，或由于冰冻冻融交替，而引起了裂缝。

（2）应力影响。建筑物在外力或自重作用下，内部产生的结构应力超过材料的允许应力时，就会产生裂缝。经详细分析就有以下几种原因：

1）由于建筑物基础软硬不一致，或受水流作用下淘空了部分基础，在重力作用下引起不均匀沉陷而产生裂缝。

2）由于施工安排不当，下部先浇的混凝土还没有达到设计强度就立模浇筑上层混凝土，致使下部混凝土受力过早损坏，或因支撑受力变形，模板移动而引起裂缝。

3）由于地震、爆破、水流脉动、闸门振动等引起建筑物振动而产生裂缝，或因台风、冰压力等其他超荷载外力作用下而产生裂缝。

4）由于基础浮托力、渗透动水压力增大，引起溢洪道底板、护坦等薄层结构隆起而产生裂缝。

（3）化学作用影响。当混凝土材料中或建筑物所处的环境中含有有害的化学物质。在起化学反应时引起膨胀、侵蚀或腐蚀也会造成裂缝。具体原因如下：

1）当组成混凝土的材料中使用大量有碱性反应的有害骨料（如蛋白石、燧石、玉髓等）时，它能与水泥中的酸性物质起化学反应，使混凝土产生碱性膨胀而发生裂缝。

2）由于使用含有硫酸根的不合格水泥或混凝土所在环境的水中含有这类化学物质时，容易使混凝土中生成硫酸镁或硫酸钙等物质。在生成过程中，这种物质有膨胀性，将使混凝土产生裂缝，当含量更多时还会引起混凝土的松散崩解。

3）由于使用了严重锈蚀的钢筋，它在混凝土内进一步氧化腐蚀膨胀，或因为混凝土保护层过薄，例如钢丝网水泥结构物常会引起的印网露筋等，由于这类金属的氧化腐蚀作用使结构物膨胀而引起裂缝。

4）由于受空气中碳酸气的作用使混凝土发生侵蚀，在水泥浆表面产生碳酸盐类物质，引起混凝土收缩产生裂缝。

3. 裂缝修理方法的选择

裂缝产生后，可能造成两种后果：一种是建筑物的整体性和密实性受到一定程度的破坏，但还不渗水；另一种是整体性破坏，而且渗水。前者修理时主要在于恢复其整体性，而后者则除要求恢复其整体性以外，还应同时解决渗漏问题。因此，在修理裂缝的方法基本上可分为恢复整体性、结构补强和防渗、堵漏几个方面。具体使用何种方法可参照下面几点慎重选定：

（1）缝宽在0.1mm下表面无渗水的裂缝，不影响混凝土结构强度的，可不加修理。但对处于高流速下比较密集的龟裂缝，宜用环氧砂浆进行表面涂抹，以增强其抗冲耐蚀能力。

（2）缝宽在0.1mm上的无渗水裂缝，当不影响结构强度时，为防止钢筋锈蚀，可采用表面胶泥粘补的方法。

（3）有小量渗水，但不影响结构强度的少数裂缝，可采用凿槽嵌补和喷浆等方法。

（4）数量较多，分布面积较广的细微裂缝，当不影响结构强度时，可采用水泥砂浆抹面，浇筑混凝土隔水层、沥青混凝土防水层或表面喷浆等方法。

（5）渗漏较大，但对结构强度无影响的裂缝，可在渗水出口面凿槽，把漏水集中导流后，再嵌补水泥砂浆或其他材料；如渗漏量较大，最好在渗水进口面粘补胶泥或粘补其他材料。也可凿槽嵌补环氧焦油砂浆或酮亚环氧砂浆等材料，或采用钻孔灌浆堵漏的方法。

（6）开裂的伸缩缝，要区分有无渗漏两种情况。不渗水的可采用凿槽嵌补的方法；有渗水的则要加止水片，然后封补。

（7）沉陷缝应首先加固基础（例如采用灌浆的方法），然后堵塞裂缝，必要时可辅以其他措施以增强结构的整体性。恢复或增强结构整体性的方法有：浇筑新混凝土或新钢筋混凝土；灌水泥浆或水泥砂浆；喷水泥浆或水泥砂浆；钢板衬护；钢筋锚固或预应力锚索加固。

6.6.2.4 其他病害的处理及防护

1. 病害处理

（1）动水压力引起的底板掀起及修理。溢洪道的泄槽段的高速水流，不仅冲击泄槽段的边墙，造成边墙冲毁，威胁溢洪道本身的安全。而且由于泄槽段内流速大，流态混乱，再加上底板表面不平整，有缝隙，缝中进入动水，使底板下浮托力过大而掀起破坏。对于这种情况，一般的处理方法是重新对底板进行浇筑，在地板下面设置排水的装备，在底板和基岩间加设锚筋，使底板的平整度得到严格的控制。

（2）地基土淘空破坏及处理。当泄槽底板下为软基时，由于底板接缝处地基土被高速水流引起的负压吸空，或者板下排水管周围的反滤层失效，土壤颗粒随水流经排水管排出，均容易造成地基被淘空，造成底板开裂等破坏。对此种破坏的处理，前者应做好接缝处反滤，并增设止水，后者应对排水管周围的反滤层重新翻修。

（3）泄槽底板下滑的处理。泄槽底板可能因摩擦系数小、底板下扬压力大、底板自重轻等原因，在高速水流作用下向下滑动。为防止土基上底板下滑，可在每块底板端做一段横向齿墙，齿墙深度约0.4～0.5m，若底板自重不够，可在板下设置钢筋混凝土桩，即在底板上钻孔，并深入地基1～2m，然后浇筑钢筋混凝土成桩，并使桩顶与底板连接。岩基上的地板，自重较轻，可用锚筋加固。锚筋可用20mm以上的粗钢筋，埋入深度1～2m，上端应很好地嵌固在底板内。

（4）气蚀的处理。泄槽段气蚀的产生主要是边界条件不良所致，如底板、翼墙表面不平整，弯道不符合流线形状，底板纵坡由缓变陡处处理不合理等均容易产生气蚀。对气蚀的处理，一方面可通过改善边界条件，尽量防止气蚀产生，另一方面需对产生气蚀的部位进行修补。

许多管理单位总结了工程运用中的经验教训，把在高速水流下保证底板结构安全的措施归结为4个方面，即“封、排、压、光”。“封”要求截断渗流，用防渗帷幕、齿墙、止水等防渗措施隔离渗流；“排”要做好排水系统，将未截住的渗流妥善排出；“压”利用底板自重压住浮托力和脉动压力，使其不漂起；“光”要求底扳表面光滑平整，彻底清除施工时残留的钢筋头等不平整因素。以上4个方面是相辅相成、互相配合的。

2. 病害的防治

（1）损坏的防治。为维持溢洪道的正常运用，应针对其可能损坏的原因，采取以防为主，防治结合的措施，以防止损坏，如有损坏时需控制其发展，并及时修理。

（2）进口（或引渠）堵塞的防治。主要方法有：①放缓边坡，加强护砌或改善排水，防止两岸山坡坍塌；②清除淤积和堆积物，保持水流通畅。

（3）冲刷的防治。常用方法有：①采用抗冲材料修复损坏部位；②改善水流条件；③改建护砌结构；④改进消能防冲设施；⑤严格按操作规程管理运用等。

（4）磨蚀的防治。常用方法有：①尽量减少磨蚀介质来源，消除人为因素造成的恶果；②采用耐磨材料修复损坏部位；③改善消能工；④合理选用闸门启闭方式，避免回流引起砂石在消力池堆积；⑤清除消力池中堆积的砂石及其他杂物，排除产生磨蚀的条件等。

（5）撞击的防治。主要方法是打捞漂浮物或设置拦污设施，并对已损坏部位及时修复。

（6）护坦稳定的加固。当陡坡或消力池护坦由于基础不好，扬压力或水跃产生不平衡水压力而影响稳定或引起损坏时，可采取的加固方法有：①改善排水系统；②改善防渗、止水设施；③加做钢筋混凝土防护层，或增加底板厚度，或用现浇混凝土代替浆砌石或混凝土预制块；④进行固结灌浆或用锚筋锚入基岩来加强护坦底板与基岩的连接，以提高其在扬压力作用下的稳定性；当防渗或排水设计不周而造成护坦严重损坏时，则应修改设计，重新翻修处理。

第7章　水电站运行管理

7.1　水轮发电机组的试运行

当水电站机组安装工程基本完成后，或大修机组完工经检验合格后，对机组进行一次综合性的启动运行试验，称为机组启动试运行，目的如下：

(1) 参照设计、施工、安装等有关规范、规程及有关技术文件的规定，结合水电站的具体情况，对整个水电站建筑和安装工作进行全面系统的、整体的质量检查和鉴定，以检验土建工程施工质量，及机电设备的制造与安装质量是否符合设计要求和有关规范、规程的规定。

(2) 通过启动试运行，了解机电设备的安装质量，掌握机电设备的运行性能，测定运行中必要的技术数据并录制一些设备特性曲线，作为正式运行的基本依据之一，为电厂编制运行规程准备技术资料。

(3) 通过试运行前后的检查，及时发现遗漏或尚未完工的工作以及工程和设备存在的缺陷，并及时处理，避免发生事故，保证建筑物和设备能安全可靠地投入运行。

(4) 根据订货合同，有些电站进行机组的效率试验和稳定性试验，以验证厂家保证值，作为电厂运行调度的依据。

7.1.1　水轮发电机组试运行前检查

7.1.1.1　过水系统检查

对过水系统的检查主要包括：进水口拦污栅工作正常、清洁干净；进水口闸门工作正常，闸门处于关闭状态，尾水闸门工作正常，蜗壳排水阀、钢管排水阀处于关闭状态；压力钢管、调压井、尾水管等过水系统已检验合格，清理干净，人孔（门）的盖板均已严密封闭；水轮机主阀已调试合格，启闭情况良好，油压装置工作正常；蜗壳、转轮室及尾水管已清扫干净，固定转轮的楔子，或轴流式转轮的悬挂吊具，临时支座等均已拆除。

7.1.1.2　水轮机检查

水轮机检查主要包括：水轮机转轮及所有部件已安装完工，检验合格，施工记录完整，上、下迷宫环间隙或轴流式水轮机转轮叶片与转轮室间隙已检查，无遗留杂物；顶盖排水装置检验合格，自流排水通道畅通无阻。真空破坏阀已安装竣工，经严密性渗漏试验与设计压力下动作试验合格；主轴密封已安装完工，经检验密封完好；水导轴承润滑及冷却系统已检查合格。油位正常，温度传感器及冷却水压已调试合格，各整定值符合设计要求；导水机构已安装完工，检验合格，并处于关闭状态，接力器锁定投入，导叶的最大开度和关闭后的严密性及压紧行程等检验符合设计要求；各压力表、示流计、流量计、摆度和振动传感器及各种变送器都已安装完毕，管道及附件连接良好。

7.1.1.3 调速器及其设备检查

调速器及其设备检查的内容主要包括：调速器设备完好并调试合格，油压装置压力和油位正常，透平油化验合格，各部表计及其设备符合要求；油压装置油泵（手动或自动）在工作压力下运行正常，无异常振动和发热；集油槽浮子继电器动作正常；高压补气装置手动及自动动作正确；手动操作将油压装置的压力油通向调速器，经检查各压力油管、阀门和接头附件均无渗漏油现象；进行调速系统联动调试的手动操作，检查调速器、接力器及导水机构联动动作的灵活性与可靠性，检查在全行程内动作的平稳性，检查导叶开度、接力器行程和调速柜内的导叶开度指示器三者的一致性；用紧急关闭的方法初步检查导叶全开至全关所需时间，并录制导叶开度与接力器行程的关系曲线；对于转桨式水轮机，应由调速器操作、检查桨叶指示器的开度与实际开度的一致性，模拟各导叶和桨叶开度的协联曲线；对调速器自动操作系统进行模拟操作，检查自动开机和自动停机，各部件装置动作准确性和可靠性。

7.1.1.4 发电机检查

发电机检查的内容主要包括：发电机整机已安装（检修）完成，检验合格，记录完整，发电机内部已彻底清扫，定子、转子空隙内无任何杂物；推力轴承的高压起顶装置已调试合格，压力继电器工作正常；单向阀及管道阀门都无渗油现象；导轴承及推力轴承油位正常，测温装置及冷却水压已调试，整定值符合设计要求；发电机风罩内所有管路阀门、接头、电磁阀、变送器都已检验合格，处于正常工作状态；发电机内灭火水管，水喷雾灭火喷嘴，均已检查合格，管路及喷嘴经手动动作正确，压缩空气畅通无阻；发电机制动系统已检验，调试合格，手动与自动工作正常；发电机转子集电环，碳刷架已检验，并经调试合格；发电机风罩内所有电缆、导线、辅助线、端子板均已检查，正确无误；发电机的空气冷却器已检验合格，水路畅通无阻，阀门无渗漏水现象；测量工作状态的各种表计、振动和摆度的传感器均已调试整定合格。

7.1.2 机组充水试验

7.1.2.1 试验条件

（1）机组充水试验开始，应认为是电站机组启动试运行正式开始，应确认前项的试验检查已全部完成。

（2）充水前，应确认进水口检修闸门和工作闸门处于关闭状态；确认进水主阀处于关闭状态；确认调速器、导水机构处于关闭状态；接力器锁定已锁好。

（3）利用尾水倒灌或技术供水管向尾水管充水，提起尾水闸门，检查顶盖、导水机构、空气围带、尾水入孔（门）等处的漏水情况。

7.1.2.2 钢管充水

（1）充水前在进水工作闸门下游侧检查闸门渗漏情况，确认无问题后开始充水。

（2）打开检修闸门的充水阀，观察检修闸门与工作闸门之间水位上升情况，平压后提起检修门，并搁置牢固。

（3）缓慢打开工作闸门充水阀，向压力钢管充水，监视压力钢管水压表读数，检查压力钢管充水后的情况。

(4) 检查钢管伸缩节，人孔（门）漏水情况；检查充水过程中钢管通气孔是否畅通。

(5) 待压力钢管充水至平压后，以手动或自动方式使工作门在静水中启闭试验3次，调整记录闸门启闭时间，并在机旁盘（或中控室）作远方启闭操作试验，闸门工作应可靠。

7.1.2.3 蜗壳充水

(1) 打开主阀的旁通阀向蜗壳充水，待主阀上、下游两侧水压基本平衡后，操作主阀、检查阀体启闭动作情况，记录开启、关闭时间。

(2) 主阀在手动操作合格后，进行自动操作的启闭动作试验，分别进行机旁和远方操作试验，验证主阀在静水中启闭的正确性。

(3) 压力钢管充满水后，打开技术供水管的总供水阀，并调整水压，使压力水通过各冷却器管路，检查管路系统漏水情况。

(4) 观察厂房内渗漏水情况，考核渗漏排水泵的能力和运转可靠性。

7.1.3 水轮发电机组空载试运行

7.1.3.1 启动前准备

(1) 主机周围各层场地清理干净；吊物孔盖板盖好；通道畅通；通信指挥系统可随时待命；各部位运行人员已培训后进入岗位；各测量仪器、仪表已调整就位。

(2) 确认充水试验中出现问题已处理合格。

(3) 各部冷却水、润滑油投入后，水压正常；润滑油系统、操作油系统工作正常。

(4) 上、下游水位已记录，各部原始温度已记录。

(5) 启动高压油泵，顶起发电机转子。油压拆除后，检查制动闸，确认制动闸已全部落下。对弹性金属塑料瓦的机组，首次启动时仍应顶一次转子。

(6) 水轮机主轴密封水已投入，检修密封的围带已排除气压。

(7) 调速器各机构应处于下列准备工作状态：油压装置至调速器的主油阀已开启，调速器液压操作柜已接通压力油、油压正常；调速器位于工作位置；调速器处于手动位置；调速器的导叶开度限制位于全关位置；调速器的转速调整机构位于额定转速位置；永态转差系数可调整到2%～4%。

(8) 与机组有关设备应符合下列状态：发电机出口断路器（油断路器或真空断路器）断开；发电机集电环的碳刷拔出；水力机械保护装置和测温装置已投入；拆除所有试验用的短接线及接地线；外接标准频率表（例如数字频率表或红外线转速表），监视发电机转速。

7.1.3.2 首次手动启动试验

(1) 拔出接力器锁定，手动打开调速器的导叶开度限制机构，待机组启动后，将开度限制手柄放在大于空载开度位置。当机组转速接近额定值时，再将开度限制机构调小，最后稳定在空载开度位置。对于额定转速较高的机组可分阶段升速。

(2) 记录机组的启动和空载开度，当达到额定转速时，校验电气转速表应位于100%的位置。

(3) 在机组升速过程中，应加强各部轴承温度的监视，不应有急剧的上升及下降现象。机组启动后达到额定转速后，在半小时内每隔5min测量一次推力瓦和导轴瓦的瓦温，以后可适当延长记录间隔时间，并绘制推力瓦的温升曲线，观察油面变化是否处于正常值。待温度稳定后，标定好各部油槽运行油位线，记录稳定温度，此值不应超过设计值。

（4）机组启动过程中，应监视机组各部位是否正常，若发现以下情况：金属撞击声，水轮机室窜水，轴瓦温度突然升高，推力油槽甩油，机组摆度过大，机组振动较大等不正常现象应立即停机。

（5）监视主轴密封水压和顶盖排水情况。

（6）测量、记录机组运行摆度（双振幅），其值应不超过轴瓦间隙或符合厂家设计规定。

（7）记录全部水力测量系统表计读数。

（8）测量、记录各部振动，当振动超过规范时，应进行动平衡试验。

（9）测量永磁机电压与频率关系曲线。在额定转速下测量绕组电压值。

（10）测量发电机一次残压、相序，相序应正确无误。

（11）打磨发电机集电环表面。

7.1.3.3 机组空转运行时调速系统的调整

（1）电液转换阀或电液伺服阀的活塞振动应正常。

（2）根据永磁机的电压或机端电压互感器残压电平，选择调速器信号源的变压器抽头，或确定输入工作电平范围。

（3）频率给定范围应符合设计要求。

（4）进行手、自动切换时，接力器应无明显摆动。在自动调节状态下，机组转速相对摆动值，对于大型调速器不超过±0.15%的额定转速，对中小型调速器不超过±0.25%；特小型调速器不超过±0.3%。

（5）调速器空载扰动试验应符合下列要求：

1）扰动量一般为±8%。

2）转速最大超调量，不应超过转速扰动量的30%。

3）调节次数不超过两次。

4）从扰动开始到不超过机组转速摆动规定值为止的调节时间应符合设计要求。

（6）记录油压装置油泵向压力油罐送油时间及工作周期。在调速器自动运行时，记录导叶接力器活塞摆动值及摆动周期。

7.1.3.4 首次启动后的停机及检查

（1）操作开度限制机构进行手动停机，当机组转速降至额定转速的30%左右时，手动加闸使机组制动。停机后解除制动闸。

（2）停机过程中检查下列各项：监视各部轴承温度变化情况；检查转速继电器工作情况；录制停机时转速与时间关系曲线；检查各部油槽油面变化情况。

（3）停机后，投入接力器锁定。

（4）停机后检查项目如下：各部螺栓、销钉、锁片及键是否松动与脱落；检查转动部分焊缝是否有开裂现象；检查上、下挡风板，挡风圈，导风叶是否有松动或断裂现象；检查制动闸摩擦情况及动作灵活性。

(5) 在相应水头下，调整开度限制机构、主令开关的空载开度接点。

7.1.3.5 过速试验与检查

(1) 机组在空载条件下的摆度与振动应符合 GB 8564—2003 规范要求才能做机组过速试验。

(2) 根据设计规定的整定过速保护装置整定值进行机组过速试验。

(3) 将转速继电器的 115%和 140%额定转速的接点从机组保护回路中断开。

(4) 以手动开机方式使机组转速达到额定转速。待机组运行正常后，将开度限制机构继续开大，使机组转速上升到额定转速的 115%。调整转速继电器相应的转速接点后，继续将转速升至预定的规定值，并调整过速保护装置在相应的转速点。

(5) 过速试验过程中，应监视并记录各部摆度及振动值，记录各部轴承温升情况。过速试验后应进行下述检查：全面检查转动部分有无松动，如转子磁轭键、磁极键、阻尼环及磁极引线、磁轭压紧螺栓等；检查发电机定子基础及上、下机架基础连接螺栓等情况；进行前述四项的停机检查。

7.1.3.6 自动启动和停机试验

(1) 自动启动和停机试验主要目的是检查自动开停机回路的正确性。具有计算机监控系统或以计算机监控系统为主的水电站，自动开、停机应由计算机系统完成。

(2) 自动开、停机前应确认以下两项：调速器处于自动位置，功率给定置于空载位置，频率给定或转速调整置于额定频率，调速器参数在空载最佳位置；确认所有水力机械保护回路已经投入，励磁回路应调整试验合格；模拟试验动作应正确，自动开机条件已经具备。

(3) 自动开机可在中控室进行，也可在机旁进行，还应作下列各项检查：检查各自动化元件能否正确动作；记录发出开机脉冲升至机组额定转速所需时间；检查调速器的动作情况。

(4) 机组自动停机过程中及停机后检查项目：记录自发出停机脉冲至转速降至制动转速所需时间；记录自制动加闸至机组停止转动所需时间；检查转速继电器和自动化元件动作是否正确。

7.1.3.7 水轮发电机升压试验

1. 发电机升压试验应具备的条件

(1) 发电机定子绝缘电阻及吸收比合格，并按规范要求，耐压试验合格。

(2) 发电机保护系统投入；励磁及其调节回路电源投入；辅助设备及信号回路电源投入。

(3) 发电机振动，摆度等监察系统投入。

2. 电压升至 50%额定电压后的检查

自动开机回路各部分应正常。测量发电机电流互感器二次侧残压，并检查其对称性。如无异常，可手动升至 50%额定电压值，并检查下列各项：发电机引出母线与断路器及分支回路设备工作情况是否正常；运行中机组振动和摆度情况；电压回路二次侧相序、相位与电压是否正常。

如上述情况正常，继续升压至发电机额定电压。

3. 发电机升压过程检查

发电机在升压过程中，应检查低压继电器，过电压继电器工作情况。

4. 发电机空载特性曲线录制

发电机空载特性曲线指发电机电压和励磁电流上升、下降关系曲线。当发电机励磁电流升至额定值时测量发电机的最高电压。

5. 灭磁检查

分别在50%、100%额定电压条件下跳灭磁开关，检查消弧情况，录制示波图，并求取灭磁时间常数。

7.1.3.8 发电机空载条件下励磁调节器的调整试验

(1) 具有起励装置的晶闸管励磁调节器的起励工作，应正常可靠。

(2) 检查励磁调节系统的电压调整范围，应符合设计要求。自动励磁调节器应能在发电机空载额定电压的70%～110%范围内稳定并调节平稳。

(3) 在发电机空载额定转速下，手动控制单元调节的范围：下限不得高于发电机空载励磁电压的20%；上限不得低于发电机额定励磁电压的110%。

(4) 测量励磁调节器开环放大倍数。

(5) 在等值负载情况下，录制和观察励磁调节器各部特性。对于晶闸管励磁系统，还应在额定励磁电流情况下，检查功率整流桥的均流与均压系数。功率整流桥设有串联元件均压措施，以及并联支路和整流柜之间的均流措施，均压系数不应低于0.9，均流系数不应低于0.85。

(6) 应检查在发电机空载状态下，励磁调节器的投入，上下限的调节，手动、自动的切换工作情况。并检查励磁调节器开、停机等情况下的稳定和超调量，即在发电机空载，转速在额定转速的0.95～1.0范围内，突然投入励磁使发电机电压从零升至额定值时，超调量不大于额定值的10%，振荡次数不超过3次，调节时间不大于5s。

(7) 带励磁调节器的发电机电压—频率特性试验，应在发电机空载状态下，改变发电机的转速，测量端电压的变化值，录制发电机电压—频率关系曲线。自动励磁系统应保证频率值每变化1%，发电机电压变化值不大于额定值的±0.25%。

(8) 晶闸管励磁调节器应进行低励磁、过励磁、断线、过电压、均流等保护的调整及模拟动作试验，其动作应正确。

(9) 对于采用三相全控整流桥的静止励磁装置还应进行逆变灭磁试验。

7.1.4 机组对主变压器及高压配电装置试验和主变冲击合闸试验

7.1.4.1 机组对主变压器及高压配电装置短路升流试验

1. 试验前检查

(1) 发电机侧电压设备（发电机断路器、隔离开关）及有关高压设备均已试验合格，具备投入运行条件。

(2) 主变压器经试验验收合格，油位正常，分接头开关正常。

(3) 高压配电装置经试验验收合格。

(4) 主变压器高压侧或高压配电装置在适当位置，已装设可靠的三相短路点。

(5) 投入发电机继电保护、自动装置和主变压器控制及信号回路。

2. 短路升流试验

(1) 开机后递升加电流，检查各电流回路的通流情况和表针指示，并绘制主变压器，母线差动保护和线路保护的电流向量图。

(2) 投入主变压器继电保护装置。

7.1.4.2 机组对主变压器及高压设备递升加压试验

(1) 拆除主变压器及高压配电装置各短路点的短路线。

(2) 手动递升加压，分别在发电机额定电压值的25%、50%、75%、100%等情况下检查一次设备工作情况。

(3) 检查电压回路和同期回路的电压、相序和相位是否正确。

7.1.4.3 电力系统对主变压器冲击合闸试验

(1) 发电机侧的断路器及隔离开关均已断开，必要时可拆除主变低压侧母线连接端子的接头。

(2) 投入主变中性点接地开关。

(3) 投入主变压器继电保护及冷却系统的控制、保护及信号。

(4) 主变高压侧断路器，使电力系统对主变压器冲击合闸5次，每次间隔10min，检查变压器有无异状，并检查主变压器差动保护及瓦斯保护动作情况。

(5) 有条件时，录制主变压器冲击时激磁涌流示波图。

7.1.5 水轮发电机组并列及带负荷试验

7.1.5.1 水轮发电机组空载并列试验

(1) 检查同期回路正确性。

(2) 以手动和自动准同期方式进行并列试验。在正式并列试验前，应先断开相应的隔离开关，进行模拟并列试验，以确定同期装置的正确性。

(3) 正式进行手动和自动准同期并列试验。录制电压、频率和同期时间的示波图。

7.1.5.2 水轮发电机组带负荷试验

1. 水轮发电机组的带负荷试验

操作调速器的转速调整或功率给定使有功负荷逐步增加，并观察各仪表指示及各部位运行情况和各负荷下尾水补气装置工作情况；观察机组在加负荷时有无振动区，必要时进行补气试验。

2. 水轮发电机带负荷下励磁调节器试验

(1) 发电机有功功率分别为0、50%、100%额定值下按设计要求调整发电机无功功率从零到额定值。调节应平稳，无跳动。

(2) 有条件时，可测定并计算水轮发电机的端电压调差率、调差特性等应具有较好的线性，符合设计要求。

(3) 有条件时，可测定并计算水轮发电机端电压静调差率，其值符合设计要求。当无设计规定时，对半导体型不应大于1%；对电磁型不应大于3.0%。

（4）对晶闸管励磁调节器，应分别进行各种限制器及保护的试验和鉴定。

3. 水轮发电机组突变负荷试验

根据现场情况，使机组突变负荷变化量不应大于额定负荷的25%，并应自动记录机组转速、蜗壳水压、尾水管压力脉动、接力器行程和功率变化过程。并选择各负荷工况下的调速器的最优调节参数。

7.1.6　水轮发电机组甩负荷试验

7.1.6.1　甩负荷试验应具备的条件

（1）将调速器的参数选择在空载确定的最佳值。

（2）调整好测量机组振动、摆度、蜗壳压力、机组转速（频率）和接力器行程等电量和非电量的监测仪表。

（3）所有继电保护及自动装置均已投入。

（4）自动调节励磁，选择在最佳值。

7.1.6.2　机组甩负荷试验

甩负荷试验应在额定负荷的25%、50%、75%和100%下分别进行，并记录有关数据。同时应录制各种参数变化曲线。机组甩负荷试验记录格式见表7.1。

当水电站受运行水头和电力系统条件限制时，若机组不可能带额定负荷或甩额定负荷，则可按当时条件在尽可能大的负荷下进行甩负荷试验。

7.1.6.3　自动励磁调节器的稳定性和超调量检查

当发电机甩100%额定负荷时，发电机电压超调量不应大于额定电压的15%～20%。振荡次数不超过5次，调节时间不大于5s。

7.1.6.4　水轮机调速系统调节性能检查

校核导叶接力器紧急关闭时间、蜗壳水压上升率和机组转速上升率等，均应符合设计规定。

7.1.6.5　调速器动态品质检查

考核机组甩负荷时，调速器的动态品质应达到如下要求：

（1）甩100%额定负荷后，在转速变化过程中超过稳态转速3%以上，波峰不应超过两次。

（2）机组甩100%额定负荷后，从接力器第一次向关闭方向移动起到机组转速摆动值不超过±0.5%为止，所经历时间不应大于40s。

（3）接力器不动时间，对于电液调速器不大于0.4s，对于机械调速器不大于0.5s。

7.1.6.6　转桨式水轮机甩负荷后检查

对转桨式水轮机，甩负荷后应检查调速系统的协联关系和分段关闭的正确性，以及突然甩负荷引起抬机情况。

7.1.7　水轮发电机组连续带负荷运行

（1）完成以上试验内容经验证合格后，机组已具备并入电力系统带额定负荷连续运行条件。连续试运行时间，对新投产机组为72h；对大修机组为24h。若由于水库未达设计

表 7.1　　机组甩负荷试验记录

机组负荷/kW	记录时间	机组转速/(r/min)	导叶开度/%	导叶关闭时间/s	接力器活塞往返次数/次	调速器调节时间/s	蜗壳实际压力/MPa	真空破坏阀开启时间/s	吸出管真空度/mmH_2O	大轴法兰处运行摆度	上导轴承处运行摆度	下导轴承处运行摆度	上机架振动		定子振动		转速上升率/%	蜗壳水压上升率/%	永态转差系数		转轮叶片关闭时间/s	转轮叶片关闭角度/(°)	转动部分上抬/mm
													水平	垂直	水平	垂直			指示值/%	实际调差率/%			
										mm													
	甩前：																						
	甩时：																						
	甩后：																						

上游水位：　　下游水位：　　记录整理：　　技术负责人：　　记录时间：　　年　　月　　日

注　1. 转速上升率 $=\dfrac{\text{甩负荷时最高转速}-\text{甩负荷前稳定转速}}{\text{甩负荷前稳定转速}}\times100\%$。

2. 蜗壳水压上升率 $=\dfrac{\text{甩负荷时最高水位}-\text{甩负荷前蜗壳水压}}{\text{甩负荷前蜗壳水压}}\times100\%$。

3. 实际调差率 $=\dfrac{\text{甩负荷后稳定转速}-\text{甩负荷前稳定转速}}{\text{甩负荷前稳定转速}}\times100\%$。

水位等外部特殊原因使机组不能达到额定出力，可根据具体情况确定机组应带最大负荷值。

(2) 根据正式运行值班制，全面记录运行有关参数。

(3) 在连续运行中，由于机组及附属设备的制造和安装质量原因引起运行中断，经检查处理合格后重新开始连续试运行，中断前的运行时间不得累加计算。

(4) 连续试运行后，应停机检查并将蜗壳钢管的水排空，检查机组流道部分及水工建筑物排水系统情况，消除并处理连续试运行中发现的所有缺陷。

(5) 新投产机组72h试运行，并经停机处理发现的所有缺陷后，即可开始为期一年的试生产。试生产由电站建设单位委托生产单位进行。生产期满后，方可办正式移交。通过国际招标引进的进口机组在连续72h试运行后还应投入一般为30d的商业运行。

7.2 水轮发电机组的正常运行

新装机组或大修机组经试生产期满合格，即可投入正常运行。机组正常运行操作基本内容为机组启动、并列、增（减）负荷、运行监视、解列、停机等六项操作。

7.2.1 机组启动

7.2.1.1 冷备用机组启动前的检查与操作

正常运行情况下，机组应处于热备用状态，启动前一般无需准备工作。当机组停机时间较长再重新启动时，启动前应作下列检查。

1. 调速器检查

调速器应处于全关位置；开度限制指示指零；转速调整或功率给定指示指零；锁定投入；调速器的总供油阀关闭。

2. 油压装置检查

压力油罐油位、油压、油质正常；回油箱油位、油质正常；压力继电器整定值正确，动作可靠；油泵工作平稳。

3. 制动系统检查

制动闸退出制动位置；信号灯亮；制动柜（架）各阀在机组投入运行位置；风压0.4～0.7MPa。

4. 顶转子操作

新装机组或大修机组，自投产之日算起的停机时间，第一年超过24h，一年后超过72h，规定机组启动前必须顶起转子，以使润滑油进入推力轴承摩擦。顶转子操作按如下步骤进行：

(1) 检查调速器在全关位置，锁定投入。

(2) 操作制动柜（架）上高压通旋塞阀（或阀门），切换到顶转子位置；制动闸的排油阀在全关位置。

(3) 关闭高压油泵的回油阀，打开供油阀，启动高压油泵，压力至整定值。顶起转子4～6mm，保持2～3min。

（4）打开高压油泵的回油阀和制动闸的排油阀，使制动闸复归，指示灯亮。

（5）检查制动闸复归情况，关闭制动闸的排油阀，将制动柜（架）上的阀门切换到运行位置。

5. 主阀操作

（1）主阀开启先开旁通阀，向蜗壳充水，蜗壳排气阀开启，冲满水后，关闭蜗壳排气阀。

（2）主阀开启操作可在中控室或机旁进行。主阀全开，开启位置指示灯亮。

（3）进水阀全开后旁通阀关闭。

（4）主阀为球阀，开启前必须使球阀的工作密封退出；主阀为蝶阀开启前必须先排空气围带中的压缩空气。

6. 冷却、润滑水供水操作

打开各冷却、润滑水供水点阀门；调整供水量与水压使滤水器出口压力为0.3MPa；各轴承冷却水水压0.1～0.2MPa；润滑水导轴承的润滑水水压按设计值调整；发电机空冷却器水压按运行要求调整。

7.2.1.2 机组启动应具备条件

机组在以下条件时才能启动：水轮机主阀在全开位置，主阀开启位置指示灯亮；导水机构全关，开度限制指示指零；机组无事故，事故继电器未动作；制动闸已复归，复归指示灯亮；冷却、润滑水已投入流量，水压正常。制动系统风压正常（0.4～0.7MPa）；开机准备工作就绪，指示灯亮。

7.2.1.3 机组启动操作

1. 自动开机操作

（1）开调速器总供油阀，拔出接力器锁定。

（2）将调速器手动、自动切换手柄切换到自动位置。

（3）由水机值班长通知电气值班长，机组准备工作就绪；准备开机。

（4）在中控制室按开机按钮，机组启动，并升到额定转速，运行人员应密切注意机组情况。

2. 手动启动（机旁操作）

（1）电气值班长通知水机值班长准备手动开机。

（2）将调速器手动、自动切换手柄，切到手动位置。

（3）操作开度限制机构在启动开度，待机组启动后加大导叶开度，当机组转速接近额定转速时，将开限指示调整至空载位置。

7.2.2 机组并列

把一台发电机与其他发电机或发电机与电网并联运行的操作，称为“并列”。

7.2.2.1 发电机升压

当机组转速升到额定转速后，发电机投入励磁后升压。升压时应注意下列事项：

（1）三相定子电流应等于零。若定子有电流，应立刻灭磁进行检查；定子回路是否短路、接地是否异常等现象。

（2）升压过程中，应防止空载电压过高。发电机在额定转速、额定电压时，应检查励磁电流的调节手柄是否在空载位置，同时比较此时的转子电流与电压值是否与正常空载值相等。

（3）三相定子电压值应相等，若不相等应检查发电机引出线和电压互感器回路是否开路情况。

7.2.2.2 发电机整步与并列

1. 发电机的同期方式

发电机电压升到额定值后，即可准备并列（并网）。并列工作必须谨慎，防止非同期合闸引起事故。发电机同期（并列）方式有准同期与自同期两种。

（1）准同期并列。先建立发电机电压，然后与系统整步。待满足条件后，合上同期开关，投入发电机的主断路器与系统并列。

（2）自同期并列。当发电机转速接近额定转速时（相差±2%），在不加励磁的情况下先合发电机的主断路器，然后再加励磁的并网方式。

采用自同期并列的优点是操作简单，在系统发生故障情况下，备用机组可迅速并入系统：但并网时冲击电流要比准同期并列大。

2. 准同期并列必须满足的条件

（1）待并发电机的电压与电网（系统）电压相等，其偏差不大于额定电压的±5%。

（2）待并发电机的频率与电网频率相等，其频率偏差不大于±0.25%Hz。

（3）待并发电机与电网相位相同，希望偏差在±10%相位角以内。

（4）待并发电机与电网相序相同。

发电机暂态电抗很小，系统与待并发电机两者较小的电压差将会造成较大的冲击电流。若偏离了上述4个条件，进行非同期并列，在很大的冲击电流作用下会造成事故，严重时会烧坏发电机，甚至扭断主轴。

3. 发电机准同期并列操作

操作方法有手动、半自动、自动3种。小型水电站的机组采用手动和半自动准同期，大中型水电站的机组采用自动准同期。

（1）手动准同期操作步骤为：合上待并发电机的隔离开关；操作调速器的转速调整机构，使待并发电机的频率与系统频率近似相等，其偏差在允许范围内；调整待并发电机的电压与系统电压近似相等，其偏差在允许范围内；投入整步表，当整步表指针由“慢”向“快”方向旋转，旋转平稳趋近红线时，操作同期合闸开关，迅速投入发电机的主断路器与电网并列。

（2）半自动准同期。运行人员调节发电机电压与频率基本与电网相等时投入自动并网仪，当满足四个同期条件后，自动并网仪动作，发电机自动并入电网。

4. 发电机组同期并列操作

操作过程：现将水轮发电机组转动起来，当转速上升至稍低于机组的额定转速时，就将断路器闭合，这时电力系统给发电机定子绕组送进三相冲击电流形成旋转磁场，然后励磁系统再给发电机转子绕组送进直流电流产生磁场，使电力系统将发电机拉入同步运行状态。

在并列过程中，发电机因有冲击电流而受到一定的损伤是自同期的缺点。优点是并列过程比较迅速，特别是在电力系统中发生事故或系统电压、频率发生剧烈波动时，采用准同期费时间多而且很困难，甚至不可能实现并列，但采用自同期方式就有可能较迅速地实现并列。

自同期也可用自动自同期装置实现自动化操作。但根据上面的分析可知：在水电站中，自同期只能作为准同期的一种补充方式。

7.2.3 水轮发电机的增（减）负荷操作

当机组并入电网带负荷，调整有功功率和无功功率到给定值，操作方法如下：

（1）操作开度限制机构，把开度指针打到100%开度，或到预定的限制开度。

（2）增加有功功率。操作调速器的转速调整机构或功率给定，使其增大指示，使导水机构开度增大，调整机组有功功率到给定值。

（3）增加无功功率。用增加励磁的方法调整无功功率到给定值。

减少有功功率与无功功率的操作与上述相反。机组在运行中可根据电网调度，用上述相同的方法进行功率调整。

7.2.4 机组正常运行监视

7.2.4.1 水轮机运行监视

（1）主轴密封监视，要求密封不过热，漏水量小。液压式端面密封运行时，依靠水压使U形橡胶密封环端面紧贴转环进行密封，密封的注水压力为0.05～0.1MPa。石棉盘根主轴密封在运行中要求稍有漏水，以润滑冷却摩擦面，但不能成线状漏水，以免水进入水导轴承。

（2）水轮机顶盖无积水现象。顶盖排水管畅通，水轮机室无大量积水。

（3）导水机构监视。剪断销无剪断，连杆、拐臂间无杂物，导叶套筒处不漏水。

（4）水轮机压力表。真空表指示是否正常，尾水管有无显著振动和噪声。真空破坏阀工作正常。

（5）机组油、气、水系统工作是否正常，有无漏水、漏油、漏气或堵塞现象。

（6）机组各连接的固定螺栓有无松动现象。

（7）水轮机运转声音正常，无异常振动情况，无异常气味。

7.2.4.2 机组冷却及润滑水水压水量的监视

冷却水与润滑水的水压正常畅通，示流器指示正常。

7.2.4.3 发电机温度监视

1. 发电机定子绕组与铁芯温度监视

带负荷的发电机，因铜损和铁损产生热量，使定子温度升高。当温度超过门槛值时，会使绝缘特性恶化，机械强度降低，严重时将绕组击穿，发生短路导致烧毁发电机。

发电机绕组温度最好控制在60～80℃，最高温度不得超过105℃。定子铁芯温度不超过制造允许的温度。

2. 发电机风温监视

当发电机运行中电压与电流保持不变时，发电机的铁芯温度决定于冷却介质的温度与温升。因此除监视发电机绕组与铁芯温度外，还需认真监视发电机进、出口风温。为避免发电机结露，最低风温不低于5℃。为防止发电机过热，最高进风温度应低于40℃，一般在20～30℃较为合适。

7.2.4.4　发电机电压、电流和功率因数监视

1. 电压监视

发电机在额定转速和额定出力不变的条件下，电压变动范围允许在额定电压的±5%范围内运行，最高不大于额定电压的110%。但此时励磁电流不得超过额定值。最低电压应根据系统稳定运行的要求确定，一般应不低于额定电压的90%，此时定子电流不超过额定值。

2. 电流监视

发电机定子电流应不超过额定值，三相不平衡电流不应超出额定电流的20%，并任意相电流不应超过额定值。

3. 功率因数监视

发电机的功率因数（$\cos\varphi$）额定值0.8，一般不超过0.95情况下可正常运行。若配有自动励磁装置的发电机，必要时可在功率因数等于1（$\cos\varphi=1$）条件下运行，但不允许进相运行。当功率因数低于0.8时，应注意定子、转子电流不超过额定值。

7.2.4.5　机组轴承的监视

1. 温度监视

轴承在工作中与轴颈（镜板）发生相对运动，产生摩擦发生热量，润滑油起润滑与冷却作用。在运行中轴承温度过高，会使润滑油黏度下降油质劣化，导致油膜厚度减薄，润滑条件恶化，严重时引起瓦衬熔化。运行人员务必加强轴承瓦温和油温的监视。

运行中轴瓦通常在60℃以下，信号（故障）温度为65℃，事故温度为70℃，作用于停机，油温一般不得高于55℃。

2. 油质油面监视

（1）油质监视。水轮发电机组一般采用30号防锈透平油。油质除定期化验外，还需在运行中注意观察。油色应透明呈橙黄色。若油色混杂发白，表示油中含过量的水分；油色发黑变暗是油中含杂质与炭粉引起的。炭粉增加是油温过高造成的，它是烧瓦的预兆，务必引起运行人员高度重视。

（2）油位监视。油位正确是保证轴承安全运行的重要条件之一。油位过高，会引起轴承甩油；油位过低，会因油量不足使轴承过热，甚至使瓦衬熔化（烧瓦）。轴承油位应在标准油位线±10mm范围内进行。

7.2.4.6　机组振动与声响监视

机组在运行中的振动与摆度，可用传感器监视，或定期用百分表测量。机组各部位的振动容许值应不超过表7.2的规定。各部摆度值不大于设计规定，无规定时，一般不超过轴瓦的间隙值。机组在运行中若发现异常振动，机组内部有金属摩擦和撞击声，应立即停机进行检查，查明原因，进行排除。

表 7.2　　水轮发电机组各部位振动容许值

项　目		额定转速/(r/min)			
		<100	100～250	>250～375	>375～750
		振动允许值（双振幅）			
立式机组	带推力轴承支架的垂直振动	0.10	0.08	0.07	0.06
	带导轴承支架的水平振动	0.14	0.12	0.10	0.07
	定子铁芯部分机座水平振动	0.04	0.03	0.02	0.02
卧式机组各部轴承垂直振动		0.14	0.12	0.10	0.07

注　振动值系指机组在各种正常工况下的测量值。

7.3 水轮发电机组的特殊运行

前面叙述了水轮发电机组的正常运行。所谓水轮发电机组的正常运行是指功率、电压、电流、频率、功率因数等都在额定情况下运行。实际上水轮发电机组很多时候是在非额定运行情况下运行的，因此研究水轮发电机组的特殊运行方式很有必要。

7.3.1 水轮发电机电压、频率及功率因数变化时的运行

7.3.1.1 电压变化时的运行情况

中小型水轮发电机正常运行的端电压容许在额定值的±5%的范围内变动而保持发电机额定功率不变。当电压低到95%以下时，为了维持额定功率不变，势必相应增大定子电流。在电压降低时铁耗固然可以减少，但由于定子电流增大，相应铜耗加大。通常铜耗引起的温升常大于铁耗引起的温升，因而使定子绕组总温升仍要增大。在一定的功率因数下，当定子电流增加时，电枢反应去磁效应增加，因而转子励磁电流也要增加，由此励磁绕组温升也难于保证不超过容许值。因此当电压低到95%以下运行时，发电机应降低额定功率。水轮发电机电压过低除对温升影响较大以外，还会影响励磁调节的稳定、机组运行的静态稳定以及电厂厂用电动机的运行。

当电压高于额定值时，发电机势必增加磁通，使得磁场增强。若保持发电机有功功率不变而提高电压，那么就要增加励磁电流，从而会使励磁绕组温度升高。若要维持原来的励磁电流不变，则升高电压势必降低定子电流，即降低有功功率输出。过分提高电压也是不允许的。升高电压还可能使发电机由于铁芯饱和而使部分磁通逸出轭部，在结构部件中产生涡流，而出现局部高温。对电压为6300V的发电机来说，若电机原来就有绝缘老化或有薄弱环节的话，升高电压运行是有击穿危险的。例如一台6500kW（375r/min）立式水轮发电机，当电压上升10%时，发电机磁路各部分都相当饱和，励磁绕组温升比额定电压时上升1.4倍。

7.3.1.2 频率变化时的运行情况

频率的变化和整个电力系统的有功平衡情况有关。在电力系统运行频率变化±5%的范围内，发电机的有功功率输出可保持不变。当频率低到超出容许范围时，电站运行人员应注意监视有关部分的温度。频率降低对发电机有以下影响：

（1）由于发电机电压与频率、磁通成正比，所以当频率降低时，若要维持额定电压不变，必须增大磁通。这就需要增加励磁电流，要受到励磁绕组温升的限制。

（2）频率下降引起转子转速下降，从而引起发电机的风量下降，其结果是发电机的冷却条件变坏，各部分温度升高。

7.3.1.3　功率因数变化时的运行情况

一般发电机都在功率因数滞后的状态下运行。水轮发电机在运行中，若功率因数与额定值不一致，应调整发电机的负载，使定子电流和励磁绕组电流不超过在一定冷却风温下所允许的数值，一般要绘制发电机的调整特性曲线。

功率因数低于额定值意味着感性负载增加。为了维持输出电压恒定。必然要增加励磁绕组电流，而降低了发电机有功功率和发电机容量。当功率因数减小至零时，则进入调相运行。这是一个运行的极端状态。

功率因数大于额定值意味着无功功率减少，由于水轮机限制了对有功功率的输出，则发电机总的容量也要减少。当功率因数变为超前时，发电机就进入进相运行（图 7.1），这是另一个运行的极端状态。

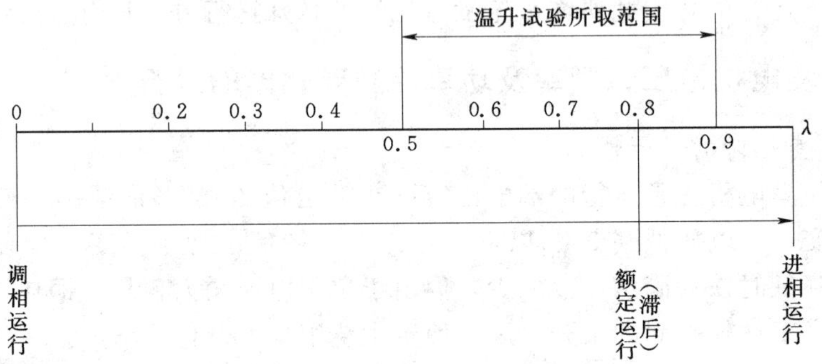

图 7.1　功率因数与不同运行状态关系图

7.3.2　水轮发电机的超负荷运行

所谓水轮发电机的超负荷运行是指发电机实际发出的有功功率超过该发电机额定功率的情况。这种情况只有水电厂的实际运行水头超过了水轮机的设计水头时才有可能产生。

对于年利用小时数很高的水电厂或在径流式电厂及在调节水库库容很小的电厂，可考虑到超负荷运行的情况。因为这些水电厂往往有较长时间的弃水现象，利用一部分弃水超负荷运行多发电可以得到较大的经济效益。

7.3.2.1　提高功率因数的超负荷运行

要水轮发电机超负荷运行首先考虑的是提高功率因数运行，即减少发电机的无功功率输出，而增加发电机的有功功率输出，保持发电机的额定电压和额定电流不变。例如一台额定功率因数 $\lambda_N=0.85$ 的发电机，如果实际将其功率因数提高至 $\lambda=0.95$，则发电机的有功功率输出将增加 11.8%。提高功率因数超负荷运行应从下述 3 方面考虑。

1. 是否影响发电机绕组的绝缘寿命

提高 λ 运行，但运行电压和电流还是额定值。因为发电机的电磁功率损耗与运行电压、电流成比例关系，所以要是电磁损耗不变，那么发电机的温度就不会变，而仍然是额定运行条件下的额定温度。也就是说提高功率因数的超负荷运行并不影响电机的寿命。

2. 是否影响电机结构的机械强度

一般设计发电机大轴等部件的受力条件时，其额定转矩是把额定视在功率 S_N 作为额定功率 P_N 来计算的，也就是说机械强度留有余量。因此提高功率因数运行并不会给电机结构的机械强度带来危险。

3. 对电力系统稳定的影响

提高功率因数运行要增加有功功率输出，静态稳定储备 $k_{P\%}$ 就会减少，这样是否会引起静态稳定或动态稳定的破坏，则要根据电力系统、水电站及其连接的具体情况进行分析验算来确定。

7.3.2.2　超过额定视在功率的超负荷运行

当水轮发电机超负荷运行输出的视在功率 S 超过该发电机的额定视在功率 S_N 时，如果没有相应的措施，则发电机定子绕组和转子绕组的实际运行温度就会超过额定工况运行时的温度。如果温度超过绝缘材料规定允许值，就会加速绝缘材料的老化，影响电机的使用寿命。若温度超过很多，将会引起电机事故甚至烧毁电机。如果采取措施改善通风冷却条件，超负荷（$S>S_N$）运行则不会引起电机温度过高。

7.3.3　水轮发电机的调相、进相、充电运行

7.3.3.1　调相运行

水轮发电机投入运行后，当功率因数减小到零时，即开始进入调相运行。此时它向电力系统输送无功功率，以改善系统的功率因数。将水轮机的导叶逐渐关闭，水轮发电机输出的有功功率也相应地减少。当水轮机输入的功率仅能补偿发电机的损耗时，水轮发电机不发有功功率，处于无载状态。当导叶完全关闭而无原动力时，水轮发电机从电力系统吸收有功功率，产生电磁转矩维持转动，以补偿其铜耗、铁耗和风摩擦损耗等。这时水轮发电机即进入同步电动机运行状态。它不带机械负载，主要任务是调节无功功率。为了减少水轮机的水阻损耗，通常将 0.7MPa 的压缩空气注入转轮室中将水面压低，使转轮在空气中转动。水轮发电机作调相运行时，通过调节发电机本身的励磁电流向系统供给无功功率。因此作调相运行时，主要受到励磁绕组温升允许值的限制。

调相容量的大小由制造厂进行校核，以求发电机励磁绕组温升不超过允许值。此时可认为 $\lambda=0$。发电机调相容量和充电容量的近似确定方法如图 7.2 所示。

$$OL=\frac{1}{X_d^*}\quad \text{（相当于空载励磁电流）} \tag{7.1}$$

$$O_1L=\frac{1}{X_q^*}-\frac{1}{X_d^*}\quad \text{（失励圆直径）} \tag{7.2}$$

式中　X_d^*——直轴同步电抗；

X_q^*——交轴同步电抗。

调相容量：

$$Q_K=(OK_c)S_N(\text{kvar}) \tag{7.3}$$

通常水轮发电机的调相容量范围为

$$Q_K=(0.6\sim0.75)S_N(\text{kvar}) \tag{7.4}$$

式中　S_N——发电机额定容量；

kvar——无功功率的单位“千乏”。

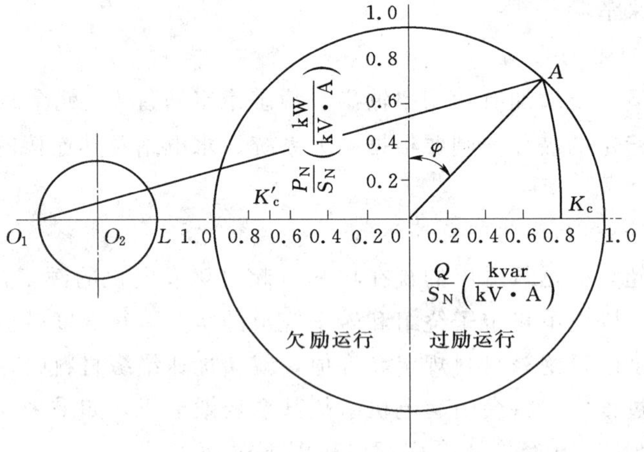

图 7.2　发电机调相容量和充电容量的近似确定方法

作调相运行时，电站运行人员应密切监视电机各部分温度变化的情况。

7.3.3.2　进相运行

当发电机逐渐增加功率因数并进入超前状态时，就开始进入进相运行。进相运行时，发电机处于欠励状态向系统输送容性的无功功率和部分有功功率。水轮发电机进相运行时，具有下列特点：

（1）进相运行时，由于定子端部漏磁和由漏磁引起的损耗要比调相运行时大，所以定子端部附近各金属件温度将升高，最高温度一般发生在铁芯两端的齿部．这种情况随发电机容性无功功率的增加而更为严重。

（2）由于水轮发电机是凸极式结构，其交直轴电抗不相等，电磁功率中有附加分量，因而它比汽轮发电机有较大的进相运行能力。

（3）由于发电机进相运行时处于欠励状态，为保证进相运行的安全，机组的视在功率输出应经试验分析确定。

7.3.3.3　充电运行

水轮发电机投入空载高压长距离输电系统运行称为“充电运行”，这也是进相运行的一种方式。在一定励磁方式所能提供的最低稳定电压条件下，为了使发电机端电压不超过额定值，应满足：

$$Q_C>Q'_C \tag{7.5}$$

式中　Q'_C——输电线路的容性负荷，可以根据线路的电压和结构尺寸计算；

Q_C——发电机的充电容量，可按图 7.2 进行核算。

$$Q_C = (OK'_C)P_C \tag{7.6}$$

其中
$$OK'_C = OL\left(1-\frac{U_{Fmin}}{I_{f0}R_{f(15)}}\right)$$

式中 U_{Fmin}——最低励磁电压，V；

I_{f0}——发电机空载励磁电流，A；

$R_{f(15)}$——温度为 150℃时的励磁绕组电阻，Ω。

7.3.4 水轮发电机的不对称运行

前面叙述的水轮发电机运行都是对称运行情况。实际上，对称运行情况很容易由于某些原因而被破坏。例如当发电机或系统接有较大的单相电炉、交流电气铁道干线或者由于雷击而发生不对称短路时，都会出现发电机的不对称运行。不对称运行时，除正序电流和正序电压外，发电机内还有负序、零序电流和电压。负序电流所产生的反向旋转磁场，可在励磁绕组和阻尼绕组内引起损耗，使运行效率降低，温升升高，而影响到发电机的出力，甚至烧坏阻尼绕组造成事故，而且还会引起振动和过电压现象。因此就发电机而言，一般希望避免不对称运行情况。但从保证电力系统稳定和供电可靠性这个角度来看，则希望发电机能忍受较长时间和较大的不对称负载。我国国标规定：对 100MV·A 以下的三相同步发电机和补偿机，若每相电流均不超过额定值，且负序分量不超过额定电流的12%时，应能长期工作。

水轮发电机三相不对称运行的原因，除因单相负载常出现外还会由两相短路、一相接地和一线断开等引起，也可能是由于一些临时措施，例如由于利用二线及地线送电等引起。

水轮发电机三相完全对称时，定子磁场分量系由定子三相对称电流所产生，它与励磁绕组是同步的，即定子磁场不切割转子，因此转子励磁绕组的发热仅由励磁电流所产生的损耗造成。

不对称运行时，正序电流的磁场与转子同步旋转，负序电流的磁场则为反同步旋转。发电机在不对称情况下，电磁转矩中除平均转矩分量外，还包含脉振转矩分量，这有可能会引起严重的机械振动。从这个角度来分析，同样大小的负序电流，在水轮发电机中引起的振动一般比隐极同步发电机要大。

在不对称运行时，水轮发电机的某点有可能产生很高的电压而将绝缘击穿。尤其是某些谐波的存在使其中某些部分发生的共振现象会使电压的最大值大大提高而造成危险。不对称运行时，还会引起发电机绕组内部应力过大。

非对称运行状态的所有特点与负序电流的磁场有关。这一磁场以反同步转速旋转，并以两倍同步速度切割转子，在转子励磁绕组中感应出 100Hz 的单相电流。特别是在极靴部分产生附加损耗。这些损耗的大小随着负荷电流的增加而急剧增加。负序旋转磁场出现的另一后果是使转子产生脉动力矩而造成振动。而脉动力矩的产生与转子磁路的不对称有关。负序磁场和转子之间的作用力时大时小，以两倍频率（100Hz）脉动，而造成转子振动。对于凸极式水轮发电机，不对称负荷的限制是由振动条件决定的。按照电力部门运行规程规定：水轮发电机允许不平衡电流。不得超过额定值的 20%，其中任何一相的电流不得大于额定值。

7.3.5　水轮发电机的调频运行

实际电力系统的容量总是有限的，并不是不加以控制调节就能经常保持在额定频率下运行的。

当实际频率低于额定频率时，用户交流电动机的转速将下降，影响产品的质量和数量，还会影响火电厂的安全运行；反之，实际频率高于额定频率也会有不良影响。因此国家规定电力系统的频率应经常保持在 49.8～50.2Hz 的范围内运行，即允许频率偏差为±0.2Hz在电力系统中，所有用电单位消耗的功率，电网输配电过程的功率消耗和发电厂的厂内用电的总和，称为（总）发电负荷。当发电负荷大于所有发电机发出的总功率时，系统频率就下降；反之即上升。

7.3.5.1　有功功率电源和备用容量

电力系统中所有发电机额定功率之和总是大于日最大发电负荷的，即这些发电机中有一部分是备用容量。备用容量中又分负荷备用、事故备用、检修备用及国民经济备用等。

负荷备用是为了保证电力系统频率稳定而设置的备用容量。因为系统实际发电负荷会在预计每天计划的负荷曲线之外出现脉动和短时冲击负荷。由此而产生的发电容量和总负荷之间的正负差值会引起频率波动。这时系统总发电设备如能立刻送出事先准备好的负荷备用功率和这些脉动负荷相平衡，就能保证系统频率继续保持在额定值附近运行（当发电容量大于总负荷时，频率升高，这时应该减少发电容量）。这种为保证系统在额定频率下运行的负荷备用容量，一般为系统最大负荷的 2%～5%（大系统采用较小数值，小系统采用较大数值）。

当电力系统中运行着的发电设备发生偶然事故时，系统将因缺电而受严重影响。为了补充缺电和减少影响，系统中设有事故备用容量待命投入，以维持系统正常供电，这个容量一般为系统最大负荷的 5%～10%。

所有参加电力系统运行的发电机，有热备用和冷备用容量两种形式。热备用容量是指运转中的所有发电设备可能发出的最大功率与系统发电负荷之差（即系统中某些运行发电机的输出功率是小于它们的额定容量的），因而热备用也称运转备用。冷备用容量是指平时在停机状态，但又可以较快地投入运转的发电容量。对水电厂说来，由停机状态到发出最大功率电量只需几分钟或更短；对火电厂来说，这过程可能长达十余小时。显然，把冷备用容量安排在有条件的水电厂对电力系统的安全运行较为有利。

检修中的发电设备不属于冷备用，因为它们不能接受系统调度的命令立刻启动。检修备用是根据电力系统中各发电厂的运行方式、设备特点统一安排的；国民经济备用容量一般应取电力系统总容量的 3%～5%。

综上所述，电力系统在运行中总负荷和发电设备容量之间有这样的关系；即系统最大发电负荷、负荷备用容量及事故备用容量中的热备用部分，这三者之和应等于系统中所有运转着的发电设备可能发出最大功率之和。可以想象，要出现这种关系，系统中必有许多发电机组是不应该满负荷运行的。

7.3.5.2　电力系统频率调整原理

1. 频率特性和调差系数

现在介绍如何保持电力系统的频率在额定值下运行的过程。从保持额定频率运行的角度看，把电力系统的元件分成三类，并简单分析它们的频率特性。这里所称的频率特性是指电力系统频率变化后，它们在输出功率或吸收功率上所做的反应。这三类元件如下：

(1) 汽轮发电机组。它们的频率特性是调差特性较陡（即系统频率下降时，机组转速下降）。这时机组调速器能自动地使汽轮机汽门稍稍打开，增加蒸汽量进入，发电机增加有功功率输出，但增加量较少。

(2) 水轮发电机组。它们的频率特性是调差特性较平坦。即系统频率下降时，机组调速器能自动地将水轮机导水叶稍稍微打开，增加进水量，增加发电机有功输出，而且增加量则较多。

(3) 综合负荷。一般负荷的频率特性是电力系统频率下降后，该负荷吸收的有功功率要减少。

为了定量地表示上述各种机组的频率特性，以便于系统调度控制各电厂都能经济安全地运行，采用技术参数调差系数 σ(σ 的大小表示机组适应负荷变化的能力)，它可由机组调速器的整定值反映出来，其物理意义可用式（7.7）表示：

$$\sigma\% = \frac{f_0 - f_N}{f_N} \times 100\% \tag{7.7}$$

式中　f_0——机组空载时的频率，Hz；

f_N——机组带额定功率 P_N 的频率，Hz。

汽轮发电机组因锅炉及汽轮机适应负荷变化的能力较差，例如汽轮机一般由 50%的额定功率增加到 100%，需要 10～25min，因此调差系数一般为 σ=3%～5%。

水轮发电机组因其水轮机及引水系统（特别是坝后式水电厂）适应负荷变化的能力较强，例如水轮机由 50%额定功率增加到最大限制功率，所需时间不到 1min，因此其调差系数一般为 σ=2%～4%。

2. 系统频率的一次调整和二次调整

了解了发电机组和综合负荷的频率特性之后，就能进一步理解电力系统在正常运行情况下，从负荷的不断变化引起频率的波动到恢复额定频率的过程。

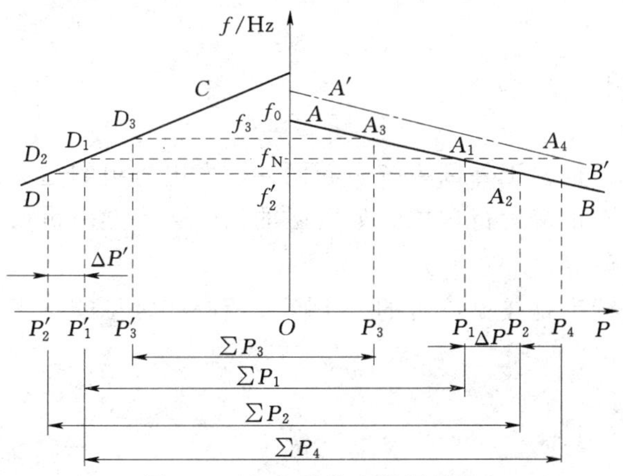

图 7.3　电力系统中调频特性

电力系统进行调频时的一次调整及二次调整过程，如图 7.3 所示。$\overline{AB}$直线表示调频电厂的综合调差特性线，$\overline{CD}$直线表示电力系统中所有非调频机组综合调差特性线。在一般情况下，$\overline{AB}$线的调差系数 σ_A 要比$\overline{CD}$线的 σ_C 小，而在额定频率 f_N 时，调频电厂输出的功率 P_1 要比非调频机组总输出功率 P'_1小得很多。假定原电力系统所有发电设备总输出功率$\sum P_1 = P_1 + P_1'$等于所有负荷吸收功率的总和，而且频率保持在额定值 f_N。这时，系统中如果新增加一个较大的负荷量，那么由于发电总功率小于总负荷，系统频率就要下降。所有发电机组的频率特性将因系统频率下降而使发电总功率增加，调频电厂的输出功率由 P_1 增加至 P_2，非调频机组总输出功率由 P_1'增加至 P_2'。系统中原有各负荷的频率特性将因频率下降而使吸收的总功率减少。一个增加，一个减少就会出现新的负荷平衡状态，这时系统频率将稳定运行在 f_2，f_2 稍低于 f_N，系统的总输出功率为

$$\sum P_2 = P_2 + P_2' = P_1 + \Delta P + P' + \Delta P' > \sum P_1 \tag{7.8}$$

这一过程就称为系统频率的一次调整。如果系统负荷减少，同理，一次调整可使系统达到另一新的平衡状态，这时稳定运行的频率 f_3。却要稍高于额定频率 f_N，而系统总输出功率为

$$\sum P_3 = P_3 + P_3' < \sum P_1 \tag{7.9}$$

电力系统虽经一次调整可达到新的平衡，但是频率却偏离了额定值，而使电能质量的降低，因此必须经过二次调整，使系统频率恢复到额定值。

当系统经一次调整频率低于额定值而稳定运行时，要通过外部操作调频机组的调速器，使调频机组的调差特性$\overline{AB}$直线往上平行移动至$\overline{A'B'}$直线，亦就是使调频机组增加有功功率的输出至 P_4。由于电力系统发电总功率大于总负荷所需总功率，因此系统频率上升至额定值后，非调频电厂将根据调差特性$\overline{CD}$直线自动减少一次调整中增加的功率输出而恢复到按原计划输出功率 P_1'，这样一次调整前的负荷增量就全部由调频机组来承担了，即

$$\sum P_4 = P_1' + P_4 \approx \sum P_1 + \Delta P + \Delta P' \tag{7.10}$$

不难理解，当系统负荷减少时，也会经历一次调整和二次调整的过程。调频电厂将减少功率输出，而非调频电厂仍按原计划输出功率，并且系统频率仍保持额定值。

前述外部操作调速器使调频机组的调差特性上下移动，就是用手或自动调频装置来操作调速器里的机构（例如俗称的伺服马达），并由它来增大或减小导水叶开度，达到调节调频机组输出功率的目的。

由于水轮发电机组适应负荷变化的能力较强，因此一般选用水轮发电机组作为调频机组。

7.4 水轮发电机组的不正常运行

水轮发电机组的不正常运行状态，有的是属于外部系统引起而导致发电机组的过负荷或过电流；也有发电机组本身引起的一些不正常运行现象。如励磁的消失、突然甩负荷而引起定子绕组的过电压，转子绕组的过负荷等。

上述不正常运行状态在水电站实际运行中是屡见不鲜的。下面介绍一些常见的不正常运行状态。

7.4.1 发电机的电压过高或过低

按《水轮发电机基本技术条件》（GB/T 7894—2001）规定，允许发电机在额定转速

及额定功率因数时，电压与额定值的偏差不超过±5%情况下允许长期运行。但在实际运行中往往会出现不符合此项要求，而出现不正常的运行状态，在此种情况下对发电机有一定的影响。

7.4.1.1　发电机电压高于额定值

在发电机容量不变的情况下，如果发电机电压升高了，势必要引起发电机的励磁增加，也就是转子电流增加，这样会使转子绕组损耗增加，随而使转子绕组温度升高。另一方面漏磁通和高次谐波磁通也会增加，而引起附加损耗增加，这种引起的损耗发热将与电压的平方成正比，电压越高，转子绕组及表面的温度升得越高，有可能使其超过允许值。使定子铁芯温度升高。一般定子铁芯的发热主要由两个因素造成，一是铁芯本身的损耗，二是由定子绕组的热传至定子铁芯的。当发电机电压升高时，铁芯的磁通密度将提高，引起损耗增加，随之定子铁芯温度就升高。一般情况下，要求系统运行出现的高电压应不超过规范的规定（小于10%），在此种情况下，造成铁芯发热的威胁将不会太显著。

电压升高，磁通密度增加，铁芯的饱和程度会加剧，使较多的磁通逸出铁芯并穿铁芯附近的结构部件，如机座立筋、环板、齿压板等，形成另外的磁回路，这样在结构件内会产生涡流，有可能造成某金属部件的发热。

定子绕组的绝缘在规定的电压下（1.3倍额定电压）是能承受的。如果超过额定电压比较大，就会造成对定子绕组绝缘的威胁。特别是多年运行的老机组，如果绝缘已经老化或发电机本身有潜伏性绝缘缺陷的机组，在高压下更容易产生危险，造成绝缘击穿事故。

7.4.1.2　发电机电压低于额定值

当发电机电压过低时（低于额定电压的90%），发电机的铁芯处于不饱和部分运行，使电压不稳定。这时如果发电机的励磁稍有变化，就会引起较大的电压变化，甚至可能破坏并联运行的稳定性，引起振荡或失步。

发电机电压降低后，如果发电机的功率要保持不变，则必须增加定子电流，从而使定子绕组温度升高，否则只有降低发电机的出力运行。

此外，电压降低还会引起厂用电的降低。使一些电器设备如电动机的运行情况恶化等。

7.4.2　发电机频率波动

按照国家规定电力系统的频率应保持在49.8～50Hz的范围内运行，即允许偏差为±0.2Hz。但电机在实际运行中可能会超出此范围，使发电机的频率产生较大的波动，给发电机带来不正常运行。

发电机的频率过高，转速增加会使发电机转子部分的离心力增大，随之带来机械部件的应力增大，对发电机的安全运行造成威胁。同时会使发电机定子铁芯的磁滞、涡流损耗增大，因为此项损耗与发电机的频率成1.3次方的关系，就此引起定子铁芯温度上升。同样，由于频率增大，会使定子绕组的附加损耗增加影响定子绕组的温度。

发电机运行中频率过低时，其出力就要受到限制。因为频率降低会导致发电机转速下降，发电机的风量一般与电机的周速平方成正比，由于发电机转速下降，周速就此变小，使发电机总风量减小，它将直接影响发电机冷却。

如果一些旧机组采用同轴励磁机励磁，因为发电机的电势与频率成正比，频率降低，必然会导致电势下降，则发电机的端电压也降低，要维持正常电压就必须增大转子的励磁电流，它会使转子及励磁回路的温度升高。

因此，在频率波动时，运行人员必须严密监视发电机电压，定子、转子绕组和铁芯温度，不可超过允许值，并须调整频率在允许范围内。

7.4.3　发电机失磁

发电机在运行中失去励磁电流，使转子磁场消失叫做发电机失磁。

7.4.3.1　失磁的原因

发电机失磁运行，是指发电机失去励磁后仍带有一定的有功功率，以低滑差与电网继续并联运行的一种特殊情况下的运行方式。

发电机突然部分或全部的失去励磁，是电力系统常见的故障之一。发电机失去励磁的原因，一般是由于励磁回路短路或励磁回路开路造成的。励磁系统的故障、调整失误、励磁机回路断线、接触器开路等都可能造成励磁回路短路故障。励磁回路间断线、滑环出故障、励磁回路断路器开路或误动可造成励磁回路开路故障。这些因素都会使发电机失磁。

在半导体静止励磁系统中，常由于可控硅整流元件损坏、晶体管励磁调节器故障等原因也会引起发电机的失磁。

上述各种原因，发电机能否在短时间内无励磁运行，这是研究发电机失磁运行的重要问题。

7.4.3.2　失磁后的现象

发电机失磁后的异步运行状态与失磁前的同步运行状态相比有许多不同之处。这点由表计的变化可看出，当然也可以从失磁后机电状态过程的分析可得出其原因。

(1) 转子电流表指示等于零或接近于零。当发电机失去励磁后，转子电流迅速地依指数规律衰减，其减小的程度与失磁原因、剩磁大小有关。当励磁回路开路时，转子电流表指示为零；当励磁回路短路或经小电阻闭合时，转子回路有交流电流通过，直流电流表有指示，但值很小。

(2) 定子电流表摆动且指示增大。定子电流显著增大。由于需要建立工作磁通（磁化电流）和漏磁通，故无功分量增大，定子电流以及从电网吸收的无功功率随 S（滑差）的增大而增大。

定子电流的增大同时又发生摆动的原因有两种。第一是由于转子正向旋转磁场分量（A_1）在定子绕组里感应出频率为（$1+2|S|$）的交流电流，该电流叠加在定子基频电流上，从而形成周期性的振荡，造成定子电流摆动且幅值明显增大。电流摆动的程度与转子绕组连接状态有关，如果转子绕组开路或经大电阻闭合，则在转子回路中完全没有或者只有少量的电流，那么这一电流所建立的转子正向旋转磁场（A_1）就不会存在或者很弱，相应的在定子绕组中所感应的（$1+2|S|$）频率的电流也很小，因此定子摆动较小。当转子绕组短路时，在转子回路中所感应的转差频率电流大，转子正向旋转磁场（A_1）就强，

相应的在定子绕组中感应的（$1+2|S|$）频率电流分量也大，因而定子电流摆动严重。第二个原因是电机磁路不对称。电机磁路略有不对称时，同一个转子电流，由于磁路磁阻的不同所产生的转子正向旋转磁场（A_1）也将有所不同，磁阻小的地方，电流所产生的磁通密度大，磁阻大的地方，同一电流所产生的磁通密度小。因此，在定子绕组中所产生的（$1+2|S|$）频率电流的幅值也随之发生波动，其波动频率与转子的转速一致。

（3）有功功率表指示减小并发生摆动。发电机失磁转入异步运行过程中，由于转矩不平衡，引起转速的升高，在调速器失灵区范围以外，调速器自动关闭导叶，原动机输入功率减小，发电机输出的有功功率也相应减小，直到原动机转矩 M_m 与发电机异步转矩 M_{as} 相平衡时，调速器停止动作，有功功率输出达到小于初始功率的某一稳定值。

有功功率减小的程度与调速器特性，发电机型式和结构等因素有关。

有功功率的摆动，是由转子正向旋转磁场产生的两倍滑差频率的异步转矩所致。

（4）无功功率表指示负值，功率因数表指示进相，发电机母线电压表指示值下降并且摆动。发电机失磁转入异步运行后，相当于一个滑差为 S 的异步发电机。一方面向系统输送有功功率，另一方面也从系统吸收大量的无功功率。所以无功功率表指示负值，功率因数表指示进相。

由于定子电流增大，线路压降增大，故母线电压降低，并随定子电流的摆动而摆动。严重时将导致系统电压的大幅度下降，甚至有发生电压崩溃的危险。

（5）转子各部分温度升高。异步运行发电机的励磁绕组、阻尼绕组、转子铁芯等处产生滑差电流，从而引起附加损耗而导致温升增加，严重时将危及转子的安全运行。

7.4.3.3　发电机失磁运行应考虑的因素及处理

在电力系统中，即使允许失磁后的大型发电机异步运行十几分钟，甚至几分钟，也是相当困难的。

允许发电机失磁异步运行的时间和功率，受到多种因素的限制。首先受到了定子和转子发热的限制；其次，由于转子的电磁不对称所产生的脉动转矩将引起机组和基础的振动；还有一个重要因素，就是要考虑电力系统是否能供给足够的无功功率，因为失磁的发电机要从送出无功功率转换到大量吸收系统的无功功率。这样，在系统无功功率不足时。将造成系统电压大幅度下降。这些因素很可能危及机组和整个系统的安全、稳定运行。因此，某一台发电机能否失磁异步运行，异步运行时间的长短和送出功率的多少，只能根据发电机型式、参数、转子回路连接方式及外接电力系统性质等因素进行具体分析，而后才能确定。

如果发电机发生了失磁，应立即予以分析研究，并从以下几方面进行处理：

（1）对于不允许无励磁运行的发电机应立即从电网上解列，以避免损坏设备或造成系统事故。

（2）对于允许无励磁运行的发电机应按无励磁运行规定执行，一般要进行以下操作：迅速降低有功功率到允许值，此时定子电流将在额定电流左右摆动；手动断开灭磁开关，退出自动电压调节装置和发电机强行励磁装置；注意其他正常运行的发电机定子电流和无功功率值是否超出规定，必要时按发电机允许过负荷规定执行；对于励磁系统进行迅速而细致的检查；在规定无励磁运行的时间内，仍不能使机组恢复励磁，则应该将发电机从系统中解列。

大容量发电机的失磁对电力系统运行影响很大，所以一般来说，未经过试验确定前，发电机不允许无励磁运行。

7.4.4　发电机温度过高

水轮发电机运行时，主要监测定子绕组、转子绕组、铁芯和轴承等部位的温度。发电机运行中有时会出现某一部位的温度过高，影响发电机的安全运行。

7.4.4.1　定、转子温度过高

水轮发电机从水轮机获得的机械功率。不可能全部转化成电磁功率输出，而在电机的内部由于损耗而消耗了部分功率。而此部分损耗主要包括：铁损耗、铜损耗、机械损耗及附加损耗等。定子绕组、转子绕组和铁芯温度过高，主要指铁、铜和附加损耗增大而引起的，而增大的原因是多方面的。如电机是否按照制造公司（厂）的铭牌数据或技术要求运行，通风系统设计是否合理等，发电机的运行工况是否正常。

7.4.4.2　轴承温度过高

水轮发电机的轴承温度主要指推力轴承和导轴承温度。引起推力轴承温度高的因素是多方面的。如推力轴承轴瓦受力的均匀性和轴瓦的变形以及轴承润滑系统油循环的合理性等。导轴承温度高的原因，有导瓦的受力和间隙的选择以及油路循环的合理性等。

发电机任何一个部位的温度过高都属于不正常运行状态。因此，必须给予及时处理。如果在短时间内无法恢复正常，应立即停机查清原因，处理正常后再运行。

7.4.5　发电机的振动与响声

7.4.5.1　发电机过度振动

水轮发电机的振动超过规定值，会给机组的运行带来不利。如果振动严重将给机组带来以下危害：

（1）会促使发电机零部件和焊缝部分的疲劳破坏区域的形成和扩大，从而导致裂纹的产生，甚至会造成断裂和损坏。

（2）导致一些紧密配合件的松动，从而使其他连接件振动或损坏。

（3）加速转动部分部件的相互磨损或碰撞。如大轴的剧烈振动会使导瓦受力不均匀，瓦温上升，严重时会烧坏导瓦。转子过度的振动会增加滑环与电刷的磨损，同时还会影响机组的稳定运行。

（4）振动引起其他部件的共振，如其他辅助设备或厂房建筑，则其后果更为严重。

7.4.5.2　发电机的异常响声

发电机在稳定运行中总会有各种各样的响声，但是在不正常运行时将会出现一些异常响声，给机组安全运行带来一定的威胁。一般异常响声出现在水轮机部位，但发电机部位也会出现，如导轴瓦的支柱螺钉松动，会导致轴瓦跳动，将会出现不规则的撞击声；集电环的过度摆动，造成电刷不规则跳动而引起响声；发电机通风系统通风不良产生旋涡。引起挡风板的异常响声等。非同期合闸时，除了产生较大冲击电流外，同时还会发出强响声；当供电系统遭受雷击，发生外部短路时，发电机瞬间也会发生异常响声；同样在发电

机内部如果发生故障时伴随放电声出现等。

发电机运行时无论出现过度的振动还是异常的响声，都属于不正常运行的前兆，所以要及时检查和处理，如果短时间内无法处理，应设法将机组解列，停机检查，待机组处理正常后才能恢复并网运行。

7.5 水轮发电机的运行监视与维护

与所有的机器一样，要使发电机安全和长期运行必须要正确地使用和维护。

7.5.1 水轮发电机的使用条件

(1) 水轮发电机的运行必须符合《水轮发电机基本技术条件》(GB/T 7894—2001) 的规定。

(2) 发电机在运行中盖板应保持密闭，防止外部灰尘、潮气进入发电机内部。

(3) 当发电机长期停机时，必须使用电加热器来维持发电机内部温度不低于5℃。

(4) 发电机的冷却水应清洁，不能有泥沙、杂草或其他污物存在。

(5) 轴承油槽的初始油温不能低于10℃。

(6) 轴承润滑油的参数应符合规定要求。

(7) 发电机停机超过24h以上时，再启动前必须顶起发电机转子一次。

(8) 制动器顶起转子的最大行程不能超过20mm。

(9) 制动器发生故障时发电机不能启动。

(10) 厂房内不得有危害发电机绝缘的酸、碱性气体。

(11) 停机3～5d以上的发电机，在启动前应进行绝缘电阻的测量，其值不得小于规定数值，否则，应进行烘干处理，达到要求后才可投入运行。

(12) 当出现下列情况之一时，运行中的水轮发电机应立刻进行停机：发电机发生异常声响和剧烈振动；发电机飞逸，电压急剧上升；发电机定、转子或其他电气设备冒烟起火；发电机电刷或集电环处产生强烈火花，经处理无效；推力轴承或导轴承瓦温突然上升发生烧瓦事故。

水轮发电机紧急停机后，要及时将事故情况做好记录并报告。同时要迅速查明原因，以消除故障，待一切正常后，方可重新开机。

7.5.2 水轮发电机的日常监视

运行中的水轮发电机必须定期进行巡回检查（一般是每小时一次），监视发电机运行情况，记录各仪表指示，写好运行日记。巡视中要集中精力，仔细观察，及时发现问题，以保证安全发电。

1. 温度监视

发电机的绕组、铁芯、轴承应经常监视温度。其值不能超过规定的数值，如果温度发生迅速或倾向性的变化（局部过热或突然升高），应及时停机检查并找出原因进行处理。

2. 轴承油面监视

轴承油面应经常监视，如油面高出正常油面，可能是由于油冷却器漏水引起；如果油面低于正常油面，可能是油槽漏油或是管路阀门没有关好所引起的。

3. 振动与音响监视

发电机在运行中应定期测超振动和音响，所测数值应不超过规定数值，如果振动和音响发生变化（强烈振动，噪音和摆度显著加大）应停机检查并处理。

4. 绝缘监视

应定期检查发电机绕组的绝缘电阻。如果发电机绝缘电阻发生显著变化，如异常下降、转子一点接地时，应停机检查和修理。

5. 电流引出装置监视

应经常查看刷下火花、电刷工作情况（电刷和集电环接触情况、磨损量、电刷在刷握内移动灵活情况）和集电环的表面情况（有无烧伤、磨出沟槽、锈蚀或积垢等情况）。如发现异常情况应及时处理。

电刷磨损后应换同样牌号和同样尺寸的新电刷，为了使集电环的磨损程度均衡，每年应调换 1～2 次集电环的极性。

6. 冷却器监视

冷却器应经常检查，如发现冷却器流量减少或堵塞，冷却后的空气或油温明显升高应及时处理。

发电机在运行中，推力轴承的油温应为 20～45℃，导轴承的油温允许至 50℃，应用调节冷却水流量的办法使轴承各轴瓦和油的温差保持在 20℃左右。当发电机启动时应注意轴承油槽内的温度不低于 10℃，以免引起不容许的轴瓦热变形。停机时应关闭冷却器的进水阀门，对油冷却器而言是为避免引起轴瓦过分变形；对空气冷却器而言是为避免引起空气冷却器过分结露。

7. 制动系统监视

应经常检查制动器，尤其在每次启动前必须检查制动器系统是否正常。当制动系统不正常或在升起情况下（有压力），是不允许启动发电机。在停机 24h 以上再启动机组前，须用制动器顶起转子 5～10mm，然后将制动器压力去掉使制动器的制动块返回到原来位置后再启动。

7.5.3　水轮发电机的维护

除在日常运行过程中对发电机进行监视、及时处理缺陷外，还应当定期对发电机进行全面的检查和修理。每次检修的时间间隔及项目应根据发电机各零部件的结构特点和磨损情况而定。每次检修应有记录。除了因发生事故及时检修外，一般每三年进行一次大修，每一年至一年半进行一次中修，每三个月至半年进行一次小修。以便及时发现问题，消除隐患，防止因事故停机。

机组检修工作大致可分为以下四类。

1. 维修检查

维修检查是在运行机组不停机的情况下，经常性的维修工作。目的是消除和防止机组运行过程中可能发生的故障。发电机维修项目及质量标准见表7.3。

表7.3　　发电机维修项目及质量标准

编号	项　目	质　量　标　准
1	各部轴承检查	油面合格，油色正常，轴承无异声，无漏油甩油，冷却器水流通畅
2	机组外观检查	振动、声响无异常
3	测量导轴承摆度	符合规定标准，无异常增大
4	制动器外观检查	无异状、无漏油
5	表计检查	指标正确、无渗漏
6	发电机冷却水管预备水源检查	各阀位置正确，无漏水现象

2. 小修

小修一般在停机状态下进行。一般是设备发生了故障（或事故）需立即处理的项目或有目的地检查和修理发电机的某一些重要部件。通过小修能掌握被修部件的使用情况，并可为编排大修项目提供依据。发电机小修项目及质量标准见表7.4。

表7.4　　发电机小修项目及质量标准

编号	项　目	质　量　标　准
1	推力轴承及导轴承外部检查清扫	无异状，将油污、灰尘擦干净，漏油严重时应进行处理
2	制动器、制动环检查、清扫	制动环表面无毛刺，螺杆头与磁轭键均未凸出制动环表面，制动器连接螺钉无损伤、折断，油污灰尘应擦干净
3	制动器给风动做试验	制动器动作灵活，给风后，风压能保持在600kPa以上
4	油、气、水管路及各阀检查	不渗漏，管阀外部擦干净
5	发电机盖板及挡风板检查	螺钉紧固，焊缝无裂缝，钢板无裂缝
6	转子各部检查	螺栓紧固、结构焊缝余螺母点焊无开焊，磁轭无松动或下沉现象，风扇无松动变形，铆钉完整无缺，转子各部清扫干净
7	定子与机架结合螺栓、销钉及结构焊接缝检查	销钉无松动，结构焊缝与螺母点焊无开焊，灭水管不松动，且经通风试验畅通无阻
8	空气冷却器外部检查	不漏水
9	各表计检查	指示不准的应拆下来进行校验，装后接头不漏
10	过滤网清扫	将灰尘扫干净

3. 大修

大修主要是为解决运行中出现并经小修无法予以消除的严重设备缺陷。

4. 扩大性大修

扩大性大修是全面、彻底地检查每一部件结构及技术数据，根据维修检查和小修项目，下面将分别予以介绍。

7.5.3.1　通常维护

通常维护主要包括以下工作：

（1）做好记录是电站的必须进行的工作。记录应包括仪表的读数，如负荷、温度、流量及磨损零件的更换等。还应记录运行中的干扰、故障和修理故障的措施说明。

（2）当机组过速或发生飞逸转速后，应检查发电机转动部件是否松动或被损坏。

（3）经常保持厂房和发电机的清洁。定期擦抹各部件表面灰尘。对发电机外露的金属加工面，应经常涂抹黄油，以防锈蚀。

7.5.3.2　发电机主要部件的维护

1. 定子

（1）定子绕组的检查与维护。定子绕组的检查与维护包括：检查绕组端部是否发生变形，并清扫绕组上的灰尘和污物；检查端箍的绑扎是否发生松动；检查槽楔是否松动；检查绕组绝缘老化情况。检查绝缘是否有损伤，如果有损伤应予以修理。

（2）定子铁芯的检查与维护。定子铁芯的检查与维护包括：检查定子通风沟内是否有灰尘、污物等，并用干燥的压缩空气吹干净；检查齿压片、齿压板与铁芯间有无松动锈蚀，如果压指与压板为点焊结构，应检查焊点是否开裂，压指是否歪斜或突出；还要检查压指的颜色，是否有因温度过高形成的蓝色。

2. 转子

（1）检查转子零部件的固定情况。主要检查以下几点：检查转子上所有固定螺母是否紧固并镇定，如果松动，应查明原因并紧固锁定；检查磁轭键、磁极键是否松动，如松动应打紧并点焊锁定；转子上所有焊缝有无开裂现象。

（2）检查磁极绕组。主要方面包括：绕组间的连接线和转子引线的连接是否完好；检查匝间及对地绝缘，如果磁极绕组的对地绝缘电阻低于0.5MΩ，应找出原因并修理；清扫磁极绕组上面的灰尘和污物，保持磁极绕组清洁干燥。

（3）检查制动环的摩擦面是否有损害。

（4）检查风扇是否牢固无松动及变形。

（5）检查转子与定子铁芯之间的间隙应均匀且符合规定要求。

3. 推力轴承

（1）检查推力轴承瓦面，如果发现瓦面有明显的磨损，应及时修理并找出原因。

（2）测量轴承绝缘电阻，其值不应小于0.2MΩ（油槽充油后）。

（3）检查镜板摩擦面应无划痕及其他缺陷，并检查与推力头组合面的质量。

（4）用反光镜检查推力头表面的质量。

4. 导轴承

检查导轴承瓦面，如果发现瓦面有明显的磨损，应及时修理并找出原因；测量导轴承绝缘电阻，其值不应小于4MΩ；测量导轴承瓦与滑转子之间的间隙应符合要求，支柱螺丝第一次运行三个月后必须紧固一次，并调整好间隙。

5. 润滑油

润滑油应该定期抽样检查，一般是每年检查一次。润滑油的质量可以通过颜色、气味、混浊度、泡沫和水分含量等方面来检查。

油的颜色除了稍有一点加深外应无其他改变，颜色的加深不能再发展下去。

油的气味不应有腐败或烧焦味。

清洁的油应该是清的、透明的。油的混浊可能在油中混有颗粒、杂质或水分。油中的颗粒可能是由于轴承内部的磨损、破坏或腐蚀引起的或由于充油前油槽没有清理干净引起的。在油中还会发现其他沉积物，如清漆、胶木、纤维体。在油的抽样检查中发现金属沉积物或金属化合物的含量超过油量的0.05%时，就应该将油从油槽中排出进行过滤使之符合要求或更换清洁的符合要求的新油。脏油排完后，应对油槽进行彻底清扫。通常在油中的金属颗粒在初始运行时会出现，如果这种现象继续下去或重新出现，应对轴承进行检查。

油是否存在水分可以用实验证明。将5mL的油倒进试管并小心加热，当油加热到一定温度时，有水分存在就会发出噼啪的响声。如果油完全没有响声，就可以认为合格。

润滑油使用一定时间后会发生老化而逐渐变质，一般经过50000h后必须更换新油。

6. 冷却器

(1) 所有冷却器必须定期清洗。一般用1.2倍额定工作水压反向冲洗或用压缩空气吹干净管内的泥沙杂物，对于直管的空气冷却器最好在铁丝上捆绑布条来回拉动将管内壁黏附物清除掉。在来回拉动捆绑布条时要防止铁丝拉断将布条留在管内使管子堵塞。

(2) 所有冷却器管内的水垢应及时清洗以免影响冷却效果。

7. 集电环和电刷

(1) 集电环外表应保持干净；如出现不圆、偏心、粗糙或烧灼现象时应及时处理；应定期测量集电环绝缘电阻，其值不应小于1MΩ。为了避免集电环不均匀磨损，应该经常倒换集电环的极性。

(2) 经常检查电刷弹簧的压力，可采用平衡弹簧来测量，其电刷表面压强应为15～20kPa。如果不符，应仔细调整电刷弹簧的压力。

(3) 检查刷盒的底边离集电环表面的距离，一般为3～4mm；如果不符，应调整刷握。

(4) 电刷在刷盒内应能自由移动，电刷必须保持清洁以免电刷下产生火花。更换新电刷时应使用相同牌号和尺寸的电刷，并将细砂布放在电刷和集电环中间反复摩擦电刷表面，使电刷磨成圆弧形，达到电刷底面全部与集电环良好接触。

8. 制动器及管路

(1) 经常检查制动器及所有管路是否漏气和漏油。

(2) 检查制动器活塞是否在气缸内自由移动，如果发现卡死，应及时处理。

(3) 检查制动器的制动块厚度，如果制动块的厚度小于15mm就必须更换新的制动块。

(4) 制动器将转子顶起后应加以锁定，防止水轮机导叶漏水使水轮发电机组转动而造成事故。

9. 上盖板和上挡风板

检查上盖板和上挡风板的全部螺栓、螺母是否松动，如果松动应紧固锁定，以防止松动掉下造成事故。

7.6 水轮发电机组的运行故障与事故处理

机组在运行中因外界或自身原因，会出现异常现象与故障。这些异常与故障会通过仪表反映出来，如继电器掉牌，发出音响和灯光信号。这时值班员要按照《水轮发电机运行规程》(DL/T 751—2001)，根据故障性质积极思考，迅速而有条不紊地处理，不使故障扩大，避免造成严重后果。

机组发生事故时，通过保护装置自动停机，但运行人员不能因此而放松警惕，谨防保护装置失灵。如发现事故隐患，危及机组安全，应按运行规程及时停机。

7.6.1　发电机异常运行及处理

7.6.1.1　发电机过负荷

这种现象是发电机定子电流超过额定值。机组不允许过负荷运行，但当系统发生事故时，短时间过负荷是难免的。过负荷值和允许时间按制造厂规定。若制造厂未作规定，对空气冷却的发电机可按表 7.5 执行。

表 7.5　　空气冷却的发电机短时过负荷额定电流容许值表

定子绕组短时过负荷额定电流	1.10	1.12	1.15	1.20	1.25	1.30	1.40	1.50	备注
持续时间/min	60	30	15	5	5	4	3	5	

发电机定子电流超过额定值时，应先检查功率和电压，注意电流超过允许值所经历的时间，常采取降低励磁电流的办法，在不使电压过低和无功过小的情况下，尽量减小定子电流。若此法不奏效，则必须降低发电机的有功功率，或切除一部分负荷，使定子电流降低到允许值。

7.6.1.2　发电机振荡

当系统发生短路时，稳定性被破坏，机组产生剧烈的振荡，其现象主要包括：定子电流表指针剧烈摆动，定子电流超过正常值；定子电压表指针剧烈振荡，往往会使电压降低；有功功率表指针在全盘范围内摆动；转子励磁电流表在正常值附近摆动；频率和发电机转速忽上忽下，发电机发出呜呜声等。

机组发生振荡时，电气值班员应采取的措施有：对无自动调整励磁装置的发电机，应手动增加励磁电流，使机组进入同期；对投入自动励磁装置的发电机，应降低发电机的有功负荷，使机组恢复同期；若采用上述措施仍不能恢复，可将机组解列；根据发电机转速判明发电机转速是升高还是降低。如发电机转速比振荡前升高，应以机组导叶开度限制降低与系统连接的发电机有功功率，直到振荡消除；如发电机转运比振荡前降低，应立即提升机组有功功率，尽快使机组恢复同步；密切监视调速器及机组机械部分的运行情况。

7.6.1.3　发电机的非同期并列

发电机并列过程中投入断路器，当发电机定子电流突然升高，发电机电压大量降低，机内发出吼叫声，定子电流表剧烈摆动后慢慢恢复正常，发电机强励动作，光字牌亮，信号继电器掉牌等现象出现，则可断定：发电机非同步并列。

此时，运行人员应立即跳开发电机出口的断路器，迅速停机。然后用 2500V 摇表测定子绝缘，检查发电机定子线圈上、下端部有无变形。经检查确定发电机未受损伤后，方可开机并网运行。

7.6.1.4 发电机失去励磁

发电机失去励磁，现象是转子电流表指针指零，有功功率表指示低于正常值，定子电流表指示升高，功率因数表进相（$\cos\varphi<1$），无功表指针越过零位，即发电机由系统吸收无功功率，定子电流与转子电压有周期性摆动。

发电机失励磁时，如失磁保护未动作停机，应立即手动将发电机解列，以免故障扩大。

7.6.1.5 发电机差动保护动作

差动保护是发电机的主保护，差动保护动作一般是发电机内部故障，包括保护区内的母线、电缆和互感器。值班员应充分注意。

差动保护动作现象是喇叭响，“发电机事故”光字牌亮，差动继电器掉牌，机组自动解列，停机。

差动保护停机后，应对发电机重点进行检查，用2500V摇表测量发电机对地绝缘，检查其绝缘是否击穿，内部有否冒烟着火痕迹等现象。

对保护区内设备（电流互感器、电压互感器、母线、电缆）进行详细检查。如测量绝缘有否短路、接地等情况。

若上述检查情况正常，须检查差动保护的整定值是否正确。在未查明差动保护动作原因之前，不允许强行开机并网发电。

7.6.1.6 发电机着火

发电机出风处冒出明显的烟气与火星，或有绝缘烧焦的气味，值班员应立即采取下列措施：

（1）值班员应立即操作紧急停机按钮，将发电机与系统解列并灭磁。

（2）确认发电机已灭磁失压，再迅速打开发电机消防水管，值班人员用四氯化碳和1211灭火器等灭火。禁止用泡沫灭火器和砂子灭火。

（3）待灭火降温后，根据事故发生的现象和部位仔细检查，必要时应解体检查，查明原因，分别加以处理。进入发电机内部应戴氧气罩或防毒面具，接触设备时应做必要的安全措施。

7.6.1.7 发电机断路器跳闸

发电机断路器跳闸，现象是断路器跳闸指示灯亮，或有音响信号，发电机有功、无功功率表指零。断路器跳闸原因很多，大致有以下几种：

（1）发电机内部故障，如定子、转子绕组短路或接地，差动继电器动作。

（2）发电机外部故障，线路或母线短路。线路雷击过电压引起跳闸。

（3）水力机械事故。

（4）继电保护误动作或运行人员误操作引起跳闸。

当发电机自动跳闸时，运行人员应做好下列工作：检查灭磁开关是否跳开。如没有跳开，应立即将其断开，磁场变阻器放到最大位置；查明跳闸原因，根据具体情况进行处理。

7.6.2 水轮机异常运行及事故（故障）处理

7.6.2.1 水轮机气蚀和振动

运行中的水轮机发生气蚀尾水管噪声增大，机组振动，摆度加大。基本原因是水轮机在不稳定区界运行引起。运行人员应改变运行方式，避开水轮机不稳定区界运行。

7.6.2.2 水轮机出力不足

水轮机出力不足，是指水轮机出力达不到在该运行水头下的保证率。造成水轮机出力不足的因素很多，这里只限于讨论运行与管理因素。出力明显下降原因有以下几个方面：

（1）小型机组出力不足，最常见原因是过水流道堵塞。主要包括进水口拦污栅堵塞和转轮叶片过水流道堵塞。进水口拦污栅堵塞使阻力增大导致拦污栅前后水位差增加，从而使机组段水头与流量减少、机组出力不足；转轮叶片过水流道堵塞，小型混流式水轮机转轮流道狭窄、扭曲。运行中因拦污栅栅条间距过大，或隧洞、渠道中碎石，杂物落入并堵塞转轮流道，影响水轮机出力。

（2）低水头轴流式水轮机，因尾水补气不当，或尾水管淹没深度不够，使尾水真空破坏引起30%～50%出力不足。低水头轴流式水轮机尾水管回收能量，占水轮机总利用能量的比例可达30%～50%。

（3）止漏环（或迷环）间隙过小或其他原因，使转轮与固定部件擦壳。

7.6.2.3 机组过速

（1）机组过速原因是机组甩负荷，调速器失灵；或者关闭时间整定值过大，使机组转速大于过速继电器整定值（一般为额定转速的140%），机组紧急停机，主阀自动关闭。

（2）处理方法是运行人员应密切监视机组停机情况和主阀关闭情况。停机后要全面检查机组并做好记录，确认无异常情况，值班长下令方可再次启动。

（3）注意事项：当调速器失灵引起机组过速，又遇到保护控制回路故障，机组不自动停机，运行人员应迅速按停机按钮或手动操作调速器的紧急停机电磁阀，使导水机构关闭。若无效，应迅速关闭主阀或快速闸门。

7.6.2.4 剪断销剪断

1. 剪断销剪断的原因

导水机构在动作过程中，个别导叶被异物卡住或其他原因使导叶不能转动，剪断销剪断，以此保护导水机构安全。

2. 剪断销剪断表现的现象

剪断销剪断表现的现象有以下几方面：剪断销信号装置发信号，水力机械故障信号灯亮；主副导叶臂分离或拐臂与连杆分离；因水力不平衡使机组振动、摆度、噪音增大等。

3. 防治措施

为了防止剪断销剪断所采取的措施有：提高上游拦污栅质量，并保持完好率，防止过大漂浮物进入引水室后进入导叶；提高导水机构质量，导叶应灵活；采用尼龙轴承时应先浸水，后加工，防止因间隙过小，尼龙浸水膨胀后抱死轴颈，使导叶转动不灵活。

4. 处理方法

判断剪断销剪断原因。将调速器切到手动位置，调整导叶开度（负荷）以适应修理需要，便于在不停机条件下更换剪断销。若在运行中无法处理，应及早停机，关闭主阀后，更换导叶剪断销。

7.6.2.5 主轴密封严重漏水

主轴密封常见故障是密封严重漏水、威胁水导轴承安全运行。密封种类很多，因结构的差异，有不同的故障点及处理方法。下面介绍最常用密封的处理方法。

1. 石棉盘根密封

这种密封的漏水原因一般为盘根压紧量不够，处理方法是均匀、对称地调整压环压紧螺栓的紧度，减少漏水量。若盘根严重磨损或盘根破损，则需更换盘根。

2. 液压端面密封

液压密封的工作原理是依靠水压（0.05～0.1MPa）使橡胶U形密封环端面紧贴转环进行密封。密封失效原因如下：

（1）U形密封环起始位置不到位，使密封端面与转环间隙过大，使注入的压力水通过U形密封环的润滑水孔，在此间隙中泄漏，不能使密封紧贴转环，导致密封严重漏水。

（2）密封配合间隙不当使密封卡死。密封在水压力作用下，压力水向密封内外圆柱配合面渗透，外圆柱面承压面积大于内圆柱面，所以密封有一个抱紧力。安装时要求内圈与密封座的间隙大于外圈间隙，若配合间隙不当，或U形密封环的刚度太差，在渗透水压的作用使U形密封卡死，而引起严重漏水。

（3）U形密封或转环严重磨损使密封失效。

7.6.2.6 水轮机抬机事故

（1）水轮机在甩负荷时，尾水管出现真空，形成尾水反击或水轮机进入水泵工况，会产生升力。当向上作用力大于机组转动部分重量时，即使其上抬，这种现象称抬机，它在低水头有长尾水管的轴流式水轮机中较为常见。

抬机高度往往受转轮与顶盖之间的轴向间隙限制。抬机严重时会导致转轮叶片断裂，顶盖损坏、推力轴承损坏，风扇断裂而起发电机烧损的恶性事故。

（2）防治抬机事故措施。

1）在甩负荷后，机组转速升高率β不超过规定值的条件下，可延长导叶关闭时间，或采用导叶分段关闭措施。

2）装置真空破坏阀。要求容量足够，动作正确、灵活。机组甩负荷时尾水管出现真空时，补入大量空气，利用空气弹性可减轻尾水反击力和上抬力。

7.6.2.7 停机困难

停机时转速长时间不能降低到制动转速。这种故障的原因是导叶间隙密封性变差或多个导叶剪断销剪断，因而不能完全切断水流。

若是导叶剪断销剪断，应迅速关闭主阀或进水口工作闸门（或快速闸门）切断水流。对于前一种原因，其故障现象是逐渐发展的，应在加强维护工作中予以消除。

7.6.2.8 压力表计指示不正常

这种故障的原因是测量管路中有空气或堵塞，应进行排气或清扫。如测量管路正常，则可能是表计损坏，应予以更换。

7.6.3 机组轴承故障（事故）及处理

7.6.3.1 轴承油位

轴承油位保持正常值是保证轴承正常运行的重要条件之一。轴承油槽上油位计应标出标准油位线。主轴机组在运行中因离心作用，油位会略有升高，会达到一个稳定的油位，油位允许偏差±10mm。机组运行中运行油位超出容许范围，将会出现轴承故障危及机组运行安全。

1. 轴承油位过低

轴承油位过低使轴承润滑油不足，引起轴承过热，是运行中轴承烧瓦主要原因之一，应引起运行人员注意。通常在轴承上装低油位继电器保护。当油位过低时，继电器动作，“水力机械故障”光字牌亮，警铃响。

2. 轴承油位过高

油位过高将引起轴承甩油，会污染环境和发电机绕组，使绝缘恶化。运行机组油位过高的主要原因是冷却器漏水，漏水使透平油乳化，呈乳白色。应停机检查，修理冷却器。

7.6.3.2 机组运行中冷却水中断

冷却水中断示流继电器动作，“水力机械故障”光字牌亮，冷却器进口处压力表指示为零。冷却水中断原因有错误操作、阀门故障、取水口或滤水器堵塞等。采用水泵供水的机组水泵故障也会引起冷却水中断。

冷却水中断应立刻查明原因，加以消除，才可继续运行。

7.6.3.3 轴承温度不正常上升

正常运行机组轴承温度随着室温升降，变化遵循一定规律。轴承温度在较短时间内上升过快，但其值还未超过警戒温度，此时应首先检查油位、油色和冷却水的水压与流量有无异常，并停机检查轴瓦。轴承温度不正常上升，往往是烧瓦的预兆，应予特别注意。轴承解体后能发现轴瓦局部高温痕迹。

7.6.3.4 轴承故障温度

轴瓦达到故障温度（65℃）时，信号继电器动作，“水力机械故障”光字牌亮，警铃响。运行人员应立即检查轴承冷却系统工作情况，水压和流量是否正常。为维持运行，可临时采取加大冷却水量和提高水压的方法。若温度继续升高，应立即停机，查明原因进行处理。

7.6.3.5 轴承事故温度

轴承温度达70℃，事故继电器动作，“水力机械事故”光字牌亮，警铃响。调速器自动关闭，机组紧急停机。运行人员监视自动停机过程，若自动系统失灵或未投入，则采用手动停机操作，并做好记录，提请检查与修理。

7.6.4 调速器油压事故

7.6.4.1 调速器油压事故

（1）现象：①光字牌亮，喇叭响；②紧急事故电磁阀动作；③油压装置与调速器的压力表低于事故油压。

（2）处理：①检查供油回路、电接点压力表、电源及油泵工作情况是否正常；②全面检查油压装置和调速器有否严重漏气、漏油现象；③油压过低不能自动停机，又不能迅速恢复油压时，应迅速用手动停机或迅速关闭蝴蝶阀（或关快速闸门）。

7.6.4.2 调速器油压故障

（1）现象：①光字牌亮，电铃响；②油压装置的油压下降到故障油压。

（2）处理：①操作开度限制手轮使红针与黑针重合，将调速器切换到手动位置，改手动油压操作，密切注意机组运行情况；②检查自动打油回路，如失灵则手动启动油泵，油压上升到工作油压上限时，再进行处理；③检查油压装置是否有漏气现象；④若上述处理无效，而油压继续下降，经值班班长同意后应做停机处理。

7.6.4.3 调速器自动失灵

（1）现象：①调速器不能自动；②接力器发生异常摆动，使频率与负荷不稳定；③调速器中某一部件（如直流伺服马达与电液转换器）发生异常声音。

（2）处理：①改为油压手动，值班员现场严密监视调速器；②检查调速器各部件，若经处理仍不能消除故障应请求停机处理。

第8章 灌区运行管理

8.1 灌区的工程管理

灌区工程管理是指维护灌区工程设施使其完好，保持其正常运行，以达到经济效益和社会效益最优化的管理工作。灌区工程管理是保证灌区发挥效益、保障水资源高效利用的重要手段，也是灌区的重要设施。为了更好地发挥工程效益，必须加强灌区工程管理工作。

8.1.1 灌区工程管理的任务与内容

灌区工程管理的对象包括灌区的取水工程、输水渠系工程、灌排泵站工程及各种辅助设备和设施。灌区工程管理的基本任务是：按设计要求和实际工作情况，正确运用工程，观测分析工程运行状态，养护维修工程设施，使之经常处于完好状态，并能安全正常运行，充分发挥工程效益，不断提高工程管理水平，为农业生产和城乡人民生活服务，促进社会经济的发展。

灌区工程的管理应在设计和施工过程中就加以重视。在运用期，应以设计规定的指标为依据，以运用经验为辅助手段，制定灌区管理条例，作为管理工作的依据。

灌区工程管理一般包括以下内容。

1. 控制运行

在新建的大中型灌区投入运行前，应了解熟悉设计图纸、竣工验收文件和有关工程操作规程，避免盲目使用，危及工程安全。

在没有对原设计数据进行充分验证以前，不能超负荷运行，以保证工程的安全。

在设计要求的前提下，根据来水、来沙情况合理调度，尽量做到统筹合理，最大限度地满足灌溉、供水要求，确保工程安全。

2. 检查观测

对建筑物进行全面、经常、系统的检查观测工作，尤其对重点工程应安装观测仪表，建立定期的观测、记录和资料分析制度，发现异常现象要及时研究处理。同时，还可为科学技术研究提供实测资料。

3. 养护维修

工程养护维修要经常化、制度化。一般情况下，每年的冬春停水季节都应对工程设备进行一次全面检查、保养和岁修，以维护和提高工程设备的安全运行能力。

灌区工程保护要根据管理工作的需要和国家有关规定，结合自然地理条件、历史情况和社会经济的具体情况，划定工程的管理范围和保护范围，明确边界，树立标志，包括：在引水建筑物、泵站厂房及排灌工程等周围划定建筑物管理范围；在灌、排渠道及渠堤两侧划定护渠地。在保护范围以内禁止进行危害工程安全和正常运行的一切活动；确有必要在保护范围内进行建设等活动，应征得水电部门主管机关及相关部门的同意；为保护灌区工程及其附属设备和设施，禁止在灌区内损毁泵站、渠系、涵闸等及其观测、水文、通讯、输变电、交通等设施；禁止盗用、挪用水利物资、器材和设备；禁止在渠道上垦殖、铲草及滥伐防护林木；禁止在保护范围内爆破、打井、埋坟、采石、取土、挖砂、施工等危及工程安全的其他活动。

当然，灌区工程的管理要不断地引进新理论、新技术和新工艺，这样，才能不断地完善管理体系，使工程充分发挥效益，促进社会经济的发展。

8.1.2 渠系工程常见的病害及维修

灌区渠系工程包括输水渠道及渠道上的建筑物，是灌区工程的重要组成部分。无论以什么方式进行灌溉（自流或提灌）都需要通过渠系工程，才能发挥效益。由于设计、施工和管理等方面的原因，渠系工程在运行过程中常见的病害包括渠道滑坡、渗漏，隧洞坍塌，渡槽、倒虹管开裂、漏水等，下面简要介绍渠系病害的类型及维修方法。

8.1.2.1 渠道沉陷、滑坡、开裂

1. 渠道沉陷

新建土渠开始放水时，往往会发生全面沉陷，黄土渠道下沉现象尤为严重，主要是渠堤、渠底土壤孔隙大、湿陷性强造成的。在长期不过水的旧渠道上，由于动植物的活动，也可能产生局部下沉。对于沉陷的渠段部位，必须查明沉陷原因，针对不同情况，彻底处理。

新建渠道放水前除泡水试渠，注意观察测量沉陷情况外，还要按原设计要求将渠堤加高培厚，并适当地预留超高，以防止再沉陷。经过两三年的使用和雨季湿润沉实，渠道才能基本达到稳定。

对旧渠上出现的垂直沉陷段或深坑，应在停水时进行锥探，探清隐患深度及范围，探清后及时灌浆堵塞或重新翻修夯实。在下一次放水时，仍要注意观察检验处理的结果，如仍有沉陷，再进行处理。

2. 渠堤滑坡

凡是土质或土石混合的渠堤、挖方边坡等，如土体失去稳定性，即会出现滑坡现象。

（1）影响渠堤稳定性的因素。

1）渠道的物质组成。有些渠建在抗剪强度比较低的页岩、泥岩、黏土、砾石、黄土等基础上，如果边坡过陡，过水后常易产生滑坡。特别是初放水时或雨季更容易产生滑坡。有些渠道在开挖后即出现裂缝，至降雨后雨水沿缝下渗，更加剧了渠道的滑塌。

2）渠道基础的内部结构。渠道基础的内部结构包括不同土石层的结合，岩石中的断层和断层裂隙的倾向等。特别是岩石断层的倾向与滑坡关系很大，当岩层倾向渠内，渠道开挖后，岩层下部失去支撑，上部岩体常会滑塌，在地下水的影响下，更加大滑动。另外，傍山渠道常是半挖半填的，渠道断面有一部分在新填土或新砌石上，如新老土石接合不好，将会造成漏水、滑坡等现象。

3）渠道边坡太陡。由于边坡太陡，渠堤抗剪强度不足，因而基土与渠坡体同时滑动。

滑动力主要与渠坡缓陡有关，边坡越陡，滑动力越大。抗滑力与渠道压实程度及渗透水压力的大小有关。夯实程度越差，渗透水压力越大，抗滑力就越小；反之，抗滑力就大。

4）水的作用。渠道渗水、地面水、降水等浸湿渠道土石体，会降低其抗滑力。如果地下水在隔层上汇集，还会对上面覆盖的土石层产生浮托力，降低抗滑力。地下水升高，还会产生较大的静水或动水压力。这些都可能促成滑坡。

5）人为因素。人为因素很多，如设计不合理，渠道选线不当，施工质量要求不严格，土石方的开挖、堆放不合理，采用不适宜的爆破方法，冬季施工时填方段内有冻土层、冻土块，废土废石乱堆乱放，在渠旁取土等，都会造成滑坡。

6）防渗渠道塌坡。混凝土板或浆砌石衬砌渠道，因勾缝脱落后，长期未修复，造成渠水沿缝渗流，防渗层土壤呈饱和或半饱和状态，特别是冬灌后的渠道，冬季冻胀严重，部分预制板隆起，春季解冻后，形成大面积的脱缝塌坡，堆积渠底。渠道塌坡尤为严重。

7）冬灌放水。北方地区冬灌后，渠道边坡土壤渗水冻结，早春放水时，渠坡融解不均，水面线以下由于水温较高而开始融解，以上仍然冻结，且解冻后下层土壤疏松，停水后形成边坡脱落。

（2）滑坡的预防与治理。

1）合理选择渠线。选渠线时要注意以下几个方面：傍山（塬）渠道尽量少走容易产生滑坡的山腰，而以渡槽或倒虹吸管直接跨越冲沟为宜，这样可能造价较高，但与长期管理养护经费对比，可能还是经济的；采用隧洞代替渠道穿越滑坡地段时，要注意延长隧洞进出口的长度；当渠道通过不良土层或石层时，应根据情况放缓边坡，加修戗台，有条件时可用挡土墙式块石衬砌，上盖钢筋混凝土盖板可以彻底防塌。

2）按设计要求保证施工质量。施工质量主要从以下几个方面考虑：采用正确施工程序，应采用先上后下的阶梯形断面开挖，切忌先开槽后削坡自下而上的施工方法。对于一般渠道，应按设计标准满足土壤稳定的要求。根据部分灌区经验，黄土地区渠道边坡及戗台位置见表8.1；填方或半挖半填渠道新老土结合处，应做好清基处理，将清基面做成阶梯形，并清除草根、树根、碎石等杂物，防止产生滑动；施工时不宜采用大爆破，以免震坏岩层和加剧节理裂隙，促进滑坡的形成；在可能出现滑坡的地段，要及时排水。

表8.1　　黄土地区渠道边坡及戗台位置

挖方高度/m	边坡（高：宽）	戗台位置	挖方高度/m	边坡（高：宽）	戗台位置
＜10	4：1	每5m设一台	20～30	2.5：1	每5～8m设一台
10～20	3：1	每5～6m设一台	30～40	2：1	每5～8m设一台

注　对于堆弃土的位置，一般要求离开开口线3m以外。

3）做好渠道的管理运用。做好渠道的管理运用主要包括以下几点：加强滑坡段的检查观察，有滑坡迹象时，应采取削坡减压、砌石护坡、开沟排水、渠岸绿化等措施；管好排水系统，使沿渠山坡降水从截水沟或排洪槽等设施流向预定的地方，保证排泄畅通；检查渠道衬砌防渗工程，如有损坏及时修复；禁止在滑坡体坡脚取土、开石，保持局部土体的稳定；防止滑坡体受淘刷。当滑坡体坡脚伸入河流中时，应在外坡脚修建挡土墙，一方面防止土体下滑，另一方面防止河流淘刷；渠道放水、停水不能骤涨骤落，特别是大型土渠塑膜防渗渠道，更要防止骤然停水造成滑坡。

3. 渠道开裂

(1) 裂缝的分类与特征。按裂缝发生的部位分类，有表面裂缝与内部裂缝。按裂缝的走向分类，有横向裂缝、纵向裂缝、龟纹裂缝三种。横向裂缝一般在填方或半挖半填的渠段。纵向裂缝一般在渠底或渠坡，也有发生在渠堤顶的。龟纹裂缝一般发生在土料防渗渠表面。按裂缝成因分类，有沉陷裂缝、滑坡裂缝、干缩裂缝、冻胀裂缝等。沉陷裂缝多发生于渠床新旧土结合段、渠道与渠系建筑物上下游连接段、渠道大填方段、渠下埋涵管的部位等。滑坡裂缝多发生在土石交界的渠道、半挖半填或盘山开挖渠道以及黄土塬边的渠道等。干缩裂缝多发生在土料防渗、塑料膜防渗土料作保护层的渠道。冻胀裂缝多发生在冰冻影响深度范围以内，也有因冬季放水结冰而引起的，缝深与宽度随气温而异。

(2) 影响渠道裂缝的因素。在规划设计方面，以下因素会影响渠道裂缝：沿渠线方向渠基地质条件不同，修渠后压缩变形不同，则相邻两断面易产生不均匀沉陷而引起横向裂缝；渠道经过河沟大填方工程，渠基虽同，但地形变化较大，有峭壁、倒坡、凸凹的地形等，渠堤填土高低悬殊，形成压缩变形不同，易造成裂缝；渠道填方下部有刚性建筑物，如涵洞、管道等连接，这些刚性建筑物远比相邻渠基上土壤沉陷小，从而引起裂缝；渠道经过透水层地段，虽采取截水槽防渗处理，但截水槽的压缩性比两侧自然土基压缩性小，截水槽上部渠堤沉陷量比两侧沉陷量小，因而引起裂缝；渠堤内外边坡设计太陡，抗滑安全系数不够，产生裂缝。

在施工方面，影响渠道裂缝的因素包括：渠线长，一般是分段、分期施工，特别是填方或半挖半填的渠段，各段压实情况不同，结合不好，会产生不均匀沉陷；渠堤、渠底夯打不实，或夯实密度不同，特别是渠道下埋管周围填土夯实不够，容易形成裂缝；土渠与渠系建筑物连接部分，由于夯实不够，发生不均匀沉陷，常形成横向裂缝。

在管理方面，渠道水位骤降，渠坡产生较大的孔隙水压力，当达到极限平衡状态时，容易产生纵向裂缝；渠顶堆放弃土或弃石等重物，超过荷重，会造成裂缝；衬砌防渗渠道，由于伸缩缝太少或填塞不好，易造成纵向、横向裂缝；渠道长期不过水，可能产生裂缝；冰冻期间未做好防护措施等而引起裂缝。

(3) 渠道裂缝的处理。渠道裂缝主要有纵缝和横缝。横缝是与渠道轴线垂直的裂缝，一般危害性较大，必须认真处理。平行渠线的纵缝，如果不是滑坡引起的，一般问题较小，但也要认真处理，以免造成不良后果，有些裂缝，可观测一段时间，待裂缝稳定后进行处理，横缝和纵缝一般处理办法如下。

1) 开挖回填法。开挖回填是处理裂缝比较彻底的办法，适用于不太深的表层裂缝及防渗部位的裂缝。开挖回填又分为梯形楔入法和梯形十字法，梯形楔入法适用于裂缝不太深的纵缝，如图 8.1 所示；梯形十字法，适用于渠堤横向裂缝，如图 8.2 所示。

a. 裂缝开挖。裂缝开挖的一般要求为：开挖长度应超过裂缝两端各 1m；开挖深度应超过裂缝尽头 0.3～0.5m；开挖槽底部宽度至少为 0.5m，边坡应满足稳定及新旧结合的要求，一般根据土质、夯压工具及深度等具体条件确定；开挖前缝内应灌入白灰水，以便掌握开挖边界，较深坑槽应挖成阶梯形，以便出土和施工安全，开挖后应保护坑口，避免

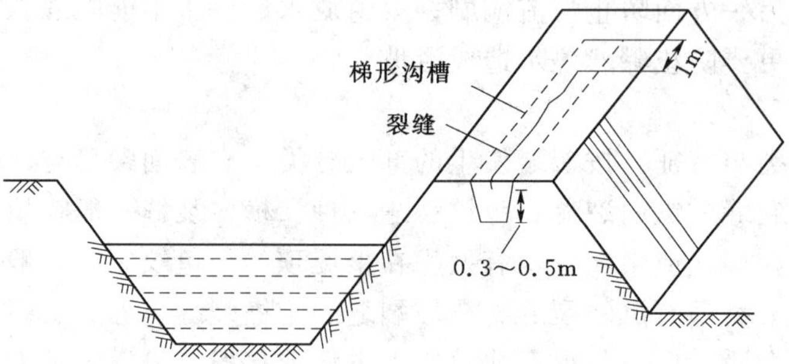

图 8.1　纵缝处理示意图

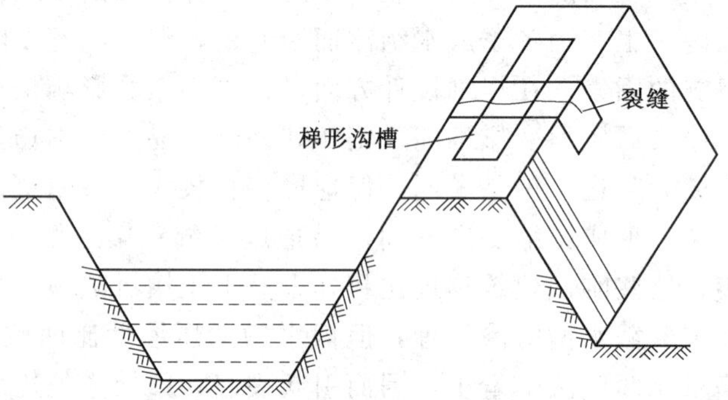

图 8.2　横向裂缝处理示意图

雨冲、日晒和冰冻，以防干裂、进水或冻裂。

b. 回填土料。回填土料应根据渠道土料及裂缝性质选用，对回填土料一般应进行物理力学性质试验。对于沉陷裂缝，应选用塑性较大的土料，控制含水量大于最优含水量的 1%～2%；对于滑坡、干缩和冰冻裂缝的回填土料，应控制含水量等于或低于最优含水量的 1%～2%；对于小裂缝，可用原渠道土料回填。回填前应检查坑槽周围土体的含水量，偏干的应将表面湿润；过湿或冰冻的，应清除后再进行回填。回填土应分层夯实，每次填土厚度以 10～15cm 为宜，一般要求压实厚度为填土厚度的 2/3，回填土料的干重度，应比原土体稍大些。回填时，要将开挖坑槽的阶梯逐层削成斜坡，并进行刨毛，要特别注意将槽边角部位夯实。

2）灌浆法。对于较深的裂缝，开挖回填工程量大，可采取灌浆处理，一般采用重力灌浆或压力灌浆，前者浆液靠自重灌入裂缝，后者除浆液自重外，再加机械压力，使浆液在较大压力下，灌入裂缝。灌浆的浆液，可用黏土浆或黄土泥浆。

灌浆对裂缝具有很高的充填能力，不但能灌较宽的形状简单的缝隙，而且能填充宽度小于 1mm 及形状复杂的裂缝，不论裂缝大小，灌浆后，浆液与浆壁能紧密结合，同时依靠较高的压力，能使近旁相通的缝隙闭合。采取灌浆法是处理内部裂缝较理想的措施，应积极推广。

浆液的配制，应注意以下几点：价格低廉，就地取材，如黏土、黄土等；要求有足够的流动性和灌入性；凝固过程中体积收缩变形较小；有足够的强度，并与原土结合牢固；

浆液均匀性和稳定性较好；与浆液掺和的其他材料，应严格按有关的规范规定进行，黏土浆液的混合比（重量比），一般采用1∶1～1∶2（水∶固体）。

灌浆孔布置时，每条缝都应布孔，在长裂缝的转弯处、缝宽突变处及裂缝错综复杂部位，均应布孔。灌浆压力的大小直接影响灌浆质量，要在保证渠道安全的前提下，选择灌浆压力，一般要通过试验鉴定，采用的最大压力应小于灌浆部位以上的土体重量。灌浆压力应由小至大，不得突然增大。

同时应注意，对于未做出判断的纵缝，不宜采用压力灌浆处理；在雨季或渠道高水位运行中，由于泥浆不易固结，一般不宜进行灌浆。

8.1.2.2 冻害

1. 渠道冻害类型

我国北方地区，冬季寒冷，地表土壤冻结，水面结冰，绝大部分地区的冬季气温都要降到零下。负气温对渠道防渗衬砌工程，如同对其他土建工程一样，有着一定的破坏作用，我们把它统称为对渠道防渗衬砌工程的冻害。根据负气温造成各种破坏作用的性质，冻害可以分以下三种类型。

（1）渠道防渗材料的冻融破坏。渠道防渗材料具有一定的吸水性，又经常处在有水的环境中，因此材料内总有一定的水分，这些水分在负温下冻结成冰，体积发生膨胀。当这种膨胀作用引起的应力超过材料强度时，就会产生裂缝并增大吸水性，使第二个负温周期中结冰膨胀破坏的作用更为加剧。如此经过多个冻结-融化循环和应力的反复作用，最终导致材料的冻融破坏。这种破坏的形式，轻微的如混凝土表面砂浆层的剥蚀，严重的如砖砌体、三合土和拌制不良的混凝土的冻酥，结构工程完全破坏。如图8.3所示为混凝土复合防渗衬砌方案，Ⅰ型为土质渠道，Ⅱ型为岩基渠道。其破坏形式如图8.4所示。

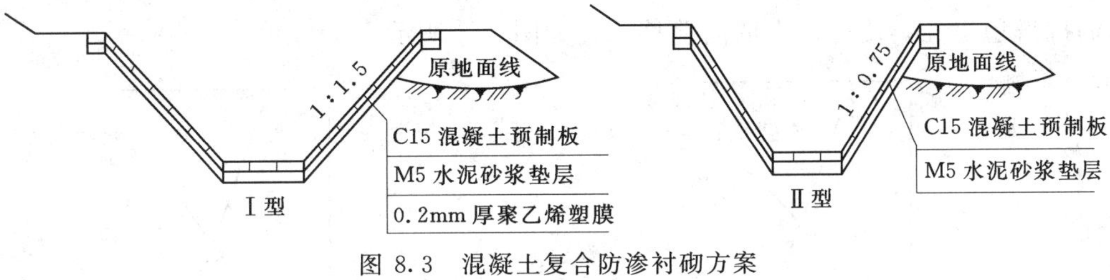

图8.3 混凝土复合防渗衬砌方案

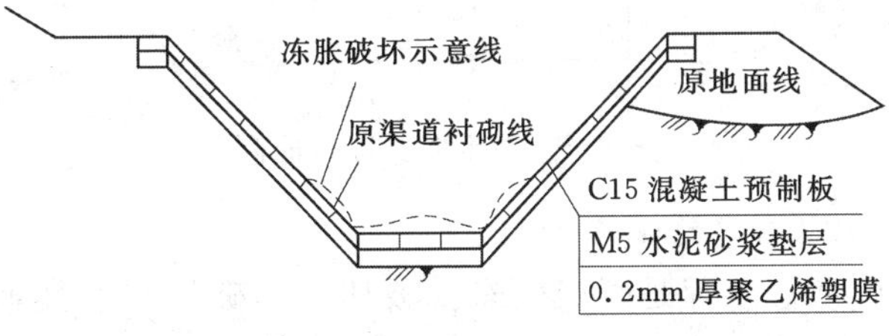

图8.4 典型的破坏形式

（2）渠道中水体结冰造成防渗工程的破坏。当渠道因运行管理的要求在负温期间通水时，渠道内的水体将发生冻结。起初只是形成岸冰，在特别寒冷或严寒条件下，岸冰逐渐向中心扩大，逐步连成一体，表面封冻。此后，冰层逐渐加厚，对两岸衬砌产生冰压力，造成衬砌体的破坏，或者在冰推力作用下，砌块被推上坡，发生破坏性的变形。同时，当渠水面封冻时，上游流来的浮冰块或冰屑团，部分钻到冰面以下，当来冰量大于排冰能力时，冰块及冰屑团就将在某个断面的冰面下积累，过水断面减少，逐渐演变到断面完全封堵，形成冰坝。此时，水流将漫溢渠顶，造成渠堤决口，或者水从衬砌体背后流入地下，带走基土中的细粒，造成渠床土壤中的空洞，使衬砌塌陷破坏。如图 8.5、图 8.6 所示的闸底板的破坏，由于地基土壤冻胀和融沉，底板产生纵横向裂纹和隆起。裂缝宽度逐年增大，底板钢筋有的被拉断，有的在分缝处出现挤裂错位等现象，较小的底板可能整体上抬，使工程不能正常运行，甚至使整个建筑物失去运行能力。

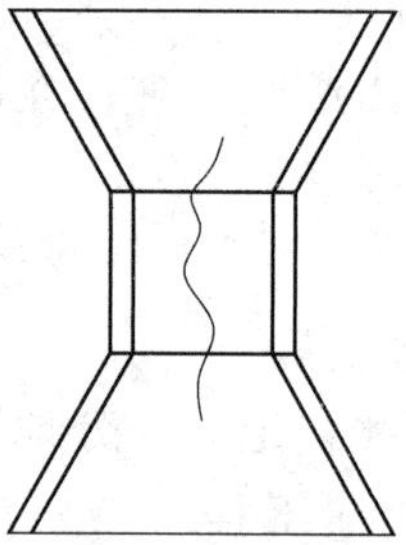

图 8.5　冻胀引起的闸底板裂缝图

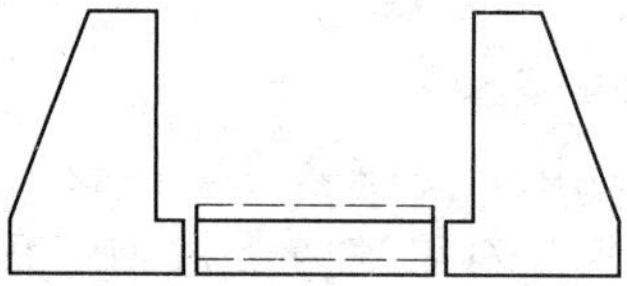

图 8.6　闸底板被冻胀上抬

（3）渠道基土冻融对防渗工程的破坏。由于渠道水的渗漏、地下水和其他水源的补给，渠道基土中含水量比较高。在冬季负温作用下，土壤中的水分发生冻结而造成土体膨胀，使混凝土衬砌开裂、隆起而折断；在春季时消融又造成渠床表土层过湿，使土体失去强度和稳定性，导致衬砌体的滑塌。挡土墙的破坏如图 8.7 所示，挡土墙基础的冻土融化后，土的含水量增大，地基承载力降低，在水平土压力和水压力的作用下，当挡土墙前趾处的地基应力超过地基承载力时，挡土墙就会前倾。前倾后的挡土墙重心前移，加大了挡土墙前趾对地基的压力。如此通过几个冬春季节后，挡土墙的前倾程度加大，甚至倾倒。同时，地基反复冻融使土体抗剪强度降低，墙底面与基础之间的摩擦系数减小，破坏了挡土墙的抗滑稳定性，使得挡土墙向前移动，如图 8.8 所示。

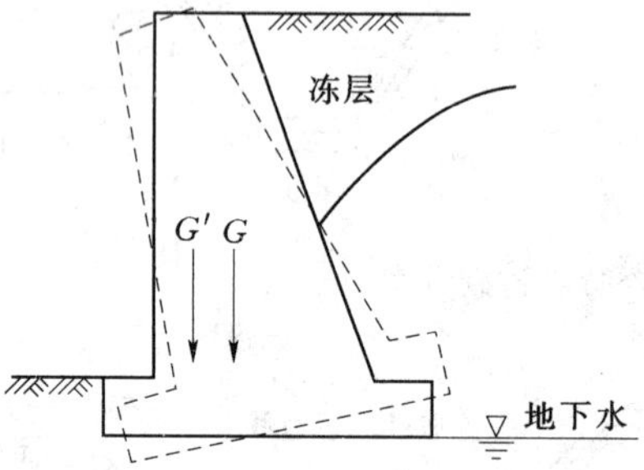

图 8.7　挡土墙受冻害前倾图

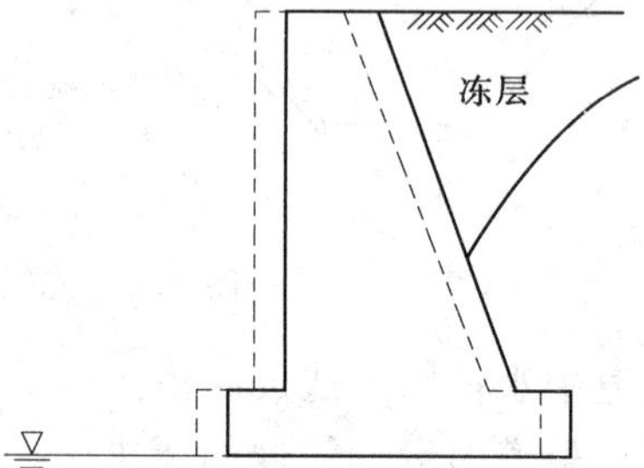

图 8.8　挡土墙受冻害前移

2. 冻害的防治

防渗工程是否产生冻胀破坏，其破坏程度如何，取决于土冻结时水分迁移和冻胀作用。而这些作用又和当时当地的土质、土的含水量、负温度及工程结构等因素有关。若采取措施消除或改善其中一个因素，就有可能防止防渗工程的冻胀破坏。但是，渠道防渗工程多处于黏、粉质土壤上，渠水易于补给基土，衬砌体重量轻，抗冻胀能力弱，某些渠段无法避免自然和人为的不利条件，易于遭受冻害。实际上，企图采取单一措施达到不冻胀，是难以做到的。实践证明，为防止衬砌工程的冻害，要针对产生冻胀的因素，根据工程具体条件采取综合措施，即从渠系规划布置、渠床处理、排水、保温、衬砌的结构形式、材料、施工质量、管理维修等方面着手，全面考虑，采用适宜的防冻害措施。现将实践中一些较为有效的冻害防治方法介绍如下。

(1) 回避冻胀。回避冻胀是在渠道衬砌工程的规划设计中，注意避开出现较大冻胀量的自然条件；或者在冻胀性土区，注意避开冻胀对渠道衬砌工程的作用。例如，采用埋入、置槽和架空渠槽等措施。

1) 衬砌的渠道避开较大冻胀的自然条件。避开较大冻胀的自然条件包括：尽可能避开黏土、粉质土壤、松软土层、淤土地带、沼泽和高地下水位的地段，选择透水性较强的（如砂砾石）不易产生冻胀的地段，或者地下水位埋藏较深的地段；将渠底冻结层控制在地下毛管水补给高度以上；尽可能采用填方渠道；尽量使渠线走在地形较高的脊梁地带，避免渠道两侧有地面水（降水或灌排水）入渠；在有坡面渗水和地面回归水入渠的渠段，尽量做到渠路、沟相结合，或者专设排水设施；沿渠道外两侧应规划布置林带，最好是多种柳树，因柳树根须发达，密集伸向水源，可以改善渠床土基，有利于防冻害。

总之，在渠系规划设计中，要尽可能地控制渠道衬砌工程基土的水、土条件，以减少和避免衬砌工程出现冻害。上述措施若能满足式（8.1）的要求，则是防止衬砌渠道出现冻害的理想条件。

$$\left.\begin{aligned} Z &> Z_0 + H_d \\ W &< W_p + 2\% \end{aligned}\right\} \tag{8.1}$$

式中 Z——地下水位至渠底的埋深，cm；

Z_0——土壤毛管水上升高度，cm；

H_d——设计冻深，cm；

W——冻结初期土的含水量，%；

W_p——土的塑限含水量，%。

2) 埋入措施。将渠道构造做成管道或涵管埋设在冻结深度以下，即采用暗渠（管）输水，可以使渠道免受冻胀力、热作用力等的作用，是一种可靠的防冻胀措施。它基本上不占地，易于适应地形条件，配水控制严密，水量损失最小，管理养护方便，特别适用于地形起伏、甚不规则的地区，以及实行精耕细作的地区。但该方法多受水头及造价方面的限制，一般当流量大、坡度又缓时不经济。

3) 置槽措施。置槽工程措施如图 8.9 所示，不使侧壁与土接触以回避冻胀，常被用于中小型填方渠道上，是一种价廉的防治措施。

4) 架空渠槽。用桩、墩等构筑物支撑渠槽（图 8.10），使其与基土脱离，避开冻胀性基土对渠槽的直接破坏作用，但必须要保证桩、墩等不被冻拔。此法形似渡槽，占地少，易于适应各种地形条件，不受水头和流量大小的限制，管理养护方便，但造价较高。

(2) 削减冻胀。当渠道最大冻胀变形估算值较大，且渠床在冻胀融沉的反复作用下可能产生冻胀累积或后遗性变形情况时，可采用适宜的削减冻胀的措施，将渠床基土的最大冻胀量削减到衬砌结构允许变位范围内。

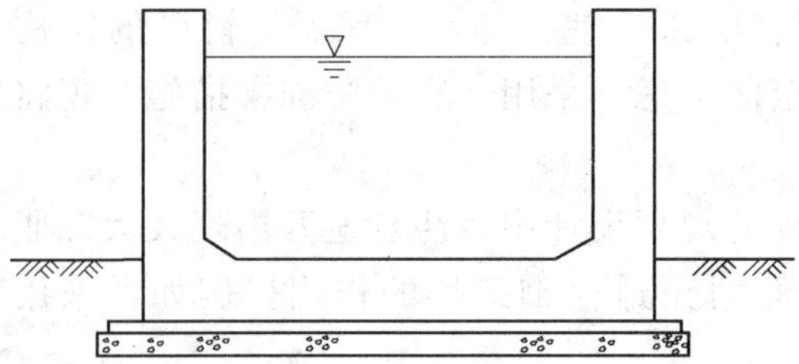

图 8.9 置槽

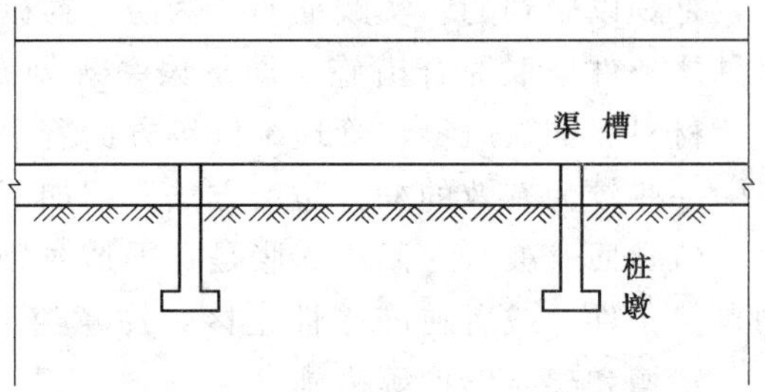

图 8.10 架空槽渠

1）置换。置换法是在冻结深度内将衬砌板下的冻胀性土换成非冻结性材料（纯净的砂砾，砂卵石，及中、粗砂）的一种方法，通常又称铺设砂砾石垫层。砂砾石垫层不仅本身无冻胀，而且能排除渗水和阻止下卧层水分向表层冻结区迁移，所以砂砾石垫层能有效地减少冻胀，防止冻害现象的发生。为完成消除冻胀的影响，可将冻土深度全部置换，但用砂砾石置换后，冻结深度会比原地基扩大（因砂砾石的导热系数比一般土大），若置换到冻不到的深度，工程量必然增加很多，因此当冻结深度较大时，应根据冻胀强度沿冻深的分布状况（如上大下小或上大下无；上小下大或上无下大；上下端小，中部偏大或上下均匀）和衬砌结构的允许变位值，计算渠床各部位的置换深度，确定置换断面。渠床各部位的置换深度可按下列公式计算。

冻胀强度沿冻层的分布是上大下小或上大下无时：

$$Z_1 = H_d - \sqrt{\frac{h_0 H_d}{f}} \tag{8.2}$$

当冻胀强度沿冻层的分布是上下均匀或上下两端小，中部偏大时：

$$Z_1 = \frac{fH_d - h_0}{f} \tag{8.3}$$

当冻胀强度沿冻层的分布是上小下大或上无下大时：

$$Z_1 = \sqrt{H_d^2 - \frac{h_0 H_d}{f}} \tag{8.4}$$

式中 Z_1——渠床某部位的置换深度，cm；

H_d——渠床某部位的设计深度，cm；

h_0——衬砌体的允许冻胀变形值，cm；

f——渠道某部位的冻土层平均冻胀强度，%。

渠床各部位置换比可按表 8.2 数值选定，但当置换层的砂砾料是纯净的，粉黏性含量一般不宜于大于 3%～5%，且有畅通的排水设施相结合时才能发挥应有的效果，特别是置换层有饱水条件冻结时，必须保证冻结期置换层有排水出路。若衬砌缝渗漏水或傍渗水的含泥量足以污染置换层时，应在置换层外围设置一层土工薄膜进行保护。

2）隔热保温。将隔热保温材料（如炉渣、石蜡渣、沥青草、泡沫水泥、蛭石粉、玻璃纤维、聚苯乙烯泡沫板等）布设在衬砌体背后及地表面，以减少或消除寒冷因素，并可减少置换深度，隔断下层土的水分补给，从而减轻或消除渠床的冻深和冻胀。

表 8.2　　渠床置换比 ε 值表

地下水埋深 Z_w/m	土　壤	置换比 ε/%	
		坡面上部	坡面下部、渠底
$Z_w>H_d+2.5$	黏土、粉质黏土	50～70	70～80
$Z_w>H_d+2.0$	重壤土、中壤土		
$Z_w>H_d+1.5$	轻壤土、砂壤土	40～50	
Z_w 小于上述值	黏土、重、中壤土	60～80	80～100
	轻壤土、砂壤土	50～60	60～80

注　置换比等于衬砌厚度与置换深度之和除以设计冻深。H_d 为设计冻深（m）。

在冬季，行水的渠道水位按等流量控制时，在设计最小水位以下，可按水（冰）保温考虑，在水（冰）面以上采用隔热材料（聚苯乙烯泡沫板）保温，以达到防冻胀的目的。

隔热保温层的厚度，可根据基土土质、含水、设计冻深或冻结指数，通过热工计算加以确定。对中小型渠道，聚苯乙烯泡沫板的厚度可按设计置换深度的 1/15～1/10 取用。冻胀量大的部位取大值，冻胀量小于容许变化值的部位可不设泡沫板。

作为永久性的隔热材料，要求具有耐久性、吸水性小及不易变质等特性。当隔热材料承受荷载作用时，还要求隔热材料不产生大的变形，并具有足够的抗压强度。

一般说来，隔热效果大的隔热材料的抗压强度小，隔热材料受湿后隔热效果及强度均会下降。

多数保温材料的保温效果随着潮湿及吸水率的增大而降低。特别是当地下水位较高时，由于地下水的长期浸泡会使其导热系数增加，进而降低保温效果。较好的聚苯乙烯泡沫塑料使用寿命也只有 30 年。

有些保温材料抗压性能低，当放在荷载较大的衬砌板下时易产生大的压缩变形。

聚苯乙烯泡沫塑料等新型保温材料价格较高，一般在采用其他防冻办法不经济时或遇到一些特殊地段，如在冻深较大，缺少砂石地区或地下水浅埋地区才采用聚苯乙烯泡沫塑料做保温层。

3）化学处理。将化学材料注入或埋入渠床基土中，使土中水的冰点降低，或者增强土的憎水性，使冻结时不会发生（或很少发生）水分迁移现象，从而大大减轻或消除冻胀。向渠床基土中加入可溶性盐类物质，如食盐、氯化钙、氯化镁、食盐加氯化钙等，均能降低土中水的冰点，使土在一定的气候条件下，处于不冻结状态。因此，土体就很少或不会发生冻胀。

4）压实。压实法可使土的干密度增加，孔隙率降低，透水性减弱。密度较高的压实土冻结时，具有阻碍水分迁移、聚集，从而削减甚至消除冻胀的能力，据此，可以通过渠床的压实处理，来达到防止冻害的目的。

压实处理法，有渠床原状土压实和翻松土压实两种。前者所能达到的深度较浅，一般在 0.3m 以内，不宜在严寒地区应用。后者可分层回填，逐层压实，可达较大压实厚度。

压实处理渠床，应先清除淤泥杂草，然后再行碾压。翻松土压实，还需视土料含水情况，进行扒松晾干或洒水补充，使其接近最优含水量，每次碾压的厚度根据碾压机械的压实功能和土料性质确定，一般不宜过厚。每层需洒水并拔毛表面，以利于上下层土层结合。分段接头处，应削成缓坡结合，并交错夯实。为确保工程质量，应随时抽碾压土样，现场测定干密度。

就湿陷性黄土区的渠床而言，可结合渠床湿陷性的处理采用压实法，即泡水-翻松压实法。泡水可使松散、多孔隙的强湿陷性土层预先得到处理，变得较密实和稳定，便于查处渠床洞穴、滑坡、塌方等隐患，及时处理。

5）防渗（隔水）、排水。当土中的含水量大于起始冻胀含水量，才明显出现冻胀现象。因此，防止渠水渗漏、隔断水分对冻结层的补给，以及排出地下水，是防止地基土冻胀的根本措施。

a. 防止渠水渗漏。这不仅是防冻害的措施，而且是进行渠道衬砌的主要目的。保证施工质量，达到设计标准的关键是防止衬砌体的伸缩缝或结构缝漏水。

为防止渠堤上的地面径流入渗，需做好沿渠的防洪、排水工程（如截、排水沟，纳水口等），另外，渠坡衬砌体顶部应做好封顶，以防来水浸入板后。对于必须建筑在渠堤上的小渠道，要采取严格的防渗措施，以免堤上渠水渗入堤内。

b. 隔断水分对冻结层的补给。采用塑料薄膜、油毡、人造橡胶膜等膜料，设置隔水层，隔断渠道渗水、大气降水和地下水等对冻结层的补给，使渠基土的湿度低于起始冻胀含水量，从而削减或消除冻胀。一般是设置深浅两层封闭层隔膜，中填当地夯实土，填土厚度应等于设计冻深，上层隔膜与衬砌体之间应设置过渡层。

c. 排出地下水，降低地下水位，截断地下水对冻结层的补给。应根据渠道所处的地形和水文地质条件，按不同情况，具体对待，以达到排泄畅通、地基疏干、冻结层无水源补给的目的。

（3）优化结构。所谓结构法，就是在设计渠道断面和衬砌时采用合理的形式和尺寸，使其具有削减、适应或回避冻胀的能力。各地通过多年科学实验和生产实践，提出了一些适合当地条件的防渗、防冻胀的断面和结构形式。断面形状有梯形、弧形坡脚梯形、弧形、矩形和U形等。结构形式除混凝土防渗和膜料防渗中所介绍的外，还可在干砌卵石层下设置黏土混凝土防渗层、浆砌石弧形渠底、混凝土板砌渠坡等综合形式。有的矩形渠，底为反拱砌石，两侧为预制空箱内填砂砾石的挡墙形式。

（4）国内外先进防冻技术。

1）用塑料薄膜包裹体法防治冻害。

a. 挡土墙的防治冻害。如图8.11所示是挡土墙背侧采用塑料薄膜包裹体的示意图，包裹体内采用纯砂填充，封顶的塑料薄膜应做成内高外低或外高内低，使地表积水及时地通过排水沟（渠）排走。挡土墙为混凝土或钢筋混凝土的不漏水墙体时也要在墙体一侧采用塑料薄膜，这是因为在塑料薄膜的充填下填体与墙体面结合得更好。

b. 桩（柱）的防治冻害。桩基是季节冻土地区常用的基础形式之一。在渠系建筑物中，尤其是桥、渡槽等应用较多。大量的工程实践和工程冻害调查证明，许多桩基在冻切力的作用下逐年拔起，致使上部结构产生很大的不均匀变形。解决的办法是在地下水以上用砂粒料换填桩（柱）的基础。仍采用的是塑料薄膜包裹体的方法，如图8.12所示。包裹体保证了砂粒的结晶性，切断了周围土体对包裹体水分的补给，提高了换砂防冻的效果。塑料薄膜一般采用的是市面销售的聚乙烯薄膜，厚度应在0.02～0.015mm之间。此项方法最大的优点是就地取材，当地砂粒丰富，简便易行，塑料薄膜造价低廉，降低了工程造价。

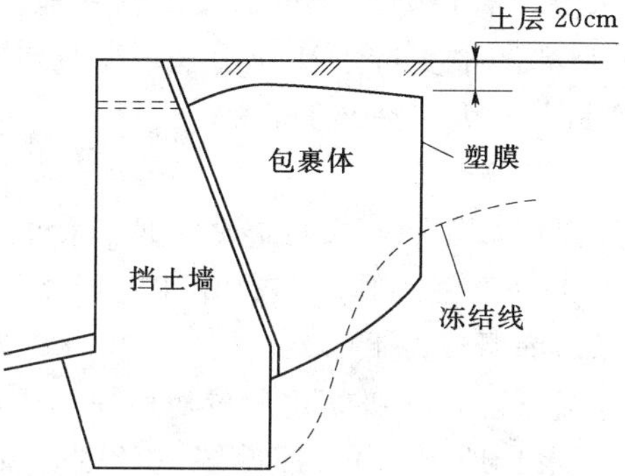

图 8.11 挡土墙背侧采用塑料薄膜包裹体的示意图

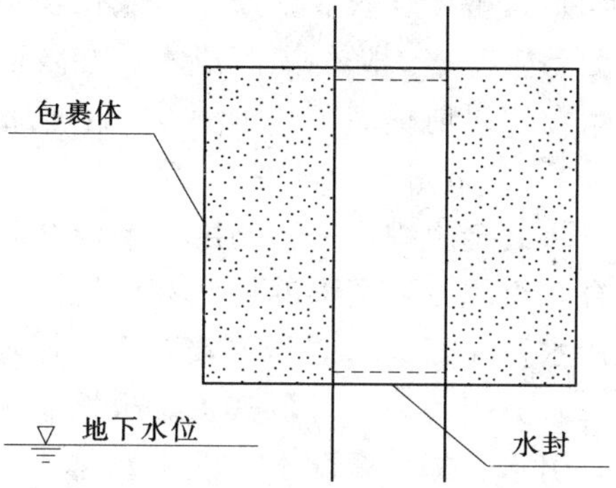

图 8.12 桩（柱）基础采用塑料薄膜包裹体示意图

桩柱基约束范围内冻胀性敏感的土可换填为非冻胀敏感的砂卵石、碎石、渣油砂等，在农田水利工程中，桩基换砂应用得较多，为了保证换砂的防冻效果，应注意以下问题：①换填范围应大于受约束土体变形的范围，直径小于60cm的摩擦桩换填范围可取3～4倍的桩径，总之，换填深度应等于或大于当地最大冻深；②应控制砂卵石中的含泥量及粒径，从工程实际换填效果来看应该是干净的中、粗砂和卵石为佳；③要有排水出路，饱和的砂砾石也有轻微冻胀，而换填后有排水出路时砂砾石中的水可以排除，防冻效果提高。

2）用聚乙烯硬质泡沫板做渡槽基础防冻措施。近年来，聚乙烯硬质泡沫板开始被大量应用在季节冻土区涵、闸、渡槽的保温材料中。它具有防冻效果好、节省排水费用、造价低、施工简便、安全可靠等优点。

由以上内容可以看出，冻结主要是由土中水分迁移、体积膨胀造成的。土冻胀的强弱主要取决于土的颗粒组成、土中水分补给来源、土冻结时的负温条件和外荷载的大小。

8.2 灌区用水管理

8.2.1 用水计划的编制

计划用水是灌溉用水管理工作的中心环节，无论灌区大小，要做好用水管理工作，都应实行计划用水。

计划用水就是按照作物的需水要求，考虑水源情况、工程条件以及农业生产安排等，进行有计划的蓄水、引水、提水和配水，合理组织用水，充分利用水资源，满足农作物需水要求，发挥工程最大效益。

8.2.1.1 计划用水的作用

（1）充分利用水资源。通过计算全年的来水、用水，进行水量平衡。确定轮灌顺序，协调供需矛盾。既要防止水资源浪费，又要减少水利纠纷。

（2）合理调配水量。合理调配水量，能使灌区用水均衡，全面受益，不断提高灌溉水有效利用系数。

（3）紧密结合农业生产。对农作物适时调配水量，有计划、有组织、有秩序地供水，提高劳动生产率，降低灌溉成本。在陕西省的22个灌区中实行了计划用水，灌溉水有效利用系数比以前提高了0.15～0.3，增加了作物产量，扩大了灌溉面积。

8.2.1.2 计划用水的准备工作

（1）健全组织，完善制度。要健全配水组织和岗位责任制，实行群众管理和专业管理相结合，组织专业巡渠养护队和浇地队。灌前做好工程整修工作，贯彻用水、配水制度，做到用水秩序好、水的利用效率高、行水安全可靠、灌溉成本低。

（2）分级管理，各负其责。根据灌区大小，分级管理，各级管理单位对所属范围内的蓄水、引水、提水、配水、灌水及排水（包括地表水、地下水），都做统一计划、安排、调动，有领导、有计划地开展工作。

（3）用水前有计划，用水中有记录，用水后有总结。分别列出计划用水的各种表格和总结内容要求等，如水源供水表、灌区配水表、用水时间表、灌溉任务表以及劳动力安排、用水计划表等。

（4）搞好测水、量水工作。在各级固定渠道及分水点处进行量水，观测记载引水量、灌溉面积、灌水定额、水的利用系数、灌溉效率等。

8.2.1.3 渠系用水计划的编制

渠系引水计划一般按年（或季）由灌区管理机构编制。它是在分析全年各时期（月、旬）水源来水量和灌区用水量的基础上，进行可供水量与需水量的平衡计算。通过调整、修改，确定计划年内的灌溉面积、取水时间、各时期内的取水水量、取水天数和取水流量等。对水库灌区，引水计划就是水库的年度供水计划。其编制的方法和步骤分述如下。

1. 资料分析

（1）灌溉水源的分析。以河川水流为水源的灌区，要分析河流水位、流量；以河川水库为水源的灌区，除分析河流径流外，还要分析水库调蓄能力及复蓄利用状况；以水井为水源的灌区，要分析地下水源；对含沙量大、含盐量较高的水源，还应进行含沙量及水质分析。

1）河流供水流量的分析。河流来水量是经常变化的，要预估灌溉用水时期内河流来水量，主要是合理确定径流总量及其季、月、旬（或五日）的分配，其实质是河流供水量的预报。目前采用的确定方法，主要有成因分析法、平均流量法和经验频率法等几种。

a. 成因分析法是利用实测资料，从径流成因上分析一些气象、水文因素与水源径流的关系，建立相关图（例如，建立降水径流相关曲线等），据此再按选定的各阶段气象、水文（如降水）资料来确定河流的径流过程。

b. 平均流量法是根据多年实测资料，按日平均流量，将大于渠首引水能力的部分消去，再按旬或五日求其平均值，作为设计的河流供水流量。方法虽粗略，但成果接近多年出现的平均情况，一般多用于中小型灌区。

c. 经验频率法中以采用分段假设年法或分段真实年法较多。一般根据作物生长期、气候变化情况以及水源年内变化规律，将全年划分为2～3个阶段；或只分析全年中某一个阶段。如北方划分为春灌、夏灌等；南方取水稻灌溉期，分为泡田期、生育阶段灌溉期等。分段假设年法系该阶段内多年实测流量，按旬或五日平均后依递减顺序排列，取相应于所选频率的旬或五日流量，作为该阶段内各旬（或每五日）的水源供水流量。分段真实年法将历年该阶段的平均流量依递减顺序排列，取所选频率的年份，以该年内各旬（或每五日）平均流量作为水源供水流量。

2）水库水源供水量的分析。中、小水库，一般是拦蓄山溪的径流，它的来水量主要是依靠降雨后的地表径流量进行季调节。分析水源供水量时，主要是确定：设计年降水量、地面径流系数和水库的水量损失。通过分析入库径流量、损失水量后，在用水量的基础上进行调节演算，即可求出水库的兴利供水量。

中、小型水库，通常缺乏实测流量资料，常用的方法是用降雨资料间接推求来水量。即把水库所在地区雨量站的各年总降雨量（或4—10月降雨量）按递减顺序排列，用经验频率公式，采取假设年法、真实年法、分阶段真实年法或分阶段假设年法对降水量进行分析，求出典型年（或阶段）各月的设计降水量，然后再按下式计算月入库径流量。

$$W_{月}=0.1\alpha FP_{月} \tag{8.5}$$

式中 $W_{月}$——月入库径流量，万 m^3；

α——径流系数；

F——水库的积雨面积，km^2；

$P_{月}$——月降雨量，mm。

径流系数的大小与水库集雨面积、地面覆盖情况、地形地质、前期降雨影响、月降雨量等因素有关。应根据相似地区水库运用资料或本水库资料分析采用。

对于有条件的水库，可以根据降雨量和水库库容的变化，推出本水库分月的径流系数。

$$径流系数=\frac{本次降雨径流入库水量}{本次降雨量\times给雨面积} \tag{8.6}$$

式中，本次降雨径流入库水量＝降雨后库容－降雨前库容。

水库的损失水量即水库的蒸发量及渗漏水量。蒸发量可按下式推算：

$$E=\frac{1}{1000}keA \tag{8.7}$$

式中 E——某阶段水库水面蒸发量，万 m^3；

e——该阶段当地蒸发器蒸发量，mm；

A——该阶段水库平均水面面积，万 m^2；

k——系数，当蒸发器直径为20cm时，$k=0.6$，当蒸发器直径为80cm时，$k=0.7$。

渗漏量应根据水库实际运用资料确定。无资料时可按月平均库容的0.5%～3.0%估算。

（2）灌区用水量的分析。灌区内部用水主要是农业生产单位用水，此外还有农副产品加工用水，发电、林牧业、生活及工业用水，养鱼用水等。在处理各部门用水关系上应当首先满足城乡居民生活用水，统筹兼顾农业用水、工业用水、上下游和左右岸用水、航运、竹木流放、渔业和保护生态环境的需要。合理计算各部门用水量，安排用水时间，力争一水多用，节约用水。

1）灌溉用水量计算。灌溉用水量可按式（8.8）计算：

$$M=m\omega \tag{8.8}$$

式中 m——该作物的某次灌水定额，m^3/亩；

ω——该作物的灌溉面积，亩。

2）地方工业用水量。根据厂矿的生产规模、引水用途和水源供水能力，确定每天平均用水量和用水天数，然后计算其用水总量：

$$W_{工业}=W_{天}T\times 0.0001 \tag{8.9}$$

式中 $W_{工业}$——工业用水总量，万 m^3；

$W_{天}$——平均每天用水量，m^3；

T——用水天数，d；

0.0001——单位换算系数。

（3）计划用水主要指标的分析。目前常用的主要指标是灌溉水利用系数。灌溉水利用系数表示由渠首到田间水的有效利用程度的指标；灌溉效率是旱作灌区表示浇地质量与水的利用状况的综合指标，它是指渠首引水一个流量（$1m^3/s$）一昼夜的灌溉面积。上述两个指标，应根据历年实测资料的分析并考虑本年的实际情况定出。同一灌区的不同渠段和不同时期，可分别提出不同的指标数值。

2. 供需水量平衡

供需水量平衡是将供水量与需水量平衡起来，以便充分利用水源，发挥工程最大效益。其计算程序如下。

（1）轮期的划分。轮期就是一个配水阶段。把灌溉季节划分为几个轮期，有利于协调供需矛盾，适时进行灌水，全面均衡受益。一般在需水不紧张时，可将作物用水一次所需的时间作为一个轮期。在用水紧张、水源不足时，为了达到均衡受益，可将作物用水一次时间划分为2～3个轮期。在划分轮期时，还要适当安排灌前试渠、每轮末储备机动水、含沙超限停灌、渠道或抽水机械检修等需要的时间。

（2）灌溉需水量的计算。根据灌区作物种植面积、初步采用的作物灌溉制度和灌溉水利用系数等资料，按式（8.10）计算各轮期渠首需供水量，并合计全年（季）的渠首需供水量。

$$W=\frac{W_{田}}{\eta_{水}}=\frac{\varepsilon m\omega\alpha}{\eta_{水}} \tag{8.10}$$

式中 W——各轮期渠首需供水量，万 m^3；

$W_{田}$——各轮期的田间灌水量，万 m^3；

$\eta_{水}$——灌溉水利用系数；

ω——各轮期灌溉的各种作物面积，万亩；

m——灌水定额，m^3/亩；

α——各种作物灌溉成数。

（3）供需水量平衡计算。由于计算灌溉需水量时未考虑水源情况，因而求得的渠首需要引入流量（或水量）往往与实际可能引入流量（或水量）有较大出入。因此，必须进行供需平衡计算，最后确定计划引入流量（或水量）。在平衡计算中，若某阶段可能引入流量大于或等于灌溉需要的流量，则以需水流量作为计划引入流量。若可能引入流量小于需要流量，就要通过以下各种措施调整用水。

1）调整灌水时间和灌水定额。在水源供水不足时，可将某种作物的部分面积提前一些或推迟一些灌水；或是在水源充足时，适当加大灌水定额，供水不足时，适当减小灌水定额。

2）挖掘潜力，充分发挥其他水源的作用。如做好渠道防渗；实行轮灌以提高水的利用系数；充分利用灌区塘堰水、地下水和回归水等一切可以利用的水源，以补充河流水源不足。

3）配合农业措施，合理安排作物。如推广省水、高产的优良品种，或安排种植不同品种作物，以减少用水量或错开用水高峰，避开水源供水不足时的大量用水。

4）采用节水的灌水技术。随着灌区内经济水平的提高，应有计划有步骤、分期分批地逐步推广先进的节水灌水方法及相应的灌水技术，以有效地解决日益增长的灌溉供给不足的问题。

经过调整用水，最后确定计划引入流量过程，要使任何阶段的计划引水流量不大于可能的引水流量。

3. 编制渠系引水计划

供需水量平衡后，即可编制渠系引水计划。它包括引水流量、主要任务指标及各轮期用水安排等。格式见表 8.3。

表 8.3　××灌区 200×年夏灌渠系引水计划表

轮期	起止日期/(月-日)		试渠天数/d	轮期用水天数/d	储备水天数/d	灌溉作物及用水次数	灌溉成数/%	灌溉面积/万亩	灌水定额/(m³/亩)	灌溉水利用系数	渠首计划引水量		河流供水流量/(m³/亩)	灌溉效率/亩	备注
	起	止									m³/s	万 m³			
1～2	05-19	06-10	2	20	1	秋季泡田	100	6.0	50	0.55	3.15	545.0	3.2～3.6	950	
3～4	06-11	06-30		19	1	棉花一次	100	4.5	40	0.55	2.01	327.0	2.1～2.5	1190	
5～6	07-01	07-31		23	8	秋禾一次 棉花二次	100 100	6.0 4.5	45 40	0.55	4.12	820.0	4.2～5.3	1110	
7～8	08-01	08-31		28	3	秋禾二次 棉花三次	100 40	6.0 1.8	45 40	0.55	2.57	625.0	4.8～6.8	1060	
9	09-01	09-12		10	2	秋禾三次	50	3.0	45	0.55	2.84	245.0	6.0	1060	
合计			2	100	15	秋禾 棉花	350 240	19.2 10.8		0.55		2562.5		1040	

在灌区，编制引水计划时，除考虑水源条件外，还应根据机电设备的总装机能力和作物需水进行平衡，以确定全期的开机计划。在计划中应提出全期的用电计划（或用油计划），以便有关部门统一安排，作为制定水费标准的初步依据。全期开机计划表的格式见表 8.4。

表 8.4 全期开机计划表

开机序号	计划开机时间/(月-日)		旱作			水稻		总需水量/m^3	开机台数/总流量/[台/(m^3/s)]	计划开机时间/h	每小时用电或用油数量/(kW·h)	计划用电或用油量	备注
	起	止	名称	面积/亩	用水量/m^3	面积/亩	用水量/m^3						
1	2	3	4	5	6	7	8	9	10	11	12	13	14
1													
2													
3													
…													

8.2.2 水量调配

8.2.2.1 水量调配工作

在一般情况下，对已定好的用水计划不得任意变动。如果放水时实际的气象、水源、灌溉面积等条件与计划出入较大，则应调整，修改用水计划，进行水量调配。通过水量调配工作，具体实现用水计划中的引水、输水、配水。所以，水量调配是执行用水计划的中心内容。尤其在水源减少或遇到降雨以及发生干旱的情况下，更应做好水量调配工作，因时、因地制宜地贯彻执行用水计划。灌区的水源和其他条件不同，渠系水量调配工作也各有特点。这里仅论述无坝或低坝自流引水和多种水源灌区的渠系水量调配工作。至于河川水库灌区和泉水灌区，流量比较稳定。灌区除考虑机械、供电及水源水位等影响外，其内部配水与自流灌区基本相同。

1. 水量调配原则

灌区水量调配的原则是“水权集中、分级管理、统筹兼顾、综合利用、讲求效益”，以发挥水资源多种功能。具体办法是：按照作物种植面积，计划灌水定额、各级渠道水的利用系数分配水量。

2. 水量调配工作的要求

(1) 水量调配必须做到“统一领导、分级负责，水权集中、专职调配”。配水站（组）或专职配水人员负责执行渠系用水计划，并主管渠系干、支渠水量调配工作。在引水时，应加强水质监测工作，输配水中要抓住安全输水和“稳、准、均、灵”。稳即水位、流量相对稳定；准即水量调配要及时准确；均即各单位用水均衡；灵是要随时注意气象及水源变化及时灵活调配。斗渠间的水量调配工作由基层管理单位主管或监管的技术员负责。斗渠内的水量调配由斗渠技术员负责。

(2) 调配人员要熟悉灌区地形，行政区划，灌排渠系布置，建筑物位置，土壤分布，渠系用水计划，排灌能力及其提水设备，各级渠道、建筑物的正常和加大流量，流程时间，安全水位，险工段位置，水的利用率，渠道挟沙能力和有关调配的指示文件、图表等，以便遇到特殊情况能及时准确地采取应变措施。

(3) 调配人员应经常了解灌区作物需水情况，各用水单位意见，以及有关水文、气象等方面的资料。在放水期间必须日夜轮流值班，详细填写配水日志。如遇特殊情况，应及时上报渠系管理部门进行处理。有计划地施测各项资料，如各级渠道利用系数、渠系利用系数等，做好渠道测流工作，绘制水位-流量关系曲线，并经常校对量水断面和量水建筑物，不断提高量水精度。要加强上下级渠段间的水情联系，监督各站用水，定期结算水账，发布灌区引水、用水及各项计划用水指标完成情况。

8.2.2.2 用水过程的应变措施

在灌溉用水过程中，由于种种因素的影响，经常导致用水计划不能按原制订方案实施，如由于来水不足、供电不足、工程设施出现问题、洪涝灾害等。因此在编制用水计划时，要通过分析总结经验，制定应变措施，以适应可能遇到的各种情况。

（1）由于来水不足提水推迟时，如顺延推迟能满足作物的需水要求，可顺延执行原计划；当顺延不满足需水要求时，如提水能力仍有富余，可增大提水流量，否则就需要压缩灌溉比例或灌水定额。

（2）由于供电不足不能按原计划负荷上水时，待供电正常后，可加大提水流量，进行突击灌溉，或在流量过小时在干、支渠间实行轮灌，提高水的利用系数，保证下游用水，达到均衡受益。

（3）在用水计划的制订和执行中，始终要本着“稳定中游、保证下游、限制上游”的原则，避免由于工程设施出现问题而导致中、下游大面积不能灌溉。在因跳闸、洪水毁渠、事故垮渠的退水过程中，中、下游各级渠道要在先保总干渠，次保干渠，再保支渠，末则斗渠的前提下尽可能的泄水灌溉，减少渠道工程的损失和水量的损失。

8.2.2.3 用水总结

掌握用水计划的执行情况，检查执行计划用水的成效是否真正达到“省水、省工、促肥、增产”的实效。要在肯定成绩和发现的问题中总结经验教训，不断改进和提高用水管理水平。

1. 计划用水总结的方法

计划用水的总结，可分阶段小结（以一轮期为一阶段）与季度（或年终）总结两个部分。每一轮期用水结束后应进行阶段小结，在阶段小结的基础上进行季度（或年终）总结。由于计划用水是群众性的工作，总结的方法应该自下而上进行民主总结。例如斗、村管水人员在行水期间的碰头会，就是一种比较好的民主总结方法。会上各村汇报灌溉进度，斗、村结算当日水量，评比灌溉效率，总结推广先进经验，计划安排下段工作。各村、斗、站及全渠系，都应自下而上汇报情况，清算水账，逐级召开管委会。这样既能充分反映各方面的意见，又能通过讨论，肯定经验和找出问题，共商改进提高措施。

2. 计划用水总结的内容

计划用水总结，一般包括两个方面的内容，即技术资料的整理、分析和计划用水工作总结。两者必须相辅进行，紧密结合，既要用资料数据说明计划用水的效果和经验，又要总结计划用水工作中存在的问题和原因。它涉及渠系枢纽工程的运用、渠系水量的调配、塘库的利用以及节约水量等各个方面。为了衡量全年用水计划执行工作的水平，总结内容可参照水利电力部1984年颁发的《灌区管理技术经济指标》的有关内容，主要包括：引用水量（灌区全年引用的总水量）、灌溉面积、灌溉效率和灌溉模数［灌溉效率指渠首引水一个流量（$1m^3/s$）一昼夜的灌溉面积，灌溉模数指渠首引水一个流量（$1m^3/s$）可以灌溉的面积]、灌溉定额（农作物在整个生长过程中灌溉的水量）、设备完好率、收入和支出、主要农作物产量等。

在总结工作中，可以用上述技术经济指标的实际成果与计划比、当年水平与过去比、条件类似地区互相比，从中找出差距以说明问题；还可以根据需要增加一些与用水有关的专题，进行总结。其中，灌溉水利用系数为反映灌区灌溉管理水平高低的一项重要指标。

3. 灌溉水利用系数

灌区中水的有效利用量及其损失情况，常以有效利用系数的高低作为标志。有效利用系数不仅可以表明灌溉水的利用程度，而且还可以表明渠系工程技术质量的优劣及管理工作水平的高低，所以它是鉴定灌溉管理工作中的一项重要指标。

在管理实际中常用的有效利用系数有下列几种：

(1) 渠道水利用系数（$\eta_{渠}$）。$\eta_{渠}$ 为灌溉渠道净流量（$Q_{净}$）与毛流量的比值，它反映渠段中水可被利用的程度，即

$$\eta_{渠}=\frac{Q_{净}}{Q_{毛}} \tag{8.11}$$

对已建成的灌区，管理部门为了精确地进行引水和配水，应对渠道水利用系数进行测定。

(2) 渠系水利用系数（$\eta_{系}$）。$\eta_{系}$ 渠道流量稳定时，同一时间末级固定渠道净流量之和与渠首引入流量的比值。它表示从渠首到最末一级固定渠道中水可被利用的程度，是反映灌区自然条件及渠系工程技术状况和管理水平的综合指标。它的数值等于各级渠道水利用系数的乘积，即

$$\eta_{系}=\eta_{干}\,\eta_{支}\,\eta_{斗}\,\eta_{农} \tag{8.12}$$

式中　$\eta_{干}$、$\eta_{支}$、$\eta_{斗}$、$\eta_{农}$——干支斗农各渠的渠道水利用系数。

在规划设计时，应根据灌区大小、水源情况、渠系布置以及渠道长度、土质、防渗措施和管理水平等因素，选定渠系水利用系数，可参照表 8.5 选定。

表 8.5　　灌区渠系水利用系数表

灌溉面积/万亩	<1.0	1.0～10	10.0～30.0	30.0～100.0	>100.0
$\eta_{系}$	0.85～0.75	0.75～0.70	0.70～0.65	0.60	0.55

自流灌区渠系水利用系数一般应不低于表 8.5 中之低值。抽水灌区的渠系水利用系数应高于自流灌区。

(3) 田间水利用系数（$\eta_{田}$）。$\eta_{田}$ 为实际灌入田间的有效水量和末级固定渠道（农渠）放出的净水量的比值，即

$$\eta_{田}=\frac{A_{农}\,m_{净}}{W_{农净}} \tag{8.13}$$

式中　$A_{农}$——农渠的灌溉面积，亩；

$m_{净}$——灌水定额，m^3/亩；

$W_{农净}$——农渠放出的净水量，m^3。

在田间工程配套齐全、灌水技术合理的情况下，$\eta_{田}$ 可以达到0.9～0.95，水田区较高。

(4) 灌溉水利用系数 ($\eta_{水}$)。$\eta_{水}$ 为实际灌入田间的有效水量和渠首引入水量的比值，即

$$\eta_{水}=\frac{Am_{净}}{W_{毛}}=\eta_{系}\eta_{田} \tag{8.14}$$

式中 A——全灌区的灌溉面积，亩；

$W_{毛}$——渠首引入的水量，m^3。

4. 灌溉水量损失及其预防措施

(1) 灌溉水量损失。灌溉时水量的损失，主要有以下几个方面：

1) 各级渠道的输水损失：主要由渠床渗漏引起，一般占总损失水量的70%～80%。

2) 管理损失：如渠道的决口跑水，因昼灌夜排而引起的渠道退水，以及闸门、斗门的漏水等；在田间由土地不平整、灌水技术粗放、大水漫灌引起的田间渗漏损失。

3) 蒸发损失：渠道在输水过程中的蒸发损失，一般约占总损失水量的1%～2%，可以忽略不计。

灌溉水量损失，不仅影响工程效益的充分发挥，而且引起地下水位上升，导致土壤盐碱化和渍害，影响作物高产。因此，采取有效措施减少水量损失，节约灌溉水量，在当前具有重要意义。

(2) 渠道水量损失的测定与计算。

1) 利用水量平衡差值法确定渠道水利用系数。在灌溉用水管理工作中，常利用上、下两个枢纽间的一段渠道来测定渗漏损失。具体方法是在灌溉期间，统计进入上游枢纽的水量、流入分水渠道的水量以及放入下游枢纽的水量，进行列表计算，见表8.6。

表8.6 渠道水量损失观测统计表

观测时间	流量（或水量）(L/s) 或 (m^3)						损失水量	枢纽间距离/km	每公里损失量/%
	上游枢纽	分水点				合计			
		1	2	3	下游枢纽				
①	②	③	④	⑤	⑥	⑦	⑧	⑨	⑩

注 1. ⑦=③+④+⑤+⑥。
2. ⑧=②−⑦。
3. ⑩=⑧/⑨×100%。

根据表8.6所列成果，计算渠道水利用系数的方法如下：

$$\eta_{渠道}=\frac{\text{流入分水渠流量}+\text{放入下游枢纽的流量(或水量)}}{\text{进入上游枢纽的流量(或水量)}}=⑦/② \tag{8.15}$$

此法一般适用在较大渠道（干、支渠）上。为了获得精确成果，要求在实测过程中，进入上游枢纽和流入分水渠的流量必须稳定，各枢纽和分水口观测流量的时间应和水的流

程时间相适应。

2）利用典型渠段实测渠道渗漏损失。利用典型渠段测定小型渠道（斗、农渠）的渗漏损失能得到较好的结果。通常有以下两种测定方法：

a. 动水测定法。根据沿渠线所处的水文地质条件，选定一典型渠段，中间无分水口，同时观测上、下游两个断面的流量（应考虑流程时间），其差额即为损失水量。在选择典型渠段时，其长度应符合以下要求：

正常流量 $Q<1.0\mathrm{m^3/s}$ 时，渠长不小于 1km。

正常流量 $Q=1.0\sim10\mathrm{m^3/s}$ 时，渠长不小于 3km。

正常流量 $Q=10\sim30\mathrm{m^3/s}$ 时，渠长不小于 5km。

b. 静水测定法。选择一段具有代表性的暂时不工作的渠段，长度约为 30～50m，两端隔以横堤，渠中设立水尺，然后向渠中充水，观测该渠段水位下降过程，利用下降的水位即可计算损失水量和渠道水利用系数。静水测定法工作简便，一次可获得该渠道在各种流量下的渗漏量。不足之处为渠水处于静止状态，与实际状况略有出入。

（3）防止渠道水量损失的措施。灌区水量损失中，渠道渗漏损失占绝大部分，因此要着重防止渠道的渗漏损失。同时，也要加强渠道的管理养护工作，减少管理不善引起的水量浪费现象。具体的防渗措施参见 7.1 节相关内容。

8.3　节水灌溉

8.3.1　节水灌溉内涵

节水灌溉是根据供水条件和作物需水规律，采用各种方法和措施，提高自然降水和灌溉水的利用率，获取农业最佳经济效益、社会效益和生态环境效益。

从水源地到田间的各个环节灌溉水都存在水量无益损耗，凡在这些环节中能够减少水量损耗、提高灌溉水利用率的各种措施，均属于节水灌溉范畴。由于灌溉补充天然降水的不足从而使作物高产，节约用水当然应考虑提高天然降水的利用率。因此，把节水灌溉仅仅理解为节约灌溉用水是不全面的，广义的节水灌溉内涵不仅包括灌溉过程中的节水工程措施，还包括与灌溉密切相关、提高农业用水效率的其他措施。

8.3.2　节水途径

8.3.2.1　源头节水

水资源合理开发利用的技术措施有以下方面。

1. 水资源优化分配技术

对水资源进行综合评价，提出能充分利用水资源并发挥最大效益的优化分配方案，进行水资源的开发利用。

2. 多水源联合运用技术

利用系统工程理论和模糊数学方法，建立优化调度模型，采用计算机管理，提高各种水源的利用率，充分发挥各种水源的效益，实现节水增产并保持灌区水资源的良性循环。

3. 雨水汇集利用技术

在干旱缺水的丘陵山区，选择有一定产流能力的坡面、路面、屋顶，或经过夯实防渗处理的地方，作为雨水汇集区，将雨水引入位置较低的水窖或水池内储存，经过净化处理，供农村人畜饮水和农作物灌溉用水。

4. 地下水利用技术

以地下水为灌溉水源的地区，在维持地下水生态平衡的前提下，确定开采强度，合理利用地下水，对机井进行测试改造。提高机井的出水效率和装置效率，降低能耗。在井渠结合灌区，非灌溉季节时，可利用渠道引客水或利用排水沟集蓄雨季降水，入渗补给地下水。

5. 劣质水利用技术

劣质水包括城市生活污水、工业废水、微咸水和灌溉回归水。城市或工矿企业排放的污废水含有多种重金属元素、有害的无机物或有机化合物、病原生物等，必须经过严格净化处理达到灌溉水质标准，才能用于灌溉非直接食用的农作物。利用微咸水灌溉时，可根据土壤积盐状况、农作物不同生育期耐盐能力，直接利用微咸水或咸淡水掺混使用。但应特别注意掌握灌水时间、灌水量、灌水次数，同时与农业耕作栽培措施密切配合，防止土壤盐碱化。对于灌区渠系和田间渗漏水、退水、跑水产生的回归水，可收集起来直接利用或作为下游灌区的灌溉水源。但使用回归水之前，要化验确认其水质已符合灌溉水质标准。

8.3.2.2 输水节水

输水损失绝大部分消耗于渠系渗漏，这一环节的节水措施主要包括以下方面。

1. 渠道防渗技术

加强渠道管理，包括渠系配套、完善，渠系建筑物的维修与养护，是减少渠道水量损失的一个不可忽视的方面，但最根本和最有效的措施是渠道防渗。渠道防渗不仅可以明显地提高渠系水利用系数，减少渠道水量渗漏，节约灌溉用水，而且还可以提高渠道输水保证率及渠道抗冲能力，控制地下水位，防止土壤次生盐碱化，减轻渠道淤积等。

2. 低压管道输水灌溉技术

低压管道输水灌溉技术具有节水、节能、省地、省工等优点，近年来，许多国家特别是发达国家出现了管道代替明渠的发展趋势。低压管道输水灌溉在我国北方特别是井灌区有较大发展，有些地区的井灌区应用低压塑料软管输配水进行灌溉，俗称“小白龙”灌溉，可使输水的利用率达97%以上，单井灌溉面积扩大近一倍。实践证明，管灌是我国北方地区一项很有发展前途的节水灌溉技术。

8.3.2.3 田间节水

田间节水包括喷灌技术、微灌技术等先进的灌水方法以及农业节水技术措施。农艺节水技术措施主要有以下方面。

1. 耕作保墒技术

采用深耕松土、中耕除草、改善土壤结构等耕作方法，可以疏松土壤，增大活土层，增大雨水入渗速度和入渗量，减少降雨径流流失，切断毛细管，减少土壤水分蒸发，既可提高蓄集降水的能力，又可减少土壤的蒸发，使土壤水的利用效率得到显著提高。

2. 覆盖保墒技术

在耕地表面覆盖塑料薄膜、秸秆或其他材料可以抑制土壤蒸发，减少地表径流，蓄水保墒，提高地温，培肥地力，改善土壤物理性状，因此，起到蓄水保墒、提高水的利用率、促进作物增产的良好效果。

3. 水肥耦合技术

通过对土壤肥力的测定，建立以肥、水、作物产量为核心的耦合模型和技术，合理施肥，培肥地力，以肥调水，以水促肥，充分发挥水肥协同效应和激励机制，提高抗旱能力和水分利用效率。可在不增加施肥量的条件下，获得较大的经济效益，以节约水肥资源，减少污染，改善生态环境，增产增收。

4. 节水作物品种筛选技术

根据当地的降水分布、干旱发生规律和水分特性，因地制宜地压缩需水量大、易旱的作物，扩大雨热同步的秋熟作物，选择耗水少而水分利用效率高的作物。

5. 化学制剂保水节水技术

合理施用保水剂、复合包衣剂、黄腐酸及多功能抑蒸抗旱剂和“ABT”生根粉等，可在作物生长发育中抑制过度蒸腾，防止奢侈耗水，减轻干旱危害，以及提高根系对土壤深层储水的利用，能显著增强作物抗旱能力和提高水分生产效率。

8.3.2.4 管理节水

1. 节水灌溉制度

把有限的灌溉水量在作物生育期内进行最优分配，以提高灌溉水向作物可吸收的根层储水的转化以及光合产物向经济产量转化的效率。可采用非充分灌溉、抗旱灌溉和低定额灌溉等，限制对作物的水分供应，巧灌关键水。增加对有效降雨的利用，加大土壤调蓄能力。

2. 土壤墒情监测与灌溉预报技术

用先进的科学技术手段，如张力计、中子法、电阻法等监测土壤墒情，数据经分析处理后配合天气预报，对适宜灌水时间、灌水量进行预报，可以做到适时适量灌溉，有效地控制土壤含水量，节水又增产。

3. 灌区配水技术

根据灌区各级输配水渠道的技术参数和灌溉农田及作物分布情况，按照水源可供水量和作物某生育阶段需水量及水分生产函数，以输配水过程中水量损失较小而增产值较大为目标，应用系统工程手段，编制灌区水量优化调度方案。合理调配灌溉水量，做到增产又节水。

4. 灌区量水技术

采用量水设备对灌区用水量进行量测是搞好灌区经营管理、提高经济效益、实行按量收费、促进节约用水的重要手段。常用的量水设备有量水堰、量水槽、灌区特种量水器和复合断面量水堰。随着电子技术、计算机技术的发展，半自动式或自动式量水装置已开始应用，可大幅度提高灌区的量水效率和量水精度。

5. 现代化灌溉管理技术

采用电子技术对河流、水库、渠道的水位、流量、含沙量乃至抽水灌区的水泵运行工况等技术参数进行采集，输入计算机，利用预先编制好的计算机软件对数据进行处理，按照最优方案用有线或无线传输方式，控制各个闸门的开启度或调节水泵运行台数，实现自动化监测控制。可节省大量的管理劳动力，实现最优化用水管理。

应用上述节水农业技术措施时，应根据当地具体情况因地制宜地选用，并将各种适宜的技术措施组装配套，形成技术体系，以充分发挥这些技术措施的综合节水增产效益。

8.3.3 当前我国节水农业技术发展的趋势

当前发达国家节水农业技术总的发展方向是以提高现有灌溉设施的增产效益为重点、致力于将先进的田间节水灌溉技术和农业综合技术相结合并辅以优化配水措施，以便最大限度地利用灌溉水和降雨的生产潜力。我国节水农业技术发展的趋势主要有以下几个方面。

8.3.3.1 广泛应用节水灌溉工程技术

渠道防渗、低压管道输水灌溉、喷灌、微灌、覆膜灌、波涌灌、水平畦灌等是节水效果最显著的节水灌溉工程技术，今后将会得到更广泛的应用，特别是低压管道输水灌溉、喷灌和微灌在农田灌溉中的比重有较大幅度的上升。

8.3.3.2 节水高效灌溉制度研究与应用取得新的进展

节水高效灌溉制度是根据作物的需水规律，把有限的灌溉水量在灌区内及作物生育期内进行最优分配，达到节水、高产、高效的目的。节水高效灌溉制度包括灌水时期、灌水定额、轮灌周期等内容。我国将开展根据水与作物生长、发育及产量形成间关系的研究，通过有限水量在作物生育期内的最优分配，以提高有限灌溉水量向作物根系吸水转化和光合产物向经济产量转化的效率为目标，进而在达到高产和高的水分生产率等研究方面取得重要进展，并将成果在生产中应用，获得显著节水增产效益。根据灌溉对象的生长发育规律及生产和实际需要，有目的地不充分供给水分，使作物经受水分胁迫，在特定时期限制某些方面的生长发育，达到节水又增产的调亏灌溉技术也将进入实用。水稻浅湿灌溉、小麦优化灌溉等在我国更大面积上推广应用。今后，我国绝大多数灌区都将实施节水灌溉制度，在水资源紧缺的地区，非充分灌溉、调亏灌溉等会有大规模发展。

8.3.3.3 节水灌溉工程技术与农艺节水高效技术结合

在节水灌溉工程技术基础上结合采用农业节水高效技术，发挥综合优势，达到节水、高产、高效的目的是当前世界各国研究的一个重点。我国在提高节水灌溉工程技术的同时，也会将更多的注意力放在农艺节水高效技术的研究上。今后，我国只注意单一发展节水灌溉工程技术的局面将会发生根本改变，绝大多数灌区都会在修建节水灌溉工程的同时，在田间应用农艺节水高效技术，使灌溉水的使用效率有大幅度的提高。

8.3.3.4 重视开发多种灌溉水资源

随着工业和城市生活用水量的增加，农业用水将日趋紧张，要保持和增加灌溉面积，除大规模发展节水灌溉外，还必须充分开发多种灌溉水资源。今后，我国雨水汇集利用技术将会有较大提高，不但在西北地区窖窑灌溉面积有很大发展，而且在南方旱地农业区也会得到大规模发展。在华北地区，由于地下水位大幅度下降，盐碱问题不复存在，修建平原水库，拦蓄雨洪，回补地下水，发展灌溉将是一种主要的开发灌溉水资源措施。劣质水经过处理后可用作灌溉水源。我国对劣质水的处理技术会有较大提高，处理后的劣质水灌溉面积将会有较大发展。我国灌区的灌溉回归水量大，特别是南方水稻种植地区，回归水的含盐量很小，汇采后可直接利用。由于我国灌区大规模实行节水灌溉，因而灌溉回归水总量会比目前有大幅度下降，但随着利用技术的提高，在利用总量上会比目前有所增加。

8.3.3.5　灌溉用水管理水平有显著提高

我国农田灌溉用水量目前浪费比较严重，其中有相当一部分是由管理不善引起的。灌溉用水管理的核心内容是计划用水，根据作物的需水规律，控制调配水量，最大限度地满足作物对水分的需求。我国目前灌溉用水管理水平较低，管理技术也比较落后。但随着国家的重视，科学技术的进步，今后我国灌溉用水管理水平会有明显提高，土壤墒情监测和灌溉预报将走向实用，且大面积推广应用；优化配水技术和水的量测设备水平亦有大幅度提高，灌溉用水管理自动化在效益好的灌区将得到普及；灌溉水费将逐渐提高并接近成本水费。

总之，在现代节水农业关键技术方面，灌溉用水管理水平的提高主要表现在对新技术的研发和对现有技术的升级换代上。一方面，对微喷灌系统智能化自动控制、喷微灌条件下水肥高效利用调控、激光控制平地下的精细地面灌溉、渠道和管网相结合的灌溉系统高效输水、网络技术支持下的灌溉系统动态配水等新技术的研发，将大幅度提高灌区输配水系统的工作性能和田间节水灌溉的技术水平；另一方面，对灌区输配水系统自动化控制、灌区多水源优化调配与决策支持系统、渠道防渗与抗冻胀、雨水集蓄高效利用、劣质水灌溉利用、农艺节水等现有技术的改善与提高，将会显著提高农业用水开源节流、土壤水库充蓄增容、灌区用水与输配水等方面的效率，有力地促进对农业水资源的高效合理利用。

8.4　灌区现代化管理

8.4.1　现代化管理的必要性

按照水利发展的新思路，灌区持续发展的目标应是建立良性循环的运行机制。为了实现这一目标，近期内灌区发展趋势应是由单一的农业灌溉供水向综合型供水发展；由传统管理向现代管理发展；逐步建立用水户参与管理的灌区管理新体制。随着灌区发展趋势的变化对管理手段也提出了新的要求，而这是研究、探讨灌区水管理信息化系统建设问题的前提。

充分发挥农田水利规划特别是县级农田水利规划的规范引导作用，综合运用大中型灌区节水改造、小型农田水利工程建设、国土整治复垦开发、农业综合开发等资金，发挥整体效益，全面推进以大中型灌区节水改造为主的灌溉排水工程建设，坚持骨干工程和田间工程同步推进，完善量水设施，为加强工程运行管理和维护创造条件。

灌区新的发展趋势和灌区的持续发展，离不开现代管理手段，灌区信息化是灌区现代化的基础和重要标志。只有通过信息化系统设施的建设，提高信息采集、传输的时效性和自动化水平，才能为实现水资源优化配置提供手段，为防汛抗旱决策提供依据，为灌区更好地服务经济社会发展创造条件。

8.4.2 灌区现代化的指导思想和基本原则

党的十九大报告把坚持人与自然和谐共生纳入新时代坚持和发展中国特色社会主义的基本方略，把水利摆在九大基础设施网络建设之首，深化了水利工作内涵，指明了水利发展方向：发展水利灌溉，推动科学发展，促进农业增产、农民增收、农村繁荣，是经济社会全面协调可持续发展的有力支撑。党中央国务院制定的治水方针和政策，服从服务于国家经济社会发展全局，与时俱进，调整治水思路，全面推进水利科技含量和技术水平，加快信息化建设，以水利信息化促进水利现代化，加强体制机制创新和法制建设，在管理手段、技术、人才等方面全面提高水平。

除上述宏观要求外，对灌区现代化还必须有更深入的目的，就是以全面提高灌区的效益为核心，而不是以往的大规模、大投入。灌区现代化要遵循以下几项原则：

（1）灌区现代化要与垦区社会经济现代化进程相协调。垦区现代化是灌区现代化的基础，垦区经济发展了，人民生活水平和素质提高了，灌区的收入和人员素质才能有保证。

（2）因地制宜，整体推进，突出重点。就是要根据农场的现状，确定影响灌区发展的重点问题，抓住矛盾的主要方面，集中力量重点突破。

（3）循序渐进，适度超前。灌区现代化进程是随社会经济发展而发展的一个长期过程，既要循序渐进，又要有一定的超前性和预见性；既要满足当前的实际应用，又要兼顾长远发展。灌区现代化尤其是在技术装备方面没有一定的预见性或者过度超前都会造成资金的巨大浪费。

（4）积极探索灌区现代化建设的多种模式，加速发展。灌区现代化单靠灌区自身来实现是非常困难的，这就要求有多种模式来加速灌区现代化建设：①要抓住党中央、国务院高度重视水利工作，水利工作投入大幅增加的发展机遇，争取国家和农场的支持；②探索多种建设模式，允许和鼓励将多种资金、技术、管理等作为资本加入灌区现代化建设，同时建立多种分配形式，与新的资本组成模式相适应。

8.4.3 灌区的信息化系统

灌区建设管理信息化系统是完全有必要的，该系统的成功建设是满足灌区现代化管理的基本需求。

8.4.3.1 优化灌区水资源配置

编制配水计划是灌区实行计划供水的重要环节。灌区水资源优化配置的主要内容是适时适量地满足农作物的需水要求，并尽最大限度提高水资源的综合利用效益。在灌区灌溉管理手段相对落后的条件下，传统的是编制灌区静态配水计划。实践证明，静态配水计划无法使灌区水资源达到优化配置。而动态用水计划是当今国内外水资源管理的发展方向。动态用水计划有两层含义：一是指水资源在能够满足作物较高产量灌溉条件下，结合天气、工程、作物生长状况等变化因素制定出取水计划及配水计划；二是在水资源不能充分满足灌溉需要，即缺水的条件下，采用系统分析技术结合气象预报确定优化灌溉制度和取水配水方案。无论是前者还是后者，都需要及时掌握灌区工程运行状况、灌区内部水源条件、作物生长阶段对需水的要求、气象状况等方面的信息，要解决这些问题，必须首先实现灌区管理的信息化。

8.4.3.2 实施水资源优化调度

优化调度是实施灌区水资源优化配置的保障措施。优化调度的前提是要及时掌握灌区水资源、工程运行、作物需水要求、各用水户对水资源的需求、气象状况等灌区现状情况。由于灌区范围大，工程分散，分水建筑物多，区内气候及作物生长存在差异，降雨时空分布很不均等，用传统的人工传递信息方法来决策调度方案，其灌区水资源调配方案往往滞后于客观实际的变化，很难达到优化调配的程度。因此要实现优化调配灌区水资源的目标，建设灌区水管理信息化系统也是十分必要的。

8.4.3.3 灌区防汛抗旱

防汛抗旱是灌区管理工作的重要内容。灌区工程的防汛保安，需要实时监控灌区工程的水位现状，运用调度手段及时调整渠（库）水位，防止出现渠（库）水漫堤（坝）现象的发生，确保渠（坝）安全运行。要保证以上工作的顺利完成，建设一套水位实时监控系统就尤为重要。

从灌区抗旱的情况来说，灌区抗旱实际上就是水资源优化配置方案的严格实施过程，也就是要严格执行计划用水。多年来，灌区摸索的“流量到段，水量包干，上送下接，奖罚兑现”的用水管理办法，对促进灌区计划用水、均衡受益起到很好的作用。此种管理办法的核心是按计划指标交接水位：灌区调度中心需要及时了解各交接处的水位值。在管理手段落后的情况下，对各交接处水位值的观测与传递很难满足及时、准确的要求，给管理工作带来了极大的不便。只有建设水位实时监控系统，才能满足用水管理业务技术上的要求。

8.4.3.4 灌区水费改革

灌区水费改革是灌区经营机制转换的重要内容，是建立灌区良性运行机制的重要途径。水费改革的主要内容包括调整水价，使之逐步步入成本水价，改革计征办法，推行基本水费加按水量收费；改革征收方式，由委托代收为管理部门直接征收等主要确保水费改革目标的实施，不仅要求量水准确、及时，而且要求服务到位，即适时适量地满足用户对需水的要求。在灌区范围内涉及因素多的客观条件下，只有借助现代水管理信息化技术才能达到上述两项目标。

8.4.3.5 监视灌区工程运行状况

灌区工程只有线长、点多、涉及因素多的特点，而灌区工程效益的发挥具有系统性，需要整个系统的正常运行。因此，灌区工程管理的一个重要任务，就是需要科学地监视灌区工程的运行状况，并将信息及时传输到灌区管理中心，因此需要建设一套实时监控系统，以担负灌区工程运行状况的监控任务。

8.4.3.6 灌区办公设施

随着信息技术的发展，计算机网络技术的普及与应用，原始的办公设施，已经不能适应现代社会发展的要求。实现灌区办公自动化，不仅是纵向联系及横向交流的需要，也是建设灌区水管理信息化系统的需要。通过信息技术、计算机网络技术将灌区内部各职能部门联系在一起，可以做到数据、信息、资源、成果共享，有效地提高灌区水管理信息化系统的应用效果，增强灌区内部各职能部门的信息交流。还可以利用计算机技术开发人事管理、水资源管理、工程档案管理、财务管理等各种软件，建立财务电算、报表管理、生产成本分析、供水收费管理、经营管理、固定资产管理等软件系统。这样不仅可以大大提高办事效率，而且将使灌区总体管理水平迈上一个新的台阶。

8.4.4 灌区现代化的实现

灌区现代化的内涵十分丰富，而且是随时代发展而发展的。按照目前的社会经济发展状况，实现灌区现代化可以从管理现代化与技术装备现代化两个方面着手。

8.4.4.1 管理现代化

目前，许多灌区的保守、落后、缺乏活力很大程度上是因为没有彻底清除落后的管理理念，没有建立一整套适应新形势的管理体制，不可避免地造成灌区管理工作效率低下，根本上制约了灌区效益发挥以及灌区的长远发展。因此，摈弃旧的不适应社会发展的思维模式和管理模式，建立适应社会主义市场经济的管理模式，是灌区现代化的根本保证。

(1) 要建立一套新的人事组织制度，优化结构，建立能力素质强、技术水平高的精干管理队伍。健全和完善严格的目标责任制，调动职工的工作积极性，实行工效挂钩。

(2) 建立适应社会主义市场经济的水费征收制度。按照国家法律法规，实现按方收费，少用少收，多用多收，超量加价。建立行之有效的水费征收机制，依法收费。同时，水费的制定、征收、管理也要做到公开、公平、公正，让用水户交得顺心，让职工安心，让上级放心。

(3) 实施科教兴业战略，提高灌区管理人员的科学素质和创新能力。无论是管理现代化，还是技术装备现代化，都需要高素质的人员队伍。因此，必须建立系统的灌区人员培训机制，大兴学习之风，形成以人才领导人才、以技术创造技术的良好氛围，给灌区现代化以人员保证。

8.4.4.2 技术装备现代化

(1) 加快灌区信息化建设，灌区水管理信息化建设内容主要应包括对应的五大任务：灌区计算机识别技术、灌区建筑物控制技术、灌区水情信息监测技术、灌区信息传输技术和灌区综合决策支持调度系统。

1) 灌区识别：灌区的计算机识别技术包括多种方法，无论采用何种方式，都应以满足现实需要为原则，不能千篇一律，过于追求动态效果和可视化效果。

2) 信息监测：信息监测和采集系统主要完成水情、土壤墒情、旱情、灾情、水文地质、土地、种植、气象等信息采集和报送，为灌区的水资源合理配置和监控调度，提供准确及可靠的基础信息服务。

3) 信息传输：可靠的通信网络系统及计算机网络系统是保证灌区水管理信息化高效运行的重要条件。建立灌区信息中心—监控站—采集点无线网络结构，及时传输雨情、水情、墒情、农情、灾情等信息，主要建筑物动态监控信息，以及工程调度运行数据、语言、视频信息。同时应建立计算机网络系统，为各类信息采集、数据库应用、用水优化调度、运行监控管理等应用提供服务平台。

4) 建筑物控制：为实现水资源的优化配置，特别是在渠系配水过程中，需要对部分控制建筑物如配水闸、节制闸、泄洪闸、泵站等进行动态调度，因此，在水管理信息化建设中需要设置控制功能。

5）调度决策系统：为实现灌区水资源的高效利用和优化配置，需要建立水管理专业软件系统，如来水预报模型、需水预报模型、水量优化调配模型等，同时还应建立一般水务管理软件系统，如水费管理、基础数据管理、技术档案管理等。

建设和完善全灌区的信息网络，重点建设灌区信息中心、灌区指挥调度系统、灌区行政资源管理系统等应用系统，积极开发和利用各种灌区信息资源，以信息化带动和促进灌区现代化，全面提升灌区现代化建设的效率和效能。

（2）推广节水控灌技术。通过节水控灌技术的实施，提高水的利用效率和农业生产效益。尤其要注重先进技术与传统技术相结合，工程措施、农艺措施、管理措施相结合，节水与农业生产结构调整相结合，节水与改善基本生产生活条件和生态环境相结合，提高水的综合生产能力。

（3）不断完善灌区量测水设施，提高量水精度。灌区量水设备和量水技术是实现计划用水和控制灌水质量的基本措施，是实行按方收费、促进节约用水的必要工具和手段。完全实现利用特设的量水设备（包括量水堰、量水坎、量水槽等）及流速仪量水，使量测水准确及时，在整个灌区信息化建设中都占有十分重要的地位。

第 9 章　水工建筑物安全监测

9.1　概述

9.1.1　水工建筑物安全监测的重要性

水工建筑物的安全运行，不仅关系到其自身能否正常运用和充分发挥经济效益，更重要的是大坝安全关系到下游人民生命财产的安全和国家建设的发展。我国许多水库大坝下游人口稠密，有重要的城市、广阔的农村、铁路公路交通干线，与其他工程相比对公众事业的安全有更大的影响。有时因各种原因不得不在自然条件恶劣的坝址修建大坝和水电站，更增加了工程的复杂性和水工建筑物运行监测与维护的费用。

9.1.2　水工建筑物安全监测的内容和要求

9.1.2.1　水工建筑物安全监测的内容

（1）水工建筑物的巡查工作。巡查即巡视检查，是用眼看、耳听、手摸等直观方法并辅以简单的工具，对水工建筑物外露的部分进行检查，以发现一切不正常现象，并从中分析、判断建筑物内部的问题，从而进一步进行检查和观测，并采取相应的修理措施。人工巡视检查是大坝安全监测的重要内容，能较好地弥补仪器监测的局限性，但这种检查只能进行外表检查，难以发现内部存在的隐患。

（2）水工建筑物的监测工作。水工建筑物在施工及运行过程中，受外荷载作用及各种因素影响，其状态不断变化，这种变化常常是隐蔽、缓慢、直观不易察觉的。为了监视水工建筑物的安全运行状态，通常在坝体和坝基内埋设各种监测仪器，以定期或实时监测埋设仪器部位的变形、应力、应变和温度、渗流等，并对这些监测资料进行整理分析，评价和监控水工建筑物的安全状况。

9.1.2.2　水工建筑物监测工作的要求

（1）检查监测的项目要有明确的目的性和针对性，既要全面，又要有重点，要能满足监视工程的工作情况、掌握工程状态变化规律的需要。有关建筑物状态变化的观测项目应与荷载及其他影响因素的监测项目同时进行，相互影响的观测项目应配合进行，以求正确地反映客观实际情况。

（2）监测设备要合理布置，精心埋设，测点布局要有足够的代表性，能够掌握工程变化的全貌。

（3）监测时间和测次的规定，应保证资料的系统性和连续性，要能反映工程变化的过程。一般在运行的初期，测次较密，经过长期运行和高水位考验后，如果工作正常，则可减少测次；当发现异常现象时，应增加监测项目和测次。增减监测项目或测次均应报请主管部门批准。

(4) 制定切实可行的检查监测制度，加强岗位责任制。监测必须按时，测值必须符合精度要求，记录必须真实，应及时将监测成果进行整理和分析，保证监测资料的真实性和准确性，正确地反映客观实际情况。

9.2　水工建筑物变形监测

变形监测的主要目的是掌握水工建筑物与地基变形的空间分布特征和随时间变化的规律，监控有害变形及裂缝等的发展趋势。变形监测是水电工程安全监测的主要内容，一般可分为表面变形监测和内部变形监测两大类，其中表面变形监测项目主要包括竖向位移和水平位移监测，内部变形监测项目根据建筑物种类和特点主要有分层竖向位移、分层水平位移、界面位移、挠度和倾斜监测等。大坝与地基、高边坡、地下洞室等变形发展到一定限度后就会出现裂缝，裂缝的深度、分布范围、稳定性等对结构与地基安全影响重大。同时，为了适应温度及不均匀变形等要求，水工建筑物自身亦设计有各种接缝，接缝处的变形过大将造成止水的撕裂而出现集中渗漏等问题，因此，裂缝监测亦不容忽视。

变形监测正负号的一般规定为：水平位移以向下游和向左岸为正，向上游和右岸为负；竖向位移以向下为正，向上为负；裂缝和接缝的开合度以张开为正，闭合为负；近坝岸坡的滑动位移以向坡下及向左岸为正，反之为负；倾斜监测以向下游、向左岸转动为正，向上游和向右岸转动为负。

9.2.1　表面变形监测

9.2.1.1　表面变形监测断面及测点布置

1. 土石坝

土石坝的变形监测断面及测点应按照《土石坝安全监测技术规范》（SL 551—2012）的相关要求进行布置。

(1) 监测断面布置。

1) 横断面：一般不少于 3 个，且尽量布置在最大坝高或原河床处、合龙段、地形突变处、地质条件复杂处、坝内埋管和运行可能发生异常的部位。

2) 纵断面：一般不少于 4 个，通常在坝顶的上、下游侧布设 1～2 个断面；上游坝坡正常蓄水位以上布置 1 个断面，正常蓄水位以下视需要设置临时监测断面；下游坝坡一般设 2～5 个观测断面；对于软基上的土石坝，在其下游坝趾外侧还应增设 1～2 个断面。

(2) 测点布置。

1) 位移标点：一般布置在监测横断面和纵断面交点处。每个横断面的标点数量一般不少于 3 个。位移标点的纵向间距在坝轴线长度小于 300m 时，宜取 20～50m；大于 300m 时，宜取 50～100m。

2) 工作基点：设在纵断面位移标点连线向两岸的延长线上，左右岸各一个。若坝轴线非直线或轴线长度超过 500m，可在坝体每一纵排标点中增设工作基点，并兼作标点，工作基点的间距根据测量仪器类型选取。当坝轴线长度超过 1000m 时，有条件的，宜用边角网法或倒垂线法观测增设工作基点的水平位移。

3）校核基点：在两岸同排工作基点连线的延长线上各设 1～2 个，必要时可采用倒垂线或边角网定位。

4）水准基点：一般在土石坝下游 1～3km 处布设 2～3 个。

某沥青混凝土心墙堆石坝表面变形测点平面布置如图 9.1 所示。

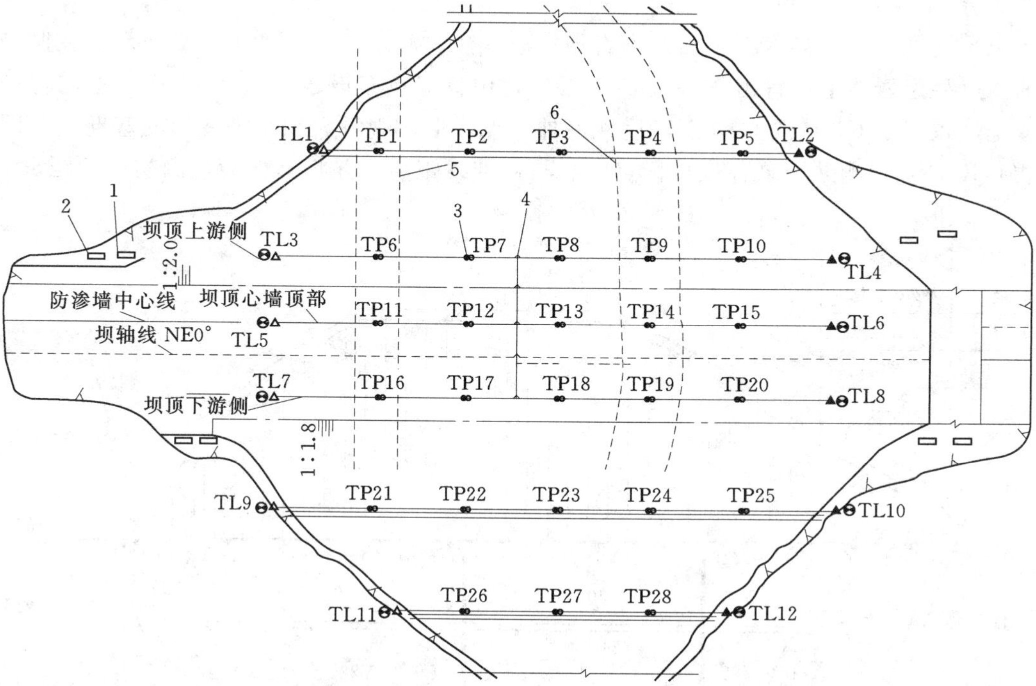

图 9.1 某沥青混凝土心墙堆石坝表面变形测点平面布置示意图

1—工作基点；2—校核基点；3—位移标点；4—增设工作基点；5—合龙段；6—原河床

2. 混凝土坝

混凝土坝的变形监测断面及测点布置应符合《混凝土坝安全监测技术规范》（DL/T 5178—2003）的有关要求。

（1）监测断面布置。

1）横断面：横断面的布置应兼顾坝体和地基的变形观测，一般布置在最大坝高处、有代表性的坝段处、坝体结构或坝基地质条件复杂处，断面数视坝轴线长度而定。拱坝变形监测的横断面一般设于拱冠梁和拱端处，对于重要的拱坝或坝轴线较长的拱坝还应在 1/4 拱处增设断面。

2）纵断面：要求与坝轴线平行，通常布置在坝顶及坝基廊道内，无纵向廊道时，也可布设在平行坝轴线的下游坝面上。当坝高较高时，可在坝体中部视需要增设断面。

（2）测点布置。

1）位移标点：沿监测纵断面，在每个坝段、闸墩或垛墙设置一个位移标点，重要工程的伸缩缝两侧可各增设一个标点。

2）工作基点：设于两岸平洞内或稳定岩体上。

3）校核基点：可布置在坝肩灌浆廊道内，也可用倒垂线代替。

9.2.1.2　表面变形监测方法

1. 水平位移监测方法

水平位移常用的监测方法有视准线法、引张线法、激光准直法、边角网法、交会法及导线法等。

（1）视准线法。某混凝土面板堆石坝视准线法监测水平位移如图 9.2 所示。在监测纵断面两岸稳定岩体上设置工作基点 G6、G13，位移标点布设于 G6、G13 连线上，将经纬仪或全站仪置于 G6 点或 G13 点，后视另外一点，形成观测大坝水平变形的基准线，即视准线 G6G13，观测并记录各位移标点中心与视准线距离，并将其作为观测初始偏距。

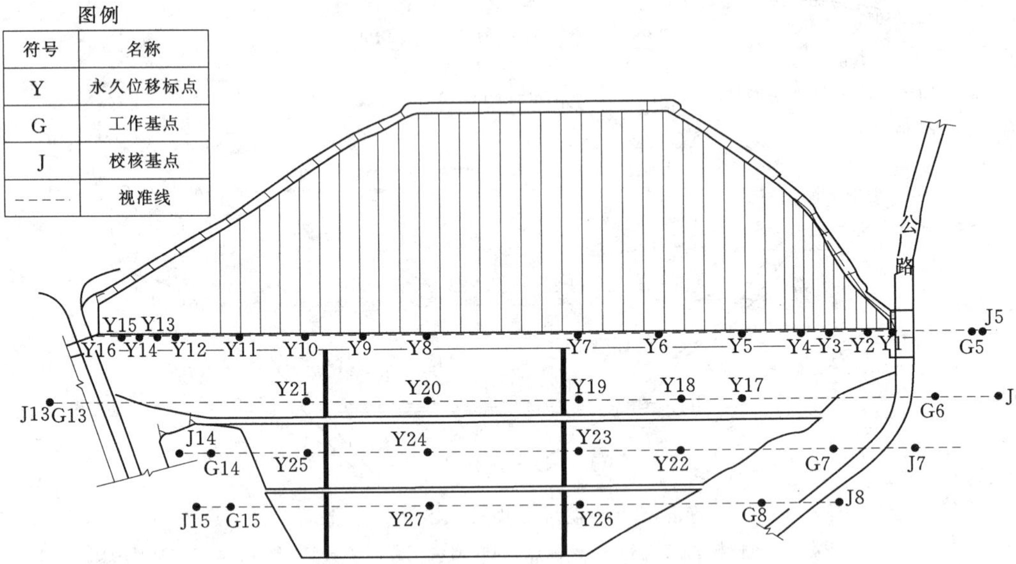

图 9.2　某混凝土面板堆石坝视准线法监测水平位移示意图

观测时，首先将经纬仪安置在 G6 点，后视 G13 点，形成视准线，然后对距 G6 点二分之一坝轴线长度范围内的位移标点进行观测，读取活动觇标中心线与经纬仪望远镜竖丝重合时位移标点在活动觇标分划尺上对应的刻度，一般读数两次取平均值。按上述方法用倒镜再观测一次，最后取正、倒镜观测值的平均值作为第一测回的观测值；用同样的方法进行第二个测回的观测，每测回的误差及两测回的差值应小于规范允许值。完成 G6 点二分之一坝轴线长度范围内的各位移标点观测后，再将经纬仪安置在工作基点 G13，后视工作基点 G6，观测剩余的位移标点。

（2）引张线法。在大坝水平位移监测中，将沿坝轴线铺设的直径为 0.8～1.2mm 的不锈钢丝两端张拉形成一条绷紧的水平直线，即引张线，通过量测位移标点偏离引张线的距离来观测坝体水平位移的方法称为引张线法。引张线法在重力坝和水闸的水平位移监测中较常采用。引张线通常布设在闸坝顶部或坝内纵向廊道，其基墩应置于两坝肩稳定岩体上，若受坝肩地形限制而难于布置时，可将基墩设在坝内，但必须辅以其他手段监测基墩位移，以获取闸坝绝对位移值。

引张线法的监测设备主要由基墩、测点、不锈钢丝测线和测线保护管等组成。基墩由钢筋混凝土浇筑而成，墩上安装夹线器、滑轮和重锤等。测点上装有支承钢丝的浮箱和读数用的标尺。毫米以上的位移用测点上的标尺测读，毫米以下的位移用测微计量测。若使用电容感应式或步进电机式遥测引张线仪进行观测，可进一步提高观测的精度和效率。

（3）激光准直法。大坝位移监测的激光准直法分为大气激光准直法和真空激光准直法两种。大气激光准直法又分为激光束直接准直法、具衍射效应和投影成像的激光准直法以及波带板激光准直法。目前使用较多的是波带板激光准直法和真空激光准直法。

1）波带板激光准直法。波带板激光准直法仪器结构简单，使用方便，精度较高，可同时观测水平和竖向位移，缺点是容易受大气折光影响。波带板激光准直法观测仪器主要由激光器点光源、波带板、CCD 探头等部分组成。

激光器点光源有非调制光源和调制光源两种。非调制光源只能用于夜间观测，调制光源昼夜均可观测。位移标点上的波带板将通过的激光聚焦在接收靶上形成一个亮的圆点或十字线，根据圆点或十字线中心的位置即可确定位移标点的位置。接收靶除目视法用普通活动觇牌外，一般为光电接收靶，光电接收靶又分为测微鼓式和自动跟踪式等，后者的自动化程度和观测精度都很高。波带板分为圆形和方形两种。当使用光电接收耙或长距离准直时，宜采用圆形波带板；当按目视法观测时，宜采用方形波带板。

2）真空激光准直法。真空激光准直法可同时监测水平和竖向位移，精度高，适用于坝轴线为直线的大坝位移监测。真空激光准直法的观测仪器主要由激光准直系统和真空管道系统两大部分组成，激光准直系统的结构与大气激光准直法的结构相同。真空管道系统由真空管道、测点箱、软连接段、两端平晶密封段、真空泵以及电磁阀门、真空仪表等附件组成。

（4）边角网法与交会法。对于拱坝而言，由于其结构呈平面弧形，因此采用视准线法只能监测拱冠部位测点位移。在实际工程中，除了监测垂直于坝轴线方向的位移外，尚需监测其他方向的位移。这种情况下可采用边角网或交会点法并行监测。

图 9.3 为某混凝土拱坝变形监测边角网与交会点布置图。监测时，按测边或测角的方法通过校核基点 C1～C4 测量工作基点 C5、C6 发生的位移；然后在 C5、C6 两点观测大坝下游面测点 C7、C8 的方向角，并计算测点 C7、C8 相对于工作基点 C5、C6 的位移，计入工作基点 C5、C6 的位移后可得测点 C7、C8 的绝对位移。

（5）导线法。为了全面监控拱坝的变形形态，除坝顶水平位移的监测外，通常还需在坝体廊道内布置位移测点，但视准线法、激光准直法、边角网法与交会法都难以观测，这时可采用导线法，该方法可同时测定拱坝的径向和切向位移。

导线通常一个坝段布置一点，为减少方位角的传递误差，并提高观测效率，在测站点间增加中间点。测站点装强制对中底盘、微型觇标和轴杆头，同时在导线两端设倒垂点来观测端点的绝对位移，导线的布置如图 9.4 所示。

观测时，用经纬仪测量各点的转折角 β_1、β_2、…、β_n 与投影角 b_1、b_2、…、b_n，用尺测量各点间导线的长度 b_1、b_2、…、b_n，最后测出导线端点 A、B 和倒垂点的径、切向距

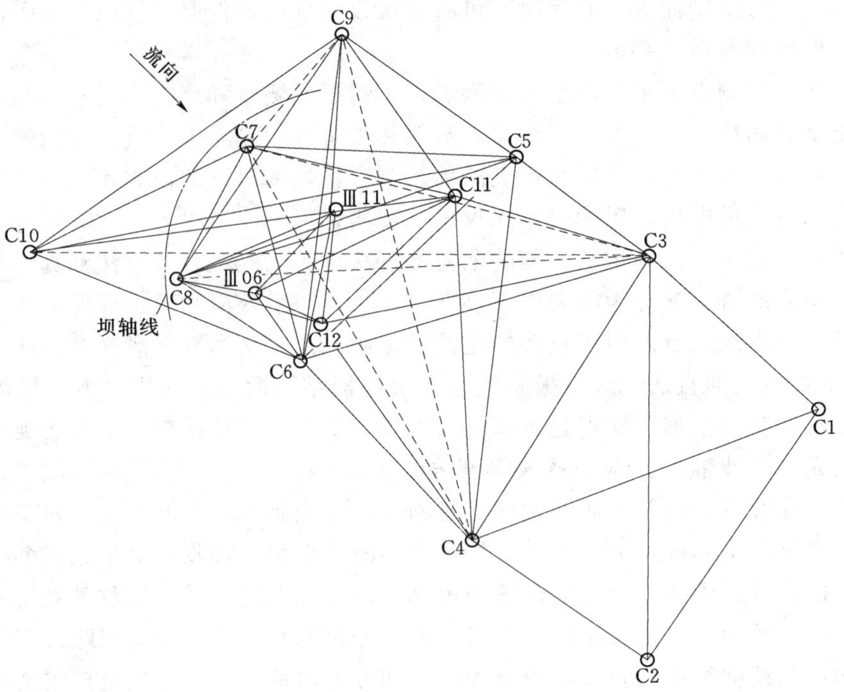

图 9.3　某混凝土拱坝变形监测边角网与交会点布置示意图

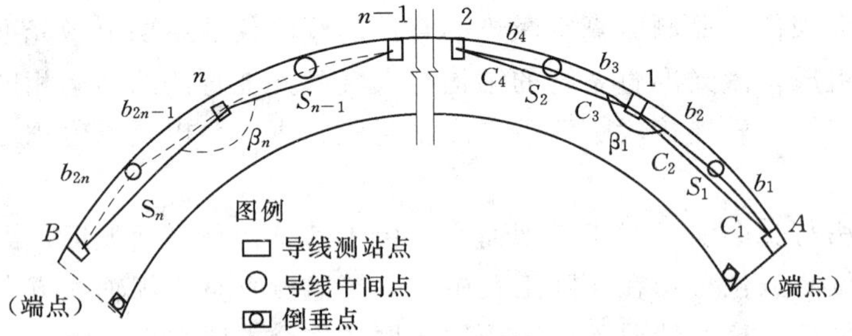

图 9.4　沿拱圈布置的导线示意图

S_i—投影边；β_i—实测转折角；b_i—实测边；C_i—实测投影角

离，即可推算出各测点的径向和切向位移。

2. 竖向位移监测方法

竖向位移是大坝安全监测的主要项目之一，常用的监测方法有精密水准测量法、静力水准测量法及三角高程法等。

（1）精密水准测量法。一般情况下，混凝土坝按一等水准进行观测，土石坝按二等水准进行观测，中小型工程视情况可以再降低一个等级。

用精密水准测量法监测大坝竖向位移时，应尽量组成水准网。通常由起测基点观测竖向位移标点，再由水准基点校核起测基点。如坝体规模较小，也可由水准基点直接观测。水准基点和起测基点设在不受坝体变形影响的部位，竖向位移标点布置于坝顶及上下游坝坡，通过观测位移标点相对水准基点的高程变化计算测点竖向位移值。每次观测进行两个测回，每个测回对测点测读 3 次。观测的往返闭合差按《国家一、二等水准测量规范》（GB/T 12897—2006）的有关规定执行。

（2）静力水准测量法。静力水准测量法又称为连通管法。该方法采用水力学连通管原理，用充水连通管连接起测基点和各位移标点，以连通管中水面线与起测基点高差确定水面线高程，通过测量各位移标点同水面线的高差获得各位移标点高程，各位移标点高程与起始测高程的差值即为该位移标点的累计竖向位移。

静力水准测量可以人工观测，也可以自动观测，如我国研制的 JSY1 型液体静力水准遥测仪和 DG-3A 型自动加目视静力水准仪等，可实现遥测采集和网络传输等功能。

（3）三角高程法。随着全站仪、光电测距仪的研发应用及对大气折射等领域研究的快速发展，三角高程测量已接近或达到了一等水准测量的精度。三角高程测量具有外业简单、观测快速、可以测量水准测量难以达到的高程等优点。用三角高程法监测竖向位移时，要求推算高程的边长小于 600m，每条边的中误差不大于 3mm，仪器高度量测中误差不大于 0.1mm。工作基点不少于两个，有条件时位移标点应安装光电测距仪反射镜，并按对向观测作业。当无法同步进行往、返观测时，保持两者的间隔时间在半小时左右，以减小垂直折光对往、返观测高差平均值的影响。

9.2.2 内部变形监测

9.2.2.1 内部变形监测设计原则

1. 土石坝

土石坝内部变形监测应依据《土石坝安全监测技术规范》（SL 551—2012）的有关规定进行。

（1）分层水平位移监测。

1）分层水平位移的监测断面一般为 1～3 个，设置在土石坝最大断面处以及坝与岸坡连接处的受拉区。观测垂线一般设在坝轴线或坝肩附近，或其他需要监测的部位。

2）活动式测斜仪的测点间距通常为 0.5m 或 1.0m；固定式测斜仪的测点间距可参考分层竖向位移测点间距，两者最好结合布置。

3）引张线式水平位移计可参考水管式沉降计埋设，并应结合布置。

（2）分层竖向位移监测。

1）分层竖向位移的监测断面一般也布置 1～3 个，设于最大横断面处和原河床、合龙段、地质及地形条件复杂段以及结构和施工薄弱段等特征断面处。

2）每个监测断面上可设 1～3 条观测垂线，其中一条宜设在坝轴线附近。垂线布置时应尽量形成纵向监测断面。垂线测点的间距一般为 2～10m，具体应根据坝高、结构形式、坝料特性、施工方法与质量等确定。垂线测点一般以 3～15 个为宜，最低一个测点应置于坝基表面，以兼顾坝基沉降监测。

3）水管式沉降仪的测点一般在 1/3、1/2 及 2/3 坝高处分三排水平横向布置。在深厚覆盖层等软弱坝基的表面还应增设一排测点。每排测点数一般为 2～5 个，测点的布置以形成观测垂线为宜。

（3）界面位移和深层应变监测。

1）界面位移是指两种介质界面上的相对法向和切向位移。界面位移测点一般设在坝体与岸坡连接处，组合坝型的不同坝料交界处，以及土坝与混凝土建筑物连接处。

2）深层应变监测测点通常布置在上、下游坝肩受拉区，两坝端受拉区，以及斜墙、心墙的受拉区和土石坝最大横断面上。

2. 混凝土坝与砌石坝

混凝土坝与砌石坝等刚性坝的内部变形监测主要包括坝体挠度监测和坝体、坝基的倾斜监测，按《混凝土坝安全监测技术规范》（DL/T 5178—2003）的有关要求执行。

（1）坝体挠度监测。坝体挠度监测的垂线布置在结构和地质条件复杂的坝段、最高坝段或代表坝段等处；拱坝布置在拱冠和拱端处，坝轴线较长时，在左右拱 1/4 处增设两条测线。垂线测点的数量按坝高确定，一般布置在坝顶和坝基附近，以及垂线与各高程廊道相交处。

（2）坝体和坝基的倾斜监测。坝体和坝基的倾斜监测断面布置在最大坝高、两坝肩或地质条件较差的部位。基础附近测点应尽量设在横向廊道内，也可设在下游排水廊道和基础廊道内。坝体测点和基础测点以设在同一垂直面上为宜，并应尽量设在垂线所在的坝段内。当对整个大坝进行倾斜监测时，宜在基础高程面附近布置 1～3 个测点，在高坝坝顶及中部布置 2～4 个测点。用精密水准法监测倾斜时，两测点间的距离，在基础附近不宜小于 20m，在坝顶不宜小于 6m。

9.2.2.2 内部变形监测方法

1. 水平位移监测方法

（1）测斜仪法。测斜仪法可广泛应用于土石坝、混凝土坝、边坡、滑坡及土基等水平位移监测。测斜仪由测杆、导向定位轮、倾斜传感器、信号传输电缆和读数仪等组成。测斜仪通常与测斜管配合使用。测斜管内有两组相互垂直的导向槽，把测斜仪沿导向槽放入测斜管内，然后按一个基长逐段进行测量。通过测值可得到测斜管随结构物变形的位移曲线，据此可算出测斜管每一基长的轴线与铅垂线所成夹角的水平位移，将各基长的位移累加可得测斜管全长范围内的水平位移。

（2）钢丝水平位移计法。对土石坝、土堤和土质边坡等内部位移的长期观测宜采用钢丝水平位移计法。钢丝水平位移计既可单独使用，也可与水管式沉降仪联合使用。钢丝水平位移计由铟合金钢丝、保护钢管、伸缩接头、锚固板、测量架、配重机构、游标卡尺等组成。当结构物产生水平位移时，钢丝水平位移计的锚固板会随之移动，锚固板的位移通过固定在其上的钢丝卡头传递给钢丝，钢丝再带动用于读数的游标卡尺上的游标运动。游标卡尺的读数与初始读数之差，再加上观测房内固定标点的水平位移观测值，就可得到测点的水平位移。观测房内固定标点的水平位移量可按视准线法观测。

2. 竖向位移监测方法

（1）水管式沉降仪法。水管式沉降仪法多用于土石坝、土堤、土质边坡内部沉降的长期观测。水管式沉降仪法观测结构物的沉降利用的是连通管原理。在观测房内用目测的方式在玻璃管刻度上直接测读沉降测头内溢流口液面的高程，测点的最终沉降量等于沉降测头内溢流口液面高程读数相对于基准高程读数的变化量与观测房内固定标点的沉降量之和。

（2）振弦式沉降仪法。振弦式沉降仪法观测结构沉降的基本原理与水管式沉降仪法类似，优点是可以自动测量不同点之间的沉降，通常可以用它来测量堤坝、公路填土及相关建筑物的内外部沉降。振弦式沉降仪由储液罐、通液管和传感器等组成。储液罐固定在观测的基准点上，并用两根充满液体的通液管与沉降盘上的传感器相连接，传感器通过通液管感应液体压力，并自动换算为液柱高度，从而实现在储液罐和传感器之间不同高程处测点沉降量的观测。

（3）连杆式分层沉降仪法。连杆式分层沉降仪法观测结构物沉降的基本原理是在坝体内埋设沉降管，沉降管不同高程处安装沉降盘，再采用电磁式或干簧管式测量仪测量沉降盘随坝体的沉降移动而发生的高程变化，从而获得土石坝、土堤等结构物的分层沉降量。当沉降管在坝体填筑过程中埋设时，可采用坑式法埋设或非坑式法埋设。对软基及已建大坝的沉降进行观测时，沉降管可采用带叉簧片的沉降环按钻孔法埋设。

3. 坝体挠度监测方法

坝体挠度监测是了解混凝土坝、砌石坝工作状态最重要的观测项目之一，国内外对中等高度以上混凝土坝的安全监测中大都设置了挠度观测项目。

挠度观测主要利用垂线进行，故又称为垂线观测。垂线是一根张紧的铅直钢丝，其一端固定，安装在坝内的井、管、空腔或坝体、坝基的钻孔中。坝体变形情况可通过不同高程安装的测点相对于垂线固定点的水平投影距离进行观测，垂线法的观测结果可以反映坝体的挠曲程度。顶端固定的垂线称为正垂线，底端固定的垂线称为倒垂线或反垂线。

采用正垂线法观测坝体挠度时，在坝内竖井或宽缝上部悬挂一条直径为 1.0～1.2mm 的不锈钢丝，钢丝下部系重锤，重锤悬浮于注入不冻结的锭子油或变压器油的油箱内；与正垂线相反，倒垂线是将垂线的下端固定在稳定基岩内，垂线的上端用连杆连接一个悬浮在金属油桶内的浮子。各测点处设混凝土观测墩或金属支架观测平台，中间开直径 15cm 的圆孔，垂线从孔中穿过，当坝体产生位移时观测墩或平台也随之变位，而垂线不动，因而可以通过墩或平台顶部安装的观测仪器测出测点的水平位移。观测时，将坐标仪置于观测墩上，整平仪器，照准垂线，记录纵横尺的读数，取前后两次读数的平均值作为一个测回，每一个测点观测两个测回，误差要求小于 0.15mm。垂线观测有多点观测站法和多点支持点法两种方式。多点观测站法适用于正垂线和倒垂线，而多点支持点法只能用于正垂线。

（1）多点观测站法。多点观测站法是沿垂线在不同高度设置观测装置进行观测。正垂线的观测值为测点与悬挂点之间的相对位移，如图 9.5（a）中的 S_0、S 等，故任一测点 N 的挠度 S_N 按式（9.1）计算：

$$S_N = S_0 - S \tag{9.1}$$

式中 S_0——正垂线最低点与悬挂点之间的相对位移；

S——测点 N 与悬挂点之间的相对位移。

对于倒垂线，由于垂线底端固定在稳定基岩上，因此，其观测值就等于各测点相对于固定点的绝对挠度值，如图 9.5（b）中的 S_0、S_1、S_2。

（2）多点支持点法。多点支持点法是将观测仪器设置在垂线最低点处，而在各高程测点处埋设夹线装置，观测时用夹线装置把垂线夹在各支持点上，将当前的观测值减去初始观测值即为各测点与垂线最低点之间的相对挠度，如图 9.5（c）中的 S_0、S_1、S_2。

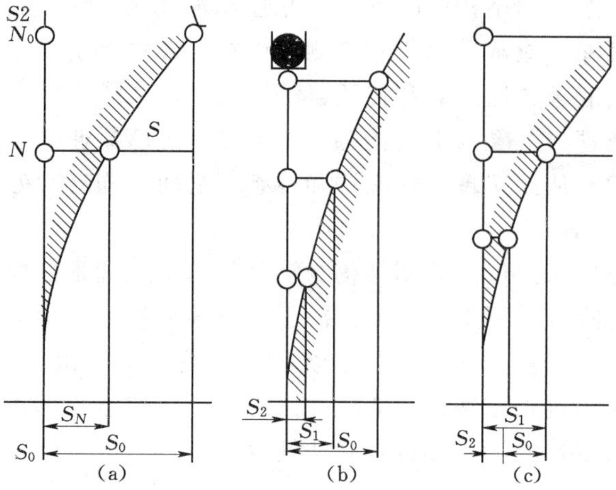

图 9.5　垂线观测方式示意图

(a) 正垂线多点观测站法；(b) 倒垂线多点观测站法；(c) 正垂线多点支持点法

4. 坝体、坝基倾斜监测方法

通过对混凝土坝及其基础的倾斜观测，既能判断坝体的抗倾覆稳定性，又能监控基础的变形状态。另外，利用坝体不同高程上的倾斜观测得到的倾斜角可求得大坝的近似挠度曲线，这在不便进行挠度观测时比较有用。

为使测值真实反映大坝的倾斜状态，少受或不受局部收缩、膨胀或温度变化的影响，倾斜观测点不宜设在坝体的外表面或浅表层易受外界气温、水温等环境因素影响的部位。须紧密结合坝体的结构形式、数值计算和模型试验成果以及地形、地质条件，同时，应尽量与挠度、位移观测等配合。

倾斜观测的方法大致可分为直接观测法和间接观测法两大类。

(1) 直接观测法。该法直接采用气泡式倾斜仪或遥测式倾斜仪测量坝体和坝基的倾斜角。气泡式倾斜仪由一个气泡水准管和一个测微器组成，观测精度取决于气泡水准管的灵敏度，气泡式倾斜仪的安装方法有固定式和活动式两种，固定式稳定可靠，活动式节省仪器；遥测式倾斜仪又分为差动电容式、差动电阻式及差动电感式等多种，具有可远程测量和动态观测并自动记录数据的优点。

(2) 间接观测法。间接观测法的原理是通过观测相对竖向位移确定坝体、坝基的倾斜角，根据竖向位移的观测方法又分为水管测量法和水准测量法。水管测量法是利用水管倾斜仪观测两点或多点之间的高差，而倾斜度为与各点间距离之比。水管测量法不受观测距离的限制，且观测距离越长，倾斜度观测的相对精度越高。水准测量法则是利用水准仪观测两测点之间的相对竖向位移，再换算为倾斜角，一般利用精密水准仪按一、二等水准测量进行观测，这样求得的倾斜角误差较小。

5. 混凝土面板挠度检测方法

混凝土面板堆石坝面挠度的观测可采用水管式沉降仪或斜坡测斜仪。水管式沉降仪的测头采用坑式埋设法埋于面板之下的垫层中；斜坡测斜仪由测斜管和测斜传感器两部分组成，测斜管宜采用铝合金管，测斜管通常直接安装在面板表面，并将其下端固定在趾板上，寒冷地区也可将测斜管埋设在面板下，但在浇筑面板时应注意保护，斜坡测斜仪的安装如图 9.6 所示。

9.2.3　裂缝及接缝监测

9.2.3.1　土石坝的裂缝及接缝监测

1. 土石坝的裂缝监测

根据《土石坝安全监测技术规范》(SL 551—2012) 的规定，对于已建坝的表面裂缝

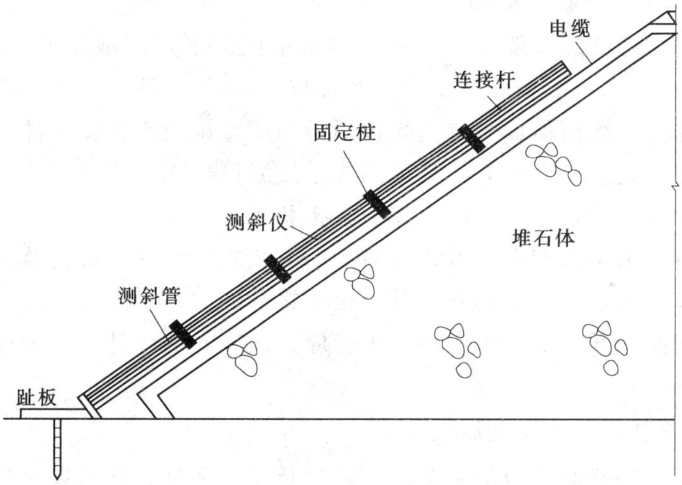

图 9.6 斜坡测斜仪安装示意图

(非干缩、冰冻缝),凡缝宽大于 5mm,缝长大于 5m,缝深大于 2m 的纵、横向裂缝必须进行监测;缝宽小于 5mm,但较深、较长的裂缝,弧形裂缝,垂直错缝,穿过坝轴线的裂缝以及与混凝土建筑物连接处的裂缝也必须进行监测。裂缝监测的项目包括裂缝位置、长度、宽度和深度等。对于在建坝,可在土体与混凝土建筑物及岸坡岩石接合处易产生裂缝的部位,以及窄心墙和窄河谷坝拱效应突出的部位埋设测缝计。

裂缝的位置可根据裂缝出现部位坝体桩号和距离,划出大小适宜的格子量测。裂缝的长度一般用皮尺沿裂缝的轨迹进行测量。裂缝宽度通常是沿裂缝选取几个有代表性测点裂缝两侧各打一设钉头的木桩,间距以 50cm 为宜,通过测量钉头间距离的变化来监测裂缝宽度的变化,有时也可在裂缝处画出标记直接进行测量,观测时应尽量防止损坏测点处的缝口,为方便检查可在缝口喷洒少量石灰水。裂缝的深度可在裂缝附近选取适当位置,用钻孔的方法进行观测。钻孔可采用垂直孔或斜孔,必要时也可以挖探坑或竖井观测立面裂缝的宽度、深度以及裂缝两侧土体的相对位移。钻孔和探坑须注意遮盖保护,完成观测后应及时回填。对表面裂缝的长度和可见深度的测量,应精确到 1cm,宽度应精确到 0.2mm;对于深层裂缝,除按表面裂缝的要求测量裂缝深度和宽度外,还应测定裂缝走向,精确到 0.5°。

裂缝观测的频次可根据裂缝发生、发展的状况确定。一般在裂缝产生初期,应每天观测一次。当裂缝明显发展、上游库水位波动较大以及雨后,须增加测次,当裂缝发展速度变缓后,则可以适当减少测次。对需要长期监测的裂缝,应配合位移监测进行。

裂缝观测成果要及时记录,并详细描述裂缝情况,必要时还可拍摄照片。对于需要多次或长期监测的裂缝,可将裂缝发展各阶段的情况编列成表,将其按比例标于土坝平面图或局部平面图上。

重要裂缝还可绘制在较大比例尺的平面图、剖面图或剖面展视图上,图上注明观测到的裂缝长度、宽度和深度等数据,干密度和含水量等试验成果也可一并在图上注明。

2. 混凝土面板堆石坝接缝监测

混凝土面板周边缝测点一般应布设在正常蓄水位以下，通常在最大坝高处布置 1～2 个测点，在两岸坡约 1/3、1/2 及 2/3 坝高处各布置 2～3 个测点。在岸坡较陡、坡度突变及地质条件差的部位应酌情增加测点。受拉面板的接缝也应布置测缝计，高程分布与周边缝相同，且宜与周边缝测点形成纵、横监测线。接缝位移测点应和坝体水平位移、竖向位移及面板应力应变监测结合布置，以便综合分析和相互验证。

接缝位移一般可采用旋转电位器式测缝计、振弦式测缝计等进行监测。接缝位移包括垂直于面板的挠曲、垂直于接缝的开合及平行于接缝的滑移三向位移。一般最大断面处的周边缝可监测其挠曲和开合度。两岸坡周边缝应选用三向测缝计；面板接缝，有条件的也应选用三向测缝计。

9.2.3.2　混凝土建筑物的裂缝监测

混凝土建筑物的裂缝监测包括裂缝的位置、长度、宽度、深度以及是否形成贯穿性裂缝等。裂缝漏水时，还应观测漏水的情况。另外，如有必要可同时观测气温、水温和上下游水位等环境因素。

对裂缝位置及长度的观测，可在缝端用油漆画线做标记，也可在产生裂缝的混凝土表面绘制方格坐标，然后进行测量。裂缝深度一般用金属丝探测，有条件时可使用超声波探伤仪、钻孔电视摄像等技术手段观测。

裂缝宽度一般用放大镜量测，有时也用电阻片粘于裂缝上进行短期观测。而重要裂缝的宽度观测，一般是在裂缝两侧各埋设一个金属标点，两标点的距离不小于 15cm，用游标卡尺测量两标点间距离的变化值，即裂缝宽度的变化值，精度可达 0.1mm。当需要更加精确地了解裂缝宽度变化的情况时，可在裂缝上安装固定百分表或千分表等精密量具进行观测。

裂缝发展各阶段的观测成果应列表进行记录，一般还应绘制裂缝的分布图、平面形状图和剖面展视图等；对于重要裂缝，可绘制较大比例尺的平面图或剖面展视图，并在图上注明观测值，还可将有代表性的观测成果绘制在同一张图上对比分析。除此之外，还要绘制裂缝宽度、长度和深度随时间变化的过程线以及相应的水位、气温过程线。

在混凝土建筑物裂缝出现的初期，应每天观测一次。若裂缝发展缓慢，可酌情减少测次。但在出现极端气温和水位，气温、水位变化幅度较大，以及裂缝显著扩展时，都应增加观测频次。对于重要裂缝，应在代表部位设置固定标点，定期观测裂缝宽度的变化情况。经长期观测判明裂缝已稳定不再扩展后，可终止观测，但仍应定期进行观察。

9.3　水工建筑物渗流监测

渗流监测对于了解大坝在上下游水位、降雨、温度等环境量作用下的渗流规律以及验证大坝防渗设计具有重要意义。大坝渗流监测的项目主要有坝体浸润线、渗压、扬压力、绕坝渗流、渗流量以及渗流水质监测等。

9.3.1 渗压监测

9.3.1.1 土石坝

1. 坝体渗压监测

坝体渗流压力监测的目的是确定监测断面上渗流压力的分布和浸润线的位置，以便对坝体的防渗效果做出判断。监测断面宜布置在最大坝高处、合龙段、地形或地质条件复杂或突变处，一般不应少于3个，断面间距可参照表面变形监测，对于坝长小于300m时，可取20～50m；坝长大于300m时，可取50～100m。

监测断面上的测点布置，根据坝型结构、断面大小和渗流场特征设3～4条监测铅直线，位置一般如下：

(1) 均质坝的上游坝肩、下游排水体前缘各一条，其间部位至少一条，见图9.7。

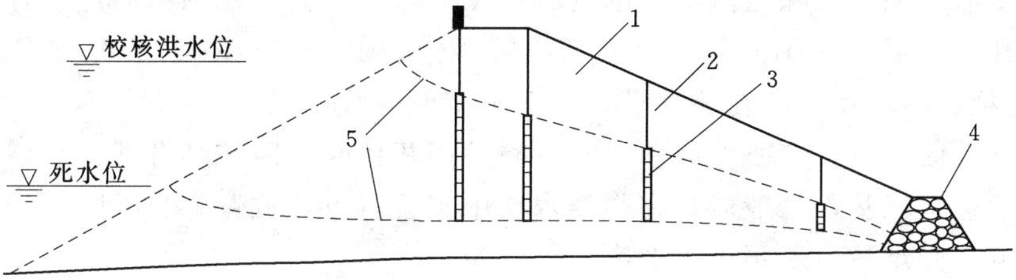

图9.7 均质坝测压管布置示意图

1—土坝；2—测压管；3—进水管段；4—堆石棱体；5—浸润线

(2) 斜墙（或面板）坝的斜墙下游侧底部、排水体前缘和其间部位各一条，见图9.8。

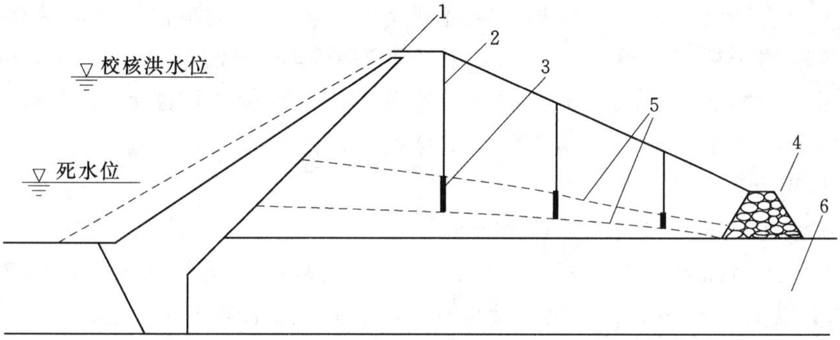

图9.8 斜墙坝测压管布置示意图

1—斜墙；2—测压管；3—进水管段；4—堆石棱体；5—浸润线；6—透水坝基

(3) 宽塑性心墙坝，坝体内可设1～2条，心墙下游侧和排水体前缘各1条，窄塑性或刚性心墙坝，墙体外上下游侧各1条，排水体前缘1条，有时在墙体坝轴线上设1条。监测铅直线上的测点布置，应根据坝高和需要监测的范围、渗流场特征，并考虑能通过流网分析确定浸润线位置，沿不同高程布点。一般要求如下：

1) 在均质坝横断面中部、心墙坝、斜墙坝的强透水料区，每条铅直线上可只设一个监测点，高程应在预计最低浸润线以下。

2）在渗流进、出口段，渗流各相异性明显的土层中，以及浸润线变幅较大处，应根据预计浸润线的最大变幅沿不同高程布设测点，每条铅直线上的测点数一般不少于 2～3 个。

2. 坝基渗压监测

坝基渗流压力监测的目的是监测坝基天然岩土层、人工防渗和排水设施等关键部位的渗流压力。

监测断面布置主要取决于地层结构、地质构造情况，断面数一般不少于 3 个，可以与坝体渗流压力监测断面相重合。

监测断面上的测点布置，可根据建筑物地下轮廓形状、坝基地质条件以及防渗和排水形式等确定，一般每个断面上的测点不少于 3 个。

（1）均质透水坝基，除渗流出口内侧必设 1 测点外，其余视坝型而定。有铺盖的均质坝、斜墙坝和心墙坝，应在铺盖末端底部设 1 测点，其余部位适当插补测点。有截渗墙（槽）的心墙坝、斜墙坝，应在墙（槽）的上下游侧各设 1 测点；当墙（槽）偏上游坝踵时，可仅在下游侧设点。有刚性或塑性心（斜）墙相接时，需在结合部适当增设测点。

（2）层状透水坝基，一般可只在强透水层中布置测点，位置宜在横断面的中下游段和渗流出口附近，测点数一般不少于 3 个。

（3）岩石坝基，当有贯穿上下游的断层、破碎带或其他易溶、软弱带时，可沿其走向在与坝体接触面、截渗槽的上下游侧或深层所需监测的部位布置 2～3 个测点。

9.3.1.2　混凝土坝

混凝土坝的筑坝材料不是松散体，不必担心发生流土和管涌，因此坝体内部的渗流压力监测没有土石坝那么重要，除了为监测水平施工缝设置少量渗压计外，一般很少埋设坝体内部渗流压力监测仪器。对于混凝土坝特别是混凝土重力坝而言，大坝是靠自身的重力来维持坝体稳定的，从坝工设计到水库安全管理通常担心坝体与基础接触部位的扬压力，这是因为扬压力的增加等于减少了坝体自身的重量，也减少了坝体的抗滑稳定性，因此混凝土坝渗流压力监测重点是监测坝体和坝基接触部位的扬压力以及绕坝渗流压力。

1. 坝基扬压力监测

混凝土坝坝基扬压力监测的一般要求如下：

（1）坝基扬压力监测断面应根据坝型、规模、坝基地质条件和渗控措施等进行布置。一般设 1～2 个纵向监测断面，1、2 级坝的横向监测断面不少于 3 个。

（2）纵向监测断面以布置在第一道排水幕线上为宜，每个坝段至少设 1 个测点；坝基地质条件复杂时，测点应适当增加，遇到强透水带或透水性强的大断层时，可在灌浆帷幕和第一道排水幕之间增设测点。

（3）横向监测断面通常布置在河床坝段、岸坡坝段、地质条件复杂的坝段以及灌浆帷幕转折的坝段。支墩坝的横向监测断面一般设在支墩底部。每个断面设 3～4 个测点，地质条件复杂时，可适当加密测点。测点通常布置在排水幕线上，必要时可在灌浆帷幕前布少量测点，当下游有帷幕时，在其上游侧也应布置测点，防渗墙或板桩后也要设置测点。

(4) 在建基面以下扬压力观测孔的深度不宜大于1m，深层扬压力观测孔在必要时才设置。扬压力观测孔与排水孔不能相互替代使用。

(5) 当坝基浅层存在影响大坝稳定的软弱带时，应增加测点。测压管进水段应埋在软弱带以下0.5～1m的岩体中，并做好软弱带处进水管外围的止水，以防止下层潜水向上渗漏。

(6) 对于地质条件良好的薄拱坝，经论证可少做或不做坝基扬压力监测。

(7) 坝基扬压力监测的测压管有单管式和多管式两种，可选用金属管或硬塑料管。进水段必须保证渗漏水能顺利地进入管内。当可能发生塌孔或管涌时，应增设反滤装置。管口有压时，安装压力表；管口无压时，安装保护盖，也可在管内安装渗压计。

2. 坝基扬压力监测布置

坝基扬压力监测布置通常需要考虑坝的类型、高度，坝基地质条件和渗流控制工程特点等因素，一般是在靠近坝基的廊道内设测压管进行监测。纵向（坝轴线方向）通常需要布置1～2个监测断面，对于1级或2级坝横向（垂直坝轴线方向）至少布置3个监测断面。

纵向监测最主要的监测断面通常布置在第一排排水帷幕线上，每个坝段设一个测点；若地质条件复杂，测点数应适当增加，遇大断层或强透水带时，在灌浆帷幕和第一道排水幕之间增设测点。

横向监测断面选择在最高坝段、地质条件复杂的谷岸台地坝段及灌浆帷幕转折的坝段。横断面间距一般为50～100m。坝体较长、坝体结构和地质条件大体相同时，可适当加大横断面间距。横断面上一般设3～4个测点，若地质条件复杂，测点应适当增加。若坝基为透水地基，如砂砾石地基，当采用防渗墙或板桩进行防渗加固处理时，应在防渗墙或板桩后设测点，以监测防渗处效果。当有下游帷幕时，应在帷幕的上游侧布置测点。另外也可在帷幕前布置测点，进一步监测帷幕的防渗效果。

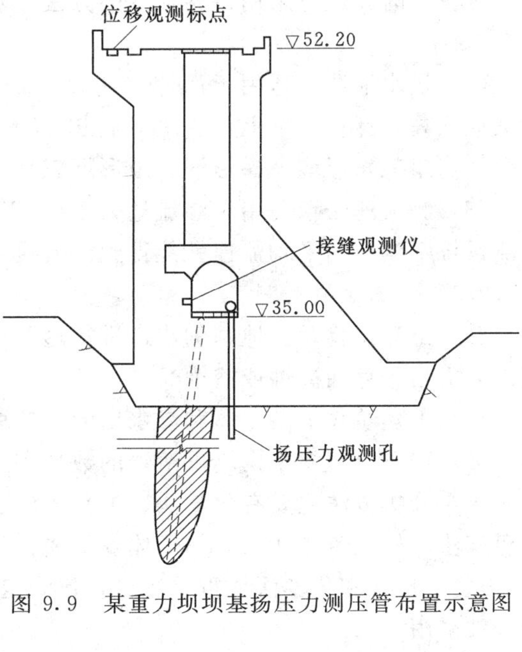

图9.9 某重力坝坝基扬压力测压管布置示意图

坝基若有影响大坝稳定的浅层软弱带，应增设测点。如采用测压管监测，测压管的进水管段应设在软弱带以下0.5～1m的基岩中，同时应做好软弱带导水管段的止水，防止下层潜水向上渗漏。典型的坝基扬压力测压管布置见图9.9。

9.3.2 渗流量监测

当渗流处于稳定状态时，渗流量大小与水头差之间保持固定的关系。当水头差不变而渗流量显著增加或减少时，则意味着渗流出现异常或防渗排水措施失效。因此，渗流量监测对于判断渗流和防渗排水设施是否正常具有重要的意义，是渗流监测的重要项目之一。

9.3.2.1　渗流量监测设计

渗流量监测是渗流监测的重要内容，它直观反映了坝体或其他防渗系统的防渗效果，历史上很多失事的大坝也都是先从渗流量突然增加开始的，因此渗流量监测是非常重要的监测项目。

渗流量设施的布置，可根据坝型和坝基地质条件、渗流水的出流和汇集条件等因素确定。对于土石坝，通常在大坝下游能够汇集渗流水的地方设置集水沟和量水设备，集水沟及量水设备应布置在不受泄水建筑物泄洪以及坝面和两岸雨水排泄影响的地方。将坝体、坝基排水设施的渗水集中引至集水沟，在集水沟出口进行观测；也可以分区设置集水沟进行观测，最后汇至总集水沟观测总渗流量。混凝土坝渗流量的监测可在大坝下游设集水沟，而坝体渗水由廊道内的排水沟引至排水井或集水井观测渗流量。

9.3.2.2　渗流量监测方法

常用的渗流量监测方法有容积法、量水堰法和测流速法，可根据渗流量的大小和汇集条件选用。

(1) 容积法，适用于渗流量小于 1L/s 时的渗流监测。具体监测时，可采用容器（如量筒）对一定时间内的渗水总量进行计量，然后除以时间就能得到单位时间的渗流量。如渗流量较大时，也可采用过磅称重的方法，对渗流量进行计量，同样可求出单位时间的渗流量。

(2) 量水堰法，适用于渗流量为 1～300L/s 时的渗流监测。用水尺量测堰前水位，根据堰顶高程计算出堰上水头 H，再由 H 按量水堰流量公式计算渗流量。量水堰按断面可分为直角三角形堰、梯形堰、矩形堰三种。

(3) 测流速法，适用于渗流量大于 300L/s 时的渗流监测。将渗流水引入排水沟，只要测量排水沟内的平均流速就能得到渗流量。

9.3.2.3　渗水水质监测

对水工建筑物及其地基的渗水进行透明度观测和所含化学成分及其含量的化验，可以用以分析是否存在冲蚀或溶蚀。

在水工建筑物上游水体和渗水出流部位取水样进行化学分析，对比其可溶性物质成分和含量，据以分析渗水携出可溶物的数量和速度。

水质分析方法主要有化学法、电化学法、原子吸收分光光度法、离子选择电极法、离子色谱法、气相色谱法、等离子体发射光谱（ICP - AES）法等。其中，离子选择电极法（定性、定量）和化学法（重量法、容量滴定法和分光光度法）在国内外水质常规监测中普遍被采用。

当水中含有悬浮物和胶体化合物时，透明度显著降低。为了判断排水设备的工作情况，及时发现内部冲刷和管涌现象，在进行水质监测的同时，需进行渗水透明度观测。在渗水出口处用样瓶取水样注入透明度管中，从管口上端通过管中水样观看规定的字样，观看时逐渐放水，管中水面下降到看清字迹为止，此时读取管壁刻度读数即为透明度。再由事先率定的透明度与含泥量关系线查出含泥量，透明度大于 30cm 者为清水。渗水溶蚀速度一方面取决于建筑物和地基中可溶性物质的含量，另一方面也与渗透坡降、渗透流量、水温以及岩土组成结构及化学成分等状况有关。因此，渗水水质监测的资料需要结合有关岩土物理性质和渗透观测资料进行分析。

9.3.3 绕坝渗流监测

当大坝坝肩岩体的节理裂隙发育，或者存在透水性强的断层、岩溶和堆积层时，会产生较大的绕坝渗流。绕坝渗流不仅影响坝肩岩体的稳定，而且对坝体和坝基的渗流状况也会产生不利影响。因此，对绕坝渗流进行监测是十分必要的。有关规范对绕坝渗流监测的一般规定如下：

（1）绕坝渗流监测的部位包括两岸坝端及部分山体、土石坝与岸坡或混凝土建筑物接触面以及防渗齿墙或灌浆帷幕与坝体或两岸接合部等关键部位。绕坝渗流监测的测点应根据枢纽布置、河谷地形、渗控措施和坝肩岩土体的渗透特性进行布置。

（2）绕渗监测断面宜沿着渗流方向或渗流较集中的透水层（带）布置，数量一般为2～3个，每个监测断面上布置3～4条观测铅直线（含渗流出口）。如需分层观测时，应做好层间止水。

（3）土工建筑物与刚性建筑物接合部的绕渗观测，应在对渗流起控制作用的接触轮廓线处设置观测铅直线，沿接触面不同高程布设观测点。

（4）岸坡防渗齿槽和灌浆帷幕的上下游侧应各设1个观测点。

（5）绕坝渗流观测的原理和方法与坝体、坝基的渗流观测相同，一般采用测压管或渗压计进行观测，测压管和渗压计应埋设于死水位或筑坝前的地下水位之下。

绕坝渗流的测点布置应根据地形、枢纽布置、渗流控制设施及绕坝渗流区渗透特性而定。在两岸的帷幕后沿流线方向分别布置2～3个监测断面，在每个断面上布置3～4个测点。帷幕前可布置少量测点。

对于层状渗流，可利用不同高程上的平洞布置监测孔，无平洞时，可分别将监测孔钻入各层透水带，至该层天然地下水位以下一定深度，一般为1m，必要时可在一个孔内埋设多管式测压管，但必须做好上下两测点间的隔水措施，防止层间水相通。

9.3.4 绕闸渗流观测

9.3.4.1 观测的意义

通常绕闸渗流和闸身渗流多为无压水流，因为被测水流上部边界压力等于大气压力。在一般情况下绕闸渗流是一种正常现象，但如果水闸岸墙与堤坝连接不好，产生裂缝或有强透水层，就有可能造成集中渗流，引起变形和漏水，威胁水闸的安全和控制运用的效益。因此，需要进行绕闸渗流观测，以了解岸墙和堤坝接触处的渗流变化情况，判明这些部位的防渗与排水效果。

9.3.4.2 观测点的布设

绕渗测点（观测孔）布设一般是根据混凝土水闸与两岸堤坝连接的轮廓线，以及两岸地质情况、防渗与排水设施的型式等确定，根据海河委下游局五闸的情况，测点应布设在水闸与堤坝软硬相接的薄弱环节，即布设在岸墙和翼墙填土侧。因为闸体很窄，只能布设少量的测点，以监测异常现象的出现。观测孔底应深入到强透水层及深入到筑闸前的地下水位以下，当观测孔布设在破碎岩石内或软基地层时，要埋设测压管，并在进水管段设置过滤层。侧向绕渗的观测时间和次数应根据闸的上、下游水位变化情况确定。

9.3.5　渗流水质监测

渗流水的透明度测定和水质的化验分析，是了解渗流水源、监测渗流发展状况以及研究确定是否需要采取工程措施的重要参考资料。

9.3.5.1　渗流水的透明度测定

清洁的水是透明的，而当水中含有悬浮物或胶体化合物时，其透明度便大大降低。水中悬浮物等的含量越大，其透明度越小。

渗水透明度要固定专人进行测定，以避免因视力不同而引起误差。每次测定时的光亮条件应相同，光线的强弱和光线与视线的角度都应尽量一致，并避免阳光直接照射字板。正常情况下，渗流水的透明度测定可每月（或更长的时间）测定一次，但是，如果发现渗水浑浊或出现可疑现象时，应立即进行透明度测定。透明度测定的方法可分为现场和室内两种。

1. 现场测定

渗流水透明度现场测定的仪器主要由三部分组成：①长度为 150cm 的带有刻度的木质或铁质直杆，杆上刻度的单位为 1cm，最大刻度为 120cm，并以圆盘处为零点；②用搪瓷板、木板或铁板制成的厚 0.5cm、直径为 30cm 的圆盘；③小铅鱼。直杆顶端系绳索，方便测量时上下提放。

测定时，先将透明度测定仪器慢慢沉入水中，沿杆往下看，直至看不见圆盘为止，记录水面与杆相切处的刻度值；再将仪器慢慢上提至看见圆盘为止，再次记录水面与杆相切处的刻度值；如前后两次记录的刻度相差不大，则取其平均值作为渗流水的透明度，否则重新进行测定，直到满足要求为止。

2. 室内测定

在渗水出水口取得水样后，可按十字法在室内测定渗水的透明度。室内测定渗水的透明度一般采用透明度测定管，即带有刻度、内径为 3cm、长度为 50cm 或 100cm 的玻璃管，其下放一白瓷片，瓷片上有宽度为 1mm 的黑色十字和 4 个直径为 1mm 的黑点。

测定时，取出透明度测定管，用毛巾将其底部的白瓷片擦干净；然后将振荡均匀的水样缓慢倒入测定管中，自管口垂直往下观察，直到瓷片上的黑色十字完全消失为止；重复操作两次，如两次读数的差值小于 2cm，则渗水的透明度取两次读数的平均值，否则重复测定至符合要求为止。

9.3.5.2　渗流水质的化验分析

通过对渗流水质的化验分析可以了解渗流水的化学性质和对坝体、坝基材料有无溶蚀破坏作用，有时为探明坝基和绕坝渗流的来源，也可在大坝上游相应位置投放颜料、荧光粉或食盐，然后在下游取水样进行分析。

在下游渗流出口处取 1～2L 水样，用带玻璃瓶塞的广口玻璃瓶装水样，装入水样前先将玻璃瓶及瓶塞洗干净，再用所取渗流水至少冲洗三次。装入水样后，用棉线填满瓶口与瓶塞之间的缝隙，再用蜡进行封闭。最后，在瓶上标明采样地点、日期、时刻、化验分析的项目及目的，并迅速将水样提交化验单位进行分析。

9.4 应力与温度监测

坝体应力是引起坝体裂缝的主要原因，也是影响坝体安全和整体稳定性的一个重要因素。为了解混凝土坝在不同工作条件下的应力分布及其变化，分析其工作情况是否正常，并为工程的控制运用、验证设计和科学研究提供资料，应按工程的重要性、建筑物的类型、坝的受力和地质情况，或者根据某些特殊需要，选择一些具有代表性的坝段或者某些特殊部位进行应力观测。

9.4.1 混凝土坝应力与温度监测

9.4.1.1 应力监测

混凝土坝应力监测布置时，一般先选定监测坝段，在监测坝段内选定垂直于坝轴线的横断面作为观测断面，选定不同高程的水平截面作为观测截面，然后在监测断面和监测截面上布置测点。监测坝段、断面、截面和测点的布置，一般应满足下述基本要求：

（1）能观测出最大应力的大小和方向。

（2）监测成果便于与设计和模型试验相验证。

（3）各相关因素的观测设备布置要相互配合，以便于全面综合地对建筑物进行分析。

（4）为了获得正确的观测成果，对重要的测点，仪器的埋设可以适当重复，以进行校核。

（5）监测设备的布置，应力求方便施工和观测。

1. 重力坝的应力测点布置

一般在溢流坝段和非溢流坝段中各选一个监测坝段，对于重要的和地质情况复杂的工程，还可以增设监测坝段。在每个监测坝段上布置 1～2 个监测断面。布置一个监测断面时，常以通过坝段中心线的断面作为监测断面。对于特别重要的工程，可选互相平行且对称于坝段中心线的两个断面作为监测断面。在监测坝段上，除靠近基础（距基础不小于 5m，以免测点受基坑不平和边界造成应力集中的影响）布置一监测截面外，还可根据坝高、结构形式等条件，在不同高程布置几个截面，通常每个截面至少布置 5 个测点。测点距坝面不得小于 3m，以免测点受短周期气温的影响。在有纵缝的坝体，可在纵缝的上、下游各 1.5～2m 处增设测点。重力坝的测点布置如图 9.10 所示。

2. 拱坝应力监测点布置

一般可选择拱冠的悬臂梁和拱座断面作为监测断面。坝较高或基础复杂的工程，还可以在拱弧的 1/4 处取径向断面作为监测断面。在监测断面上，除接近基础（距基础不小于 5m）布置一排测点外，还应根据坝高等条件，在不同高程布置监测截面。各监测截面测点的布置，一般是在距上、下游坝面 1m 左右各布置一个测点，在中心布置一测点。对于厚度较大的拱坝，可以增加测点。中等高度（50m）以上的拱坝都应监测混凝土应力。拱坝的应力测点分布如图 9.11 所示。

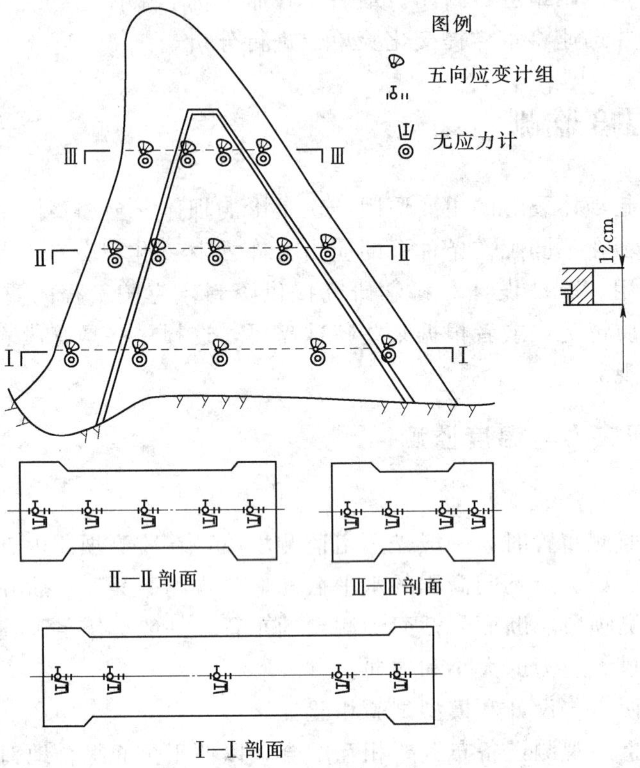

图 9.10　重力坝应力观测点布置示意图

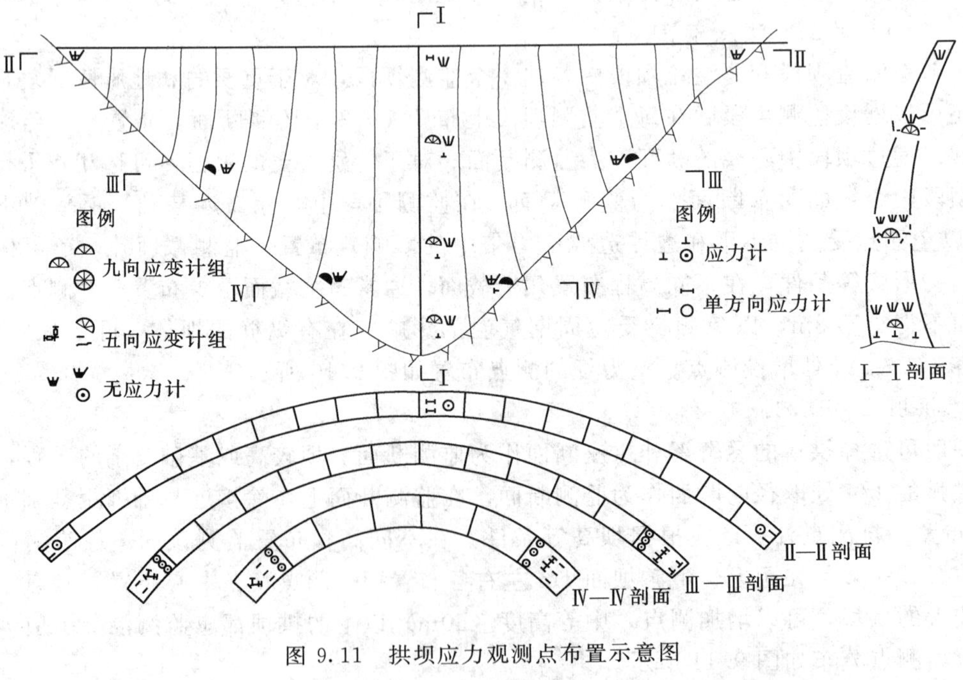

图 9.11　拱坝应力观测点布置示意图

9.4.1.2 温度监测

1. 测点布置原则

（1）温度测点应布置在大坝的重点坝段。温度监测主要包括坝体温度监测和坝面温度监测。必要时，可在大坝底部靠上下游附近各钻一排深入基岩5～10m的钻孔，在孔内不同深度安装温度测点监测基岩温度。

（2）坝体温度测点的布置应考虑坝体结构特点、施工方法以及温度场的分布规律，在温度梯度较大的坝面或孔口附近应适当加密测点。

（3）需要构造含温度因子的数学模型进行安全监控预报的坝段可适当增加温度测点，而不进行安全监控预报的坝段可适当减少测点。

（4）当其他监测仪器（如应变计、钢筋计等）可以同时监测温度时，可不再单独布置温度监测仪器。

2. 坝体温度监测布置

（1）在需要监测温度的混凝土重力坝坝段的中心断面上，温度测点以网格方式布置。网格间距的大小以能够绘制出坝体温度等值线为准，一般为8～15m，对于坝高大于150m的高坝，网格间距可增至20m。重力坝引水坝段和宽缝重力坝温度测点的布置还应满足三维温度场监测的要求。

（2）拱坝的温度监测一般沿坝高布置3～7个水平监测断面，具体断面数可根据坝高确定。在水平监测断面和拱坝坝段中心断面的交线上布置温度测点，通常布置3～5个。另外，必要时在拱座应力监测断面上也可设置温度测点。

（3）重力坝纵缝和拱坝横缝的灌区需同时设置温度计和测缝计。

（4）支墩坝的温度测点布置在坝段不同高程的水平监测断面上，监测断面一般为3～5个。与其他坝段相比，挡水坝段的测点数可适当增加。若支墩空腔的下游面密封，则可以在空腔内不同高程上布置测点监测温度。

3. 坝面温度监测布置

（1）坝面温度测点通常在离上游坝面5～10cm的混凝土内沿高程布置，测点间距一般为1/15～1/10的坝高，死水位以下测点的间距可视情况增大。多泥沙河流的库底水温由于受异重流影响，其死水位以下测点的间距则不宜增大。

（2）蓄水后的坝体表面温度监测值可作为坝前库水温度使用。

（3）受日照影响的下游坝面可根据具体情况布置坝面温度测点。若拱坝的左右半拱日照条件差别很大，需分别设置测点进行温度监测。

9.4.2 土石坝孔压及土压力监测

9.4.2.1 土石坝的孔隙水压力观测

1. 目的

为了解坝体土料内由于固结而产生的孔隙水压力的分布与消散情况，判明其在运用过程中对坝体稳定的影响，并验证设计，同时为设计和科研积累基础资料。

2. 测点布置

孔隙水压力监测断面应根据工程等级、坝体尺寸、结构形式、地形条件、地质条件等进行布置，一般布置在原河床、合龙段、地质、地形条件复杂处。孔隙水压力监测一般应与变形、渗流和上压力监测相结合，并同时观测大坝上下游水位、地下水位和降雨量等环境量。

通常将测点水平布置成若干层，每层测点的距离取决于土石坝的结构形式及尺寸，以能得到孔隙水压力的等压线为原则，可分布在 3～4 个高程上，并尽量与渗流测点相结合。孔隙水压力观测设备应与固结观测设备布置在一个横断面上，至少选择 1～2 个横断面(其中包括最大断面)，在每个横断面上应水平地布置几排测点，排与排的高差约为 5～10m，排的位置应尽量与固结管的测点在同一水平面上，每排测点的间距约为 10～15m(图 9.12)。固结管测点附近 3～5m 处应布置孔隙水压力测点。

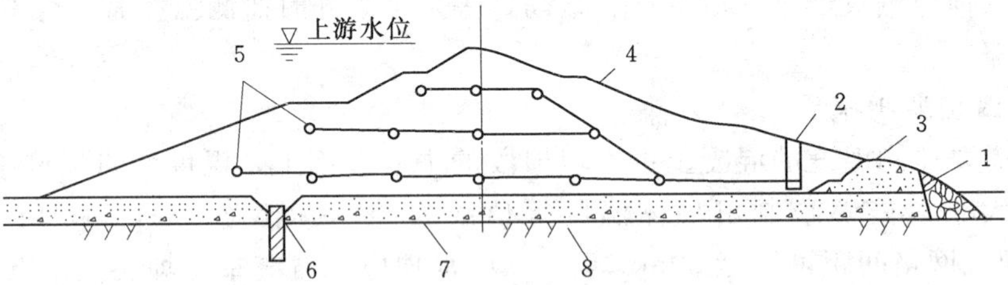

图 9.12　孔隙水压力测点布置图

1—均质土坝；2—观测井；3—砂砾棱体；4—反滤层；5—测点；6—截水墙；7—砂砾；8—不透水层

均质坝坝坡可能滑动的区域以及坝基附近应多布置一些测点。为了解不同坝料交界处的排水条件，并兼顾后续渗流监测，可在交界面上布置测点。坝基面上也要布置一层测点，并尽量与沉降测点处于同一高程。另外，坝轴线附近也必须设置测点。

孔隙水压力观测设备还应与渗透观测设备配合布置，以便在孔隙水压力消失以后，利用它进行渗透观测。

9.4.2.2　土石坝的土压力观测

土压力的监测断面由大坝结构形式、地形、地质条件等因素确定，一般工程可布置1～2个监测横断面，特别重要或坝轴线呈曲线的工程，经研究论证有必要时，可增加 1 个监测纵断面。土压力监测断面应与坝体孔隙水压力监测断面和变形监测断面结合布置。除了布置土压力监测的横断面外，一般还应布置 2～3 个不同高程的水平监测断面。

土压力监测断面上各测点处监测仪器的布置方式根据实际情况确定。当监测垂直向或水平向土压力时，一般布置相应方向的单支土压计；当监测主应力和剪应力时，土压计应成组布置，且每组土压计的数量不能少于 2 个。一般情况下监测到的是总土压力，若需推求有效土压力，则在测点处的土压力计附近再设置渗压计，各监测仪器之间应保持一定的距离。

为更好地分析土压力的监测成果，通常应在土压力测点附近取少量土样，测试其干密度和级配等物理指标，必要时还需进行强度试验。

9.5　水力学监测

水压力是水工建筑物的主要作用力，随着下泄水流流速和流量的增大，巨大的水流能量和水流脉动可能直接造成建筑物结构受力破坏，引起过流面表面空蚀，造成下游面冲刷和淘刷等，影响大坝安全泄洪、电站正常发电和船闸安全通航。现在国内外大中型水利工程都已将水力学安全监测列为大坝安全监测内容之一。

水力学监测的目的是：掌握各水工建筑物的水动力特性；监测各水工建筑物的安全运行状况以及对航运、发电的影响；预测可能发生的异常状况并采取有效的工程措施；优化枢纽调度方案及各水工建筑物的运行规程；为工程验收提供依据，亦为今后同类工程的水力学设计及模型试验预测提供宝贵的经验。

水利水电工程的水力学监测项目应根据泄水和引水建筑物结构形式、工程或科学研究的实际需要合理选择，各监测项目要相互配合，以便综合分析。泄水建筑物和引水建筑物的进出口水位差大于80m时，一般需开展水力学监测，水力学监测主要包括动水压力监测、流态监测、水面线监测、流速监测、泄流量监测、空蚀监测及消能监测等项目。水力学监测的测点布置要方便监测成果与计算和模型试验结果的比较。

9.5.1 动水压力监测

动水压力可分为瞬时压力、脉动压力和时均压力。闸坝和输水管道建筑物等的振动都是由脉动压力引起的，因此，脉动压力的监测相对比较重要。脉动压力监测主要是测量脉动水流的振幅和频率。

9.5.1.1 动水压力监测设计

泄水建筑物和引水建筑物的动水压力监测断面布置应能反映过水表面的压力分布特征，并满足监控工程安全运行的要求。动水压力监测断面一般沿水流方向布置在闸底板和闸墩下游的中线处、溢流堰面、消力池底板、边墙和挑流鼻坎的反弧段以及边墙体型发生突变的部位，并尽量与模型试验对应。

泄水孔和泄水洞边壁的水压力应进行监测，有压隧洞的压坡线可通过测量若干控制断面洞壁的动水压力确定。为相互验证，在监测脉动压力时，应在其周围设置1～2个测压管，以便同时监测时均压力。

9.5.1.2 动水压力监测方法

动水压力监测一般采用测压管法或压力传感器法。

1. 测压管法

测压管测动水压力的原理是通过一根连通管将测点处的动水压力转换成测压管水头进行量测，测量仪器通常采用测压管水银比压计或压力表。

2. 压力传感器法

动水压力监测的压力传感器通常选用压阻式或电阻式传感器。压力传感器的电缆和传感器底座应在压力传感器安装前预先埋设。脉动压力和瞬时压力采用自动采集仪或记录仪读取和记录测值，而瞬时压力的平均值就是时均压力。

9.5.2 流态及水面线监测

9.5.2.1 流态监测

流态监测主要包括泄水建筑物和引水建筑物进口水流的侧向收缩、漩涡的大小和位置、回流范围、水流分布情况及波浪高度等监测；泄水建筑物泄槽的水流形态、冲击波、折冲水流、弯道水流及其横比降、桥墩和闸墩的绕流流态等监测；底流消能、面流消能、挑流消能和消力戽等消能工的水流流态以及与下游河道水流的衔接形式等监测；泄水建筑物下游河道水流的流向、冲淤区、回流形态及范围、波浪和水流分布及其对河岸的影响监测等。

9.5.2.2 水面线监测

在运行初期或者遭遇超历史记录的水位时，应对泄水建筑物的水面线进行监测，监测内容主要包括溢洪道水面线监测、无压泄洪洞水面线监测、挑流水舌迹线的监测和水跃监测等。水跃监测包括水跃长度测量及平面扩散水面线观测。

对于溢洪道等泄水建筑物的沿程水面线与衔接水面线，可在其边墙绘制网格，采用水尺法、直角坐标网格法或摄影法进行观测；挑流水舌的入射角、出射角和水舌厚度可用经纬仪测量，也可用立体摄影技术等进行测量。无压泄洪洞的最高水面线可用预涂粉浆法或水尺法测量，也可用电测式水位计测量。

9.5.3 流速和流量监测

9.5.3.1 监测布置要求

根据漩涡、磨蚀、空蚀、掺气、排漂和消能防冲等需要流速监测的部位，通常应布置在溢流坝面、渠槽底部或结构突变处、挑流鼻坎末端、下游回流以及上下游航道等部位。

为了积累泄流流量和下游水位的资料，绘制下游水位与流量的关系曲线，应在工程建成后，对泄水建筑物的泄流流量进行监测。当泄水建筑物设有控制水位的闸门时，应通过闸门在不同开度下的水位和泄流量的监测，绘制水位-流量关系曲线。流量监测断面有固定测流断面和临时测流断面之分。固定测流断面应布置在断面稳定的部位，临时测流断面可视泄水建筑物具体情况布置。

9.5.3.2 监测方法

可用浮标法、流速仪法、超声波法、毕托管法等测量流速，而流量可根据流速和过水断面面积进行计算。

1. 浮标法

浮标法仅适用于测量水流的表面流速。浮标随水流漂移，其运动速度可认为与水面流速相同，水面流速可通过测量浮标的移动速度得到。采用浮标法测量流速时，在测流断面的上下游布置两个浮标测速断面，再在岸边顺水流方向设置一条测速基线，在两个浮标测速断面和测速基线上设置标志。浮标的观测可用目测法、经纬仪交会测量法、普通摄影法、高速摄影法、连续摄影法或立体摄影法等。浮标在正式使用前应率定其修正系数。

2. 流速仪法

转子式流速仪由旋转、发讯、身架、尾翼和测杆等部件组成。转子式流速仪的测速原理是根据水流和转子之间的动量传递，水流运动将带动转子的转动，而在一定流速范围内，水流流速与流速仪转子转速存在近似的线性关系，即可按下式计算水流流速：

$$v=Kn+C \tag{9.2}$$

式中　v——流速，m/s；

n——流速仪转子的转速，r/s；

K、C——常数，可通过流速仪检定。

采用转子式流速仪监测泄水建筑物的泄流流速时，一般情况下要在测速断面安装支架，支架应具有足够的强度。正常使用情况下，流速仪的率定结果稳定期通常为1年或累计工作300d，根据水文测验规范的要求，流速仪在超过稳定期后，应立即送检。

3. 超声波法

超声波法测流速利用了超声波在水中的传播特性。超声波法按测量原理可分为超声波时差法和超声波多普勒法两种。

(1) 超声波时差法。该法适用于水面较窄的情况，具体又分为一层法、三层法和多层法。超声波时差法的测速原理是通过超声波在静水和动水中传播速度的差异来测量水流流速。假设超声波在静水中的传播速度为C，水流流速为v，当超声波在顺水流传播时，其传播速度应为$C+v$，而逆水流传播时，传播速度为$C-v$，因此，测出顺流与逆流传播的时差后，即可计算出水流流速。

(2) 超声波多普勒法。超声波多普勒法利用多普勒效应量测水流的流速。所谓多普勒效应指的是，当频率为f的振源与观测点之间发生相对运动时，观测点接收到的振源辐射波频率会产生频移f'。故通过测出因相对运动产生的频移f'，就可计算出振源的运动速度。

4. 毕托管法

毕托管由动水压力感应孔、压力传递管、静动水压力接出口和压力测量仪等组成。毕托管测流速的原理是基于伯努利方程，当测出动水压力与静水压力的差值后，可按式(9.3)算出水流流速，即

$$v=\alpha\sqrt{2g\Delta H}=K\sqrt{\Delta H} \tag{9.3}$$

式中 v——流速，m/s；

g——重力加速度，m/s^2；

ΔH——动水压力与静水压力的差值，m；

K——系数，由实验室率定。

毕托管结构简单，按式(9.3)计算的流速准确，但在实际使用时，由于仪器在流动水流中固定困难，易产生振动或摆动，压力测值很难稳定，因而误差较大。

9.5.4 空蚀与掺气监测

9.5.4.1 空蚀监测

需要进行空蚀监测的部位主要有溢洪道或泄洪洞的弯道及岔道、消力墩的背水面及底部、闸门门槽、溢流面反弧段、挑流鼻坎、辅助消能工、底孔高速水流与坝面溢流的交汇处、高速水流(流速大于15m/s)受到干扰的区域、泄水建筑物的施工不平整或存在人工突体处以及模型试验中易发生空蚀的部位。

通过用水下噪声探测仪监听空泡溃灭时噪声强度变化的方法，对可能出现空蚀的部位进行监测；用地面近景摄影法量测空蚀量，对于体积较大的空蚀还应测量其面积和深度，并计算空蚀量。另外，还要在整个空蚀破坏范围内，设置各种标志，然后用照相机和摄像

机拍摄记录空蚀破坏的全貌，同时记录相应的水流条件，如上下游水位、泄流量和闸门开度等。

9.5.4.2　掺气监测

掺气监测的目的是研究掺气浓度的分布规律和掺气防蚀的保护范围，主要内容包括掺气的发生及发展过程、设置掺气坎后水流底层的掺气浓度、明渠水流表面的自然掺气浓度监测等。为了测出水舌落点附近的最大掺气浓度、沿水深方向的掺气浓度和冲击力，应加密水舌落点附近的测点，并延伸至上游空腔中。另外，在监测掺气浓度的同时，还应对水面线、水位、流速、流量以及水压力等进行监测。

掺气监测的常用方法有：

（1）取样法。采用负压取样器取掺气水样，通过掺气水样的水、气分离处理测出掺气量。

（2）电测法。电测法又分为电阻法和电容法等，常用的是电阻法。电阻法的工作原理是根据水和空气的电导率不同，通过测量掺气后水的导电能力与未掺气时的差异确定水中的掺气量。

（3）同位素法。基于放射性同位素的 y 射线通过水和空气时的吸收值不同的特点，测量掺气水的分层掺气量。

9.5.5　消能及冲刷监测

9.5.5.1　消能监测

消能监测主要是对底流、面流和挑流等各种消能工消能时的水流形态进行测量和描述。其中对于挑流消能还需量测水舌剖面轨迹、平面扩散覆盖范围、碰撞挑流加测撞击位置。监测方法有目测法、摄影法、单经纬仪及双经纬仪交会法等。过坝水流总消能率计算尚需量测下游河床断面的水位和流量。消能监测成果应详细记录，认真分析，发现有影响安全的现象应及时上报并采取措施。

1. 底流消能监测

底流消能的主要监测对象是明槽水流从急流变为缓流时水面产生的水跃现象，包括水跃的形态、长度、前后水深和流速等监测。水跃的长度和前后水深可利用设置在边墙上的方格网及水尺组，通过目测法或摄影法监测。若消力池中的流速大于 15m/s，应注意监测消能设施有无空蚀发生。

2. 面流消能监测

面流消能主要监测涌浪与平面回流。借助网格或水尺，目测涌浪的水舌涌高和跃后涌浪；平面回流监测应重点关注回流的位置、范围及流速。面流消能率可通过在下游河段中水流开始恢复正常紊动的稳定河床部位设置断面测量断面的水位和流量进行推算。

3. 挑流消能监测

挑流消能监测可分为挑射水舌的测量和水垫消能测量。挑射水舌的测量一般采用单经纬仪或双经纬仪交汇法以及摄影法等。同时还应观测水舌跌入下游尾水时的入水位置，水舌入水后的平面水流形态，水体激溅和水面波动的影响范围等。挑流消能效果的监测可以采用与面流消能相同的方法。

9.5.5.2 冲刷监测

泄水建筑物的溢流面、边墙、闸门的下游底板、消力池、辅助消能工、下游渠道和护坦底板等部位应进行冲刷监测。水上部分的冲刷情况目测即可。水下部分的冲刷情况则需采用测深法、压气沉柜检测法、抽干检查法及水下电视检查法等进行观测。

1. *局部冲刷监测*

局部冲刷监测的要点是准确测定冲坑位置、形态、深度及范围，并能绘制出冲刷坑的地形等高线。水下部分监测断面和测点布置的间距一般为3～10m，地形突变的部位应适当加密测点。采用抽干检查法观测时，还要对冲刷部位的岩石节理裂隙、断层等地质情况进行详细记录。

2. *局部淘刷监测*

当采用面流和序流等消能方式时，需要对易受水流挟带的砂石的旋转和滚动淘刷的部位进行观测和检查，如齿槽、冲坑底部与其他建筑物的衔接处等，详细记录淘刷部位的位置、范围及深度，并绘制平面图和剖面图。

3. *淤积物监测*

根据基础条件和泄流条件，在泄水建筑物的下游布置几个有代表性的纵、横向监测断面，在淤积物监测区域内测量并详细记录岩块的平均尺寸和最大尺寸，以及测量淤积物的厚度、体积和分布情况。

9.6 环境量及地震监测

水库建成后，天然水流得到控制，洪水不成灾，枯水季有了水源，在一定程度上改变了河流的环境条件。为了解环境量的变化规律及其对水工建筑物变形、渗流和应力、应变等的影响，应当进行各种必要的环境监测工作。

地震监测的目的是要监测地震活动性，确定震源特性，包括震级、震源位置和初动方向等，为地面运动特性和工程结构抗震特性研究以及结构抗震设计提供基础资料。

9.6.1 监测内容和要求

9.6.1.1 环境量监测

需监测的环境量主要包括气温、水温、降雨量、波浪、大坝上下游水位、坝前淤积和冰冻等。环境量监测仪器的安装埋设应在水库蓄水前完成。环境量监测必须严格按《水位观测标准》（GB/T 50138—2010）、《降水量观测规范》（SL 21—2015）和《河流冰情观测规范》（SL 59—2015）等标准和规范执行。

9.6.1.2 地震监测

对于坝址区地震的基本烈度为Ⅶ度及Ⅶ度以上的1级、2级大坝，经论证，可对大坝的地震反应进行监测。大坝的地震反应监测分为地震强震监测与坝体动力反应监测两个方面，其中，强震监测应和专门的地震监测网点结合。另外，土石坝的动力反应监测还应包括动孔隙水压力的监测。

9.6.2 水位监测

水位是以高出某个基准面的高度，以米来计算的。水库水位的高低，既可以反映出水库蓄水量的多少，也是推算水库出流量的重要依据。因此进行其他项目监测时，常常需要同时监测水位，将其作为水库情况的重要指标。

9.6.2.1 监测断面及测点布置

水位监测按《水位观测标准》(GB/T 50138—2010) 的有关规定执行。

水库水位监测，根据作用的不同，可以分为库区水位监测和过水建筑物（溢洪道、泄水涵洞等）上下游水位监测两大部分。

1. 水库水位监测

水库水位监测，一般是为了求得水库平均水位，以正确地计算水库蓄水量，并掌握库区动水水面的变化情况，研究回水和淤积的影响等。水库水位通常分为坝前水位和库周水位两类。坝前水位水尺是水库水位监测的基本水尺。在中小型水库，水库面积不太大，可以仅在坝面或坝身附近岸边设置一个坝前水位监测点，监测坝前水位并将其作为库区平均水位。对于水面特别开阔或形状特殊的大水库，除应监测坝前水位外，还须在水库周围设置几个水位测点，同时进行监测，以推求库区平均水位。

2. 过水建筑物上下游水位监测

通过过水建筑物上下游水位监测，可以了解建筑物的工作条件，以及由水位流量关系推算流量。

上游水位监测站应设置在受泄流和风浪影响小、便于仪器安装埋设和监测的位置，如稳定岸坡处，永久建筑物上，水面平稳、能代表坝前平稳水位的位置。

下游（河道）水位监测站一般布置在受泄流影响小、水流平顺、方便安装仪器设备和进行监测的位置。水位监测断面应同测流断面统一布置。当各泄水口的泄流以分道方式汇入干道时，除了在干道上布置必需的测点外，也可在各分道上布置测点。若下游河道无水，可用河道地下水位代替，地下水位监测的测压管或监测井根据地形和地质情况布置，并尽可能与渗流监测结合。

水位监测的水准基面与水工建筑物的水准基面应一致。

9.6.2.2 水位监测设备和方法

水位监测方法有水尺法、浮子式水位计法、压力式水位计法、超声波水位计法、自记水位计法等，可根据具体的地形和水流条件选用。

1. 水尺法

水尺分为直立式水尺、倾斜式水尺和矮桩式水尺。水位测量基准值的获取需用到水尺，因此，每个水位测点都必须设置水尺，即便采用别的水位监测方法，也应辅以水尺进行监测，并定期比对和校测。水尺要有一定的强度和刚度，温度变形要小，同时耐水性要好，一般由木材、搪瓷或合成材料制作而成。水尺的刻度要求清晰、醒目，刻度分辨率为1cm。为方便夜间监测，水尺表面可设荧光涂层。

水尺的布置，应根据历年水位变化幅度，本着既能满足使用要求，又保证监测精度与经济安全的原则进行。观读范围一般要高于最高水位和低于最低水位各0.5m。因此，水尺往往不是一根，而是一组，如图9.13所示。相邻水尺间应有0.1～0.2m的重合，在风浪较大的地方，重合部分可适当放大至0.4m。水尺尺板的材料，可以是木材、金属搪瓷或者其他适宜材料。尺面最小刻度为厘米，需标记清晰，便于认读。尺板钉在靠桩上，也可以固定在坚固的岩石岸坡上或水工建筑物上。有时甚至在这些物体上涂绘水尺。当遇有流冰、航运、浮运等原因不能采用这种直立式水尺时，可改用其他形式的水尺，如悬锤式水尺等。悬锤式水尺通常利用坚固陡岸、桥梁或水工建筑物的岸壁设置，用带重锤的悬索（皮线或细钢丝绳等）测量水面距某一固定点的高差来计算水位。

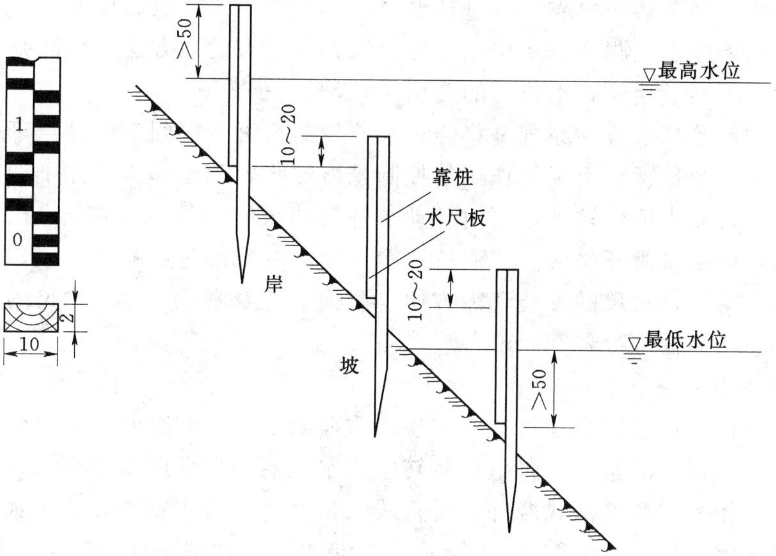

图9.13　水尺和水尺组的布置（单位：cm）

测读水尺水位时，观测者应尽量使身体蹲下，视线接近水面，读取水面在水尺上最邻近的一个分划读数。如果水面恰恰在两个分划的中央，这时应读取相邻的偶数读数。

水尺读数加上该水尺零点高程即水位。水位一般读记至1cm即0.01m。在有特殊精度要求时，也可读至0.005m。

如果监测时有风浪，水尺上又没有静水设备，则应先读取波峰在水尺上的数值，并随即读取波谷在水尺上的数值，将两数取平均值作为水位监测值。如果风浪不大，可以用棍棒在风浪的上游使劲打几下，使波浪消失，然后迅速读数。

水位监测的次数，应根据各测点水位变化特点及监测要求而决定。

（1）坝前水位的测次，应当满足水库管理运用和水情电报拍发要求，以能测出水位转折变化为原则。因此，当水位平稳时，只需每日8时监测一次。水位变化缓慢时，则在每日8时和20时各监测一次。在水库闸涵放水或有洪水入库，以及水库泄洪时，水位急剧变化，则应根据水位变化情况，加密测次，每1～6h监测一次，甚至每半小时或若干分钟监测一次，以便求到各次洪水峰谷和完整的水位过程。

（2）水库下游水位的监测，原则同坝前水位。

（3）闸涵上下游水尺水位，除参照以上要求外，应在每次闸门变动（包括开始开闸、开闸终了、开始关闸和关闸终了）前后加测，并且在变动后一段时间内，还要根据水位变化情况，适当增加测次。

(4) 闸下（辅助）水尺水位，在推算流量需要此项资料时，可以在出现沉溺式水流期间，与闸上游水位同时进行监测。

水库泄水建筑物在监测水位的同时，还应测记闸门开启高度、孔数和水流状态，以及影响水位的各种因素，如风向、风力（速）水面起伏度等。

2. 浮子式水位计法

浮子式水位计具有结构可靠、测量精度高、便于维护等优点。但使用浮子式水位计监测水位时，必须修建水位测井。水位测井造价高，且在有的地方建水位测井较为困难，因而在一定程度上限制了浮子式水位计的应用。

浮子式水位计监测水位的原理是将绕过水位轮的悬索一端固定在漂浮于水位井内浮子上，另一端连接一个重锤，重锤的作用是控制悬索的张紧和位移。当浮子随着水位的升降而升降时，悬索带动水位轮转动，再由转动部件驱动水位编码器（或记录仪）记录数据。

水尺的安装应尽量避开受回流、涡流、漂浮物以及风浪等影响的区域，无法避开时可使用静水设施。另外，水尺的安装还需方便监测人员近身测读水位。水尺的测量范围应大于最高水位和小于最低水位各0.5m。

3. 压力式水位计法

压力式水位计法通过测量静水压力实现水位监测目的。监测时，通过传感器将静水压力转换为电信号，再用测量仪表将电信号转换为水位值。根据压力传递方式的不同，压力式水位计又分为投入式和气泡式两种。投入式水位计将压力传感器安装在水下，用电缆将水压信号传输至测量仪表，如图9.14所示。气泡式水位计则是通过一管道向水下测点吹气，并使管内气压和测点处的静水压力平衡，量测管内气压即可得到测点处的水压，进而可计算出相应的水位。

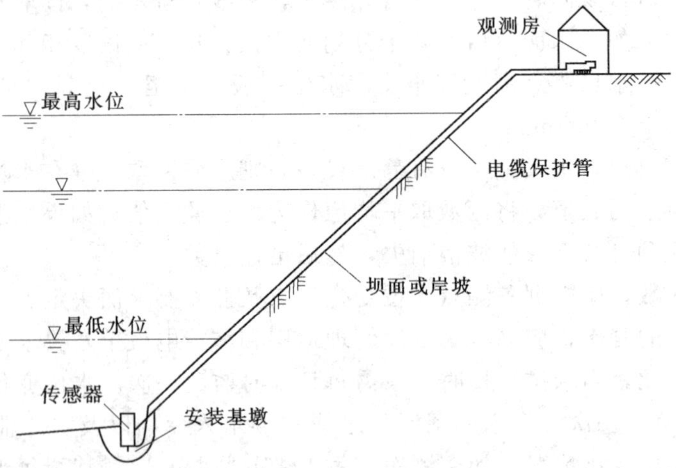

图9.14 投入式水位计安装示意图

4. 超声波水位计法

在介质中以一定速度传播的超声波遇到不同密度介质的分界面时，会发生反射，所以，如果向水面发射超声波，测出超声波从发射到接收之间的时间以及超声波在介质中的传播速度，即可计算出其传播距离，经换算便可得到所测水位，这就是超声波水位计监测水位的原理。

超声波水位计按其安装方式和传播介质的不同可分为液介式和气介式水位计两类。

液介式水位计的超声波换能器安装在水下，超声波在水中传播，如图 9.15（a）所示。超声波换能器的安装基座应设在稳定的基岩等不会发生沉降的部位，并且不能有漩涡、水草和淤积。超声波换能器的发射面必须保持水平。由于液介式超声波水位计存在 0.5m 的监测盲区，故换能器的安装位置应至少低于最低水位 0.5m。

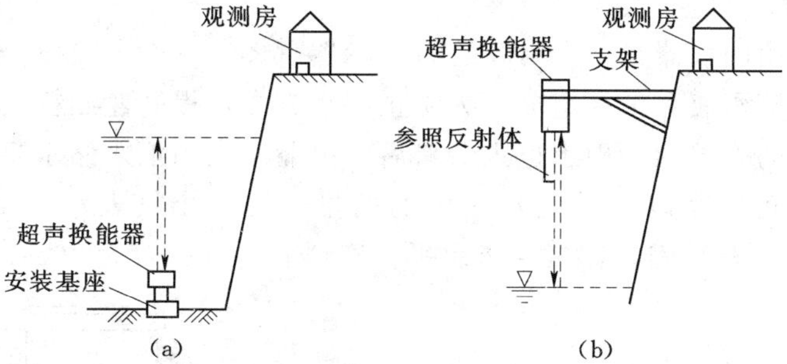

图 9.15 超声波水位计安装示意图

（a）液介式；（b）气介式

气介式水位计的超声波换能器安装在水上，可以安装在支架、桥墩或坝体上，换能器的发射面应保持水平，如图 9.15（b）所示。为防止超声波遇到别的物体发生反射，产生监测错误，换能器下方一定范围内不能有其他物体，因此，尽量避免把超声波换能器安装在水面漂浮物多的地方。气介式超声波水位计的监测盲区为 1m，因此，超声波换能器的安装位置应高于最高水位 1m 以上。

5. 自记水位计法

利用自记水位计监测水位，结构形式很多，图 9.16 所示为一种就地记录式自记水位计结构示意图。水面的升降使测井内的浮子起落，通过悬索带动滑轮，再经过齿轮系统带动记录笔杆做相应的摆动，笔尖便在随时钟转动的记录纸上画出相应的水位变动曲线。

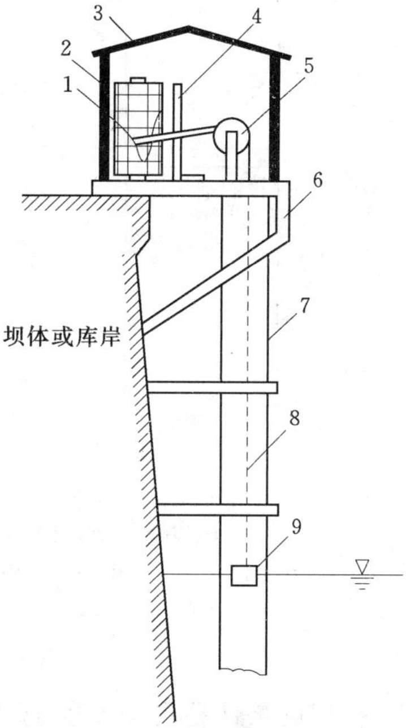

图 9.16 自记水位计示意图

1—自记笔；2—时钟；3—仪器室；4—笔挡；5—滑轮；6—支架；7—测井；8—悬索；9—浮子

9.6.3 降雨量监测

降雨、降雪和降雹等统称为降水。降水量是指降落到地面的雨水深度，以“mm”计算。降水是流域地表水和地下水的根本来源。因此，掌握流域上的降水情况，不仅是了解水情不可少的因素，也是进行水库洪水预报、径流预报必不可少的因素，而且是一个比自然地理和其他水文特性更富于变化的因素。降水在各地是不同的，随时都在变化，要了解流域上的降水情况，必须在流域内许多有代表性的地点设立雨量站（点），进行系统、连续的监测。一般要求平均每 100～200km^2 范围内设一个雨量站。中小流域面积较小，可不受此限制。山区降水变化大，站点应当密些。

9.6.3.1　监测仪器

常用的降雨量监测仪器有雨量器、虹吸式和翻斗式雨量计。雨量器和雨量计的承雨器口内径为 200mm，允许误差为 0.6mm。承雨器口呈内直外斜的刀刃形，刃口锐角为 40°～45°。

监测降水量常用的仪器是 20cm 口径的雨量器（图 9.17）和自记雨量计（图 9.18）。雨量器由雨量筒、储水瓶和量杯组成。为防止雨水溅失，提高监测精度，雨量筒承雨器的器口做成内直外斜的刀刃形。雨水进入器口后，由漏斗集中汇入储水瓶中。量杯是特制的玻璃杯，杯身有刻度，用以量计储水瓶中的雨量，每一小格表示 0.1mm，一大格表示 1mm。雨量器必须安置牢固，器口要求水平，离地面高度一般为 70cm。

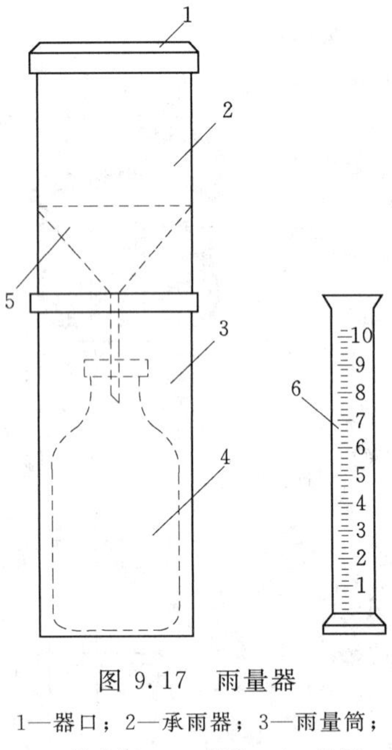

图 9.17　雨量器

1—器口；2—承雨器；3—雨量筒；4—储水瓶；5—漏斗；6—量杯

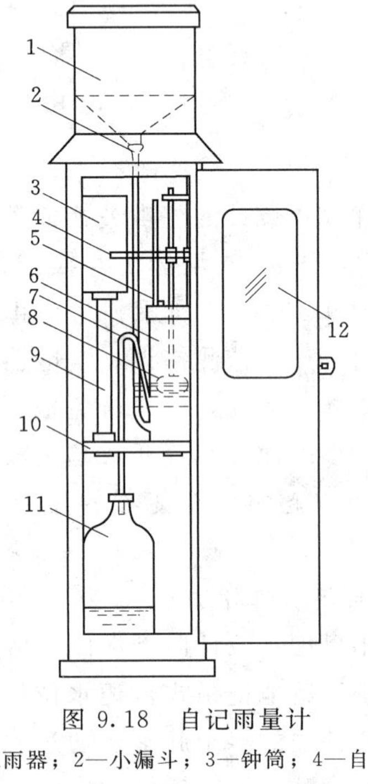

图 9.18　自记雨量计

1—承雨器；2—小漏斗；3—钟筒；4—自记笔；5—笔挡；6—浮子室；7—虹吸管；8—浮子；9—支柱；10—底板；11—储水瓶；12—监测窗

自记雨量计是自动连续记录液体降水的仪器，式样有很多种。图 9.18 所示为最常见的虹吸式自记雨量计的一种结构形式。当雨水进入承雨器后，经小漏斗汇于浮子室中。浮子随雨水增多而升高，并带动自记笔，在附于自记钟上的记录纸上画出雨量曲线。在浮子升到相当于 10mm 降水量高度时，雨水稍微高出虹吸管弯曲部分，虹吸管立即发挥作用，雨水由浮子室经虹吸管自动排入储水瓶内，浮子随之降落至原来位置，自记笔也落回到零线上，以便再一次上升。浮子回落的过程是在大约 20s 内迅速完成的，不会影响降水量监测的精度。记录纸随时钟均匀转动，自记笔随降水量变化而上升，于是画出雨量过程线，如图 9.19 所示。

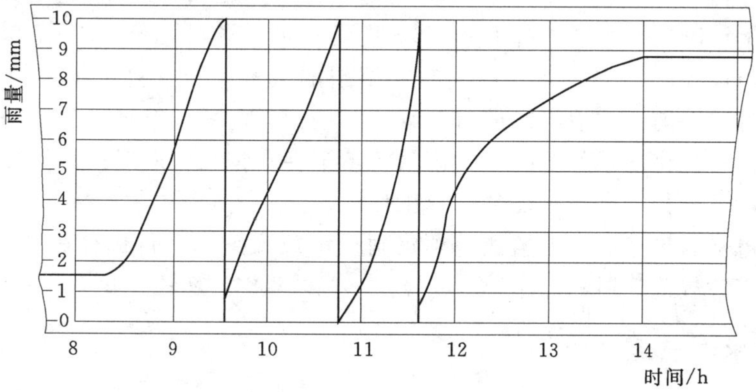

图 9.19 自记雨量计记录纸

由图 9.19 可以看出，这场雨是从 8：25 左右开始降的，当时浮子室里还存有以前降的 1.5mm 的水。在降雨过程中，浮子室满溢过三次，到 14：00 雨止，浮子室存水 8.7mm。因此，这场雨共降了 3×10＋8.7－6－1.5＝31.2（mm）。各时段降雨强度也可从图上量算，如在 11：00—12：00 的 1h 里降了 13.5mm，是这场雨中强度最大的一段。

9.6.3.2 测点的布置要求

降雨量测点的布置应满足以下要求：

(1) 坝址区应至少布置一个降雨量监测点，监测场地面积不应小于 4m×4m。

(2) 为使在降雨量监测场地上监测到的降水量能够代表水平地面上的水深，降雨量监测场地应空旷、平坦，不受突变地形、树木、建筑物以及烟尘的影响，同时应避开强风区。

(3) 若降雨量监测场地无法避开树木和建筑物等障碍物，为保证降水倾斜降落时周围的物体不会影响降水落入测量仪器内，要求测量仪器和障碍物边缘的距离达到障碍物高度的 2 倍以上。如果仍然无法满足要求，测量仪器与障碍物边缘的距离应不小于障碍物与仪器口高差的 2 倍。

(4) 山区中的降雨量监测场地不宜布置在陡坡上和峡谷内，应布置在相对平坦的场地上，并使仪器口和山顶之间的仰角小于 30°。

(5) 如果实在难以找到满足上述要求的监测场地，可用杆式雨量器（计）进行监测。在有障碍物的场地使用杆式雨量器（计），仪器应设在当地雨期常年盛行风向过障碍物的侧风区，杆与障碍物边缘的距离应大于障碍物高度的 1.5 倍。在多风的高山、出山口和近海岸地区的雨量站，不宜使用杆式雨量器（计）。

9.6.3.3 监测和记录

使用雨量器监测降水时，应根据测站所在地区和季节，由上级机关统一规定监测次数和监测时间。定时监测，以 8：00 为日分界，从本日 8：00 至次日 8：00 的降水量为本日的日降水量。分段监测，从8：00开始，每隔一定时段（如12h、6h、4h、3h、2h或1h）监测一次。在有特殊需要时，还要求监测降水的起止时间，并要求测得每次降水的一次降水量。在有条件的地方或有必要时，除设置雨量器外，还应设置自记雨量计，以便测记完整的暴雨变化过程。降水量记至0.1mm，不足0.05mm的降水不记载，历时记至分钟。

用自记雨量计测记降水量，每日8：00监测一次。降水之日，应在20：00（有困难的地区，可适当提前）检查一次，暴雨时还要增加检查次数。自记纸定时更换，如遇大雨，可适当推迟或提前。在取下来的自记纸上，按记录曲线计算降水量，经过必要的时间订正、虹吸订正后，将摘录的各时段的雨量，填记在自记纸相应时段的附近。自记记录纸按月装订成册，并进行降水量特征的统计工作。

固体降水量（雪、雹等）的监测，须将雨量筒放入室内，待固体融化后再进行测量，具体方法参见有关规范手册。

9.6.4　气温水温监测

水库水很深，调节周期又较长，所以水库的水温与原河流水温有很大不同，水库水温对水工建筑物和各用水部门的用水都有影响。水温情况，是分析冰凌形成和消失规律，进行冰凌预报，制定水工建筑物防冰措施，以及研究分析水面蒸发、水量平衡等工作所不可缺少的资料。混凝土和砌石坝的变形、土坝的渗漏问题及混凝土坝分块分段浇筑时接缝灌浆工作，都必须考虑水温的影响。

许多水库的监测表明，水库表层水温受气温影响很大，而深层水温的变化很缓慢，甚至恒定不变。汛期洪水入库时，水流强烈扰动使上下水层温度差减小。冬春季节，入库流量很小，水位平稳，上部水体受冷下沉，自然对流作用使上下层水温差变小，甚至上下温度相同。在有水电站的水库，汛前大发电时，下层低温水大量放出，水温在气温影响下，迅速升高，又出现表层暖、底层冷的状态。

水库水温随气温、入库水流温度及水库泄流放水等条件变化而变化，不同深度水温也有差异。因此，水温监测应当在水库不同地点不同深度上进行。

9.6.4.1　监测地点的选择

（1）断面位置。水温监测断面应平行于建筑物轴线，一般仅需在坝址附近选设一个断面。对于混凝土坝，可以选定上游坝面作为监测断面。对于土坝，库水温度监测断面可设置在坝前或泄水建筑物进口前，一般可以选定在坝上游20～30m处，断面上至少设3条测温垂线。

（2）测温垂线。为了掌握断面水温分布，一般在重点监测坝段靠近上游坝面的库水中布置测温垂线来监测库水温度，垂线间距以能控制温度的变化为原则。

（3）测点位置。在每条垂线上若干点位，用水温计监测温度。测点的分布应能反映出垂线水温变化。在水库水深不大时，可监测水面、库底和水深一半处三点的水温。当水深较大时，从正常蓄水位到死水位以下10m处的范围内，可以每3～5m布置一个测点；死水位以下10m处再往下，可每10～15m布置一个测点。在温度突变层附近，测点还可适当加密。

开始监测水温时，测点应布置得密一些，当监测一段时间，掌握了水温分布规律后，可以调整监测点位置，适当减少测点。

9.6.4.2 监测方法和测次

(1) 常用的温度监测仪器有铜电阻温度计、铂电阻温度计和半导体温度计等。

(2) 气温监测仪器应放在专门的百叶箱内，百叶箱应依据有关气象监测的规范和标准进行制作。

(3) 库水温度监测的温度计应牢固固定在测点处，电缆设套管进行保护。

水温监测一般用刻度不大于0.2℃的水温计。水深在5m以下时，可使用框式水温计。当水深在10m以上时，最好用深水温度计或半导体温度计。水温读数一般应准确到0.1～0.2℃。水温计放到测点水中后，应持续一段时间（如5～8min），使水温计温度能代表所在位置的水温。为了保证仪器灵敏可靠，水温计必须定期检验。

图9.20是我国SWJ－73型深水温度计示意图。温度计装在固定管内，水银球部位于存水筒内，存水筒内有活门，上有小孔。使用时，将深水温度计系于绳索上（必要时应加铅鱼），在徐徐下放的过程中，存水筒活门受水冲动顶托而开启，水不断涌入筒内。同时，筒中存水又不断从筒上通孔溢出。当到达预定测点位置时，筒内即已盛满该测点的水样。待温度稳定后，上提温度计。筒上小孔被橡皮盖住，活门受压盖住底孔，存水筒中存水不与外界交流。提出水面后，立即观读水温。为尽快读出温度值，应先读小数，再读整数，以防温度变化。

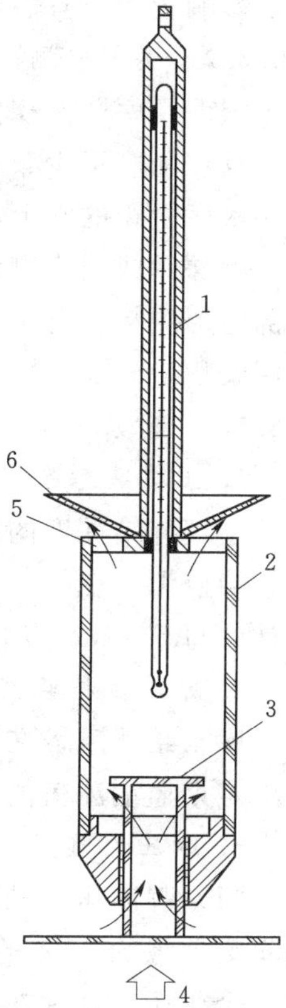

图9.20 深水温度计示意图

1—温度计；2—存水筒；3—活门；4—水力顶托；5—通孔；6—橡皮盖

9.6.5 波浪、淤积和冰冻监测

9.6.5.1 波浪监测

1. 库面波浪监测

库面波浪监测点应布置在水深大于可能出现的最大波长之处、水下地形较平坦的区域，同时距岸边不宜小于100m。

库面波浪监测包括波浪高度、周期、波长和波速的监测。一般采用测波杆或测波器测量波高和周期，采用漂浮波速尺测波长和波速，也可用布置成等腰直角三角形（其中一腰与岸边平行）的3根测波杆监测波高和周期，推算波速和波长。有条件时，可采用遥测自记测波标杆，采集风和浪的全部要素。库面波浪监测还应和风力、风向的监测相结合。

2. 护坡波浪监测

护坡波浪监测的内容主要包括波浪爬高、浪压力以及相应的护坡变形监测。波浪在护坡上的爬高可采用在护坡上按高程设置的水尺直接进行测读，或量取斜坡浪迹的长度折算成爬高。护坡浪压力可在护坡上埋设土压力计或压力传感器进行监测。浪压力作用下的护坡变形监测，可在护坡上布置简易的变形测点网监测护坡的水平和竖向位移。对于变形受波浪影响较大、有裂缝和损坏的部位应进行专门监测。

9.6.5.2　淤积监测

坝前及库区淤积监测可根据水库规模和形状，自河道入库区直至坝前设置若干监测断面，且坝前应至少布置 1 个监测断面。库岸设置相应的控制点。

水库淤积的水上部分采用普通的测量方法即可，水下部分一般采用交会法定位，用测杆、测深锤或回声测深仪量测淤积深度。对于断面不能全部控制的局部复杂地形，应辅以局部地形测量。有条件时，可采用电磁波测距仪、激光测距仪定位或利用遥感照片等分析水库淤积。

9.6.5.3　冰冻监测

1. 土壤冻结深度监测

土壤冻结深度的监测，至少选择向阳、背阴两处设测点，监测方法可每隔半月挖一新坑直接监测。在冻结期内，自地表至最大冻结深度以下 20cm 处，每隔 20cm 埋设一个地温计，每 5～10d 监测一次，并同时进行气温监测。

2. 冰盖位移监测

库水结冰后，在冰面有代表性的区域布置位移测点，通过库岸上设置的控制点采用交会法定期监测冰盖的位移情况。

3. 冰压力监测

（1）静冰压力和冰温监测。对于冬季水位较为稳定的水库，在库水结冰前，在距坚固建筑物前缘约 20m 的水中，自水面至最大结冰厚度以下 10～15cm 处，每隔 10～15cm 设置一个土压计，并在其附近相同深度处设置电阻温度计监测冰温。监测自结冰之日起开始，每天应至少监测两次。在冰层胀缩变化剧烈期间，应连续三天每隔 2～3h 监测一次，并同时进行冰厚和气温的监测。

（2）动冰压力监测。消冰前，应根据变化趋势，在坚固建筑物前缘的适当位置及时安装预先配备的压力传感器或土压力计进行监测。在风浪或流冰过程中应进行连续监测，并同时监测风力、风向和冰情。

9.6.6　地震反应监测

对于坝址区地震基本烈度为 8°及 8°以上的Ⅰ级、Ⅱ级大坝，经论证可进行大坝的地震反应监测。大坝的地震反应监测主要包括地震强震监测和土石坝的动孔隙水压力监测，其中，地震强震监测应结合专门的地震监测网点进行。

9.6.6.1　地震强震监测

根据大坝的坝高和重要性，布置地震强震监测的测点。一般可把测点布置在最大断面的坝顶和下游坝脚处，必要时也可在 1/2 坝高处增设测点。测点设在钢筋混凝土监测墩上，监测墩出露部分的尺寸为 40cm×40cm×20cm。在浇筑监测墩之前，需要在设测点的位置打孔预埋插筋，要求将孔壁打毛冲洗干净后用砂浆混凝土填孔，并预留导线穿入孔。监测墩上设置拾振器底板，用环氧树脂黏结牢固。拾振器装好后，还需安装保护罩。

地震强震监测的强震仪包括强震加速度仪和峰值记录加速度仪等。强震仪的信号电缆应选用多芯屏蔽防水电缆，并加设保护钢管。电缆可埋设在坝内，也可沿坝面铺设。信号电缆与记录仪电缆的连接处应设接线盒。记录仪应牢固安装在监测室的工作台上。监测室必须进行抗震设计，以保证强震时记录仪能正常工作。监测室内设独立的配电盘、过压安全保护设施、补充直流电源及照明电，室内温度不能低于0℃。根据欲测地震的强度调整记录仪的灵敏度，使仪器始终处于待触发状态，一旦发生地震就能自动记录。另外，应在信号接通后检查拾振器的振动方向与记录图上振动波形方位的对应关系。监测频次应根据地震活动情况及时进行调整。

9.6.6.2 动孔隙水压力监测

发生地震时，土石坝动孔隙水压力监测的重点部位是砂砾石坝壳、松软坝基以及高含水量的黏土心墙等。动孔隙水压力监测应和地震监测相结合，监测仪器可采用动孔隙水压力计。动孔隙水压力的监测布置可参考9.4.2.1节的有关内容，但对于心墙砂砾石坝，在靠近心墙的上游坝壳底部附近，应加密测点；对于松软坝基，如存在较大的砂质透镜体或砂层时，也要加密测点。

9.7 监测资料综合分析

监测资料分析利用原型观测资料，分析各效应量及环境量之间的关系，以便及时掌握水工建筑物的运行性态，并对其安全性态作出合理评价，从而保证大坝运行安全。监测项目的合理设置、监测仪器的正确埋设和监测资料的科学分析是及时、全面、正确掌握并评价建筑物安全性态的有效手段。

9.7.1 资料分析的范围

水利水电工程安全监测项目类别繁多、点多面广，监测资料分析涉及多种因素，一般可划分为以下几类：

（1）按监测项目，监测资料分析包括环境量（库水位、温度、降雨、波浪等）、变形（大坝外观变形、内观变形、挠度、接缝与裂缝开合度、岩坡位移、坝基与洞室围岩变形等）、渗流（渗流压力、绕坝渗流量、渗漏量、地下水位、渗流水质、地下洞室围岩渗流、边坡岩体渗流等）、应力应变（混凝土应力、应变、锚杆与锚索应力、钢筋应力、孔隙水压力、土压力等）等不同监测项目的资料整编、分析和评价。

（2）按建筑物类型，监测资料分析包括挡水建筑物（重力坝、拱坝、土石坝、闸坝等）、泄水与引水建筑物（溢洪道、引水隧洞、调压室、压力管道等）、发电建筑物（地面厂房、地下厂房洞室群等）、坝基与坝肩、地下洞室、高边坡等部位不同监测项目的资料整编、分析和评价。

（3）按工程建设阶段，监测资料分析包括施工期、蓄水期、运行初期和运行期等阶段的监测资料整编、分析和评价。

9.7.2 资料分析的主要内容

对不同类型的水电工程或不同的监测项目，监测资料分析的侧重会有所不同，但基本内容一般包括以下方面：

（1）监测效应量的变化特性分析。监测效应量的变化特性主要分析监测值随时间的变化规律，包括测值的异常或突变、测值的变化趋势及周期、历史测值极值的大小及出现的时间、历史测值的变化率等内容。

（2）环境量对监测效应量的影响分析。施工期侧重分析大坝填（浇）筑、边坡及地下洞室开挖与加固、温度、降雨、时效等环境量变化对监测量的影响；运行期侧重库水位、温度、降雨、时效等环境量的影响，特别是水位、温度等周期性变化量的滞后性、时效分量的变化趋势及变化速率等。

（3）典型监测效应量的分布特性分析。沿坝轴线或不同高程的大坝表面变位和内部变位、防渗设施前后的渗压水位、不同坝段的坝基扬压力、坝体应力场、地下洞室的围岩变形与应力、高边坡变形、锚索及锚杆应力等的分布规律、分布特性是否合理、有无异常部位等是监测资料分析中的重点和难点问题。

9.7.2.1　混凝土坝

混凝土坝监测资料分析的主要内容包括坝体变形稳定、坝体强度安全和坝基及坝肩稳定性分析。

1. 坝体变形稳定

重力坝的变形监测主要有大坝水平变位、垂直变位、坝体挠度、纵横缝的开合度等项目。重力坝一般多呈平面变形状态，其结构特点使其沿坝轴线方向的变形较小；顺水流方向的变位主要受水位和温度变化影响，高温、低水位时向上游变位大，而低温、高水位时向下游变位大；大坝垂直变位受温度影响较为明显，坝体的热胀冷缩使坝体垂直变位多呈现高温季节上抬而低温季节下沉的特点；坝体挠度沿坝高方向呈现上部大、下部小的特点。

拱坝的变形特性和重力坝有许多类似之处，但其坝轴线呈曲线形，属于空间壳体结构，因此拱坝除有水平径向位移外，还有较大的水平切向位移。拱坝的径向位移沿拱向一般是拱冠梁处最大，而沿梁向是坝顶处最大；切向位移沿拱向一般是拱冠梁及拱端处较小，而沿梁向则较为接近，没有明显差别。

常态混凝土坝需关注纵横缝的开合度变化情况，而对于碾压混凝土重力坝，还需重点关注碾压混凝土层间接触面、常态混凝土与碾压混凝土竖向接触面等的连接情况。

2. 坝体强度安全

坝体强度安全判断依赖于坝体应力状态分析。通常，重力坝坝踵及坝址处应力应变较大，而拱坝则是拱冠及拱座的上下游面较大。应特别注意，实际的混凝土应力应变应从总的应力应变测值中扣除混凝土自身体积变形，而混凝土体积变形通过无应力计监测资料获得。

3. 坝基及坝肩稳定性

坝基变形对重力坝的稳定很重要，而对拱坝则坝肩变形更重要。坝基及坝肩变形特性分析多基于埋设在岩基的倒垂、多点位移计等监测资料。坝基倾斜主要受水位变化影响，蓄水初期坝基多向上游倾斜，待水位上升到一定高程后，坝基逐渐向下游倾斜。

通过坝基扬压力、绕坝渗流和渗流量监测资料分析，可掌控坝基及坝肩防渗效果与工作性态。坝基扬压力分析对重力坝比较重要，影响其大小的因素有上下游水位、帷幕的工作状态、排水系统及库内泥沙淤积对基岩裂隙的堵塞、降雨及渗透作用等。一般地，坝基扬压力与上下游水位有明显的正相关性和滞后性，即扬压力的变化滞后于水位变化，但总的规律是水位上升则扬压力增加。绕坝渗流则主要受高边坡地下水、库水绕渗、降雨人渗等因素的影响。

9.7.2.2 土石坝

土石坝监测资料分析主要侧重于坝与地基的变形稳定性和渗流稳定性分析。

1. 坝与地基变形稳定性分析

土石坝坝与地基变形的主要影响因素基本与混凝土坝相同，但其受库水位、温度变化的影响相对较小，主要受土石料本身的固结影响。土石坝多通过坝体表面及内部水平位移和垂直位移的变化量及变化趋势分析坝与地基发生整体或局部滑动破坏的可能性，另外土石坝变形分析应特别注意防渗体的变形特性及防渗体与过渡料的协调变位等问题。

随着坝体的填筑，土石坝约80%的沉降在施工期完成，填筑高度越高，坝体沉降越大。水平位移的变化幅度一般比沉降的变幅小，总的规律是上游测点向上游位移，而下游坝坡测点向下游位移。水平与垂直位移均呈从两岸向河床坝段逐渐增大的规律。

对面板堆石坝，除坝体位移分析外，还应特别注意分析面板位移、面板应力应变、周边缝及板间缝等变化特性以判断面板变形是否正常、面板是否开裂、面板与垫层料之间是否脱空等。对于土质心墙坝或斜墙坝，因不同土料的沉降量及沉降速率不同，应注意分析心墙或斜墙与坝壳料交界处的沉降差；对于沥青混凝土心墙坝或斜墙坝，需关注沥青混凝土心墙或斜墙的挠度变化特性、心墙与过渡料的位错等。

2. 坝与地基渗流稳定性分析

坝体渗流特性对土石坝的稳定和安全尤其重要。土石坝坝体与基础渗透压力的大小主要受上下游水位、防渗体系性状、排水系统、库内淤积、降雨及渗透作用等多种因素影响，多通过坝体及坝基渗透压力、浸润线及下游渗水出逸点等分析防渗体的工作性态并判断渗流稳定状态。

坝体渗压主要受库水位的影响且有明显的滞后性，即渗压随库水位升降而增减，且其变化多滞后库水位1～2月。坝体内浸润线的高低综合反映坝体的防渗效果和排水效果，若防渗体后渗压较大，则防渗体的防渗效果不理想；若下游排水设施处的渗压较大，则说明坝体排水不畅。

土石料属于散颗粒材料，若实际的渗透坡降超过其允许渗透坡降，则可能出现管涌、流土等渗透破坏，因此应特别注意坝体及坝基内渗透坡降的变化特征。

9.7.2.3 水闸

水闸的分析重点应是闸室的稳定性及结构安全性。

1. 闸室稳定性分析

闸室稳定性判断主要从闸坝变形是否正常、闸基扬压力是否在设计范围、闸坝渗流量是否偏大等方面入手，包括闸基扬压力、闸坝水平和垂直位移、坝段横缝开合度、闸坝渗流量等监测资料分析。

闸坝变形、闸基扬压力、渗流量等监测量的影响因素、变化特征及变化规律基本与混凝土重力坝相同。

2. 闸室结构安全性分析

通过布置于闸体内的应力计、应变计、钢筋计等的监测资料分析进行闸室结构安全性判断，其影响因素、变化特征及变化规律基本与混凝土重力坝相同。

9.7.3　监测资料分析的主要环节

9.7.3.1　资料收集

监测资料收集的完整性和可靠性是保证监测资料分析工程顺利开展的前提。应侧重收集的监测资料主要包括以下 4 类。

1. 监测仪器埋设及考证资料

监测仪器埋设资料包括监测设计图纸、安装埋设记录、竣工图纸及竣工报告、仪器完好率统计等实际埋设资料。

监测仪器考证资料主要包括测点位置、编号、埋设位置（桩号、坝轴距、高程）、孔口（管口）高程、孔底（管底）高程、仪器编号与型号、仪器生产厂家、仪器技术性能（量程、分辨率、精度、率定参数、温度修正系数）、埋设前后初始读数、埋设日期等。

2. 监测数据资料

监测数据资料包括测点序列测值和环境量测值。测点序列测值资料包括变形、应力应变、渗流等监测项目，也包括最原始的物理量测值和公式转换后的效应量测值。测点序列测值资料收集的关键在完整性和原始性。

环境量监测资料包括库水位、大气温度、库水温度和坝区降雨量等监测项目。

3. 巡视检查资料

巡视检查资料包括巡视检查记录及巡视检查报告等，包括文件、照片、影像等不同类型。

4. 相关的设计与施工资料

相关的设计与施工资料包括工程图纸、工程文档、工程大事记等重要图形资料和文档资料。

工程图纸主要包括预可研阶段、可研阶段、施工图阶段、竣工验收阶段所有的重要工程图纸。

工程文档主要包括工程概况类文档和设计文件类文档，工程概况类文档主要有工程地理位置、枢纽布置、主要建筑物（挡水、泄水、引水、发电等建筑物）概况，工程地质与水文地质勘测报告、水文气象和地震资料；设计文件类文档主要有各设计阶段的设计报告、蓄水安全鉴定报告、竣工报告和竣工验收报告、相关科学研究报告、观测资料分析报告、运行报告等。

工程大事记主要包括工程建设过程中发生的重要事件，如工程设计与设计变更、工程批复、加固及更新改造报告等。

9.7.3.2　效应量转换

大坝内观仪器测值是物理量读数，需采用公式转换为效应量，转换公式分为钢弦式和差动电阻式两种类型。

1. 钢弦式仪器计算公式

近年来，钢弦式仪器在我国运用越来越广泛，常用的有温度计、应变计、钢筋计、渗压计、测缝计、无应力计等。钢弦式温度计的计算方法见式（9.4），其他类型的钢弦式仪器一般可按式（9.5）计算：

$$T=G(F-F_0) \tag{9.4}$$

式中 T——温度，℃；

G——仪器最小读数；

F——当前频率读数；

F_0——基准频率。

$$Y=G(F-F_0)+C \tag{9.5}$$

$$C=K(T-T_0) \tag{9.6}$$

式中 Y——仪器监测的效应量；

C——修正系数，一般与温度变化有关，因此，多数的修正系数采用式（9.6）；

K——温度修正系数；

T——当前温度，℃；

T_0——基准温度，℃；

其余符号意义同前。

对于混凝土应变计，按公式计算出的应变实质上是总应变，包含了混凝土受外力作用产生的应变、温度变形和自身体积变形，因此，通常用实测值减去无应力计实测值，即式（9.7），再按式（9.8）折算应力值。

$$\varepsilon_m=[G(F-F_0)+K(T-T_0)]-\varepsilon_g \tag{9.7}$$

式中 ε_m——总应变；

ε_g——无应力计应变；

其余符号意义同前。

$$\delta=\varepsilon_m Ek \tag{9.8}$$

式中 δ——应力，MPa；

E——混凝土弹性模量，MPa；

k——松弛系数。

2. 差动电阻式仪器计算公式

差阻式仪器在我国运用最为广泛，常用的有温度计、应变计、钢筋计、渗压计、测缝计、无应力计等，可同时监测物理量和温度。差阻式温度计的计算方法见式（9.9），其他类型的差阻式仪器一般可按式（9.10）计算：

$$T=\alpha(R_t-R_0) \tag{9.9}$$

式中 T——温度，℃；

α——电阻温度系数，℃/Ω；

R_t——当前电阻读数，Ω；

R_0——0℃时电阻，Ω。

$$Y=f(Z-Z_0)+b(T-T_0) \tag{9.10}$$

式中 Y——仪器监测的效应量，包括应变、钢筋应力、渗透压力等；

f——最小读数，MPa/0.01%；

Z——当前电阻比读数，0.01%；

Z_0——基准电阻比，0.01%；

b——温度修正系数，MPa/℃；

T——当前温度，可按式（9.9）计算，℃；

T_0——基准温度，℃。

9.7.3.3 资料整编与预处理

资料整编包括日常资料整理与定期资料编印。

日常资料整理的重点是查证原始监测数据的正确性与准确性，进行监测物理量计算，填好监测数据记录表格并点绘监测物理量过程线图，考察监测物理量的变化，初步判断是否存在变化异常值。日常整编应在日常监测的基础上及时进行整编。日常监测的周期根据水库初蓄期、水库正常运行期的不同要求而定，各规范都有明确的要求。

定期资料编印，在日常资料整理的基础上进行监测物理量的统计，绘制各种监测物理量的分布与相互间的相关图线，如把降雨量过程线和测压管水位、库水位整理在一张过程线图上，这样就便于分析降雨、库水位对测压管水位的影响，又比如绘制坝顶沉降量沿坝轴线方向上的分布，这样就便于了解坝顶各点的沉降差，便于分析坝顶出现裂缝的可能性。一般定期监测资料整编应整理成汇编册子，册子前应编写说明书。同时在册子中应附加巡视检查中发现的异常现象以及采取的处理措施。定期编印的时间间隔，在施工期和初蓄期，视工程施工或蓄水进程而定，最长不超过一年。在运行期，视工程规模以 1～5 年为宜。定期整编成果要求项目齐全，考证清楚，数据可靠，图表完整，规格统一，说明完备，特别是对异常数据、异常现象的说明应尽可能详细。

由于仪器设备、人员读数等多种原因都可能导致原始监测资料出现误差，资料分析时应先对其进行合理的整编处理，才能保证分析结论的可靠性。

1. 误差的分类

为便于进行误差处理，坝工界常按性质的不同将误差分为随机误差、系统误差和粗大误差 3 类。

（1）随机误差。随机误差也称偶然误差，多由暂时未能掌握或者不便于掌握的、微小的、独立的因素所引起。随机误差具有偶然性，但整体服从统计规律。随机误差可控性差，误差值一般影响不大，不属于水电工程安全监测分析中关注的重点。

（2）系统误差。系统误差多由固定不变或者按照确定规律变化的因素造成，如监测仪器误差、监测方法不合理等。系统误差包括误差恒定的不变系统误差、误差大小和方向呈线性变化的线性变化系统误差以及误差大小和方向呈周期循环变化的周期性变化系统误差。系统误差虽然大于随机误差，但统计上仍处在合理的误差限内。系统误差消除一般从根源入手，要求测量人员、安装人员要仔细分析整个测量过程可能产生系统误差的环节，采取相应的措施进行解决。

（3）粗大误差。粗大误差是一种明显歪曲测量结果的误差，一般由观测人员失误，如读数错误、记录错误、输入错误等，或由外界机械冲击或振动导致测量条件意外改变等原因造成。粗大误差数值远大于随机误差和系统误差，属于测量异常值，在监测资料分析中应重点关注。

2. 异常数据的识别

监测数据误差处理的方法较多，本节侧重介绍过程线法、拉依特准则、Gurbbs 准则、Dixon 检验法和 t 检验法 5 种方法，其余方法可参见相关文献。

（1）过程线法。过程线法通过绘制测值-时间过程线判断异常点，即是否存在明显的尖点。若测值超出物理意义范围，如测值超出一般规律、明显大于仪器量程等，则判其为异常测值并予以剔除。若测值在物理意义范围内，则根据经验并结合原始记录，判断其是否属于过失误差。若能确定，则判其为异常测值予以删除，若不能确定，但其满足式（9.11），则标记为可疑测值，待进一步判断。

过程线法简单明了，但多依据工程经验，一般只适用于明显异常测值的判别。

$$y_i - y_{\max} > 0 \quad 或 \quad y_i - y_{\min} < 0 \tag{9.11}$$

式中 y_i——实测值；

$y_{\max}$——测值历史最大值；

$y_{\min}$——测值历史最小值。

（2）拉依特准则。拉依特准则认为实测值 Z_i 与回归值$\hat{Z}_i$的差即残差不能太大，应满足正态分布的“3σ”准则，即若残差满足式（9.12），则判定为异常数据并剔除，但剔除的数据点数不应大于测点总数的 1%～5%，否则应增加测点数并重新判断。

$$\left|\left(\frac{Z_i - \hat{Z}_i}{\sigma}\right)\right| > 3 \tag{9.12}$$

其中

$$\sigma = \sqrt{\frac{1}{n}\sum_{i=1}^{n}(Z_i - \hat{Z}_i)^2} \tag{9.13}$$

拉依特准则的应用与测点数 n 有关，当数据个数 $n>10$ 时，采用式（9.12）；$n<10$ 时，采用式（9.14）：

$$\left|\left(\frac{Z_i - \hat{Z}_i}{\sigma}\right)\right| > 2 \tag{9.14}$$

（3）Gurbbs 准则。服从正态分布的测值序列若存在异常值，则有

$$G = \frac{|x_d - \overline{x}|}{S_n} > \alpha \tag{9.15}$$

其中

$$S_n = \sqrt{\frac{\sum_{i=1}^{n}(x_i - \overline{x})^2}{n-1}} \tag{9.16}$$

式中 x_i——序列监测测值；

x_d——待检验的实测值；

$\overline{x}$——序列监测测值的平均值；

S_n——序列监测测值的标准差；

α——格鲁布斯检验法的临界值表中的显著性水平。

若测值序列中只有一个异常值，则 Gurbbs 检验法是最适用的，但对测值序列中有一个

以上的异常值时，则可能出现一些异常值检验不出来而造成“判多为少”或“判有为无”。

(4) Dixon 检验法。Dixon 认为将服从正态分布的测值序列按大小顺序排列后，其异常值必然出现在两端。Dixon 通过式 (9.17) 统计量的分布特征，选定显著水平 α，制定 Dixon 判据表并给出各统计量的临界值 $r_0(n, a)$。当实测值的统计量大于临界值，即满足式 (9.18) 时，测值序列含有粗大误差，应予剔除。

$$\left.\begin{aligned} r_{10}&=\frac{x_{(n)}-x_{(n-1)}}{x_{(n)}-x_{(1)}} \quad 或 \quad \frac{x_{(1)}-x_{(2)}}{x_{(1)}-x_{(n)}} \\ r_{11}&=\frac{x_{(n)}-x_{(n-1)}}{x_{(n)}-x_{(2)}} \quad 或 \quad \frac{x_{(1)}-x_{(2)}}{x_{(1)}-x_{(n-1)}} \\ r_{21}&=\frac{x_{(n)}-x_{(n-2)}}{x_{(n)}-x_{(2)}} \quad 或 \quad \frac{x_{(1)}-x_{(3)}}{x_{(1)}-x_{(n-1)}} \\ r_{22}&=\frac{x_{(n)}-x_{(n-2)}}{x_{(n)}-x_{(2)}} \quad 或 \quad \frac{x_{(1)}-x_{(3)}}{x_{(1)}-x_{(n-2)}} \end{aligned}\right\} \tag{9.17}$$

$$r_{ij}>r_0(n,\alpha) \tag{9.18}$$

Dixon 检验法最大的优点在于计算简便。一般地，运用 Dixon 检验时，应根据测值序列不同的数量选择使用不同的统计量。若测定序列中有一个以上异常值，需重复应用 Dixon 检验法。

(5) t 检验法。对满足正态分布的测值序列，t 检验法采用 K 作为判定异常值的标准，即若 K 大于显著性水平 α（一般为 0.001 或 0.005）下的 t 检验临界值 $K(n, a)$，则其为异常值。

$$K=\frac{x_d-\overline{x}}{s} \tag{9.19}$$

其中

$$\overline{x}=\frac{1}{n}\sum_{\substack{i=1\\ i\neq d}}^{n}x_i \tag{9.20}$$

$$s=\sqrt{\frac{1}{n-2}\sum_{\substack{i=1\\ i\neq d}}^{n-1}(x_i-\overline{x})^2} \tag{9.21}$$

式中　x_d——待判定的实测值。

9.7.3.4　监测资料分析

监测资料分析主要包括定性分析、定量分析和安全评价三部分。

1. 定性分析

定性分析主要包括比较法、作图法和特征值统计法，侧重判断监测量变化的合理性，找寻主要影响因素。

(1) 比较法。比较法通过对比分析检验监测物理量量值的大小及其变化规律判断是否合理，或建筑物所处的状态判断是否稳定。

(2) 作图法。通过绘制监测物理量的过程线图，或特征过程线图、综合过程线图、相关图、分布图等，可直观地了解监测物理量的变化规律，判别有无异常现象。

(3) 特征值统计法。揭示监测物理量变化规律特点的数值称为特征值，借助于对特征值的统计与比较辨识监测物理量变化规律是否合理并得出分析结论。

水库安全监测统计上常用的特征值一般是监测物理量的最大和最小（包括出现时间）变差、周期、年平均值及年变化率等，考察各监测物理量之间在数量变化方面是否具有一致性和合理性。

2. 定量分析

定量分析方法主要是各种数学物理模型分析法。数学物理模型分析法是建立原因量（如库水位、气温等）与效应量（如位移、渗流压力、测压管）之间关系的定量分析方法，包括正分析和反分析两大类。

正分析通过构建数学模型，从定量的角度出发分析监测量的变化规律及环境量对监测量的影响程度，以判断大坝、洞室或边坡的安全性态。正分析的主要数学模型包括统计学模型、确定性模型和混合模型。

反分析的过程和正分析刚好相反，首先根据实测资料，将原计算中采用的试验参数作为未知量反演求解，以获取结构与基础的实际物理力学性能。根据基础信息的不同，反分析方法可分为位移反分析法、应力反分析法和混合反分析法（部分位移信息、部分应力信息）；按计算方法的不同，反分析方法可分为解析法和数值方法；按计算物理模型不同，反分析可分为弹性反分析和弹塑性反分析等；根据是否考虑基础数据的随机性，反分析可以划分为确定性模型反分析和不确定性模型反分析（Beyesian 反分析、最大似然反分析等）。

3. 安全评价

监测资料分析的最终目的是对水工建筑物的安全性态作出科学、及时的评价。水工建筑物安全评价主要涉及安全评价指标体系构建和评价的方法选择两方面，包括单项关键指标评价和综合评价两大类。

单项关键指标是指影响建筑物安全的关键指标，即当指标不满足要求时，建筑物就会出现安全问题。单项关键指标评价常采用“一票否决”的预警模式，预警值通常结合设计规范和设计标准等综合确定。

综合评价则侧重考虑结构与地基在长期自然环境和使用环境的双重作用下，通过全面评估其损伤的规律和程度以评价结构与地基的安全性。指标体系的构建是综合评价的难点问题，需针对具体工程在大量调研和专家咨询的基础上产生。适宜的评判方法对保证安全评价效果是至关重要的。水电工程安全性态的综合评价是一种多层次、多指标的递阶分析问题，评判各层次、各指标之间的关系时，往往需要富有经验的专家根据工程实际情况、历史经验、物理力学关系等，运用其智慧、逻辑思维及判断能力，才能作出合理适当的评判，因此，如何在评价中体现专家智慧，实现定量因素和定性因素的综合是选择评价方法时应着重考虑的因素。现代系统工程理论提供了层次分析法、模糊评判法、灰色理论、人工神经网络等新理论，为综合评价水工建筑物的安全性态提供了新的方法与途径。

9.7.3.5 图形生成及报表制作

1. 图形生成

图形生成主要是根据实际监测资料绘制所需的各类图形，是监测资料分析报告中非常重要的组成内容，主要包括历时过程线图、回归过程线图和分布图三大类。

（1）历时过程线图。历时过程线图包括单测点和同类系列测点的历时过程线。根据实际需要可选择不同的绘制时段，绘制各测点测值和水位或温度等环境量历时曲线，见图 9.21。

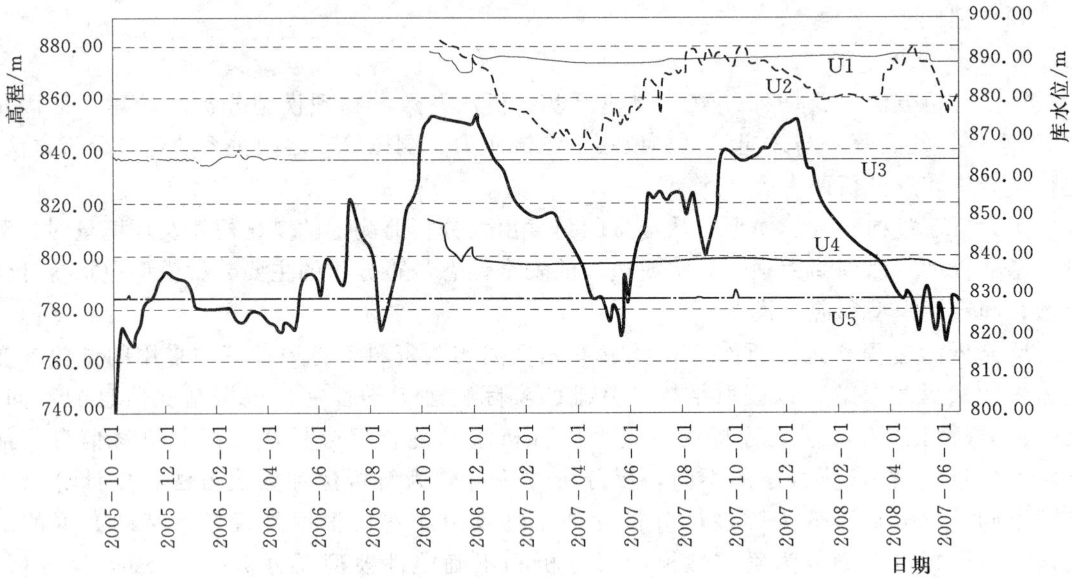

图 9.21　某大坝工程扬压力测点历时过程线图

（2）回归过程线图。水电工程安全分析中，通常将采用统计回归模型拟合的回归过程线与实测过程线、水位、温度、时效分量及残差过程线、水位或温度等环境量过程线绘于同一曲线图中，以便对比分析，见图 9.22。

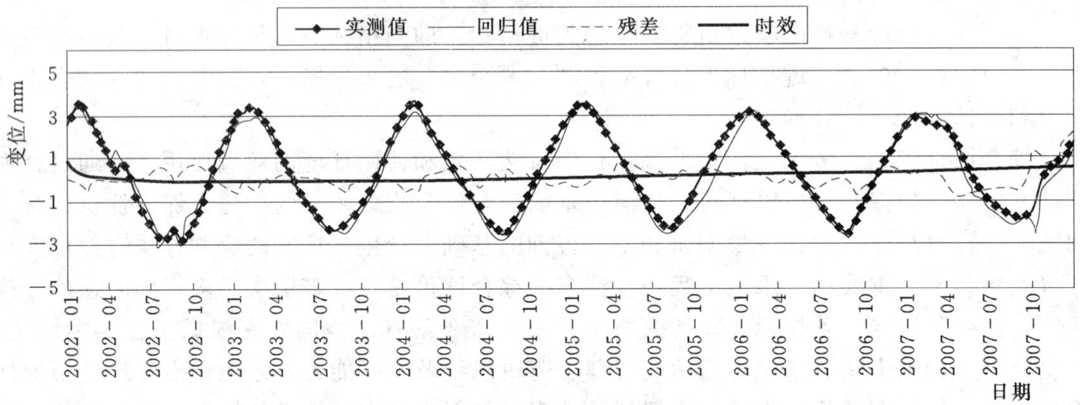

图 9.22　某闸坝工程变形测点统计回归过程线图

（3）分布图。分布图可按不同监测项目、不同部位、不同断面等分别绘制，常见的有位移沿高程分布图、位移沿坝轴线分布图、渗压分布图、位移分布矢量图等，见图 9.23～图 9.26。

2. 报表制作

水电工程安全监测分析报表主要包括测值报表、极值统计表、变位率统计表等多种类型。报表一般按不同高程、不同部位或不同断面分类，如坝体表面水平及垂直位移、坝体

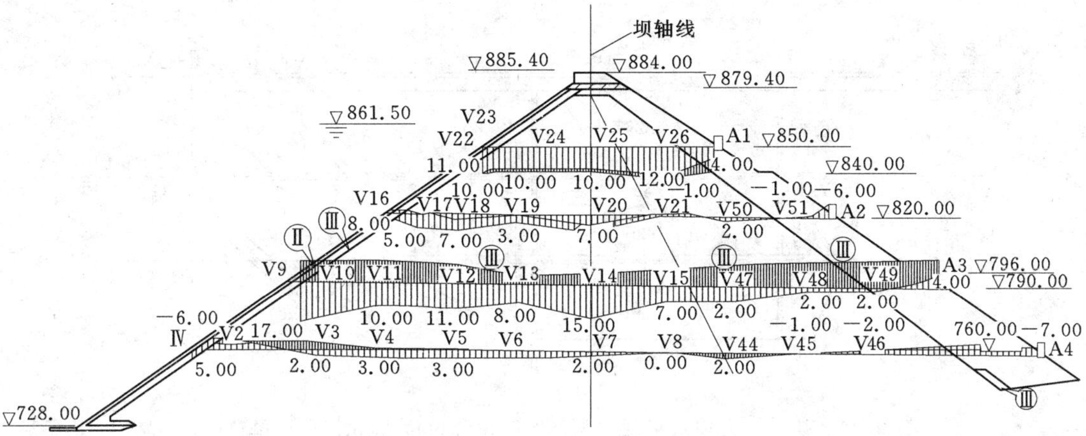

图 9.23 某工程大坝表面垂直位移分布图（位移单位：mm；高程单位：m）

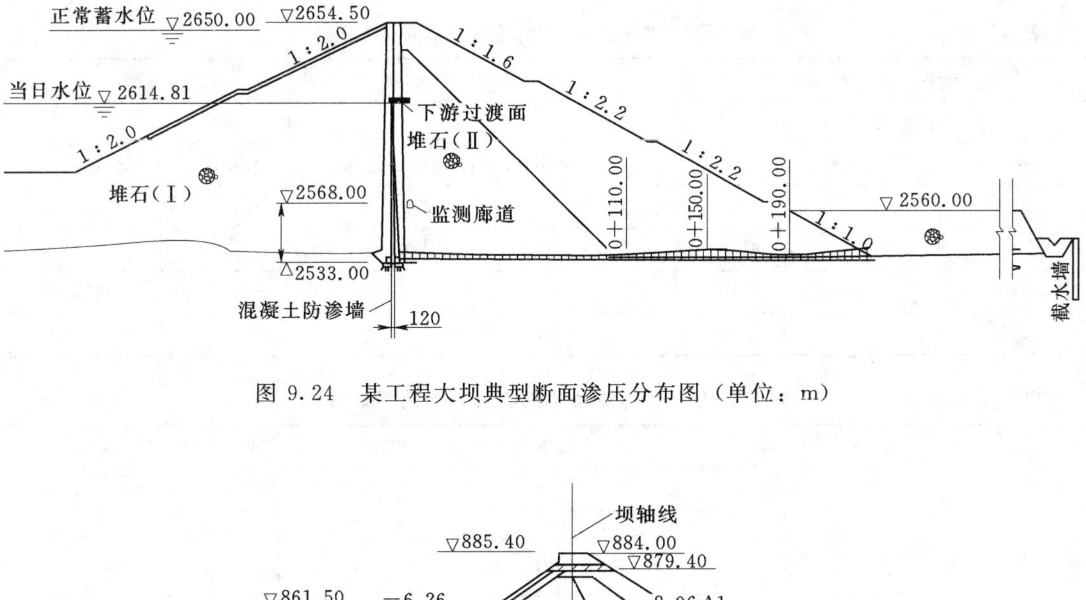

图 9.24 某工程大坝典型断面渗压分布图（单位：m）

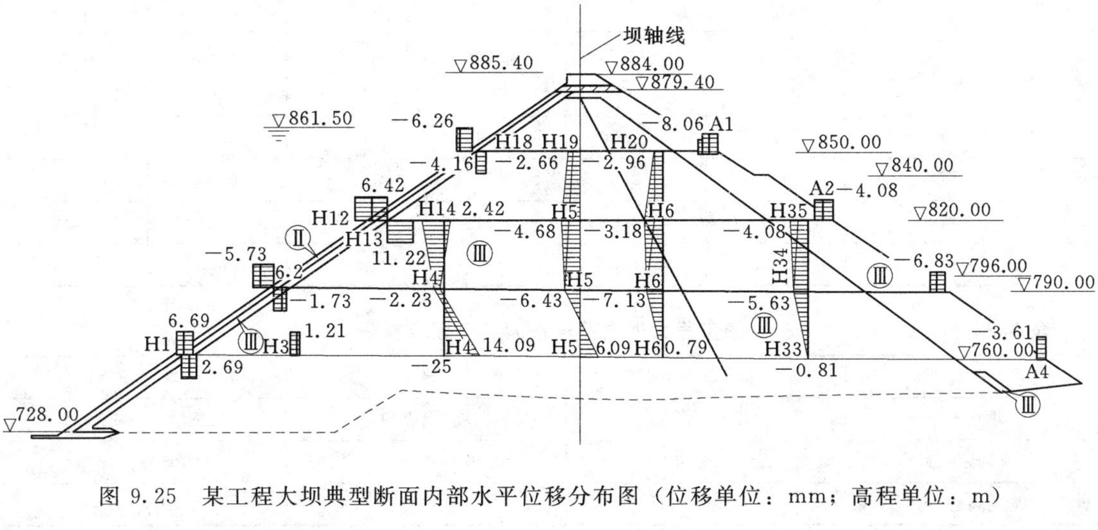

图 9.25 某工程大坝典型断面内部水平位移分布图（位移单位：mm；高程单位：m）

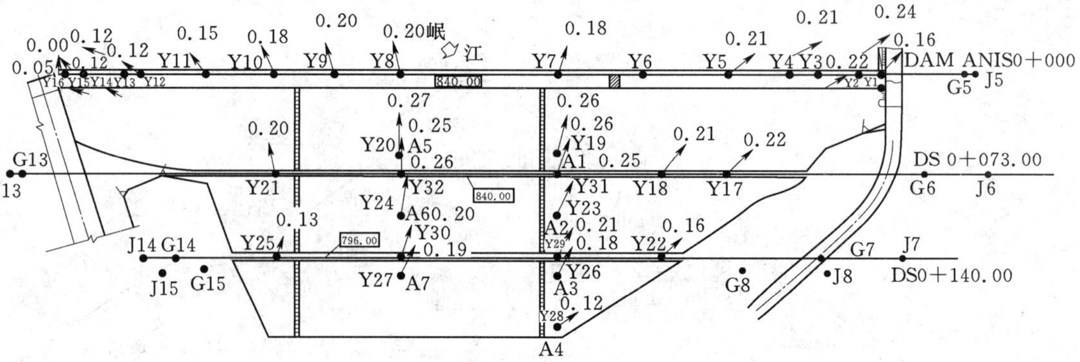

图 9.26　某工程大坝水平位移矢量图（位移单位：cm；高程单位：m）

内部水平及垂直位移、坝体应力与应变、渗透压力、渗流量、环境量监测等，常用的年报表、月报表和日报表见表 9.1～表 9.3。

表 9.1　　某工程防渗墙上游侧渗压测点日报表样表

观测日期			2007-10-16			
库水位/m			2647.11			
序号	仪器编号	坝桩号	坝轴距/m	埋设高程/m	压力/MPa	水位/m
1	P01	坝 0+120.0	0−005.0	2589.05	−0.56	2645.85
2	P08	坝 0+120.0	0−005.7	2585.07	−0.60	2645.81
3	P09	坝 0+120.0	0−005.7	2563.14	−0.87	2652.02
4	P10	坝 0+120.0	0−005.7	2550.14	−0.81	2632.95

表 9.2　　某工程混凝土防渗墙顶部变形测点月报表样表

观测日期				2007-05-08	2007-05-15	2007-05-23	2007-05-31
库水位/m				2610.22	2611.97	2614.45	2613.48
测点编号	坝桩号	坝轴距/m	埋设高程/m	位移/mm	位移/mm	位移/mm	位移/mm
M3-1	坝 0+205	0−003.70	2532.00	3.49	3.5	3.52	3.5
M3-3	坝 0+220	0−003.70	2532.00	5.24	5.24	5.24	5.24
M6-1	坝 0+138	0−003.70	2572.00	2.24	2.29	2.29	2.24
M6-6	坝 0+198	0−003.70	2531.00	−0.57	−0.57	−0.57	−0.61

表 9.3　　某工程大坝内部位移测点年报表样表

测点编号	CH07	CH08	CH09
坝桩号	坝 0+220	坝 0+220	坝 0+220
坝轴距/m	0−002.90	0+010.00	0+034.02
埋设高程/m	2596.70	2596.53	2598.09

续表

观测日期	库水位/m	测值/mm	位移/mm	测值/mm	位移/mm	测值/mm	位移/mm
2008-01-03	2644.03	101	145.14	-36	8.14	35	79.14
2008-02-04	2644.03	103	147.38	-29	15.38	35	79.38
2008-03-11	2643.03	106	150.61	-27	17.61	35	79.61
2008-04-06	2642.66	113	157.85	-24	20.85	34	78.85
2008-05-09	2641.59	105	150.56	-27	18.56	33	78.56
2008-06-11	2640.82	111	156.88	-39	6.88	33	78.88
2008-07-14	2639.65	107	153.10	-32	14.1	34	80.1
2008-08-17	2638.32	108	154.33	-33	13.33	34	80.33
2008-09-20	2637.05	113	159.55	-37	9.55	35	81.55
2008-10-23	2635.55	104	150.78	-39	7.78	35	81.78
2008-11-10	2612.82	112	162.31	29	79.31	38	88.31
2008-12-15	2611.81	121	171.69	39	89.69	39	89.69
年度最大位移/mm		121	171.69	39	89.69	39	89.69
出现日期		2008-03-15	2008-03-15	2008-03-15	2008-03-15	2008-03-24	2008-03-24
年度最小位移/mm		101	145.14	-39	6.88	33	78.56
出现日期		2008-01-03	2008-01-03	2008-01-11	2008-01-11	2008-01-09	2008-01-09
年度平均位移/mm		109.08	155.81	-16.92	29.81	35.38	82.12

9.8 安全监测新方法

9.8.1 BIM技术的应用

9.8.1.1 BIM的优越性

BIM（building information modeling）由美国建筑与计算机专业被誉为BIM之父的Chuck Eastmen教授在其研究课题中首次提出。根据BIM的概念，通过构建三维模型，并以建筑项目的规划、设计、施工、运行等各个阶段周期内的相关数据作为基础，将这些信息进行有效的整合，形成一项包含工程项目全生命周期的建筑模型。项目的各个阶段时期，不同参与方可以通过BIM技术来实现工程信息的同步管理、操作，并支持不同参与方间的协同合作，以实现各参与方利益最大化。这样不但有效地避免了建设工程在不同阶段造成工程信息“孤岛”产生，而且提高了工程质量，加快了工程生产效率，减少了因失误造成的经济损失，缩短了工程建设周期。

BIM作为工程项目全生命周期模型信息的载体，由数字信息仿真模拟出的建筑模型包含了工程项目中所有真实数据信息。通过对工程中各阶段数据信息进行合理的分析、决策、管理，可以有效提升整个建设工程项目的管理水平。BIM具有以下八项特点：可视化、参数化性、信息完备性、模拟性、一体化性、协调性、优化性、可出图性。

BIM 模型可以为水利工程运营期的安全监测管理工作提供水工建筑物在规划、设计、施工、运营期整个生命周期全过程中所有的数据信息，为管理者提供了一套完整高效的数字化管理应用平台，方便了管理者对运营期的水工建筑物安全监测信息的管理，改善了传统管理工作方式，提高了管理成果质量，节约了管理成本。管理者既可以精准查询每个工程构件包含的所有信息，又可以对指定模型构件信息进行更新。

9.8.1.2　BIM 技术在安全监测管理系统应用过程

1. BIM 模型可视化系统的开发

基于 BIM 在水利工程运营期安全监测可视化管理平台，通过 BIM 模型可视化，主要实现了相关管理信息的可视化查询、修改、删除等操作；利用 BIM 可视化平台，可以直观形象地展示模型在运营期箱涵结构状况、运行状态、监测仪器工作状态、监测数据是否正常等。

BIM 技术的可视化管理提升了管理工作的效率，帮助管理者直观、动态地掌握输水箱涵在运营期基本状况。例如，针对南水北调工程天津干线输水箱涵安全监测管理的具体情况，结合实际管理工作中经常遇到的各种管理任务，利用 BIM 的核心软件 Revit 2014 进行整体箱涵框架、钢筋、监测仪器等族类型进行建模，然后整合工程数据、仪器设备资料到对应箱涵模型中，形成一套包含全生命周期信息的 BIM 箱涵模型。基于该 BIM 模型可以完成安全监测可视化管理工作。BIM 模型系统开发、建立、应用的实现主要有以下步骤，如图 9.27 所示。

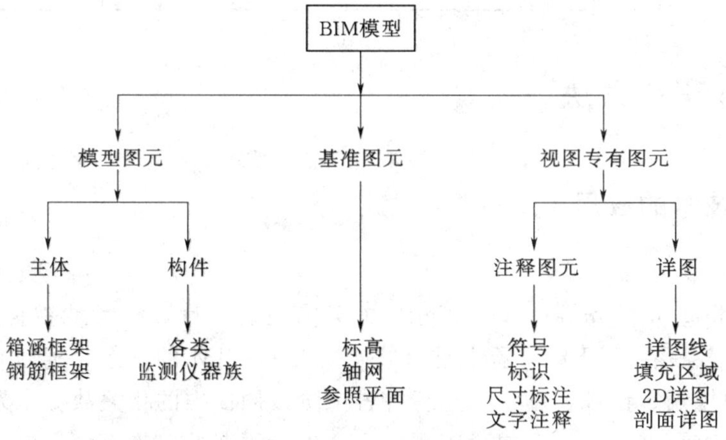

图 9.27　BIM 模型开发步骤

2. BIM 可视化应用功能

(1) 监测仪器、数据模型可视化。监测仪器的工作状态、监测数据的准确性在整个箱涵安全监测管理系统起着关键作用。其中，监测仪器的工作状态决定了监测数据的有效性。例如，监测仪器在使用过程中发生故障，将会影响监测数据精度或未能采集到数据等。

而通过对监测数据进行合理分析，可以间接掌握箱涵结构的健康程度。分析结果是否合理是影响安全监测管理工作的重要因素。因此，实现监测仪器、数据的可视化表达显得意义重大。在BIM中模型的可视化表达主要利用参数化控制的方式，实现指定模型以醒目的、动态的方式完成可视化显示。例如，通过控制参数，某指定模型可以以不同图形、材质、字体、颜色的方式显示，不同的显示方式代表了不同的含义。只要简单了解各类显示方式的含义，便可以实现没有任何管理经验的人也能够直观、有效地了解模型要表达的意思。

(2) 工程信息的统计与引用。在Revit中利用该软件自身强大的统计功能，通过对明细表功能进行关键字、关键信息的设置，便可以获得BIM中已经集成了全生命周期中各阶段工程信息量的统计、监测仪器基本信息的统计、当前仪器监测数据信息。Revit明细表为使用者提供了所需参数信息的自动统计功能，该功能可以帮助使用者全面、快捷地获取所需要查询模型中各类参数统计信息，以报表的形式呈现出来。还支持将所需的统计信息按要求导出到Excel中。表中的基本明细统计主要包括仪器类型、仪器名称、仪器编号、仪器精度、运行状态等信息。管理者利用明细表中分类统计的方式来获得统计明细，可以有针对性地满足不同管理部门对统计信息的查询需求。这样，不仅大大减少从海量模型中获取信息的难度，还提升管理工作的效率，增强获取信息的准确性与时效性。

3. BIM可视化管理系统工作流程

基于BIM技术在水利工程运行安全监测管理系统的研发，有针对性地解决了以上分析中可能遇到的各类问题。该管理系统可以帮助管理者轻松实现水利工程实时、动态的可视化管理。及时了解整个结构在不同运行工况下结构健康状态、监测仪器的所有信息，做出正确、合理的决策安排。之前繁琐、重复的监测数据整理、分析工作，也变得简单轻松了，只需要管理人员将实际工程中监测仪器采集到的监测数据按指定的格式录入到数据库管理系统中，该系统便会自动将各类数据整理分类，得到对应的曲线图表。与此同时，管理人员可以通过BIM可视化模型系统，进行监测仪器、监测仪器基本信息、监测数据可视化查看，并结合数据库管理系统调用查看相关监测仪器的信息，共同完成安全监测管理工作。以下主要分析了基于BIM的水利工程运营期安全监测管理系统工作流程。图9.28所示为安全监测管理系统的工作流程图。

日常管理工作中，各个负责部门需要根据实际安全监测工作内容，在完成了各自负责的本职工作以后，将具体工作内容信息更新到安全监测管理数据库、BIM模型中。例如，监测数据管理人员，需要定期将采集到的各类监测数据进行简单整理，再将整理好的数据批量录入数据库。日常保养、巡查管理工作人员定期对箱涵安全监测监测系统进行检查、保养、维护，将监测设备的保养情况，监测仪器设备损耗、健康状态情况进行统计，并且及时更新到相关监测数据库及BIM模型系统中。信息及时准确的更新也是安全监测管理工作重要流程内容之一。

这样，整个管理系统的才会更具时效性。同时，作为最高级别的管理者，该安全监测管理系统不仅可以为管理者提供运营期箱涵输水任务时的可视化展示，各类监测仪器在不同工况下的健康状况，监测数据可视化形式的表达等，还改善了以往管理工作需要在二维图纸上进行繁琐的操作，大大提升了管理内容、形式的可视化性、易懂性等。

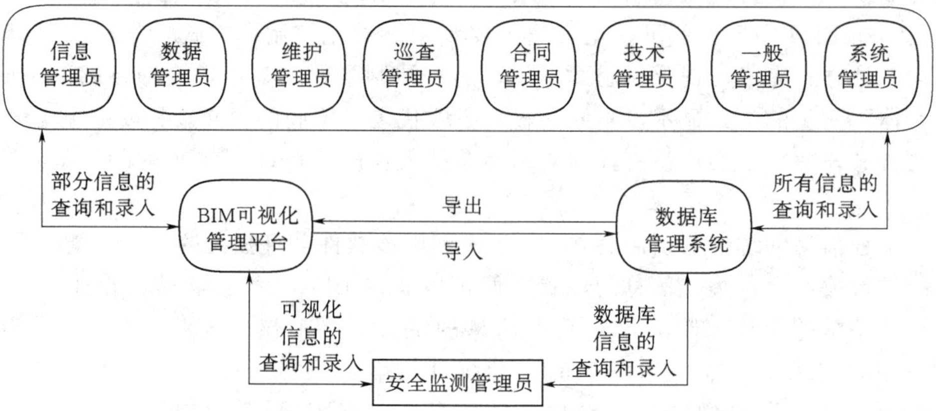

图 9.28　基于 BIM 在水利工程运营期安全监测可视化管理流程图

9.8.2　偏最小二乘法回归消除误差

目前国内外广泛采用最小二乘法（least - squares method）进行回归参数的无偏估计，以实现对水利工程各种安全监测数据的模型拟合与预测。然而，最小二乘法回归是建立在自变量因子之间不存在密切相关关系的假定基础上，而实际工程情况往往与该假定不符，在影响水工建筑物及其地基变形、应力应变和渗的各种自变量因子之间，总是存在着一定的相关关系（称为多重相关性），它会导致回归分析的正则方程组出现病态，从而使最小二乘法的参数估计不稳定，模型拟合精度难以保证，在此基础上进行预测，将可能产生严重的偏差甚至错误。

由 S. Wold 和 C. Albano 在 1983 年提出的偏最小二乘法回归（partial least - squares regression，PLSR）是一种新型的多元统计分析方法，它能有效解决常规最小二乘法回归难以克服自变量因子间多重相关性影响的问题。经过 20 多年的发展，PLSR 在理论、方法和应用等方面日趋成熟，表现出了较强的适用性，它除了模型效果好、解释能力强外，还具有计算简单、便于操作等优点，目前已经在国外众多学科领域的统计分析研究中得到广泛应用；而在国内，PLSR 的研究与应用起步相对较晚，发展相对缓慢，近几年来为数不多的有关报道尚仅局限于水稻腾发量模拟、用电量预测、土地利用结构研究、水文相关性分析、城市生活用水量预测、黄土湿陷系数、酸雨 pH 值预测等方面。为此，本节对 PLSR 建模分析方法在水利工程安全监测中的应用进行探讨，以寻求克服常规最小二乘法回归的不足，有效避免自变量因子间的多重相关性干扰对模型拟合与预测精度的影响，以推进 PLSR 在水利工程中的应用研究。

9.8.2.1　安全监测的 PLSR 建模思路

在水利工程建设与运行管理中，为及时了解和判断大坝、坝基、泄洪、引水、发电、排沙等水工建筑物及库区高边坡、滑坡体的安全性态，常需在这些建筑物的不同部位埋设各种监测仪器，通过人工或自动化监测，取得有关变形、渗流及应力应变等实测数据，并通过一定的数据处理和分析方法，判别这些监测变量的各种影响因素及其作用机理，综合判断建筑物的安全性态，及时发现隐患与减少风险，从而为水利工程建设和运行管理提供科学的决策依据。

与常规多元线性回归分析相比，PLSR 并不直接考虑因变量集合与自变量集合的回归建模，而是在变量系统中提取若干对系统具有最佳解释能力的新综合变量（称为成分），然后利用这些成分进行回归建模，从而避免了模型因子之间的多重相关性干扰。

将 PLSR 用于水工建筑物的应力应变、渗流或变形等监测数据的处理与分析时，其基本思路是：对于 q 个因变量 $\{y_1,y_2,\cdots,y_q\}$ 和 p 个自变量 $\{x_1,x_2,\cdots,x_q\}$，利用对其观测得到的 n 个样本点，可分别构成自变量和因变量矩阵系统 $\boldsymbol{X}=[x_1,x_2,\cdots,x_q]_{n\times q}$、$\boldsymbol{Y}=[y_1,y_2,\cdots,y_q]_{n\times q}$；利用 PLSR 建模，可分别在 $\boldsymbol{X}$ 和 $\boldsymbol{Y}$ 中提取出成分 t_1 和 u_1（所提取的成分 t_1 是 $x_1,x_2,\cdots,x_q$ 的线性组合，u_1 是 $y_1,y_2,\cdots,y_q$ 的线性组合）。成分提取时，应满足两个要求：①t_1 和 u_1 应尽可能大地携带它们各自原变量系统中的数据信息；②t_1 和 u_1 的相关程度能够达到最大。

这两个要求表明，t_1 和 u_1 应尽可能好地代表 $\boldsymbol{X}$ 和 $\boldsymbol{Y}$，同时自变量的成分 t_1 对因变量的成分 u_1 有最强的解释能力。

在第一个成分 t_1 和 u_1 被提取后，PLSR 分别实施 $\boldsymbol{X}$ 对 t_1 的回归以及 $\boldsymbol{Y}$ 对 u_1 的回归，如果回归方程已达到满意的精度，则算法终止；否则，将利用 $\boldsymbol{X}$ 被 t_1 解释后的残余信息以及 $\boldsymbol{Y}$ 被 t_1 解释后的残余信息进行第二轮的成分提取；如此往复，直到达到一个较满意的精度为止。

若最终对 $\boldsymbol{X}$ 共提取了 m 个成分 $t_1,t_2,\cdots,t_m$，PLSR 将通过实施 y_k 对 $t_1,t_2,\cdots,t_m$ 的回归，然后再表达成 y_k 关于原变量 $x_1,x_2,\cdots,x_p$ 的回归方程，即

$$y_k^*=a_{k1}x_1^*+a_{k2}x_2^*+\cdots+a_{kp}x_p^*+Y_{AK} \tag{9.22}$$

式（9.22）即为所建的 PLSR 拟合模型，其中 Y_{Ak} 是残差矩阵 $\boldsymbol{Y}_K$ 的第 k 列。

许多情况下，PLSR 并不需要提取全部的成分 $t_1,t_2,\cdots,t_A$（A 为自变量矩阵 $\boldsymbol{X}$ 的秩）进行建模，而是采取截尾的方式，只通过提取前 h 个成分（$h<A$），即能得到一个精度足够高、拟合与预测性能均较好的 PLSR 模型。对于建模所需提取的成分个数 h，可以通过交叉有效性检验来确定。

9.8.2.2 PLSR 的数据内涵分析方法

PLSR 集多元回归分析、典型相关性分析和主成分分析的基本功能和优点于一体，将建模预测类型的数据分析方法与非模型式的数据内涵分析方法有机结合起来，可以同时实现回归建模、数据结构简化和两组变量间的相关性分析。因此，PLSR 方法除提供了一个较常规最小二乘法回归更为合理的模型外，还提供了一系列非常适用的数据内涵分析方法。这些分析方法在数据内涵挖掘方面显示出了强大的功能。

1. 变量间多重相关性的降维考察分析

在对高维数据系统 $\boldsymbol{X}$、$\boldsymbol{Y}$ 分别提取成分 t_1 和 u_1 后，可以在二维平面上绘制以 t_1 为横坐标、以 u_1 为纵坐标的 t_1-u_1 平面图，在图上以（$t_1(i)$，$u_1(i)$）为坐标点，绘出每一个样本点的位置。这就可以将高维数据系统降维至二维平面图上进行直接考察，以分析高维空间样本点的分布特征及其相似性结构。在平面图上，如果 t_1 与 u_1 之间存在相关关系，则说明构成 $\boldsymbol{X}$ 与 $\boldsymbol{Y}$ 集合的各个变量之间存在显著的多重相关性，这时采用 PLSR 方法建

立有关监测变量与水压、温度、降水、时效等影响因子之间的拟合模型才是较为合理的。

2. 奇异值的发现与剔除

可以通过第 i 个样本点对第 h 个成分 t_h 的贡献率 t_{hi}^2 来发现样本点集合中的奇异点。在所建立的 PLSR 模型中，定义样本点 i 对成分 $t_1,t_2,\cdots,t_m$ 的累计贡献率为

$$T_i^2=\frac{1}{n-1}\sum_{h=1}^{m}\frac{t_{hi}^2}{Sh^2} \tag{9.23}$$

式中　s_h^2——成分 t_h 的方差。

若

$$T_i^2 \geqslant \frac{m(n^2-1)}{n^2(n-m)}F_{0.05}(m,n-m) \tag{9.24}$$

可以认为在 95%的检验水平上，样本点 i 对成分 $t_1,t_2,\cdots,t_m$ 的贡献过大，这时样本点 i 为奇异点。当 $m=2$ 时，式（9.24）的判别条件为

$$\frac{t_{1i}^2}{s_1^2}+\frac{t_{2i}^2}{s_2^2} \geqslant \frac{2(n-1)(n^2-1)}{n^2(n-2)}F_{0.05}(2,n-2)=c \tag{9.25}$$

式（9.25）表示的图形为一椭圆区域，所以在 t_1-t_2 平面图上，可以作出 T_2 椭圆图。如果所有的样本点都落在椭圆区内，则认为所有样本点的分布是均匀的；否则，认为落在椭圆区外的样本点为奇异点，建模时应将其剔除，如图 9.29 所示。

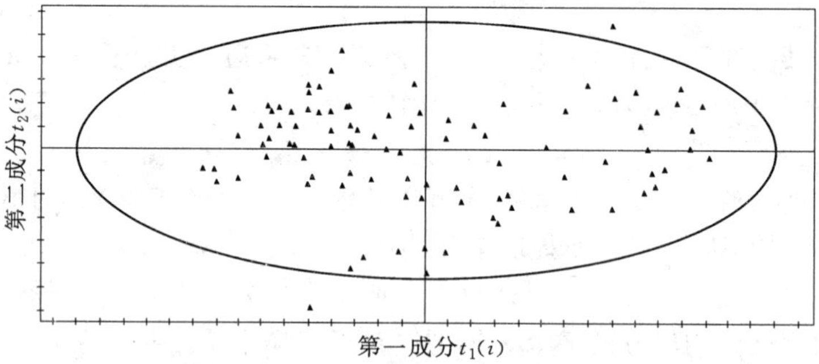

图 9.29　测值样本累计贡献率椭圆图

3. PLSR 模型精度分析

可以通过评价成分 $t_1,t_2,\cdots,t_m$ 对 $\boldsymbol{X}$ 和 $\boldsymbol{Y}$ 的解释能力来判断 PLSR 模型的精度。其中：$t_1,t_2,\cdots,t_m$ 对 $\boldsymbol{X}$ 的累计解释能力为

$$R_X^2=\sum_{h=1}^{m}\left[\frac{1}{P}\sum_{j=1}^{p}r^2(x_j,\ t_h)\right] \tag{9.26}$$

$t_1,t_2,\cdots,t_m$ 对 $\boldsymbol{Y}$ 的累计解释能力为

$$R_Y^2=\sum_{h=1}^{m}\left[\frac{1}{q}\sum_{j=1}^{q}r^2(y_k,\ t_h)\right] \tag{9.27}$$

R_X^2 和 R_Y^2 均不大于 1，其值越高（越接近 1），表明所提取的成分 $t_1,t_2,\cdots,t_m$ 对 $\boldsymbol{X}$ 和 $\boldsymbol{Y}$ 的解释能力越强，因而所建模型的精度越高。

4. 自变量因子的重要性程度分析

自变量因子对因变量的解释能力越强，其重要性越大。从 PLSR 建模过程可知，若所提取的成分 t_h 对 $\boldsymbol{Y}$ 的解释能力很强，而自变量因子 x_j 在构造 t_h 时又起到了相当重要的作用，则 x_j 对 $\boldsymbol{Y}$ 的解释能力就很大。x_j 的重要性程度可以用变量投影重要性指标 VIP_j（variable importance in projection，VIP）来测度，即

$$VIP_j = \frac{p}{Rd(Y;\ t_1,\cdots,t_m)}\sum_{h=1}^{m} Rd(Y;\ t_h) w_{hj}^2 \tag{9.28}$$

式中 w_{hj}——轴 w_h 的第 j 个分量，它被用来测量 x_j 对构造 t_h 成分时的边际贡献；

$Rd(Y;t_h)$——t_h 对 Y 的解释能力；

$Rd(Y;t_1,\cdots,t_m)$——$t_1,\cdots,t_m$ 对 Y 的累计解释能力。

对全部因子 $x_j(j=1,2,\cdots,p)$，有 $\sum_{j=1}^{p} VIP_j^2 = p$。因此，如果每个 x_j 在解释 $\boldsymbol{Y}$ 时的作用都相同，则所有 VIP_j 均等于 1；否则，对于 VIP_j 很大（>1）的 x_j，它在解释 $\boldsymbol{Y}$ 时就有更加重要的作用。

9.8.3 SpringMVC 框架系统的应用

通过 SpringMVC 框架的应用可以帮助构建各级水行政主管部门与水库管理单位的数据采集和共享通道，实现数据的集中存储、共享访问和有效利用；以信息化手段实现现场检查和远程监管相结合，实时掌握工程安全和运行状况；按照业务流程有序开展管理工作，提高工作效率和管理水平。该平台的建设的具体目标如下。

（1）综合展示、统一管理江西省水库大坝的基础信息，信息资料准确清晰。

（2）实现水库大坝水雨情、工情数据的采集、统计、分析，在线监测大坝安全和险情预警。

（3）通过移动信息化的手段，实现水库大坝巡查工作的规范化、自动化。

（4）实现水库大坝运行管理信息的移动端展示及管理，水库的实时运行管理信息定制化查询。

（5）实现水库大坝管理工作的网络化、流程化、规范化、信息化，特别是工作资料、报告的自动生成，做到统一编制、统一管理。

（6）实现水库大坝工程运行管理工作中遇到的问题登记备案的信息化，对存在的问题能查询、调阅，统一做到管理和处理。

（7）实现调用查询水库大坝工程事先制定好一系列的应急抢险预案，根据监测数值提供相应的预案及响应等级，做到应急抢险的流程化、信息化处理。

9.8.3.1 系统功能模块

根据需求分析，平台的具体功能模块有基础信息管理系统、安全监测预警系统、智能巡查系统、维修养护系统、考核管理系统等。其具体的功能模块图如图 9.30 所示（以江西省为例）。

（1）基础信息管理系统。用基础信息管理功能对水库基础信息进行管理，水库基础信

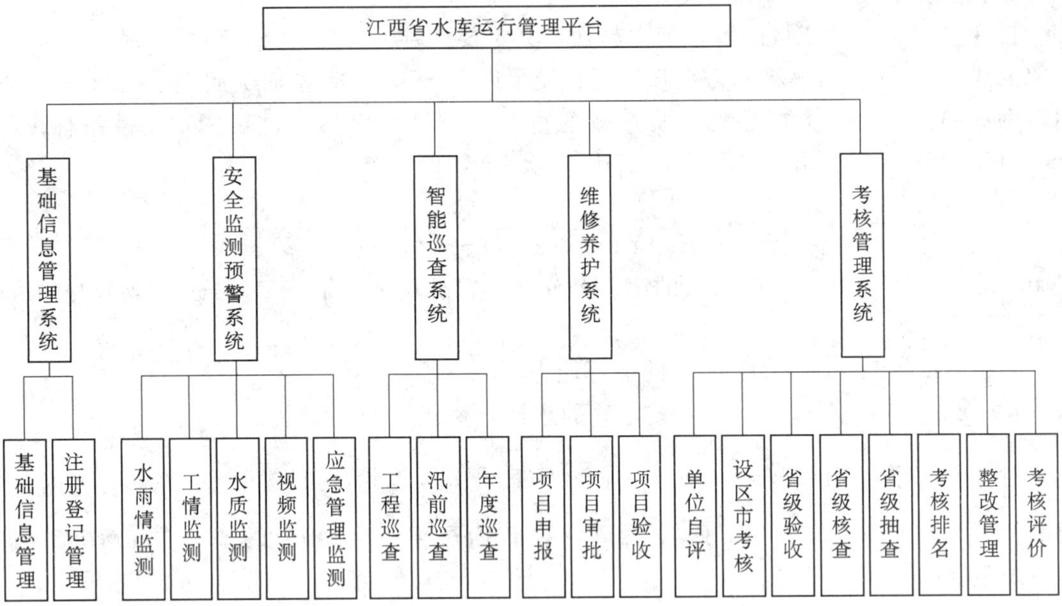

图 9.30　水库运行管理平台功能框架图

息主要包括基础类、水文类、工程结构类、运行管理类等信息。依据各类用户业务需求和管理围划分不同权限，展示工程项目列表，对不同权限的用户分别提供各类基础信息记录的增加、删除、修改、上传、下载、筛选、浏览等功能。

（2）安全监测预警系统在江西省水利一张图的基础上，提供全省水库安全监测预警信息，主要包括水雨情监测预警、工情监测预警、视频监测预警、应急管理监测预警。

1）水雨情监测预警。根据水雨情监测数据，例如降雨量、水库水位、流量等监测信息，在数据共享和对接省防办相关系统的基础上，提供水位超汛限预警、强降雨预警等预警功能。

2）工情监测预警。根据对工情信息的采集，提供对大中型水库渗压、渗流、位移等工情监测产生的预警，包括工情预警、工情分析、数据填报等。

3）视频监测预警。图像/视频监测是直观掌握大坝状况、辅助大坝安全管理的重要手段，图像/视频监测模块为用户提供全省安装了远程视频监视的水库监视列表，用户根据需要选择列表中的摄像头，查询实时（或历史）画面（或视频）。

4）应急管理监测预警。本功能主要实现当工程安全形状、水质状况、气象水文条件等出现超限险情或异常时，由现地系统触发报警，提醒用户当前所需关注的大坝，并调出相应的应急预案响应等级及措施，作为紧急事件处理的决策参考。

（3）智能巡查系统。提供巡查计划设置，不同水库可根据自身情况进行移动巡查计划的设置，可分为工程检查、汛前检查、年度检查等。由上级主管部分进行审核，派发任务到移动终端设备，移动终端设备人员接收到巡检任务进行巡检。

（4）维修养护系统。维修养护子系统包括水利工程年度维修养护项目申报审批管理、维养实施验收管理两部分功能，系统流程和内容应符合相关技术标准、管理办法、定额标准。

（5）考核管理系统。管理考核子系统是对水库管理单位管理能力和水平的考核认定而设立的，包括规章制度建立模块、运行年度总结管理模块和按照《江西省水利工程管理及维修养护考核办法》对水库大坝安全运行进行管理考核，系统提供考核单位自评、设区市考核、省级验收、省级核查、省级抽查、考核评价排名、整改管理、考核评价查询等功能。

9.8.3.2 系统体系结构

系统采用B/S架构开发，其总体架构参见图9.31。系统架构分为6层。

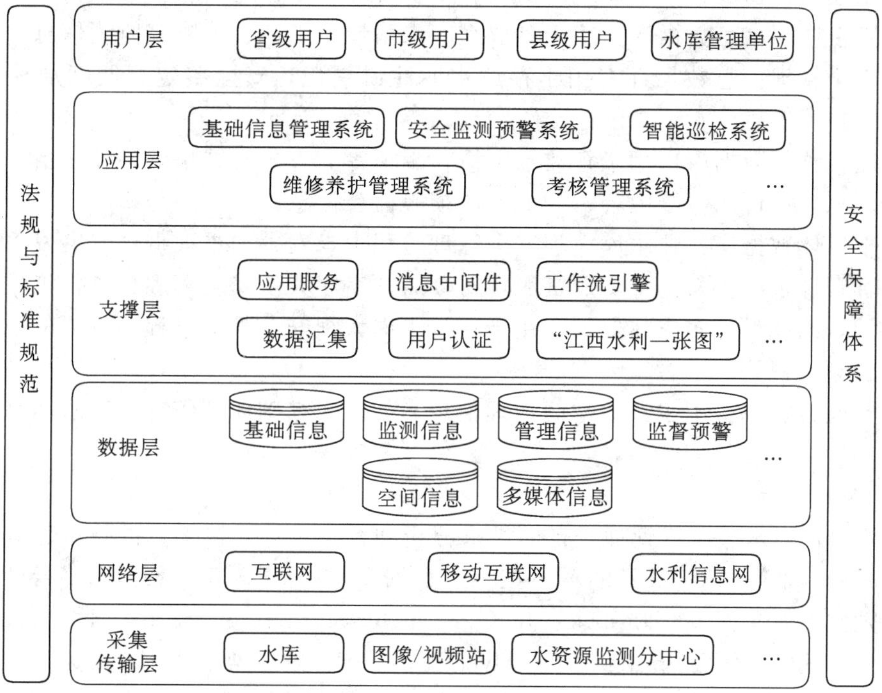

图9.31 系统架构图

（1）采集传输层：将水库管理单位、图像/视频站、水资源监测分中心等单位的水雨情、工情、水质、图像/视频等监控系统采集的各类信息汇集（或集成）至本系统。

（2）网络层：利用互联网、移动互联网、水利信息网进行数据传输。

（3）数据层：主要是将数据的组织、表结构设计、存储设计和数据对象关系的组织，形成一个标准统一的结构完整的数据库，包括基础信息数据库、监测信息数据库、管理信息数据库、空间信息数据库、多媒体信息数据库等。

（4）支撑层：主要为应用层提供应用支撑平台。例如，应用服务器为Web信息发布提供支撑；利用江西水利一张图提供基础地图和水利专题要素服务等；Web服务为应用系统提供数据访问接口；工作流为应用系统提供流程管理。是通过封装组件的方式为系统的业务功能提供通用的、可复用的功能组件。

（5）应用层：为用户提供各类业务应用，主要包括基础信息管理系统、安全监测预警系统、智能巡检系统、维修养护管理系统、考核管理系统等。

（6）用户层：为省、市、县、水库管理单位四级用户提供不同权限的服务。

9.8.3.3　系统数据库的构建

依据“统一规划、统一标准、统一设计、数据共享”的原则，根据本平台信息内容建立由基础信息数据库、安全监测信息数据库、安全管理信息数据库、监督预警数据库、多媒体数据库、空间数据库等组成的综合数据库，全面覆盖水利区域管理的工程需要。

（1）基础信息数据库：用于存放水库的基本情况、水文特征、水库特征、挡水建筑物情况、泄水建筑物情况、输水建筑物情况、工程管理和工程运用等。

（2）安全监测信息数据库：用于存放水库水雨情、工情、视频等监测信息。

（3）安全管理信息数据库：用于存放水库注册登记、安全鉴定、调度规程、应急预案、维修养护等信息。

（4）监督预警数据库：用于存放水雨情、工情等业务分析结果，各类水情、工情等业务的预警信息，单位的考核内容、分值、成绩等监督信息。

（5）多媒体数据库：在水库大坝安全管理过程中，发生的重大事件（突发事件、日常事件）的音频、视频资料是宝贵的资源，对今后的水库大坝安全管理、监督工作具有重要的借鉴作用，因此设计多媒体数据库用于存放水库大坝安全管理过程中重要的或发生重大事件时的音频、视频。

（6）空间数据库：用于存放空间地理信息，如国家基础地理信息库、水利基础地理信息库等。

9.8.3.4　系统实现

根根据前面对水库运行管理平台的需求分析和系统设计，该平台的技术路线使用 Java 语言进行开发，采用基于 J2EE 的 B/S 架构，数据库使用 MySQL，数据库平台的服务器采用 Linux 操作系统。开发环境要求：JDK1.8、Eclipse4.7、Tomcat 8.0、Maven3.3.1。技术选型：后台开发框架使用 SpringMVC＋Mybatits，前端开发框架使用 EasyUI 1.4.4。本平台根据登录人员的身份与职责来区分相关工作人员的工作权限，展示不同的功能界面。各用户权限分配如下。

（1）省级用户：对全省水库的运行管理工作进行指导与监督，并通过系统实时掌握大坝安全状况，水库突发事件发生时组织专家应急会商。

（2）市级用户：对所辖市水库运行管理工作进行指导与监督，并通过系统实时掌握大坝安全状况，及时发现处理各类问题，配合上级部门进行应急会商。

（3）县级用户：对所辖县水库运行管理工作进行指导与监督，并通过系统实时掌握大坝安全性态，及时发现处理各类问题，配合上级部门进行应急会商与处置。

（4）水库管理单位用户：对水库进行安全监测和日常管理等工作，及时上报各类水库大坝安全信息。

该平台的功能界面如图 9.32 所示。

江西省水利工程运行管理信息系统（一期）
Jiangxi Water Conservancy Project Operation Management Information System

图 9.32 功能界面图

第 10 章　水利工程管理信息化

10.1　概述

当今世界，信息化水平已成为衡量一个国家综合实力、国际竞争力和现代化程度的重要标志，信息化已成为社会生产力发展和人类文明进步新的强大动力。水利部在“十五”规划中明确指出“利用水利信息化推动水利现代化”的发展思路，强调指出“水利信息化是水利现代化的基础和重要标志”。

水利信息化，就是充分利用现代信息技术，开发和利用水利信息资源，包括对水利信息进行采集、传输、存储、处理和利用，提高水利信息资源的应用水平和共享程度，从而全面提高水利建设和水事处理的效率和效能。

目前，水利信息化技术在水库管理、防汛减灾、提供水源和保护生态等方面的应用已经取得了巨大的社会效益和经济效益。水利信息化可以提高信息采集、传输的时效性和自动化水平，是水利现代化的基础和重要标志。水利信息化的建设以提高水利管理与服务水平为目标，以推进水利行政管理和服务电子化、开发利用水利信息资源为中心内容，立足应用，着眼发展，务实创新，服务社会，保障水利事业的可持续发展。

10.1.1　水利信息化的必要性

水利信息化是整个国民经济和社会信息化的重要组成部分。国民经济和社会信息化程度，取决于各部门和社会各方面信息化的程度。水利作为国民经济和社会的基础设施，不但水利事业要超前发展，而且水利信息化也要优先发展、适度超前。这既是国民经济和社会信息化建设的大势所趋，也是水利事业自身发展的迫切需要。为保障经济社会的发展，水利部门要向各级政府、相关行业及社会各方面及时提供水资源、水环境和水利工程，洪涝干旱的灾情，防灾减灾的预测等大量的水利信息。因此，水利行业必须依据相关行业信息化技术的支持，加快水利信息化建设步伐，在国民经济和社会信息化建设中发挥应有的作用，这是对治水观念的创新要求。

1. 水利信息化是实践新时期治水思路的关键因素

水资源的可持续利用事关我国经济社会的发展前景，因此要下大力气解决洪涝灾害、水资源不足和水污染问题。水利部在全面历史地总结治水经验教训、深入分析水利新形势的基础上，明确提出要从传统水利向现代水利、可持续发展水利转变，以水资源的可持续利用支持经济社会的可持续发展。实现新时期治水战略目标，必须大力研究、引进、推广先进技术，加速水利信息化建设。

2. 推进水利信息化可满足提高防汛决策指挥水平的需要

水情和工情信息是防汛方案编制的依据和决策的基础。运用先进的水利信息技术手段，可以大大提高雨情、水情、工情、灾情信息监测和传输的时效性和准确性，提高预测、预报的速度和精度，降低灾害损失。

3. 推进水利信息化可满足提高水利科技含量和管理水平的需要

水利作为传统行业，技术创新和管理创新的任务十分繁重。通过推进水利信息化，可逐步建立防汛决策指挥系统，水资源监测、评价、水利工程管理系统等，改善管理手段，增加科技含量，提高服务水平，促进技术创新和管理创新。

4. 推进水利信息化可满足政府职能转变的需要

通过组建水利系统水利信息化专网，可以实现水利系统内部信息资源的共享，进行数据、语音、视频的网上传输，以及非机密文件、资料的网上交换等，最大限度地提高工作效率。水利信息化可以把一定区域乃至全国的水利行政机关连接在一起，真正实现信息、知识、人力以及创新的方法、管理制度、管理方式、管理理念等各种资源的共享，提高包括信息资源在内的各种资源利用的效率。水利信息化还可以大大降低政府的行政管理成本，在电子网络政府状态下，可以在一种全新的网络环境下进行，从而可以有效地降低行政管理成本。

10.1.2　水利信息化建设的主要任务

水利信息化的首要任务是在全国水利业务中广泛应用现代信息技术，建设水利信息基础设施，解决水利信息资源不足和有限资源共享困难等突出问题，提高防汛减灾、水资源优化配置、水利工程建设管理、水土保持、水质监测、农村水利水电和水利政务等水利业务中信息技术应用的整体水平。

水利信息化规划涉及水利领域各个方面，是应用现代信息技术提高水利业务处理水平及为全面建设小康社会提供支撑与服务的历史过程。水利能力的全面提升，需要充分的资源共享，以应用需求为导向，开发信息资源，将现代信息技术与水利科技有机融合，形成工程措施与非工程措施共同支撑的现代化综合水利技术体系。

水利信息化综合体系由信息化保障环境、水利信息基础设施和业务应用构成。信息化保障环境为水利信息化提供全面的保驾护航，为信息化建设创造良好的外部环境。水利信息基础设施主要包括水利信息采集设施、水利信息网和数据中心。水利数据中心完成对水利信息的汇集与存储，提供数据访问服务，以及通用业务应用逻辑的管理和服务。

10.1.3　水利信息化建设现状及主要问题

10.1.3.1　水利信息化建设现状

我国水利行业的现代信息技术应用工作起步较早，特别是经过“九五”“十五”“十一五”期间的努力，已取得了一定的进展，在水利工作的各个方面均有不同程度应用。目前，信息技术在某些业务信息采集、传输、存储、处理、分析和服务的部分环节中已发挥了显著作用。但从总体上看，业务处理仅实现了部分数字化，相关技术规范还不完善，信息共享机制还不健全，有限的数据资源总体质量不高，使用效率较低。水利信息化总体上仍处在起步阶段，地区发展极不平衡。

1. 信息采集现状

在水利信息采集方面，全国水利系统已有 50%雨量监测数据采集和近 50%的水位监测数据采集实现了数字化长期自动记录，流量和其他要素的自动测验方面也在进行积极地探索。部分重点防汛地区建成了水文信息自动采集系统，工情、旱情、灾情、水资源、用水节水、水质、水土保持、工程建设管理、农村水利水电、水利移民、规划设计和行政资源等信息采集也具有一定的手段。航空航天遥感、全球定位等技术在部分业务中得到应用。但从整体上看，信息采集系统不健全、不配套，直接通过数字化手段进行采集的信息要素类型较少，时间、空间、采集频度和精度与水利各项工作的整体需求不相适应，数字化的信息量占水利信息总量的比例严重偏低。

2. 计算机网络与信息传输现状

在计算机网络与信息传输方面，目前从水利部到各流域机构和各省（自治区、直辖市）水文部门之间，初步形成了基于中国分组交换网的全国实时水情计算机广域网，能进行实时水情信息传输；部分地区建成了宽带计算机广域网，全国部分省级以上水行政主管部门建立了信息发布网站，并连入 Internet，开始向社会提供部分水利信息。部分重点防洪省（自治区、直辖市）已初步实现了水雨情信息传输网络化、接收处理自动化和信息管理数字化，对于提供水雨情信息服务的水平与能力有了一定的改善。

水利部、流域机构、多数省级水行政主管部门内部已初步实现以网上公文流转为主要内容的办公自动化。水利部与流域机构间、流域机构与省（自治区、直辖市）间的联网办公也在积极推进中，部分单位之间已经实现了远程文件传输、公文和档案的联机管理等。

但从整体上看，现有网络覆盖面窄，传输能力低，远远不能满足水利业务的需求。从采集点到计算机网络基层节点之间缺乏有效的信息传输手段，制约了信息技术应用整体水平的提高。

3. 数据库建设现状

在全国范围内 80%以上的历史水文整编资料已经入库，初步能够对外提供查询服务。国家级水利政策法规数据库初步建成，已经提供了社会公众服务。其他在建的数据库有：综合性数据库，主要包括人事劳动、计划财务、水资源公报信息、灌区信息、水土保持、重点工程档案和文献等；水利水电工程建设专业数据库，主要包括各类水工建筑物、环境影响及对策、跨流域调水、施工技术、工程监理适用规范等；灾害监测与评估专业数据库，主要包括历史洪水、洪水风险、洪水仿真、滩区蓄滞洪区、水体光谱标准、遥感监测图像等。

虽然数据库建设已涉及相当多的水利业务，但这些已建或在建的数据库模式多样、标准化程度低、存储数据难以同化、安全与更新机制缺乏、技术水平差距明显，难以实现信息共享。

4. 信息处理及应用现状

水利技术实际应用中的复杂运算工作已能在计算机上实现，地理信息系统等技术在数据分析与表达方面也有了一定程度的应用。在水利部、流域机构、部分省（自治区，直辖市）等水利部门的不同业务中，建立了相应的信息系统，并发挥了积极的作用。各种新理论、新方法的引入发展迅速，个别系统还达到了国际先进水平。但由于信息资源不足，软硬件和数据资源整体协调困难，致使已经形成的信息处理能力难以充分发挥。

10.1.3.2 当前水利信息化的主要问题

虽然在水利业务中以广泛应用现代信息技术、开发信息资源为特征的水利信息化建设已经起步，但进展比较缓慢，各级水利行政主管部门、各水利业务领域发展也很不平衡，覆盖全国的水利信息网络尚未形成。对照国民经济信息化的发展要求，当前水利信息化存在的问题主要表现在以下几个方面。

1. 信息资源不足

水利工作管理要面对洪涝、干旱及水污染灾害的防范，水资源调配，水土保持和水环境监测四大主题，所需支撑信息在内容上涉及面广，信息采集的时空间隔、数据类型、数据精度、交换格式与表达方式具有多样化特征。

尽管多年来水行政主管部门做了大量的基础性工作，积累了一些基本观测资料，初步建设了一些基础数据库。但涉及减灾决策、水资源优化配置和水利建设管理等众多急需的相关基础信息资源建设还极不完善，如服务于多层次业务需求的空间数据，水资源调度，工程现状与工程规划设计及其他各专业数据库的建设尚未全面启动。

信息资源不足主要表现为时效较差、种类不全、内容不丰富、基准不同、时空搭配不合理等，特别是信息的数字化和规范化程度过低，更加重了信息资源开发利用的难度。

此外，信息的规范化和数字化程度过低。从水利系统自身的角度看，一是动态信息采集环节薄弱，二是信息积累未能全面规范化，有许多宝贵的原始观测记录、历史文档、规划与设计等资料已因年代久远，未能得到妥善保护而损毁或散失，造成信息损失。与相关行业的信息交流受信息交换机制的制约，要么获取困难，要么因业务侧重点不同，所获得的信息不完全符合其他水利业务应用的要求。

2. 信息共享困难

可重用性与共享性是信息资源价值优势的突出体现，共享是充分开发和广泛利用信息资源的基础。由于水利信息化还处于起步阶段，各种信息基础设施与共享机制仍不配套，导致有限的信息资源共享困难。主要表现在以下几个方面。

(1) 服务目标单一，导致条块分割。目前在水利系统结合各项业务应用目标，开发建设了一些专用数据库及相应的应用软件。但由于各自技术水平、任务来源和资金渠道不同，这些数据库及其应用大多分散建设在各个地区和不同业务部门，呈现条块分割的特征，形成以地域、专业、部门等为边界的信息孤岛。各数据库之间缺乏信息共享机制，有些内容还相互重复、甚至互相矛盾。许多数据库为解决特定研究或业务应用而建，服务目标单一、相关文档不全，给后续扩展和改造增加了困难，更难以被其他系统调用和共享。受各方面条件的限制，许多数据库不具备持续运行条件，难以向外界用户提供服务。

(2) 标准规范不全，形成数字鸿沟。水利信息标准规范尚需进一步健全，行业内大多数数据库与具体业务处理紧密绑定，服务目标单一。多数已建数据库规范性较差，自成体系。对数据库文档普遍不重视，导致数据库只能在有限范围、有限时段内由少数人员熟悉使用。在共享环境中，这些数据库内的信息内容很难理解，其价值无法判断，客观上形成了难以逾越的数字鸿沟。

（3）共享机制缺乏，产生信息壁垒。由于以信息共享政策法规为主体的信息共享机制还未建立，社会公益与市场化服务界限不清，信息服务合理补偿机制尚未形成，导致信息资源的占有者都希望共享其他占有者的信息资源，却不愿意将自己所拥有的信息资源提供共享，单向的共享愿望形成事实上的信息壁垒。

（4）基础设施不足，阻碍信息交流。在当前水利行业网络系统等软硬件基础设施还很不完善的条件下，难以构成有效的信息资源共享技术支撑环境，导致信息交流的通道不畅、能力不足、效率不高，安全没有保障，阻碍了信息资源的共享。

3. 应用基础薄弱

信息开发与应用的基础是信息的共享与水利业务处理的数字化，除因信息资源限制导致的应用水平低外，对信息技术在水利业务应用的研究不充分，大多数水利业务数学模型还难以对实际状况做出科学的模拟。各级水利业务部门低水平重复开发的应用软件功能单一、系统性差、标准化程度低，信息资源开发利用层次较低、成本高、维护困难，不能形成全局性高效、高水平、易维护的应用软件资源。

10.2 水利信息化与水库信息化

10.2.1 水利信息化

水利行业是一个信息十分密集的行业。水利所包括的水资源、水环境、防洪抗旱、水土保持、农田水利、河道整治、水利工程等都与空间地理有着密切关系，因此随着数字地球的提出，数字水利也应运而生。

所谓数字水利就是一个以空间信息为基础，融合各种水文模型和水利业务的专业化系统平台，是对真实水文水利过程的数字化重现，它把水活动的自然演变搬进了实验室和计算机，成为真实水利的虚拟对照体。数字水利包括水利的各种专业应用，因此又有数字水文、数字水资源、数字防洪、数字水文、数字水环境、数字水库防洪调度、数字灌区管理、数字城市水务管理、数字水土保持等。数字水利连接水利行业和信息技术，立足于为可持续发展水利提供先进的技术支持，为水利行业的全面技术升级提供完整的解决方案，涉及的专业知识和技术极其广泛，内涵十分丰富。水利信息化对水利工作的管理、建设、可持续发展至关重要。

10.2.1.1 数字水利的技术特点

1. 数字水利技术的内容

数字水利技术主要包括以下内容：

（1）传感器微电子技术。该技术是水利信息自动化采集的基础，通过对信息采集点合理布置，有关的水利信息（如雨情、水情、工情、灾情、水质等）监控指标通过传感器转化为电子信号再传送到控制中心，实现远程自动化遥测和遥控。

（2）3S 技术。3S 技术即 RS（遥感技术）、GPS（全球定位系统）、GIS（地理信息系统），是以处理地球表面信息为主要特征的空间信息技术。遥感是采用卫星、雷达等航天观测技术对地球表面进行连续观测，经过一系列分析处理获得地球表面状况特征信息的一种新技术；地理信息系统是通过计算机技术，对各种与地理位置有关的信息进行采集、存储、检索、显示和分析，将水利专业属性数据与空间位置直观地联系起来，为水利信息可视化表达提供了强有力的技术手段；全球定位系统可以对地表空间任一位置准确定位，在水下地形测量、防汛抢险实时指挥等方面有着广泛的应用。

(3) 通信网络技术。水利信息的传输、共享必须依赖通信网络技术。随着宽带网络时代的到来，水利信息的传输速度将大大加快，实时动态视频的流畅传输将成为现实，为水利信息的可视化提供基础技术条件。水利专用通信网络的设计和建设必须充分考虑网络技术的最新发展趋势，充分利用丰富的公网资源，做到公网与专网互为联通、互为备用。

(4) 数学模拟技术。该技术是运用数学模型和计算机技术对自然系统进行仿真模拟，在水利领域有较早的应用历史，它是“数字水利”的核心技术，能对天气系统、水流运动、水环境变化都能进行各种尺度的实时模拟，为准确揭示和把握水资源运动规律提供了先进的技术手段。

(5) 数据库技术。数据库为各种水利信息的存储和快速检索提供了技术手段。雨情、水情、工情、灾情各种实时数据、预报数据，水资源遥感信息、地理数据等，都需要以字段编码的形式、按一定的表结构有效地组织起来形成支撑“数字水利”的数据库。

(6) CAD/CAM 技术。它是计算机辅助设计和计算机辅助制造的简称，在水利勘测设计和水电设备制造等领域有广泛的应用。

(7) 系统集成技术。它涵盖的范围比较宽泛，既有硬件设备的集成，也有软件组件的集成。软硬件的集成应该同步发展、相互协调，以避免出现硬件设备的闲置和系统不能有效运行或软件和硬件不配套、无法使用的情况。尤其是软件组件的集成在水利业务系统建设方面显得尤为重要，开发出各类高水平的水利专业软件组件是“数字水利”在我国得以兴旺发达的关键。

2. 数字水利的特点

数字水利有交叉、集成和创新三大鲜明的特点。

(1) 交叉主要是指知识的交叉、专业的交叉、技术的交叉。数字水利所涉及的知识面很广，既需要如上面所说的传感器微电子技术、3S 技术、通信网络技术等自然科学方面的知识，又需要社会科学方面的知识；不仅需要水利专业的技术，而且需要其他相关行业和 IT 行业的技术。数字水利致力于采用一系列的高新技术手段，将水利放在社会、经济和自然综合环境中进行整体研究开发，实现跨领域、跨学科、跨专业的联合攻关。

(2) 集成就是对与水利有关的各类知识和技术进行全面整合。知识和技术的交叉不是胡乱的组合，而是着眼于解决我国三大水问题面对相关的知识和技术进行有序整合。综合集成各类高新技术，以建设先进高效的水利业务系统为目标，是实施数字水利的核心内容。

(3) 创新意味着没有现成的技术模式可以照搬，将各类高新技术全面引入水利行业需要艰苦的技术创新。IT 技术日新月异，各类先进的技术设备不断涌现，我们必须把握“数字水利”的关键技术，认真处理好变与不变的关系，正确区分哪些是不变的规律性东西，哪些是变化较少的东西（如信息流程），哪些是变化较快的技术手段。对前人研究的成果要虚心研究吸收，对日新月异的新技术要努力跟踪学习，只有这样，“数字水利”才有发展的基础，才有不断创新的源泉和动力。

10.2.1.2 数字水利的应用

数字水利是数字流域在水利中的应用体系，它囊括了水利所有领域，目前主要建设的有以下几个方面。

(1) 应用于防汛的指挥调度，可为防洪减灾提供科学依据。

(2) 应用于抗旱管理，通过遥感和GIS技术，可为旱情信息的采集、旱情评估、抗旱管理信息及决策提供技术支持。

(3) 应用于水资源调度管理，应用3S技术、网络技术、微电子技术等现代高科技手段，把流域水资源（包括地表、地下、冰雪、大气水资源）的全部数字化信息装进计算机，使整个流域的水资源开发、管理、调度运用等都可以在可见的情况下通过微机网络实现。

(4) 应用于水环境保护，能对重大环境污染事故做出预警和应急反应，并采取有效的措施预防可能发生的重大环境污染、环境灾害事故，以减少或避免环境污染。

(5) 应用于水土流失监测与管理，通过无级比例尺缩放，在虚拟流域环境内漫游，了解环境的动态变化，并通过与专业模型的集成进行综合分析，提供流域治理及规划的优化决策方案。

(6) 应用于水利工程建设和运行管理，提高水利信息资源的应用水平和共享程度，从而全面提高水利工程管理的效能、效益和规范化程度的信息系统。

10.2.2 水库信息化

就像数字地球、数字水利一样，数字水库就是借助全数字摄影测量、遥测、3S技术等现代化手段及传统手段采集基础数据，通过微波、超短波、光缆、卫星等快捷传输方式，对水库流域及其相关地区的自然、经济、社会等要素构建一体化的数字集成平台和虚拟环境，在这一平台和环境中，以功能强大的系统软件与数学模型对水库治理开发和管理的各种方案进行模拟、分析和研究，并在可视化的条件下提供决策支持，增强决策的科学性和预见性。

简单地说，也就是把水库的所有信息装进计算机里，并根据这些信息将水库在计算机里模拟，做出一个虚拟对照体，通过此模拟体采用数学模型对水库治理开发和管理进行分析和研究，为水库的各种决策提供技术支持。

10.2.2.1 数字水库的技术特点

一般来讲，数字水库过程至少应包括五个环节，即数据采集、数据传输、数据存储及处理、数学模拟和决策支持。数字水库主要包括以下几个特点：

(1) 数据采集系统是数字水库工程建设的基础。数字水库要求的数据具有广泛性，不仅包含水质、水位、水情、雨情等方面，还应包括自然、经济、社会、人文等各个方面。所采集的数据还应具备适时性，通过现代的先进传感器微电子技术，及时快捷地将数据传到控制中心，使数据能够及时更新。

(2) 数据传输系统就是通信网络。根据防汛指挥、水资源管理及配置、水质及水土保持监测等对通信网功能的要求，如数据、图像、声音、视频等，测算通信网需要的带宽及有关参数，从而选择合适的通信方式。

(3) 数据存储及处理主要依赖于分布式存储系统，各种数据库都需要以字段编码的形式按一定的结构有效地组织起来形成数据库。通过数据的存储和处理，将各种信息包括水文、遥感及经济、社会与人文演化为成果表现在地理信息系统（GIS）中。

(4) 数学模拟是运用数学模型和计算机技术对自然系统进行仿真模拟的技术。随着计算机主频的不断提高和内存的不断扩大，对天气系统、水流及泥沙运动、生态及水环境变化等都能进行各种尺度的实时模拟，为准确揭示和把握河流自然现象及其内在规律提供了先进的技术手段。数学模拟系统是“数字水库”的核心，在数据集成平台支持下，通过各种水利专业模型，形成一个面向具体应用的虚拟仿真系统，对有关水利信息进行综合处理。

(5) 决策支持指要建立内容全面的知识库，该知识库应涵盖诸如国家有关法律、法规及各种政策，历史上处理同类问题的经验和教训，流域规划、区域规划、工程规划的布局及其具体要求，经济社会发展的制约因素等内容，从而形成一个方案决策的大背景，将数学模拟的各种方案结果置身于这一大背景下进行优化分析，从中选择一个可行的方案，为便于决策者研究讨论问题，必须对数学模拟的结果进行后处理，使其具有较强的可视化表现。

10.2.2.2 数字水库的应用

根据水库的一般功能，数字水库主要应用在以下5个方面。

1. 防汛减灾

数字化水库能提供以下几个方面的信息，为我们防汛减灾提供预防依据。

(1) 雨情预报。准确超前的雨情预报，是做好防洪调容措施的关键前提，如果能准确并延长预见期的话，就可以通过洪水入库后的洪水模拟演进来确定库容存量以满足防汛要求。现在，遥测、遥感与卫星技术已经应用在了天气预测上，提供了大量的水文信息，使得我们完全有条件提高降雨预报的精度，因而在水库建立雨情测报系统是至关重要的。

(2) 洪水预报。根据雨情预报，可以通过数字水库的模拟系统进行洪水预报。其主要采取三种方法：第一种是降雨径流相关法，第二种是洪峰流量相关法，第三种是利用洪水预报模型预报。在对流域产汇流规律的认识和把握的基础上，根据上游地形地质的具体情况，确定洪水发生的可能性和流量，最终确定水库的防御措施。

(3) 防洪调度。根据洪水预报结果，在计算机上进行多方案模拟调度运用，从中选择最优方案，科学地确定水库对洪水的防洪措施及蓄洪量，以充分发挥水库的防洪作用。

(4) 洪水演进。由于3S和数字高程模型（DEM）技术的日渐成熟，传统的洪水演进技术正在向以下两个方向发展：一个是在二维数字化地形图上叠加各种水文要素、经济社会及生态信息，借助数字高程模型（DEM）和遥感影像图形成三维可视化模型，进行三维量测和分析模拟；另一个是直接建立三维数字模型，综合表达流域水文要素和各种地理实体的空间分布。有了这样的洪水演进系统，可以将可能发生的洪水造成的各种情况非常直观地反映在计算机的显示器上，从而获得与防汛有关的各种重要信息。

(5) 制订防汛预案。根据洪水演进结果，可提前做好料物、人员、机械设备等抢险准备工作，对下游滩区做出详细的人员撤退方案或采取其他有效的避险措施；变被动防洪为主动防洪，从而可大大降低下游滩区的洪水损失及防洪工程出险的概率。

2. 水量调度

目前，随着社会经济的发展，大部分地区的水资源相对紧张，水库的另一个主要功能就是为城市生活、工业、农田的灌溉及生态用水供水。为了使有限的水资源得到科学合理的分配，必须对水库调度实现信息化管理。具体来说要做好以下工作：

(1) 枯水期径流预报。丰水期我们要做好防洪调度，对于枯水期，在合理利用水资源上，径流预报是水量分配的重要依据。美国国家气象局组织开发的“河流水情预报系统”，可以提供中长期（旬、月、季节）的水情概率预报，能够较好地服务于水资源的管理。欧洲开发的NASIM降水径流模型已广泛应用于枯水期的水管理。

(2) 建立水库生态模拟系统。水库建成后，势必会对该流域的生态产生一定的影响，建立水库生态模拟系统，通过监测和模拟，分析主体生物的繁殖率以及群体生物的新陈代谢等生态指标，通过水库所反映的信息采用控制入出流等现代化手段引导整个生态系统良性发展。

(3) 水资源实时调配。当上游的来水流量已知时，可以通过建立现代化的水资源实时调配系统按照用水保证率进行分配，即第一为城市居民生活用水；第二为工业用水；第三为农业用水；第四为生态保持用水。其中农业是用水大户，对于农业用水的分配，可将每个灌区的作物种植结构及生育期不同时段作物需水量输入计算机，通过遥感遥测手段对灌区内土壤墒情进行分析，再根据每个灌区控制面积大小等因素做出在各个灌区引水闸之间的合理分配方案。当然，系统建设还应包括研制开发径流在河道里的演进及传播模型等。

(4) 引水口门的自动监控系统。配水流量的监测和控制主要是通过对各引水口门的流量测量来实现的。流量的测量可采用超声波技术，对重要的引水口门采用视频监控并逐步推广到所有的引水口。将摄像头摄录的图像信号通过数据通信网络传输到中央控制室，通过软件自动扫描现场不同位置摄像头的图像，实现自动触发报警。

(5) 地下水观测系统。地表水与地下水有着极其密切的关系，为实现库区流域水资源的优化配置和科学调度，对地表水和地下水必须统一考虑。要将采集到的分布在这些地区地下水长观井的数据信息及时存储于计算机数据库，以可视化的形式对地下水位及其变化做出反应。通过构造地下水水流测试模型，对区域水量平衡进行分析。

3. 水质监测

水质监测的目的是准确、及时、全面地反映水环境质量现状及发展趋势，为水环境管理、污染源控制、水环境规划等提供科学依据。水质监测可概括为以下几个方面：

(1) 对进入上游水体的污染物质进行经常性的检测，以掌握水质状况及发展趋势。

(2) 对生产过程、生活的其他实际排放源进行监测，为控制排污、保证水质提供依据。

(3) 对水环境污染事故进行应急检测，为分析判断事故原因、危害机理及采取对策提供依据。

(4) 为国家政府部门制定环境保护法规、标准和规划，全面开展环境保护管理工作提供数据和资料。

(5) 为开展水环境质量评价、预测预报机制和环境科学研究提供基础数据和手段。在库区控流区域设置水质监测断面，对各断面水质状况进行实时监测，并建立实时监测数据库。通过构造河流中污染物的扩散输移模型，对污染物的扩散及输移进行模拟分析，进而对河流水质状况及其变化做出预测，为用水户特别是为城市居民用水的引水口做出水质预警预报。

4. 电子政务

电子政务是借助电子信息技术而进行的政务活动。它主要有三个组成部分：一是政府部门内部的电子化和网络化办公；二是政府部门之间通过计算机网络而进行的信息共享和实时通信；三是政府部门通过网络与民众之间进行的双向信息交流。电子政务的建设目标主要是实现办公自动化、信息资源化，以大大提高办公效率和准确率，同时降低办公成本。要实现这一目标，当前要重点加强各有关数据库的建设，如文档及档案资料数据库、科技资料数据库、政策法规数据库、人事管理数据库、行政管理资料数据库、水利多种经营数据库等，在局域网上实现信息交换、信息发布、信息服务、视频会议、决策支持。

政务信息化建设有利于建立水行政主管部门与社会直接沟通的渠道，有利于社会公众了解、支持和监督水利工作，有利于各级水利机关为基层提供优质、高效服务。通过信息反馈能更好地听取群众呼声，接受群众监督，采纳合理建议，推进政务公开和廉政建设，推进依法行政。因此，加快政务信息化建设，努力转变职能，转变工作方式和工作作风，是深化水利行政管理体制改革，提高行政管理水平的基本方向和客观需要。

5. 水库网站建设

国际互联网络已经成为当今世界的第四传媒，由于其覆盖范围广、传播速度快，已越来越成为最重要、最受世人关注的传播媒介。建设水库网站是水库的发展、信息发布、宣传和对外交流的重要手段。

10.3 3S技术与水利工程管理信息化

在信息高度集中和水患灾害频繁的今天，水利信息化建设离不开3S技术的支持。在水利信息化建设中，水利信息化建设涉及三个方面的内容：信息的采集、信息的存储和管理、信息的应用。在这三个方面，3S技术发挥着重要作用。

1. 以遥感技术为主的对地观测技术是水利信息采集的重要手段

水利信息包括水情、雨情信息、汛旱灾情信息、水量水质信息、水环境信息、水工程信息等。为了获取这些信息，水利行业建立了一个庞大的信息监测网络，该网络在水利决策中发挥了重大作用。20世纪90年代后随着以遥感为主的观测技术的快速发展和日趋成熟，其已成为水利信息采集的重要手段。如在防洪抗旱方面，洪涝灾害遥感监测已初步建成业务化运行系统，旱情遥感监测模型也逐渐实用化；在水土保持方面，全国性的土壤侵蚀遥感大调查已经开展了三次，第一次在“七五”期间，由水利部遥感技术应用中心负责，第二次在“九五”期间，由水利部水土保持监测中心和中国科学院遥感所负责，第三次在“十五”和“十一五”期间；在水资源调查、水环境监测等其他方面，遥感的应用也越来越多。

相对于传统的信息获取手段，遥感技术具有宏观、快速、动态、经济等特点。由于遥感信息获取技术的快速发展，各类不同时空分辨率的遥感影像获取将会越来越容易，遥感技术的应用将会越来越广泛。可以肯定，遥感信息将成为现代化水利的日常信息源。

2. 地理信息系统是水利信息存储、管理和分析的强有力的工具

水利信息化建设中所涉及的数据量既有实时数据，又有环境数据、历史数据；既有栅格数据（如遥感数据），又有矢量数据、属性数据。水利信息中 70%以上与空间地理位置有关，组织和存储这些不同性质的数据是一件非常复杂的事情，关系型数据库管理系统是难以管理如此众多的空间信息的，而 GIS 恰好具备这一功能。实质上，地理信息系统不仅可以用于存储和管理各类海量水利信息，还可以用于水利信息的可视化查询与网上发布，地理信息系统的空间分析能力甚至可以直接为水利决策提供辅助支持，如地理信息系统的网络分析功能可以直接为防洪救灾中的避险迁安服务。

目前，GIS 在水利行业已广泛应用于防洪减灾、水资源管理、水环境、水土保持等领域之中。

3. GPS 是获取定位信息的必不可少的手段

如前所述，水利信息 70%以上与空间地理性置有关，以 GPS 为代表的全新的卫星空间定位方法，是获取水利信息空间位置的必不可少的手段。

10.3.1　3S 技术在防洪减灾中的应用

遥感、地理信息系统和全球定位系统技术在防洪、减灾、救灾方面的应用是最广泛的，相对也是最成熟的，其应用几乎覆盖这些工作的全过程。

（1）数据采集和信息提取技术在雨情、水情、工情、险情和灾情等方面都能不同程度地发挥作用，在基础地理信息提取方面更是优势明显。

（2）在数据与信息的存储、管理和分析方面，目前大多数涉及防洪、减灾和救灾的信息管理系统都已以 GIS 为平台建设，2000 年以后的建设的都是以 WebGIS 为平台，可以多终端和远程发布、浏览和权限操作，这对防汛工作来讲是至关重要的。

（3）水利信息 3S 高新技术在防汛决策支持方面将起越来越大的作用，这也是应用潜力最大的方面。目前如灾前评估、避险迁安和抢险救灾物质输运路线、气象卫星降雨定量预报。

10.3.2　3S 技术在水资源实时监控管理中的应用

10.3.2.1　GIS 技术在水资源实时监控管理中的应用

1. 空间数据的集成环境

在水资源实时监控系统中不仅包含大量非空间信息，还包含空间信息以及和空间信息相互关联的信息，包括地理背景信息（地形、地貌、行政区划、居民地、交通等），各类测站位置信息（雨量、水文、水质、墒情、地下水等），水资源分析单元（行政单元、流域单元等），水系（河流、湖泊、水库、渠道等），水利工程分布，各类用水单元（灌区、工厂、居民地等）。这些实体均应采用空间数据模型（如点、线、多边形、网络等）来描述。GIS 提供管理空间数据的强大工具，应用 GIS 技术对用于水资源实时监控系统中空间数据进行存储、处理和组织。

2. 空间分析的工具

采用GIS空间叠加方法可以方便地构造水资源分析单元，将各个要素层在空间上联系起来。同时GIS的空间分析功能还可以进行流域内各类供用水对象的空间关系分析；建立在流域地形信息、遥感影像数据支持下的流域三维虚拟系统，配置各类基础背景信息、水资源实时监控信息，实现流域的可视化管理。

3. 构建集成系统的应用

GIS具有很强的系统集成能力，是构成水资源实时监控系统集成的理想环境。GIS具有强大的图形显示能力，需要很少的开发量，就可以实现电子地图显示、放大、缩小、漫游。同时很多GIS软件采用组件化技术、数据库技术和网络技术，使GIS与水资源应用模型、水资源综合数库以及现有的其他系统集成起来。因此，应用GIS来构建水资源实时监控系统可以增强系统的表现力，拓展系统的功能。

10.3.2.2 遥感技术在水资源实时监控管理中的应用

1. 提供流域背景信息

运用遥感技术可以及时更新水资源实时监控系统的流域背景信息，如流域的植被状况、水系、大型水利工程、灌区、城市及农村居民点等。这些信息虽然可以从地形图和专题地图中获得，但运用遥感手段可以获取最新的变化信息，以提供提高系统应用的可靠性。

2. 提供水资源实时监测信息

遥感应用装载在一定平台（如卫星）上的传感器来感知地表物体电磁波信息，包括可见光、近红外、热红外、微波等，通过遥感手段可以直接或间接地获取水资源实时监测信息。获取地表水体信息，包括水面面积、水深、浑浊度等；计算土壤含水量；计算地表蒸散发量；计算大气水汽含量等。

3. 评估水资源实时监控效果

通过遥感手段可以发现、快速评估水资源实时管理和调度的效果，如调水后地表水体的变化、土壤墒情的变化、天然植被的恢复情况、农作物长势的变化等。

10.3.2.3 **GPS**技术在水资源实时监控系统应用

GPS即全球定位系统，在水资源实时监控系统中主要可以应用其定位和导航的作用，如各种测站、监测断面、取水口位置的测量。另外最新采用的移动监测技术也应用GPS技术，实时确定监测点的地理坐标，并把监测信息传输到控制中心，控制中心可以运用发回地理坐标确定监测点所在水系、河段及断面位置。这种方式可以大大提高贵重监测仪器（如水质监测仪器）的利用效率，同时也提高了系统灵活反映能力。

10.3.3　3S技术在旱情信息管理系统中的应用

目前国内抗旱管理信息化程度较高的省份，不仅有较规范的墒情定期观测制度，还有较完善的旱情信息反馈和管理系统。各级水利和农业管理部门正是依靠这样的系统收集、掌握干旱信息，通过必要的分析与趋势判断实施水资源的合理调度，及时指导抗旱工作。

10.3.3.1 农情、墒情和简单气象要素信息的采集

目前在全国的部分省（自治区、直辖市），建立了以省为单位的旱情信息管理系统。

以山东省为例，全省有定时、定点墒情监测站 100 余个，基本上做到每个县有一个观测点，逐旬逢 6 监测。监测内容有统一的规范格式，数据项除了包括站名站号，还主要包含农事信息和墒情信息两部分。农事信息有：观测点种植内容分白地、麦地、棉花、薯类、水稻、玉米、春杂、夏杂等，并对其中两种最主要的面积类型进一步描述，面积比例占第一位的为“作物 1”，占第二位的为“作物 2”，对这两种主要作物还要描述其生长期，分为播种期、幼苗期、成长期、开花期、黄熟期几个阶段。根据作物受害与否定性分为：正常和干旱。根据受害程度分为没有、轻微、中度、严重、绝收五级。土壤的墒情分别测定 0.1m、0.2m、0.4m 三个不同深度的土壤重量含水百分率，对相应的土壤质地，根据其质地粗细也分为壤土、沙土和黏土。对前期灌溉和降水情以毫米数表达。在部分点还有地下水埋深（m）的记录。观测内容细致全面。

10.3.3.2　旱情观测数据的传输与管理

目前全国的旱情信息系统建设水平还很不平衡，在旱情监测信息系统建设比较好的省份，农情和墒情信息能通过公共网络逐旬汇总到省防汛抗旱指挥部门，雨情能实现逐日汇总到省防汛抗旱指挥部门，这些信息通过水利专网可以比较及时地传送到国家防汛抗旱总指挥部办公室的全国旱情管理信息系统中。但在一些经济和技术条件相对落后的省份，只能做到逐旬汇总上报概略的受旱面积和旱灾程度评价意见。

10.3.3.3　旱情监测与墒情预报信息系统研究进展

近年也有学者开展了旱情监测与墒情预报研究，将逐旬定点观测的墒情作为旬观测修正基准，依据逐日气象条件、灌溉情况估算土壤流失或补墒过程，将当前墒情作为判断旱情状况的依据。

10.3.3.4　抗旱决策支持与抗旱效果评估

将现代化的空间遥感技术、地理信息系统技术、全球定位系统技术与现代通讯技术集成为一个完整的干旱的监测、快速评估和预警系统，可以实现遥感信息的多时相采集和墒情信息采集的空间定位，通过现状数据和历史数据的分析对比，能够提出对旱情的评估意见，依托丰富的信息表达手段完成会商决策支持。通过对抗旱措施的跳跃监测，使抗旱效果灵敏地得到反映，方便管理部门的决策。

10.3.4　3S 技术在水环境信息管理系统中的应用

从整体结构来讲，水环境信息管理系统主要包括三个方面：水环境信息数据库、水环境信息数据库的维护以及水环境信息的网络发布。水环境信息中有大量的空间信息，这样，GIS 技术在水环境信息系统中便发挥了独特的功能，包括图形库的采集、编辑、管理、维护、空间分析以及 WEB 发布等。

从数据内容划分，水环境信息系统中的信息主要包括水质监测站信息、水质标准与指标信息、水质动态监测数据、水质综合评价数据、水质特征值统计数据、背景信息及其他信息等方面；从数据的格式分，包括空间图形数据与非图形数据，空间图形数据一般以 GIS 格式存贮与管理，其他数据以二维数据表的形式放入关系数据库中进行统一管理。

在水环境信息管理的 3S 技术应用中，数据库的设计与建设是信息系统建设的关键。首先水环境数据是多维的。对于每一个水质监测数据，它都有个时间戳，记录了数据采集的时间，同时，每个数据还有个地理戳，记录了数据采集的具体位置。这样，时间维、空间维和各个主题域（水质指标）一起构成了水质多维数据；其次水环境数据还是有粒度的，水质监测原始数据在采样时间上精确到了分钟（采磁时间，采样时分），在取样位置上又精确到了测点（测站、断面、测线、测点），因此数据量是极其庞大的。为了方便更好地查询和分析数据，需要对原始监测数据进行综合，按时间形成不同粒度的数据，如低度综合的月平均、季度平均，高度综合的年平均、水期（枯水期、丰水期）平均。

10.3.5 3S技术在灌溉动态管理中的应用

10.3.5.1 灌区设施的管理

灌区设施的管理主要是设施的完好情况、使用效率的管理。如：渠系涵闸损坏、渗漏、淤积原因监测，使用运行状况的动态监测；机井、提水泵站运行效率的管理。设施技术装备、管理水平的提高有利于节约水资源，降低运行能耗。

10.3.5.2 灌溉过程的管理

灌溉过程的管理主要是根据作物品种、生长阶段、前期降水和水源情况制定用水计划，选择合理的时机，对作物进行适时适量灌溉。要做到这一点通常需要在整个灌区内布设一定数量的观测点，对涵闸、机井、泵站的运行工况、水位、流量进行实时监控。对灌溉进度、水量进行管理。既要做到浇足浇够、应浇尽浇，又要尽可能地减少尾部弃水、过度灌溉、不必要的水资源和能源浪费。这项工作目前已可以采用多点远程控制管理的方法实现。

10.3.5.3 灌溉效果的监控

灌溉效果的监控主要包括灌区内各处作物是否都得到适时适量的灌溉，受水均匀程度如何，经过灌溉调整后作物生长环境是否有利于作物的生长。灌溉亏缺不能满足作物充分生长的需要，在盐碱较重的情况下不能达到洗盐压碱的作用；过度的灌溉也会造成土壤次生盐渍化，同样也不利于作物的健康生长。其核心是灌溉量和灌溉强度的合理把握。

10.3.5.4 水费的核算与征收

为了维持灌区运行与管理，使之始终处于一个良性循环的状态，向灌溉受益人征收水资源占用和灌溉设施运行管理费是十分必要的，在实现灌溉过程管理的前提下，经过详细的成本核算，制定合理的水费标准并及时征收。要实现这一目标需要有效的计量监控技术手段做支撑，同时也需要加强执法宣传和征缴管理措施的落实，堵塞漏洞，做到应收尽收。

国内近年有科研单位在国外专家技术指导下，在甘肃省景泰灌区共同开展了灌溉用水管理信息示范系统的实验研究。应用引进的闸门太阳能自动控制设备及技术、渠道水位自动量测记录设备和G2模拟仿真系统建立了基于微机 Windows 环境的灌溉用水管理信息系统。

10.4 水利工程管理系统数据库设计与数据字典

水利工程管理系统数据库群包括水利工程空间数据库和水利工程业务数据库两部分。

10.4.1　水利工程空间数据库

水利工程空间数据库建设将结合国家建设的已有成果，遵循 GIS 规范，形成行业内地理信息数据库群，主要包括以下几种类型数据库：

（1）水利工程地形数据库。地形数据库是将灌区基本比例尺地形图上各类要素包括水系、境界、交通、居民地、地形、植被等按照一定的规则分层、分类编码、采集、编辑、处理建成的数据库。根据水利工程基础地理信息系统总体设计，地形数据库的比例尺分 1∶1000000、1∶50000、1∶10000 和 1∶2000 四级。

（2）地名数据库。地名数据库是地形图上的各类地名注记，包括居民地、河流、湖泊、山脉、盆地、自然保护区等的名称，属性特征如类别、政区代码、归属、网格号、交通代码、高程、图幅号、图名、图版年度、更新日期、X 坐标、Y 坐标、经度、纬度等。地名数据库的比例尺系列与地形数据库相同。

（3）数字栅格地图数据库。数字栅格地图数据库是将已经出版的地形图进行扫描，经过几何校正、色彩校正和编辑处理，建立的栅格数据库。

（4）数字正射影像数据库。正射影像数据库是将航空影像扫描数据或航天遥感数据，经过辐射校正、几何校正，并利用数字高程模型进行投影差改正，有时附之以主要居民地、地名、境界等矢量数据建成的数据库。

（5）数字高程模型。数字高程模型是按照一定的格网间隔采集地面高程而建立的规则格网高程数据库，简称 DEM。可利用已采集的矢量地貌要素（等高线、高程点）和部分水系要素作为原始数据，进行数学内插获得。也可以利用数字摄影测量方法，直接从航空摄影影像采集。

10.4.1.1　水利工程空间数据获取

空间数据获取是地理信息系统建设的工作基础。空间数据获取有多种实现方式，目前被广泛采用的录入方式是数字化录入，也是最耗费人力资源的工作。在 GIS 数据库中，录入的主要内容包括空间信息和非空间信息。目前，空间信息的录入方式主要有两种，即手扶跟踪数字化和扫描矢量化，本节以《河南水利图》（1∶800000）为例介绍使用扫描矢量化方法录入水利工程空间数据和非空间数据的过程。

1. 数据采集与输入

数据采集与输入是对数据进行必要编码和写入数据库的操作过程，任何 GIS 都必须考虑空间数据和非空间数据（属性数据）两方面数据的输入。由于 GIS 数据种类繁多，精度要求高而且相当复杂，手工输入仍然是主要的数据输入手段。

2. 图像扫描与处理

随着计算机的日益普及，扫描仪（包括工程扫描仪）已越来越多地被人们选作为方便的图像扫描工具和快捷的文本输入工具。绝大多数扫描仪是按栅格方式扫描后将图像数据交给计算机来处理的。扫描仪可分为滚筒（卷纸）式、平板式、CCD 直接摄像式三种，其中大幅面的地图以滚筒（卷纸）式用得最多。普通的扫描仪大都按灰度分类扫描，高级的可按颜色分类扫描。

3. 图形矢量化

使用GIS软件对扫描处理后的光栅文件进行分层矢量化，图形矢量化是建立地图库工作中不可缺少的一个阶段，此阶段工作量巨大。在矢量化前，先根据系统和工作需求给各个图层建立矢量数据的属性结构，定义的属性结构见表10.1。

表10.1　大型水库属性结构

字段名字	字段类型	宽　度	字段名字	字段类型	宽　度
水库名称	字符型	20	所在河流	字符型	20
集水面积	字符型	30	设计标准	字符型	30
设计库容	字符型	20	经度	十进制	13.6
水库位置	字符型	30	纬度	十进制	13.6

在水利工程管理系统中，图形数据主要分为水系、水库、灌区、滞洪区、交通、通信站等二十多个图层。

4. 属性数据的输入

首先，对水利工程中的属性数据进行整理分类，如水库、灌区、电站、河流等。根据分类好的属性数据，在数据库中做出每一类数据的属性结构。

对于数据量比较少的属性数据，属性数据输入可以在图形的适当位置键入；当数据量较大时，先将属性数据输入数据库中，再经编辑、检查后，赋予每一种数据一个识别符。

5. 图形数据与属性数据的链接

图形数据输入时可以直接在图形实体上附加一个唯一性特征编码或识别符，这个唯一性特征编码是图形数据与属性数据的连接及相互检索的联系纽带。根据图形数据带有的识别符与属性数据的识别符，使图形数据与属性数据连接起来。

10.4.1.2 水利工程空间数据处理

图形数据与属性数据输入计算机后，就要对输入的数据进行处理。在这一阶段中，一方面可对输入的数据进行质量检查与纠正，另一方面是对输入的图形数据进行整饰处理，以使这些数据能满足系统的各种应用要求。

1. 数据编辑

数据编辑主要是对数字化后的资料进行编辑加工，包括图形数据和属性数据的编辑、图形数据和属性数据之间的对应关系的效验及纠正。全部编辑工作都是把数据显示在屏幕上并由键盘和鼠标控制数据编辑的各种操作。

2. 误差分析与校正

生产GIS数据的原始数据，生产过程和各种空间操作、处理等都会引入误差，根据对这些误差的分析，进行几何校正。

3. 图形变换

为了实现地图的合成，需要对这些数据进行图形变换，以满足系统应用的要求。

4. 图形拼接

所有图形数据输入完毕并进行拼接时，会有边界不一致的情况，需要进行边缘匹配处理，使之成为一幅完整的图形，如图10.1所示。

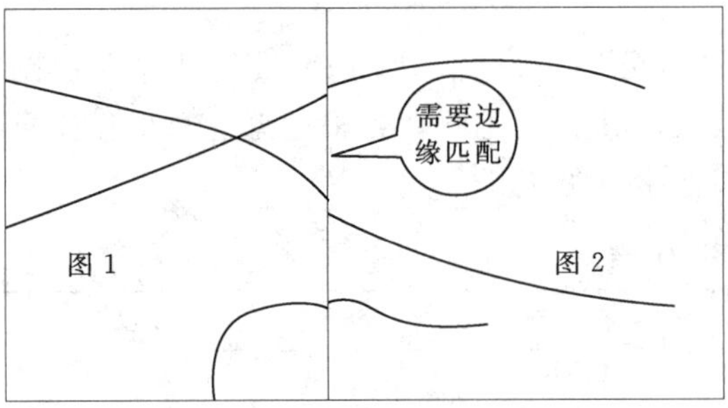

图 10.1　图形拼接

5. 数据接口转换

处理完成的水利工程数据，可以根据用户以及其他系统的需要，进行数据格式的转换，使水利工程数据能够在不同的地理信息系统软件下使用，从而节约了数据采集、处理成本，提高了数据使用率。

10.4.1.3　虚拟数据库与数据库群

为了将多源异构的水利工程数据库群管理起来，形成对用户而言是透明单一的数据库，必须提供对多源异构数据库的管理和访问机制，主要包括对不同类型空间数据库与非空间数据库的管理。前者可以通过网格 GIS 系统中虚拟数据库来实现，后者可以借助于网格 GIS 的数据中间件来构筑数据库群。

10.4.2　水利工程业务数据库

水利工程业务数据库主要保存水利工程业务运行数据，包括以下几类数据库。

1. 水文数据库

水文数据库主要存储水位、流量和雨量数据，如水库、水闸的水位、流量等数据。水位数据划分成实时水位数据表、日平均水位数据表、旬平均水位数据表、月平均水位数据表。流量数据划分成实时流量数据表、日水量数据表、旬水量数据表、月水量数据表。

2. 内务办公数据库

主要存储水利内务办公的数据，如水利工程项目规划数据、前期工作数据库、项目概况数据库、项目法人数据库、项目质量管理数据库、企业资质资格数据库、项目招投标数据库、项目验收数据库等。

3. 工程设施运行数据库

运行数据库分为水闸门运行数据表、闸门运行事故记录数据表、水泵运行数据表、水泵运行事故记录数据表、电站运行数据表、电站运行事故记录数据表。

4. 工情数据库

工情数据库划分为渠首枢纽（闸、坝）情况数据表、渠道情况数据表、水闸情况数据表、倒虹吸情况数据表、渡槽情况数据表、隧洞情况数据表、其他建筑物情况数据表。

5. 工程特征数据库

工程特征数据库划分为渠道特征数据表、水闸特征数据表、倒虹吸特征数据表、渡槽特征数据表、隧洞特征数据表、其他建筑物特征数据表。

6. 基础设施管理数据库

管理数据库划分成基础设施资源情况数据表、经济情况数据表、人事档案数据表、财务情况数据表、调度情况数据表、水费收缴情况数据表、渠系绿化情况数据表、工程建设情况数据表。

10.4.3 水利工程业务数据字典

10.4.3.1 数据字典概述

数据字典是以数据库中数据基本单元为单位，按一定顺序排列对其内容作详细说明的数据集，通常包括5个部分，即：数据项、数据结构、数据流、数据存储、处理过程。

10.4.3.2 数据字典设计

数据字典是成功高效开发数据库系统的一个重要方面，它是实现数据库的安全性、完整性、一致性、可恢复性、有效性、可修复性以及可扩充性的重要手段之一。数据字典是很复杂且很耗时的程序开发工作所需的标准化信息，使整个开发工作简明快捷。

系统设计采用SQL Server数据库，在SQL Server2000中建立数据库以后，SQL Server2000存储了数据库中各个对象的定义以及他们的属性，包括数据库（Database）、表（Tables）、视图（Views）、存储过程（Stored Procedure）、用户（User）、角色（Roles）、规则（Rules）、关系图（Diagrams）、索引（Index）、字段（Fields）等对象及其属性，其中数据表的字段属性有：描述（Description）、默认值（Default Value）、精度（Precision）、小数位数（Scale）、标志（Identity）、标志种子（Identity Seed）、标志递增量（Identity Increment）、公式（Formula）、排序规则（Collation）。

要使数据库字典对程序开发有用，必须合理设计其结构。一个完整的数据字典通常应包括表格属性字典、字段属性字典、表格字段字典、索引信息字典、数据约束字典及存储各表格关系的关系字典等。

1. 表格属性字典

对于数据库系统来说，基础工作是创建系统使用的表格，所以首先建立表格属性字典。该字典中定义了数据库中使用的所有不合格的属性，以“表格文件名”为主关键字。结构见表10.2。

表10.2　　表格属性字典

字段说明	字段名	类型	宽度
表格文件名	TABLE_NAME	字符型	8
表格别名	TABLE_ALIAS	字符型	10
表格路径	TABLE_PATH	字符型	30
主关键字标志	TABLE_KEY	字符型	10
表格注释	TABLE_COMN	备注型	10
表格有效规则	TABLE_RULE	备注型	10
表格有效信息	TABLE_ERR	备注型	10

2. 字段属性字典

在数据库世纪开发过程中，同一数据库的不同表常常包含相同的字段。如果相同的字段的相同属性多次重复输入，影响工作效率，而且容易产生不完整、不一致的后果。因此，应建立字段属性字典以定义应用项目的任一数据库中所有表格所使用的全部字段，其目的是为了确保相同的字段总是具有相同的名称，并有相同的属性，即使一个字段被多个表格使用，也只能被定义一次，这样就确保了字段定义是标准化与规范化的。在设计的字段属性字典中，以“字段名称”作为主关键字，基本结构见表 10.3。

表 10.3　　字段属性字典

字段说明	字段名	类型	宽度
字段名称	FIELD_NAME	字符型	10
字段类型	FIELD_TYPE	字符型	1
字段长度	FIELD_LEN	数值型	2
小数位数	FIELD_DEC	数值型	3
允许空值	FIELD_NULL	逻辑型	1
允许代码替换	FIELD_NOCP	逻辑型	1
字段有效规则	FIELD_RULE	备注型	10
字段有效信息	FIELD_ERR	备注型	10
字段默认值	FIELD_DEFA	备注型	10
字段标题	FIELD_CAPT	字符型	30
字段注释	FIELD_COMM	备注型	10
字段格式	FIELD_FORM	字符型	30
字段输入掩码	FIELD_INPU	字符型	30
字段显示类库	FIELD_LIB	字符型	30
字段显示类	FIELD_CLAS	字符型	30

3. 表格字段字典

以上两个字典分别定义了表格属性和字段属性，但是并没有说明某个表格包含了哪些字段，因此需要建立另外一个表格字段字典。在这个字典中，把“表格文件名”和“字段名称”的组合作为主关键字，通过他们在表格属性字典与字段属性字典之间建立多对多的关联，基本结构见表 10.4。

表 10.4　　表格字段字典

字段说明	字段名	类型	宽度
表格文件名	TABLE_NAME	字符型	9
字段名称	FIELD_NAME	字符型	10

4. 索引信息字典

数据字典中还需要存储表格索引信息，所以需要建立索引信息字典，这样既能存储结构化复合索引信息，又能存储非结构化索引和独立索引信息。索引信息字典以“表格文件名”字段和“索引文件名”字段的组合作为主关键字，从而在表格文件与索引文件之间建立一对多的关联，基本结构见表 10.5。

表 10.5　　索引信息字典

字段说明	字 段 名	类型	宽度
表格文件名	TABLE_NAME	字符型	8
索引文件名	INDEX_NAME	字符型	8
索引标识名	TAG_NAME	字符型	10
索引表达式	INDEX_NAME	备注型	10

5. 关系字典

数据库各表格之间永久性关系也应保存于数据字典中。所以还应建立存储各表格关系的关系字典。关系字典以“父表文件名”字段和“子表文件名”字段的组合作为主关键字，从而为各表格之间永久性关系建立多对多的关联，基本结构见表 10.6。

表 10.6　　关系字典

字段说明	字 段 名	类型	宽度
父表文件名	PARE_NAME	字符型	8
子表文件名	CHILD_NAME	字符型	8
父表标识名	PAREN_TAG	字符型	10
子表标识名	INDEX_EXPR	字符型	10

6. 数据约束字典

运用数据字典还可确保数据库数据的准确性。最直接的方法之一就是为用户提供一组预先设定的选项，这样既可保证在数据库中不存储无效的数据，又可提高用户数据输入效率。为此还要建立数据约束字典，基本结构见表 10.7。

表 10.7　　数据约束字典

字段说明	字 段 名	类型	宽度
控制名称	CONTR_NAME	字符型	10
选项代码	CHOIS_CODE	字符型	10
选项名称	CHOIS_NAME	字符型	30

数据约束字典以“控制名称”字段和“选项代码”字段的组合作为主关键字，在其之间建立多对多的关联。可以把选项数据源保存于该字典中，由该字典提供特定字段的输入控制。基中 CONTR_NAME 字段保存需进行输入控制的数据表字段名称，而 CHOIS_CODE 和 CHOID_NAME 两个字段分别保存相应选项源的实际值与代码值。

10.4.3.3 数据字典在水利地理信息中的实现与应用

数据字典保存了有关数据库结构的重要信息，对于数据库系统的开发、维护有重要的意义。根据不同的 GIS 应用的需要，可事先编辑 GIS 应用所需要的属性库（即数据字典），不同的任务选择不同的数据字典进行作业。水利地理信息系统涉及地貌图层、地形图层、大中小型水库图层、大中小型河流图层、水闸图层、灌区图层、滞洪区图层、等多类图层，而建立各类图层的关键在于建立图层的属性数据表，一般地理信息开发都是将数据与代码紧紧绑在一起，程序代码严重依赖数据模型，不利于系统的维护、升级，开发过程中一旦图层的属性表的结构发生了更改，开发者将不得不更改大量的代码段。由于水利地理信息中的图层同数据库系统中的数据表存在相似性，因此可以在水利地理信息中可以借鉴数据库系统中的数据字典来管理图层。

水利工程地理信息系统数据库主要表结构见表 10.8、表 10.9。

表 10.8　　水库项目库结构

序号	字段名	类别	长度	小数位
1	ID	C	4	0
2	Name	C	30	0
3	Photo	C	30	0
4	IntrText	C	30	0
5	Media	C	30	0
6	Plan	C	30	0
7	DamDraw	C	30	0
8	Intrvoic	C	30	0

表 10.9　　干支流河道基本情况总表

序号	字段名	类别	长度	小数位
1	HeLiu	C	10	0
2	ZongShu	N	3	0
3	TiaoShu 1	N	1	0
4	HeMing 1	C	4	0
5	TiaoShu 2	N	1	0
6	HeMing 2	C	6	0
7	TiaoShu 3	N	2	0
8	HeMing 3	C	30	0
9	TiaoShu 4	N	3	0
10	PingYuan	N	3	0
11	ShanQu	N	3	0
12	XiaoJi 1	N	3	0
13	YzhiLi	N	3	0
14	WzhiLi	N	3	0
15	XiaoJi 2	N	8	2
16	GanLiu	N	8	2
17	ZhiLiu	N	8	2
18	ShuoMing	C	10	0

10.5　CIMS与水利工程信息化

人类智慧的结晶和当代高精尖技术的一个重要领域——自动化，已经渗透到人类活动的各个方面，与我们的生活息息相关。它的发展不仅推动着人类生产、生活方式的变革和进步，而且也直接影响到人们的思维方式，即世界观和方法论。因此，它对社会的进步、科技和生产的进步与发展日益发挥着越来越重要的作用。作为一项技术，现代自动化发展的一个显著趋势是综合化，即综合自动化，它具有一体化或集成化、整体优化和智能化的特点。20世纪80年代兴起的、首先在机械制造业实施的计算机集成制造（CIM）技术，就是其中一项最有代表性的杰出成果。

10.5.1　CIMS的基本思想

1974年美国的约·哈林顿博士在《计算机集成制造》一书中提出了CIM这个概念。CIM是一种组织现代化生产的哲理或指导思想，CIMS是基于CIM哲理而组成的系统。对CIMS的一个比较通俗的说法是："CIMS综合应用信息、自动化、制造（生产）、管理等技术，将人、技术、经营管理以及信息流和物流有机结合，使企业实现科学管理，以优质、低耗、高效生产、快速响应市场变化，提高企业的竞争力。"从CIMS的内容上看，还可以将它概括为"在信息集成的基础上，用先进的管理及设计方法，通过这些使企业按合同组织均衡生产，压缩在制品从而压缩流动资金，加速资金周转率，实现全面质量管理和控制，缩短新产品准备期，加速新产品设计，减少做原型机次数等，从而提高企业的综合竞争能力。"对从事CIMS的人员来说，将CIM看作是组织现代化生产的一种哲理或指导思想，而CIMS则是这种哲理的实现。这种认识有利于人们对CIMS的深刻理解，也有利于人们对CIMS的实现。所谓哲理或思想，应该说它是属于哲学范畴的概念，是人们对规律性认识的科学总结，因此，就成为人们认识客观世界和变革客观世界的思想方法。CIM正是人们对组织现代化生产规律性的科学概括和总结。

10.5.2　CIMS的组成与结构

CIMS并没有一个统一的模式，它应该由具体企业的实际需求来确定。目前所建立的模式是以制造业作为先导产业发展起来的，或大家研究得比较深入的基本上是从制造业的特征出发提出来的。

从生产类型上看，制造业是用于离散型生产的，而非制造业虽然也有离散型生产的，但更多的是连续型生产或者二者兼有的混合型生产。它们与制造业相比有其自身的特征，因此在考虑其组成与结构时不能照搬制造业CIMS的模式，而是要结合自己的特征进行开发。但是，不论是哪一种类型的生产企业，其生产经营的总目标都是一致的，即组织CIMS都可以用一个共同目标来评价，这就是T（Time）、Q（Quality）、C（Cost）、S（Service），即缩短交货时间或上市时间、提高产品质量、降低生产成本、做好售前售后服务。所有企业组成CIMS的基本要素是相同的，即人/机构、经营和技术这三个要素，在这三要素中的相交的部分需要解决四类集成问题：①使用技术以支持经营；②使用技术以支持人员工作；③设置机构从员协调工作以支持经营活动；④统一管理并实现经营、人员、技术的集成优化运行。

CIMS 的组成是为实现其功能需求服务的，一般它是由 6 个分系统组织起来的，即：①管理信息系统；②产品设计与制造工程设计自动化系统；③制造自动化系统；④质量保证系统；⑤计算机网络系统；⑥数据库系统。其中，前 4 个是功能分系统；后 2 个是计算机支持分系统，它们为 CIMS 提供必要的支撑环境。这些分系统的具体功能包括以下几种。

（1）管理信息系统：包含市场预测、经营决策、各级生产计划、生产技术准备、销售、供应、财务、成本、设备、工具、人力资源等管理信息功能。

（2）产品设计与制造工程设计自动化系统：是计算机辅助系统，有 CAD/CAPP/CAM，可以完成产品设计、制造准备、产品性能测试等阶段的工作。

（3）制造自动化（或柔性制造）系统：它是 CIMS 中信息流与物料流的结合，是 CIMS 最终产生经济效益的聚集地，包括加工、清洗、测量、搬运、仓储以及控制装置系统等，它还包含车间加工指令、工作调度等以使生产过程优化并具有柔性。

（4）质量保证系统：包括质量决策、质量检测与数据采集、质量评价、控制、跟踪等，贯彻到从产品设计、加工、检验到售后服务的全过程。

（5）计算机网络系统：是支持 CIMS 各分系统的开放型网络通信系统，实现异种机的互联，异构局部网络及各种网络的互联，以分布的手段，满足各应用系统对网络支持服务的不同需求，支持资源共享、分布处理、分布数据库、分层递阶和实时控制。

（6）数据库系统：它是支持 CIMS 各分系统、覆盖企业全部信息的数据系统，它在逻辑上是统一的，在物理上是分布的全局数据管理系统，保证企业数据共享和信息集成。

10.5.3 CIMS 工程在水利水电行业推广实施的设想

迄今为止，在国内，CIMS 在水利水电行业的应用尚属空白。以水利枢纽为例，应该认识到水利枢纽的效益发挥是一个工程措施水利与非工程措施水利相互结合的，包括闸门群控制系统、水情自动测报系统、大坝安全监测系统、水库 CIMS 系统以及管理机制和人在内的复杂系统的全局优化问题，不能单靠工程措施水利，或者单靠非工程措施水利，或者单靠装备先进的自动化系统。水利枢纽运行涉及各个方面，应用着各种各样的单项技术，每种单项工作都可以引入很先进的新技术。但是，如果不将各单项技术关联起来形成一个整体，那么单项技术的先进性就不可能发挥其应有的效果。

关于 CIMS（计算机集成制造）的概念和哲理完全可以借鉴和指导水利枢纽自动化系统体系结构的构建，由此提出水利工程（如水利枢纽）CIMS（计算机集成制造系统）。在这种水利工程运行模式下，把与水利工程有关的所有“资源”，在全局集成规划指导下，在更充分发挥人的作用下，关联起来集合成一个整体，获得水利工程运行的最大效益（包括量化的社会效益）。

应该说 CIMS 思想技术不仅适用于水利水电行业，同时也是水利水电行业迫切需求的。这对水利水电行业的科技工作者和单位而言，既是严峻挑战又是良好机遇。若能把握时机、下定决心，率先在一两个水利水电工程或者单位进行 CIMS 的试点，它必将对今后水利水电行业CIMS的发展起到牵引作用，为提高我国水利水电行业总体的技术水平、单位文化水平，进而促进我国水利水电行业信息化、现代化的进程做出贡献。

10.5.4 水利CIMS应用工程的几个关键问题

（1）实施水利CIMS工程是水利工程领导者行为。实施水利CIMS工程必须是领导者行为、企业行为，即它应该以水利工程管理局（企业/单位）为主体，由领导者牵头并亲自领导，这是保证工程成功的首要问题。因为CIMS的实施是一项复杂的系统工程，它不仅涉及人力、物力和财力的投入，还涉及机构、人员、制度和技术的重组，涉及管理局内部各项活动的协调，需要单位领导取得共识并积极带领全单位职工参与，因此领导的决心就成为关键所在。我国一些企业实施CIMS工程的成败经历已经充分证明了这一点。

（2）制订好总体规划。总体规划是实施CIMS工程的基础和依据，是保证实现有效集成、达到总体目标的关键。一个先进的、合理可行的总体规划可以使CIMS工程提高投入产出效益、减少风险和保证工程顺利进行。

（3）用集成的方法实施CIMS。CIMS属高技术领域，它的实施要依靠高技术手段和装备，同时它又要紧密地与企业单位的运行管理相结合，因此需要厂、校多方结合，多方集成，发挥各自的优势，这种人员、单位的集成应从总体设计开始，贯穿到施工完成的全过程。

（4）做好培训，加速队伍建设，培养精干的CIMS队伍。人才是实施CIMS的关键，为了CIMS的顺利完成和正常运行，以及今后CIMS的持续发展，必须重视并及早进行专业人员的培训工作，对此要有长远的眼光。通过CIMS工程的实施和培训所培养的CIMS专业人才，不仅是本单位CIMS运行的骨干，还可以进一步建立一支开发队伍，使CIMS走向产业化的轨道。

附录A　防汛抢险应急预案编制大纲

1　总　　则

1.1　编制目的

为了规范、指导《水库防汛抢险应急预案》(以下简称《应急预案》)的编制，制定本大纲。

编制《应急预案》是为了提高水库突发事件应对能力，切实做好水库遭遇突发事件时的防洪抢险调度和险情抢护工作，力保水库工程安全，最大程度保障人民群众生命安全，减少损失。

1.2　编制依据

《应急预案》的编制依据是《中华人民共和国防洪法》、《中华人民共和国防汛条例》、《水库大坝安全管理条例》等有关法律、法规、规章以及有关技术规范、规程和经批准的水库汛期调度运用计划。

1.3　工作原则

《应急预案》的编制应以确保人民群众生命安全为首要目标，体现行政首长负责制、统一指挥、统一调度、全力抢险、力保水库工程安全的原则。

1.4　适用范围

1.4.1　水库遭遇的突发事件是指水库工程因以下因素导致重大险情：

1. 超标准洪水；
2. 工程隐患；
3. 地震灾害；
4. 地质灾害；
5. 上游水库溃坝；
6. 上游大体积漂移物的撞击事件；
7. 战争或恐怖事件；
8. 其他。

1.4.2　本大纲适用于大中型水库，小型水库可参照执行。

2　工　程　概　况

2.1　流域概况

2.1.1　水库所在流域有关的自然地理，水文气象及流域内水利工程建设等基本情况。

2.2　工程基本情况

2.2.1　工程基本情况包括：水库工程等级、坝型以及挡水、泄水、输水等建筑物的基本情况，列出水库工程技术特性表。

2.2.2　有关技术参数及泄流曲线、库容曲线等。

2.2.3　历次重大改建、扩建、加固等基本情况。

2.2.4　大坝历次安全鉴定情况简述，附水库大坝安全鉴定报告书。

2.2.5　工程存在的主要防洪安全问题。

2.3　水文

2.3.1　水库所在流域暴雨、洪水特征。

2.3.2　水库所在流域水文测站（包括水文自动测报系统）分布，观测项目。

2.3.3　简述水库报汛方式及洪水预报方案，以及预见期、预报精度等。

2.4　工程安全监测

2.4.1　简述水库工程安全监测项目、测点分布以及监测设施、工况等。

2.4.2　以往水库工程安全监测情况，重点分析发现的异常现象。

2.5　汛期调度运用计划

2.5.1　经批准的水库汛期调度运用计划。

2.6　历史灾害及抢险情况

2.6.1　水库兴建以前，工程所在流域发生的洪水、地震、地质等重大灾害的相关情况。

2.6.2　水库兴建以来，工程所在流域发生的大洪水、地震、地质灾害和工程重大险情等，以及水库调度、抢险和灾害损失等情况。

3　突发事件危害性分析

3.1　重大工程险情分析

3.1.1　根据水库实际情况，分析可能导致水库工程出现重大险情的主要因素。

3.1.2　分析可能出现重大险情的种类，估计可能发生的部位和程度。

3.1.3　分析可能出现的重大险情对水库工程安全的危害程度。

3.2　大坝溃决分析

3.2.1　根据水库实际情况，分析可能导致水库大坝溃决的主要因素。

3.2.2　分析可能发生的水库溃坝形式。

3.2.3　参照有关技术规范，进行溃坝洪水计算。

3.2.4　分析水库溃坝洪水对下游防洪工程、重要保护目标等造成的破坏程度和影响范围，绘制水库溃坝风险图。

3.2.5　分析水库溃坝对上游可能引发滑坡崩塌的地点、范围和危害程度。

3.3　影响范围内有关情况

3.3.1　确定影响范围内的人口、财产等社会经济情况。

3.3.2　确定影响范围内的工程防洪标准以及下游河道安全泄量等。

4　险情监测与报告

4.1　险情监测和巡查

4.1.1　规定水库工程险情监测、巡查的部位、内容、方式、频次等。

4.1.2　规定监测、巡查人员组成及监测、巡查结果的处理程序。

4.2 险情上报与通报

4.2.1 规定险情上报、通报的内容、范围、方式、程序、频次和联络方式等。

5 险 情 抢 护

5.1 抢险调度

5.1.1 根据水库发生的险情，确定水库允许最高水位及最大下泄流量，制定相应的水库抢险调度方案。

5.1.2 根据抢险调度方案制定相应的操作规程，明确水库调度权限、执行部门等。

5.2 抢险措施

5.2.1 根据险情及抢险调度方案，制定相应的抢险措施。

5.3 应急转移

5.3.1 确定受威胁区域人员及财产转移安置任务。

5.3.2 根据受威胁区域现有交通状况、社区分布和安置点的分布情况，制定应急转移方案。

5.3.3 规定人员转移警报发布条件、形式、权限及送达方式等。

5.3.4 确定组织和实施受威胁区域人员和财产转移、安置的责任部门和责任人。

5.3.5 制定人员和财产转移后的警戒措施，明确责任部门。

6 应 急 保 障

6.1 组织保障

6.1.1 明确水库防汛指挥部指挥长、副指挥长及成员单位负责人，明确实施《应急预案》的职责分工和工作方式。

6.1.2 确定水库应急抢险专家组组成。

6.2 队伍保障

6.2.1 根据抢险需求和当地实际情况，确定抢险队伍组成、人员数量和联系方式，明确抢险任务，提出设备要求等。

6.3 物资保障

6.3.1 根据抢险要求，提出抢险物资种类、数量和运达时间要求。

6.3.2 说明水库自备和可征调的抢险物资种类、数量、存放地点，以及交通运送、联系方式等。

6.4 通信保障

6.4.1 规定紧急情况下，水情、险情信息的应急传送方式。

6.4.2 规定抢险指挥的通信方式。

6.5 其他保障

6.5.1 规定交通、卫生、饮食、安全等其他保障措施。规定宣传报道的发布权限和方式等。

7 《应急预案》启动与结束

7.1 启动与结束条件

7.1.1 明确启动与结束《应急预案》的条件。

7.2　决策机构与程序

7.2.1　明确启动和结束《应急预案》的决策机构与程序。

8　附　　件

8.1　附图

1. 水库及其下游重要防洪工程和重要保护目标位置图。
2. 水库枢纽平面布置图。
3. 水库枢纽主要建筑物剖面图。
4. 水库水位—库容—面积—泄量关系曲线图。
5. 水库洪水风险图。

8.2　附表

1. 水库工程技术特性表（附录 B)。
2. 水库下游主要河段安全泄量、相应洪水频率和水位表。
3. 水库险情及抢险情况报告表（附录 C)。

8.3　大坝安全鉴定报告书

附录B 水库工程技术特性

<table>
<tr><td colspan="2">水库名称</td><td></td><td rowspan="8">主坝</td><td>坝型</td><td></td></tr>
<tr><td colspan="2">建设地点</td><td></td><td>坝顶高程/m</td><td></td></tr>
<tr><td colspan="2">所在河流</td><td></td><td>最大坝高/m</td><td></td></tr>
<tr><td colspan="2">流域面积/km^2</td><td></td><td>坝顶长度/m</td><td></td></tr>
<tr><td colspan="2">管理单位名称</td><td></td><td>坝顶宽度/m</td><td></td></tr>
<tr><td colspan="2">主管单位名称</td><td></td><td>坝基地质</td><td></td></tr>
<tr><td colspan="2">竣工日期</td><td></td><td>坝基防渗措施</td><td></td></tr>
<tr><td colspan="2">工程等别</td><td></td><td>防浪墙顶高程/m</td><td></td></tr>
<tr><td colspan="2">地震基本烈度/抗震设计烈度</td><td></td><td rowspan="4">副坝</td><td>坝型</td><td></td></tr>
<tr><td colspan="2">多年平均降水量</td><td></td><td>坝顶高程/m</td><td></td></tr>
<tr><td rowspan="3">设计</td><td>洪水标准/%</td><td></td><td>坝顶长度/m</td><td></td></tr>
<tr><td>洪峰流量/(m^3/s)</td><td></td><td>坝顶宽度/m</td><td></td></tr>
<tr><td>3日洪量/m^3</td><td></td><td rowspan="8">正常溢洪道</td><td>型式</td><td></td></tr>
<tr><td rowspan="3">校核</td><td>洪水标准/%</td><td></td><td>堰顶高程/m</td><td></td></tr>
<tr><td>洪峰流量/(m^3/s)</td><td></td><td>堰顶净宽/m</td><td></td></tr>
<tr><td>3日洪量/m^3</td><td></td><td>闸门型式</td><td></td></tr>
<tr><td rowspan="10">水库特性</td><td>水库调节特性</td><td></td><td>闸门尺寸</td><td></td></tr>
<tr><td>校核洪水位/m</td><td></td><td>最大泄量/(m^3/s)</td><td></td></tr>
<tr><td>设计洪水位/m</td><td></td><td>消能型式</td><td></td></tr>
<tr><td>正常蓄水位/m</td><td></td><td>启闭设备</td><td></td></tr>
<tr><td>汛限水位/m</td><td></td><td rowspan="5">非常溢洪道</td><td>型式</td><td></td></tr>
<tr><td>死水位/m</td><td></td><td>堰顶高程/m</td><td></td></tr>
<tr><td>总库容/m^3</td><td></td><td>堰顶净宽/m</td><td></td></tr>
<tr><td>调洪库容/m^3</td><td></td><td>最大泄量/(m^3/s)</td><td></td></tr>
<tr><td>兴利库容/m^3</td><td></td><td>消能型式</td><td></td></tr>
<tr><td>死库容/m^3</td><td></td><td rowspan="2">其他泄洪设施</td><td colspan="2" rowspan="2"></td></tr>
<tr><td rowspan="3">工程运行</td><td>历史最高库水位/m及发生日期</td><td></td></tr>
<tr><td>历史最大入库流量(m^3/s)及发生日期</td><td></td><td rowspan="2">备注</td><td colspan="2" rowspan="2"></td></tr>
<tr><td>历史最大出库流量(m^3/s)及发生日期</td><td></td></tr>
</table>

附录 C　水库险情及抢险情况报告表

填报时间：

项目	工情		险情			灾情		抢险措施				备注
	设计标准	现行标准	出险部位	出险时间	处理情况	险情可能造成的影响	可能造成损失	技术措施	抢险物资	抢险队伍		
										部队	地方	
水库大坝												
泄水建筑物												
输水建筑物												
下游堤防												
其他												
水情	水库水位/m		蓄水量/m^3		入库流量/(m^3/s)		出库流量/(m^3/s)		其他			备注
出险时水情												
最新水情												

填报单位：(盖章)　　　填报人：　　　填报单位负责人：　　　联系人

参 考 文 献

[1] 王燕，徐存东，等. 扬水灌区建设与经营管理 [M]. 北京：中国水利水电出版社，2008.
[2] 中华人民共和国水利部. 中国水利统计年鉴 2018 [M]. 北京：中国水利水电出版社，2018.
[3] 赵朝云. 水工建筑物的运行与维护 [M]. 北京：中国水利水电出版社，2005.
[4] 梅孝威. 水利工程管理 [M]. 北京：中国水利水电出版社，2005.
[5] 吴世勇，陈建康，邓建辉. 水电工程安全监测与管理 [M]. 北京：中国水利水电出版社，2009.
[6] 陈良堤. 水利工程管理 [M]. 北京：中国水利水电出版社，2006.
[7] 林继镛. 水工建筑物 [M]. 5 版. 北京：中国水利水电出版社，2009.
[8] 王建武，陈永华，王宪章，等. 水利工程信息化建设与管理 [M]. 北京：科学出版社，2004.
[9] 李纪人，黄诗峰，等. "3S" 技术水利应用指南 [M]. 北京：中国水利水电出版社，2003.
[10] 赵展. 现代水利水电经营管理指南 [M]. 北京：中国三峡出版社，2006.
[11] 杨革. 水利工程概论 [M]. 北京：高等教育出版社，2009.
[12] 王志良. 现代水库管理理论与实践 [M]. 郑州：黄河水利出版社，2005.
[13] 史海珊. 水电站 [M]. 北京：水利电力出版社，1993.
[14] 水利部水利管理司. 运行管理 [M]. 北京：中国水利水电出版社，1999.
[15] 刘亚臣，刘宁. 工程管理概论 [M]. 大连：大连理工大学出版社，2008.
[16] 吴中如. 重大水工混凝土结构病害检测与健康诊断 [M]. 北京：高等教育出版社，2005.
[17] 中华人民共和国发展和改革委员会. DL/T 5207 水工建筑物抗冲磨防空蚀混凝土技术规范 [S]. 北京：中国电力出版社，2005.
[18] 中华人民共和国水利部. SL 62—2014 水工建筑物水泥灌浆施工技术规范 [S]. 北京：中国水利水电出版社，2014.
[19] 中华人民共和国水利部. SL 551—2012 土石坝安全监测技术规范 [S]. 北京：中国水利水电出版社，2012.
[20] 国家能源局. DL/T 5178—2016 混凝土坝安全监测技术规范 [S]. 北京：中国电力出版社，2016.
[21] 李珍照. 大坝安全监测 [M]. 北京：中国电力出版社，1997.
[22] 中华人民共和国国家质量监督检验检疫总局，中国国家标准化管理委员会. GB 12897—2006 国家一、二等水准测量规范 [S]. 北京：中国标准出版社，2006.
[23] 何勇军，等. 大坝安全监测与自动化 [M]. 北京：中国水利水电出版社，2008.
[24] 李彦军. 大坝安全监测技术 [M]. 西安：西安地图出版社，2000.
[25] 中华人民共和国水利部. GB/T 50138—2010 水位观测标准 [S]. 北京：中国水利水电出版社，2010.
[26] 中华人民共和国水利部. SL 21—2015 降水量观测规范 [S]. 北京：中国水利水电出版社，2015.
[27] 中华人民共和国水利部. SL 59—2015 河流冰情观测规范 [S]. 北京：中国水利水电出版社，2015.
[28] 余明东. 响应调峰需求下梯级电站水库防洪调度方法研究 [J]. 科学技术与工程，2017，17(4)：287-291.

[29] 於三大，邓浩．三峡大坝泄洪建筑物水力学监测 [J]．DAM&SAFETY：2004：40-43.
[30] 陈锡芳．水轮发电机结构运行监测与维修 [M]．北京：中国水利水电出版社，2008.
[31] 陈铁华，赵万清，郭岩．水轮发电机原理及运行 [M]．北京：中国水利水电出版社，2009.
[32] 单文培．水电站机电设备的安装、运行与检修 [M]．北京：中国水利水电出版社，2005.
[33] 叶守泽．水文水利计算 [M]．北京：水利电力出版社，1992.
[34] 锥文生．河流水文学 [M]．北京：水利电力出版社，1992.
[35] 袁作新．水利计算 [M]．北京：水利电力出版社，1987.
[36] 李钰心．水资源系统运行调度 [M]．北京：中国水利水电出版社，1996.
[37] 张英，李宪文．防汛手册 [M]．北京：中国科学技术出版社，1992.
[38] 眺乐人．防洪工程 [M]．北京：中国水利水电出版社，1997.
[39] 赵人俊．流域水文模拟 [M]．北京：水利电力出版社，1984.
[40] 武汉中心气象台《湖北省防汛气象服务手册》编写组．湖北省防汛气象服务手册 [M]．北京：气象出版社，1997.
[41] 荆江大堤志编纂委员会．荆江大堤志 [M]．南京：河海大学出版社，1989.
[42] 胡一三．黄河水利科学技术丛书黄河防洪 [M]．郑州：黄河水利出版社，1996.
[43] 黎安田．长江1998年洪水与防汛抗洪 [J]．人民长江，1999，30 (1)：3-9，57.
[44] 黄思平，吴如发，谭启富．水库工程对1998年长江防洪作用分析 [J]．人民长江，1999，30 (2)：25-27.
[45] 雒文生，宋星原．洪水预报与调度 [M]．襄阳：湖北科学技术出版社，2012.
[46] 焦恩泽．黄河水库泥沙 [M]．郑州：黄河水利出版社，2000.
[47] 赵业安，等．黄河下游河道演变基本规律 [M]．郑州：黄河水利出版社，1998.
[48] 龙毓骞，等．用全沙观点研究黄河泥沙问题 [J]．人民黄河，2002 (8)：28-29，89.
[49] 黄朝忠．中国防汛抗旱指南 [M]．北京：中国人民解放军出版社，1998.
[50] 中华人民共和国水利部．SL 258—2017 水库大坝安全评价导则 [S]．北京：中国水利水电出版社，2017.
[51] 中华人民共和国水利部．SL 210—2015 土石坝养护修理规程 [S]．北京：中国水利水电出版社，2015.
[52] 中华人民共和国水利部．SL 702—1981 水库工程管理原则 [S]．北京：中国水利水电出版社，1981.
[53] 王学敏．面向生态和航运的梯级水电站多目标发电优化调度研究 [D]．武汉：华中科技大学，2015.
[54] 中华人民共和国水利部．SL 224—98 水库洪水调度考评规定 [S]．北京：中国水利水电出版社，1998.
[55] 中华人民共和国水利部．SL 230—2015 混凝土坝养护修理规程 [S]．北京：中国水利水电出版社，2015.
[56] 中华人民共和国水利部．SL 60—2012 土石坝安全监测技术规范 [S]．北京：中国水利水电出版社，2012.
[57] 中华人民共和国水利部．SL 196—2010 土石坝安全监测资料整编 [S]．北京：中国水利水电出版社，2010.
[58] 中华人民共和国水利部．GB 5021—14 防洪标准 [S]．北京：中国水利水电出版社，2014.
[59] 国家防汛总指挥部办公室．防汛手册 [M]．北京：中国科学技术出版社，1992.
[60] 中华人民共和国水利部．防汛与抢险 [M]．北京：中国水利水电出版社，1994.
[61] 李守军．水库淤积的危害及防治措施 [J]．城市建筑，2014 (35)：296-296.
[62] 张银利，高波，安勇平．水库排沙的几种措施 [J]．黑龙江水利科技，2007，35 (4)：225-226.

[63] 李伟. 人类活动对洪水预报影响分析及防洪调度研究 [D]. 大连：大连理工大学，2009.
[64] 《中国水利百科全书》编委会. 中国水利百科全书 [M]. 北京：中国水利水电出版社，2006.
[65] 李立，朱毅. 工程与非工程措施并举构建现代防洪体系 [J]. 湖南水利水电，2004 (3)：36-37.
[66] Z. W. 库德泽威奇，郑丰，刘渝. 非工程措施防洪与可持续发展 [J]. 水利水电快报，2003，24 (24)：8-12.
[67] 李纪人，黄诗峰. 遥感和地理信息系统在水利中的应用现状与展望 [C] //中国水利学会专业学术综述. 2004.
[68] 李雨. 水库防洪和蓄水优化调度方法及应用 [D]. 武汉：武汉大学，2013.
[69] 黄小锋. 梯级水电站群联合优化调度及其自动化系统建设 [D]. 北京：华北电力大学，2010.
[70] 李克飞. 水库调度多目标决策与风险分析方法研究 [D]. 北京：华北电力大学，2013.
[71] 叶季平. 混联水库群防洪调度管理理论与方法研究 [D]. 北京：华北电力大学，2010.
[72] 邓凯斌. 几种无损检测技术在防渗墙质量检测中的应用 [J]. 水利水电科技进展，2007 (2)：50-54.
[73] 王永明，任金明，陈永红，等. 基于混凝土多轴强度的高土石围堰防渗墙安全性研究 [J]. 岩石力学与工程学报，2014 (s1)：2662-2669.
[74] 田志强，闫文斌. 土石坝护坡的破坏与修理 [J]. 黑龙江水利科技，2011 (5)：225-226.
[75] 李光平. 提高重力坝抗滑稳定的措施 [J]. 四川水利，2015，36 (4)：33-36.
[76] 张研. 混凝土坝和浆砌石坝的渗漏处理 [J]. 科技创业家，2014 (4)：3.
[77] 张彩军，徐青. 浅谈水闸的日常管理与养护 [J]. 水利科技与经济，2003，9 (1)：59-59.
[78] 葛海龙，葛海燕. 略论溢流坝消能防冲设施破坏的原因及防治措施 [J]. 科技创新导报，2008 (14)：4-4.
[79] 王世强. 灌区现代化管理主要内容及作用 [J]. 科技与企业，2013 (10)：142-142.
[80] 孟照东，赵丹. 浅谈灌区现代化管理 [J]. 水利科技与经济，2010，16 (3)：256-257.
[81] 马飞. 基于BIM的水利工程安全监测管理系统研究 [D]. 邯郸：河北工程大学，2017.
[82] 杨杰，方俊，胡德秀，等. 偏最小二乘法回归在水利工程安全监测中的应用 [J]. 农业工程学报，2007，23 (3)：136-140.
[83] 王惠文. 偏最小二乘回归方法及其应用 [M]. 北京：国防工业出版社，1999.
[84] 李文晶. 基于SpringMVC框架的水库运行管理平台的设计与实现 [C] //河海大学. 2018（第六届）中国水利信息化技术论坛论文集. 南京：河海大学出版社，2018.
[85] 徐立中，王慧敏，马磊. 水利工程信息化与CIMS [C] //中国电子学会学术年会. 北京：人民邮电出版社，2001.
[86] 姜仁贵，解建仓，李建勋. 面向防汛的三维预警监视平台研究与应用 [J]. 水利学报，2012，43 (6)：749-755.
[87] 陈百国. 多旋翼无人机技术在防汛抢险中的应用探讨 [J]. 中国防汛抗旱，2018 (2)：70-72.
[88] 张睿，张利升，覃晖，等. 梯级水电站多目标兴利调度建模及求解 [J]. 水电能源科学，2016 (6)：39-42.